D1752769

→ ENERGETISCHE SANIERUNG IN DER EIGENTÜMERGEMEINSCHAFT

Energetische Sanierung in der Eigentümergemeinschaft

Eva Kafke

Inhaltsverzeichnis

KAPITEL 1
Ein Gebäude, viele Eigentümer – die Rahmenbedingungen

8 Gute Gründe für eine energetische Sanierung
8   Klimaziele und Umweltbewusstsein
10 Nachholbedarf in Eigentümergemeinschaften
10 Wachsende gesetzliche Anforderungen
11 Kostendruck durch unkalkulierbare Brennstoff- und CO2-Preise
13 Energieeffizienz als Wertfaktor

14 Geeignete Zeitpunkte
14 Austauschpflicht für Heizungen
15 Reparaturen und Instandhaltung
16 Wohnraumerweiterung und Barrierefreiheit
16 Mehr Wohnkomfort
17 Neues Erscheinungsbild
17 Wirtschaftliche Überlegungen
18 Termine für die Umsetzung

19 Die unterschiedlichen Beteiligten
19 Die Wohnungseigentümer
21 Der Verwaltungsbeirat: Sprachrohr der Eigentümer
23 Die Hausverwaltung
25 Experten an unserer Seite

34 Die unabhängige Energieberatung
35 Orientierungshilfe Energieausweis
37 Basisangebote zur Energieberatung
37 Auf der Suche nach einem qualifizierten Energieberater
38 Der individuelle Sanierungsfahrplan
42 Von der Bestandsaufnahme zum Konzept
43 Konzept ersetzt keine Planung

KAPITEL 2
Von der Idee zur Planung

46 Entscheidungen in der Eigentümergemeinschaft
46 Gemeinschafts- und Sondereigentum
48 Die Eigentümerversammlung
49 Beschlussfähigkeit
51 Stimmrecht und Mehrheiten

58 Verbündete gesucht!
58 Wie überzeuge ich meine Miteigentümer?
59 Vor der ersten Versammlung

61 Schritt für Schritt zur Beschlussfassung
61 Stimmungsbild als gemeinsamer Start
62 Unterstützung durch einen Bauausschuss
64 Kommunikation und Information strukturieren
68 Zeitmanagement
70 Von der Entwurfs- zur Ausführungsplanung

KAPITEL 3
Energieeffizienzmassnahmen

74 Gebäudehülle
74 Nachrüstpflicht bei der obersten Geschossdecke
75 Dachdämmung
76 Auswahl des Dämmstoffes
80 Fassadendämmung
84 Innendämmung als Alternative
85 Sonderfall Keller
85 Fenstertausch mit System
90 Erneuerung der Haustür

91 Anlagentechnik
91 Erneuerung von Heizungen mit fossilen Brennstoffen
95 Fernwärme – Vor- und Nachteile
97 Heizen mit Pellets
102 Wärmepumpe nachrüsten
111 Solare Wärme
113 Hybridsysteme: Partnerwahl
115 Wärme auf Vorrat
116 Sonnenstrom

126	Blockheizkraftwerk
128	Strom aus der Konserve
130	Lüftung mit Konzept
132	Smarte Steuerung

134 Prioritäten und Kompromisse

KAPITEL 4
Finanzierung

142 Kosten abschätzen
- 143 Bestandteile der Wirtschaftlichkeitsbetrachtung
- 143 Investitionskosten ermitteln, Förderung berücksichtigen
- 147 Mögliche Ersparnisse und Einnahmen
- 148 Künftige Betriebskosten veranschlagen
- 154 Gesamtkosten: Summe der Unwägbarkeiten

157 Finanzierung planen
- 157 Zuschüsse und Förderkredite
- 164 Rücklagen
- 166 Sonderumlagen
- 168 Kreditaufnahme durch einzelne Eigentümer oder die Gemeinschaft
- 176 Mögliche Auswirkungen auf Mietverhältnisse
- 178 Steuerliche Möglichkeiten
- 183 Finanzierungskonzept

KAPITEL 5
Durchführung der Sanierung

188 Auftragsvergabe und Bauverträge
- 188 Unterschiedliche Vertragsformen
- 190 Sicherheiten in Verträgen
- 190 Bauzeitenplan

191 Bevor es losgeht
- 191 Ausreichend versichert?
- 192 Beeinträchtigungen gering halten
- 193 Umgang mit Mietern

194 Qualitätssicherung durch Baubegleitung
- 194 Unabhängige Begleitung
- 195 Technische Kontrolle
- 196 Kostenkontrolle

197 Abnahmen und Abrechnungen
- 198 Einbeziehung der Eigentümer
- 199 Vorbereitung und Durchführung der förmlichen Abnahme
- 200 Prüfung der Schlussrechnungen
- 200 Behördliche Abnahme

201 Nachbereitung
- 201 Gemeinsame Auswertung
- 203 Dokumentation der Sanierung
- 204 Monitoring
- 205 Gewährleistungsrechte

KAPITEL 6
Der rechtliche Rahmen

208 Vorgaben des Bundes
- 208 Das Wohnungseigentumsgesetz
- 213 Das Gebäudeenergiegesetz
- 215 Das Erneuerbare-Energien-Gesetz
- 219 Das Bürgerliche Gesetzbuch
- 221 Weitere relevante bundesweit gültige Gesetze und Verordnungen

222 Vorgaben der Länder und Kommunen
- 222 Klimaschutzgesetze der Länder
- 223 Weitere länderspezifische Regelungen
- 225 Kommunalrecht

ANHANG
Service

EIN GEBÄUDE, VIELE EIGENTÜMER – DIE RAHMENBEDINGUNGEN

1

Eine energetische Sanierung ist schon für Einzeleigentümer eine Herausforderung. Wohnungseigentümer müssen zusätzliche Hürden meistern: Viele Personen mit unterschiedlichen Interessen und finanziellen Möglichkeiten müssen einen gemeinsamen Weg finden.

8 → Gute Gründe für eine energetische Sanierung
14 → Geeignete Zeitpunkte
19 → Die unterschiedlichen Beteiligten
31 → Interview: Chancen und Fallstricke
34 → Die unabhängige Energieberatung

→ Gute Gründe für eine energetische Sanierung: Für Eigentümergemeinschaften stellt sich drängender denn je die Frage, wie sie ihr Gebäude energetisch verbessern können und damit zukunftsfähig machen.

WAS ERFAHRE ICH?

- 8 → Klimaziele und Umweltbewusstsein
- 10 → Nachholbedarf in Eigentümergemeinschaften
- 10 → Wachsende gesetzliche Anforderungen
- 11 → Kostendruck durch unkalkulierbare Brennstoff- und CO_2-Preise
- 13 → Energieeffizienz als Wertfaktor

Wer im Sommer 2021 die Bilder aus dem Ahrtal gesehen hat, wird sie nicht mehr vergessen. Das Jahr 2022 machte mit Starkregen, aber auch mit Dürre und Waldbränden Schlagzeilen. Die Folgen des Klimawandels sind unübersehbar und mit dramatischen Ausmaßen bei uns angekommen. Die Begleichung der Schäden kostet uns alle jetzt schon viele Milliarden.

Durch Vorsorge lässt sich das Ausmaß künftiger vergleichbarer Katastrophen begrenzen. Zwar sind bauliche Maßnahmen in der Wohnungseigentümergemeinschaft ein komplexes Unterfangen, vor dem viele zurückschrecken. Doch immerhin hat die Novelle des Wohnungseigentumsgesetzes Ende 2020 zahlreiche rechtliche Hindernisse aus dem Weg geräumt. Und diejenigen Eigentümer, die die Initiative ergreifen wollen, haben zahlreiche gute Argumente, um zögerliche Miteigentümer zu überzeugen:

- → den Klimaschutz in der eigenen Immobilie vorantreiben und Verantwortung für die Umwelt übernehmen.
- → Gesetzliche Vorgaben zur Energieeffizienz erfüllen und vorausschauend mehr tun, als heute gesetzlich vorgeschrieben ist – denn die Anforderungen werden absehbar steigen, die Kosten auch.
- → den Wohnkomfort verbessern und das Gebäude zukunftssicher gestalten.
- → Förderprogramme nutzen und Betriebskosten sparen.
- → den Wert der Immobilie steigern und die Zufriedenheit der Mieter erhöhen.

Viele gute Gründe, die nicht für jeden Eigentümer gleich wichtig sein werden, aber in der Summe den Ausschlag bei der Willensbildung in der Gemeinschaft geben können.

Klimaziele und Umweltbewusstsein

Flutkatastrophen, Rekordhitzen, schwindende Eisschilde der Pole, rasch steigende Meeresspiegel, Artensterben und Versauerung der Ozeane – die Auswirkungen der Erderwärmung sind dramatisch. Mit dem wachsenden Wissen um die Ursachen und Zusammenhänge der Klimaveränderungen hat in den vergangenen Jahren ein Bewusstseinswandel stattgefunden. Regierungen in aller Welt haben **KLIMASCHUTZGESETZE** erlassen und Sofortprogramme aufgelegt. Das Ziel: die Treibhausgasemissionen schnell und drastisch reduzieren, um die Erderwärmung auf deutlich unter 2 Grad zu begren-

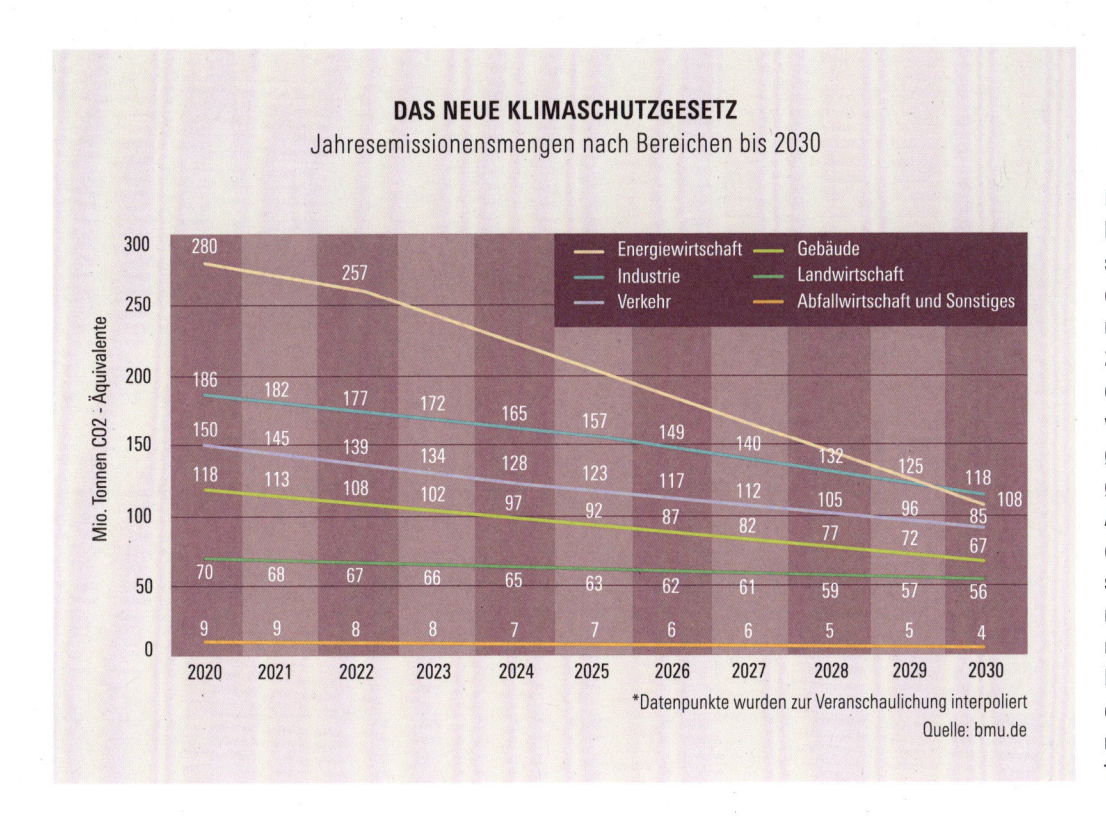

DAS NEUE KLIMASCHUTZGESETZ
Jahresemissionensmengen nach Bereichen bis 2030

Mio. Tonnen CO_2-Äquivalente	2020	2021	2022	2023	2024	2025	2026	2027	2028	2029	2030
Energiewirtschaft	280	257									108
Industrie	186	182	177	172	165	157	149	140	132	125	118
Verkehr	150	145	139	134	128	123	117	112	105	96	85
Gebäude	118	113	108	102	97	92	87	82	77	72	67
Landwirtschaft	70	68	67	66	65	63	62	61	59	57	56
Abfallwirtschaft und Sonstiges	9	9	8	8	7	7	6	6	5	5	4

*Datenpunkte wurden zur Veranschaulichung interpoliert
Quelle: bmu.de

Für 2031 bis 2040 legt das Klimaschutzgesetz jährliche Gesamtminderungsziele fest. Bis 2040 müssen mindestens 88 Prozent weniger Treibhausgasemissionen ausgestoßen werden. Ab 2045 schreibt das Klimaschutzgesetz Treibhausgasneutralität vor, nach 2060 negative Emissionen (wir entnehmen der Atmosphäre netto Treibhausgase).

zen. Dazu haben sich fast alle Staaten der Erde auf der 21. UN-Klimakonferenz 2015 in Paris verpflichtet.

Deutschland soll bis zum Jahr 2045 **TREIBHAUSGASNEUTRALITÄT** erreichen. Das schreibt das im August 2021 in Kraft getretene aktualisierte Klimaschutzgesetz (KSG) vor. In seiner ersten Fassung hatte das Gesetz deutlich weniger ambitionierte Ziele enthalten. Doch das Bundesverfassungsgericht hat den Gesetzgeber verpflichtet, nachzubessern. Begründung: Der Staat muss aktiv vorbeugen, sodass es in Zukunft nicht zu unverhältnismäßigen Einschränkungen der Freiheitsgrundrechte der heute jüngeren Menschen kommt. Als wichtige Etappen auf dem Weg zur Treibhausgasneutralität im Jahr 2045 wurde nun festgelegt: Bis 2030 sollen die Emissionen um 65 Prozent gegenüber 1990 sinken, bis zum Jahr 2040 um mindestens 88 Prozent. Diese Gesamtziele werden nach dem Verursacherprinzip auf die Sektoren Energiewirtschaft, Industrie, Verkehr, Gebäude, Landwirtschaft, Abfallwirtschaft und Sonstiges heruntergebrochen. Für den Sektor Gebäude lautet das ambitionierte erste Etappenziel: Die CO_2-Emissionen müssen von 118 Millionen Tonnen im Jahr 2020 auf 67 Millionen Tonnen im Jahr 2030 nahezu halbiert werden. Das erfordert gewaltige Anstrengungen im gesamten Gebäudebereich. Zum Vergleich: Im Jahr 1990 beliefen sich die Treibhausgasemissionen auf 210 Millionen Tonnen CO_2-Äquivalente. Innerhalb von 30 Jahren konnten sie gerade einmal um 47 Prozent reduziert werden.

Mit mehr als 83 Prozent wird der Löwenanteil der Endenergie im Gebäudesektor für die Erzeugung von Warmwasser und Heizwärme verbraucht. Zentrale Maßnahmen, um hier CO_2 einzusparen, sind die Steigerung der Energieeffizienz und der Ausbau der erneuerbaren Energien.

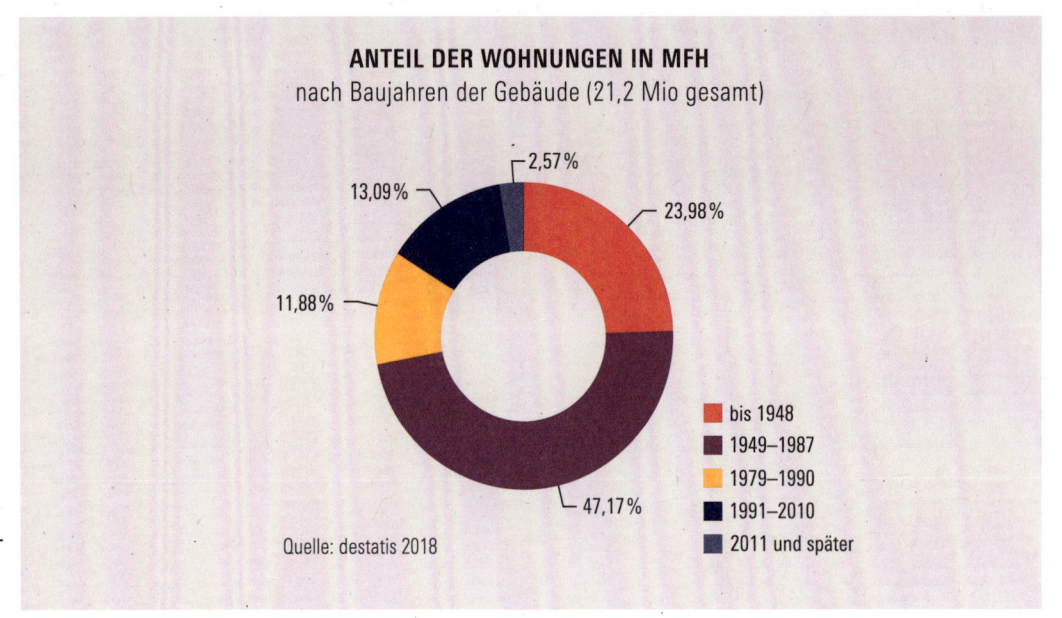

ANTEIL DER WOHNUNGEN IN MFH
nach Baujahren der Gebäude (21,2 Mio gesamt)

- bis 1948: 23,98 %
- 1949–1987: 47,17 %
- 1979–1990: 11,88 %
- 1991–2010: 13,09 %
- 2011 und später: 2,57 %

Quelle: destatis 2018

Mehr als 71 Prozent aller Wohnungen befinden sich in Gebäuden, die bis 1978 errichtet wurden.

Nachholbedarf in Eigentümergemeinschaften

Beim Neubau von Wohngebäuden hat sich bereits viel getan: Die gesetzlichen **EFFIZIENZSTANDARDS** wurden stetig erhöht, die Anforderungen für den Erhalt von Fördermitteln ebenfalls. Beides lässt ich bei Neubauten von Anfang an gut berücksichtigen. Nur: Sie machen den allerkleinsten Teil der Gebäude aus.

Zwei Drittel der rund 42 Millionen Wohnungen in Deutschland befinden sich in Gebäuden, die vor 1978 errichtet wurden und deren Standard damit noch nicht die erste Wärmeschutzverordnung erfüllt. Bei den Mehrfamilienhäusern ist der Anteil von Altbauten mit 71,14 Prozent besonders hoch (siehe Grafik oben). Die Anpassung von energetischen Nachrüstungen an bestehende Gegebenheiten stellt in jedem Fall eine technische Herausforderung dar. Sie ist in innerstädtischer dichter Bebauung größer als bei frei stehenden Gebäuden auf dem Lande und im Mehrfamilienhaus größer als im Einfamilienhaus. Eigentümergemeinschaften vereinen alle Schwierigkeiten unter einem Dach. In Sachen energetische Sanierungen bilden sie das Schlusslicht im Gebäudesektor.

Die Klimaziele können nur erreicht werden, wenn sich hier ganz schnell ganz viel tut. Jede Wohnungseigentümergemeinschaft (WEG), die ihr Gebäude energetisch auf Vordermann bringt, leistet einen unverzichtbaren Beitrag. Den Handlungsbedarf sehen nicht nur Politiker und Experten, sondern auch immer mehr Privatpersonen. Mehr als acht von zehn Befragten in Deutschland halten den Klimawandel für ein „sehr ernstes Problem", beinahe jeder Dritte gar für das „wichtigste Problem, dem die Welt gegenübersteht" (Eurobarometer Juli 2021).

Wachsende gesetzliche Anforderungen

Ältere Gebäude genießen in Deutschland weitgehend Bestandsschutz. Dass sich dieses Prinzip aufrechterhalten lässt, darf bezweifelt werden. Die vergangenen Jahre haben gezeigt: Die getroffenen Maßnahmen haben bei Weitem nicht die notwendige Reduzierung der CO_2-Emissionen gebracht. Die Klimaziele wurden daher immer weiter verschärft und gesetzliche Anforderungen erhöht. Auch das aktualisierte Klimaschutzgesetz beinhaltet eine jährliche Überprüfung, ob die Emissionen in den einzelnen Sektoren auf Kurs sind. Gibt es Abweichungen, so muss das für den betroffenen Sektor zuständige Bundesministerium ein Sofortprogramm mit zusätzlichen Maßnahmen vorlegen. Bereits 2022 mussten vor allem die Sektoren Gebäude und Verkehr erstmals nachbessern. Und das erst im Dezember 2020 in Kraft getretene **GEBÄUDEENERGIEGESETZ** (GEG) wird bereits wieder in einzelnen Schritten überarbeitet (Stand 2022). Motor der deutschen Klimapolitik ist nicht nur die neue Bundesregierung mit Beteiligung von Bündnis90/Die Grünen, sondern vor allem die Europäische Kommission. Dort stehen die Zeichen seit Jahren auf Sanierungspflichten. Derzeit wird das „Fit for 55"-Gesetzespaket diskutiert. Es beinhaltet unter anderem Vorschläge für die Novellierung der Erneuerbare-Energien-Richtlinie (RED) und der Energieeffizienz-Richtlinie (EED). Danach sollen zunächst die 15 Prozent der am wenigsten energieeffizienten Gebäude eines jeden Mitgliedsstaates in Angriff genommen werden. Sobald die EU-Gesetze verabschiedet sind, müssen die Vorgaben zeitnah in deutsches Recht umgesetzt werden. Einzelne europäische Nachbarländer machen bereits vor, wie stärkere Eingriffe aussehen könnten: In Frankreich beispielsweise müssen ab 2025 alle privaten Wohngebäude mit einem Energieverbrauch von mehr als 330 Kilowattstunden pro Quadratmeter und Jahr saniert werden. Außerdem soll der Verkauf oder die Vermietung von Gebäuden mit schlechten Energiewerten erschwert werden.

Es wäre vermessen, vorhersagen zu wollen, wie genau der deutsche Weg aussehen wird. Der Blick auf die vergangenen Jahre mit sich überstürzenden Klimaplänen und immer neuen Zielvorgaben macht jedoch überdeutlich, wie dynamisch die Entwicklung ist. Nach wie vor gilt hierzulande jedoch das Prinzip „Fordern und Fördern". Dabei haben auch Besonderheiten von Wohnungseigentümergemeinschaften Eingang in die Fördermittellandschaft gefunden. Zahlreiche Programme stehen privaten Eigentümern offen. Darüber hinaus kann die Gemeinschaft Beratungsleistungen und erhöhten Verwaltungsaufwand geltend machen.

Derzeit haben Eigentümergemeinschaften mehr Freiheiten bei der Gestaltung einer energetischen Sanierung, als sie absehbar in Zukunft haben werden. Zugleich erleichtern die Fördermittel die Umsetzung. Gerade angesichts langwieriger Abstimmungsprozesse gilt es, die Zeit jetzt zu nutzen, um gut informiert ein Konzept zu beschließen und dieses baldmöglichst zu realisieren.

→ Der Blick auf die vergangenen Jahre mit sich überstürzenden Klimaplänen und immer neuen Zielvorgaben macht überdeutlich, wie dynamisch die Entwicklung ist.

Kostendruck durch unkalkulierbare Brennstoff- und CO_2-Preise

Auch der Blick auf die Heizkostenabrechnung kann die Bereitschaft, die Energieeffizienz des Gebäudes zu verbessern oder die Heizung zu erneuern, entscheidend vergrößern. Unterm Strich mussten Verbraucher, die mit Öl heizen, im Jahr 2021 mit durchschnittlich 72 Prozent höheren Heizkosten rechnen als im Vorjahr, so die Prognose des Energiedienstleisters Techem. In gasversorgten Gebäuden stiegen die Raumheizkosten danach um rund 18 Prozent an. Zum einen sind die Gas- und Heizölpreise deutlich angezogen. Zum anderen war die Heizsaison kälter als in den Vorjahren. Und schließlich wurde vermehrt im Homeoffice gearbeitet. Doch dieser Kostenanstieg ist nur die Spitze des Eisbergs. Der Ukraine-Krieg, die Entwicklung der Brennstoffkosten seither und die ab Oktober 2022 befristet gültige Gasumlage machen deutlich: Die Kosten für fossile

Energieträger sind kaum kalkulierbar und ein wirtschaftliches Risiko. Mit der Novelle der Heizkostenverordnung und der Einführung von fernablesbaren Zählern bis 2026 wird die Preis- und Verbrauchsentwicklung noch transparenter, der Druck damit größer. Zum anderen hat für alle Verbraucher, die mit fossilen Energieträgern heizen, erstmals der **CO_2-PREIS** zu Buche geschlagen. Seine Einführung wurde mit der Änderung des Brennstoffemissionshandelsgesetzes (BEHG) gesetzlich verankert. Seit Anfang 2021 müssen Unternehmen, die fossile Kraft- oder Heizstoffe in Verkehr bringen, für die entstehenden CO_2-Emissionen Rechte in Form von Zertifikaten kaufen. Der CO_2-Preis steigt von 25 Euro pro Tonne schrittweise auf 55 Euro im Jahr 2025 (Stand: 8/2022). Im Jahr 2026 wird der Emissionshandel beginnen. Die Zertifikate werden zwischen einem Mindestpreis von 55 Euro pro Tonne CO_2 und einem Höchstpreis von 65 Euro pro Tonne auktioniert. Die Nachfrage bestimmt dann den Preis.

Zunächst muss der In-Verkehr-Bringer der Energie – also Gasversorger oder Heizölhändler – den CO_2-Preis bezahlen. Er gibt die Mehrkosten an die Kunden weiter. Höhere Preise für fossile Energieträger schaffen besonders bei hohen Verbräuchen einen Anreiz, auf erneuerbare Energien umzusteigen, so die Idee. Die Einnahmen aus dem CO_2-Preis im Gebäudebereich fließen in **FÖRDERPROGRAMME**, beispielsweise zur Heizungserneuerung oder zur energetischen Sanierung. Im Jahr 2021 durften Vermieter den CO_2-Preis noch vollständig auf die Mieter umlegen. Ab 1. Januar 2023 werden die Kosten auf beide Parteien verteilt, und zwar in Abhängigkeit von der Energiebilanz des Gebäudes. Dazu wird ein Stufenmodell angewandt: Je schlechter der energetische Standard, umso höher ist der Anteil des Vermieters. In der energetisch schlechtesten Stufe, bei einem Gebäude mit 52 kg $CO_2/(m^2 a)$ oder mehr, muss er 90 Prozent des CO_2-Preises tragen. Im internationalen Vergleich findet sich Deutschland mit den aktuell vorgesehenen Preisen übrigens weit unten auf der Liste. In Schweden beispielsweise kostete Mitte 2021 die Tonne CO_2 108,81 Euro. In der Diskussion über energetische Sanierungen wird der CO_2-Preis künftig auf jeden Fall an Gewicht gewinnen.

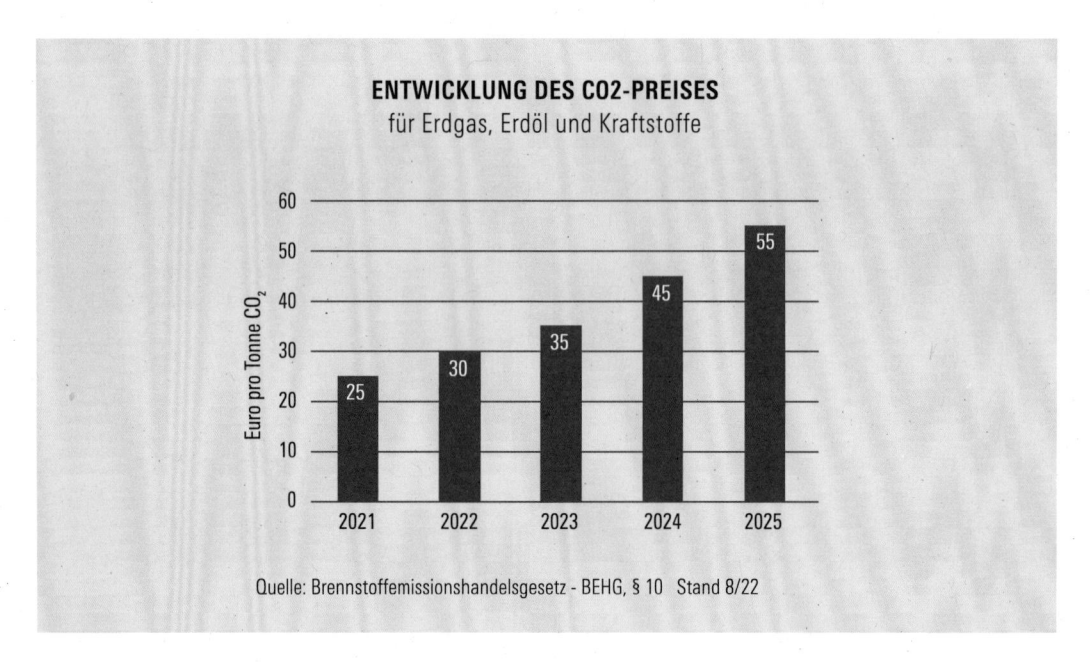

Die individuellen CO_2-Kosten werden errechnet, indem der Energieverbrauch mit dem Emissionsfaktor des Energieträgers und dem CO_2-Preis multipliziert wird.

ENTWICKLUNG DES CO2-PREISES
für Erdgas, Erdöl und Kraftstoffe

Jahr	Euro pro Tonne CO_2
2021	25
2022	30
2023	35
2024	45
2025	55

Quelle: Brennstoffemissionshandelsgesetz - BEHG, § 10   Stand 8/22

Energieeffizienz als Wertfaktor

Im Jahr 2021 haben private Wohnungseigentümer insgesamt knapp 180 Milliarden Euro in ihre Immobilien investiert, so Schätzungen von BauInfoConsult. Allerdings floss danach der Großteil des Geldes in die Verschönerung von Küchen und Bädern und nur 26,3 Prozent in energetische Maßnahmen. Es spricht viel dafür, diese Prioritäten bei Investitionsentscheidungen künftig zu verändern. Denn Energieeffizienz wird in der Immobilienbranche zunehmend zum **WERTFAKTOR**, der sich sowohl im Falle eines Verkaufs als auch bei der Vermietbarkeit auswirkt. Für private Eigentümer ist ihre Wohnung in der Regel ein wichtiger Baustein der Altersvorsorge. Der Mehrwert Energieeffizienz gibt Planungssicherheit.

Jeder vierte Deutsche (23 Prozent) achtet bei der Immobilienwahl auf Energieeffizienz, so eine Umfrage des Unternehmens LichtBlick (2021). Nach der Lage, dem Preis und der Quadratmeterzahl ist der energetische Zustand des Gebäudes das viertwichtigste Kriterium beim Kauf einer neuen Wohnung oder eines neuen Hauses. Die Bedeutung der Energieeffizienz schlägt sich auch in den Kaufpreisen der Immobilien nieder: Im Marktmonitor Immobilien 2017 des Portals Immowelt gaben 20 Prozent der befragten Makler an, eine Bestandsimmobilie mit hohem energetischen Standard lasse sich schneller vermarkten. 25 Prozent sind der Auffassung, der realisierbare Preis sei oftmals besser. Das bestätigt eine Marktanalyse von ImmoScout24 (2021): Gebäude mit hoher Energieeffizienz erzielen durchschnittlich 23 Prozent höhere Preise als unsanierte Vergleichsobjekte. Was für den Verkauf gilt, gilt auch für die **VERMIETUNG**: In einer Umfrage der Stadt Dortmund (2018) benannten 57 Prozent aller Umzugswilligen einen geringen Energieverbrauch als unbedingte Anforderung an ihre künftige Mietwohnung, für weitere 41 Prozent sollte diese Anforderung möglichst gegeben sein.

DER CO_2-PREIS IN DER HEIZKOSTENABRECHNUNG

Eine Gasheizung stößt pro Kilowattstunde rund 202 Gramm Kohlendioxid aus, eine Ölheizung rund 266 Gramm. Dieser sogenannte Emissionsfaktor des jeweiligen Energieträgers wird mit dem Jahresenergieverbrauch und dem jeweiligen CO_2-Preis multipliziert.

EIN BEISPIEL:
Eine vierköpfige Familie hat in ihrer 100 m²-Wohnung einen jährlichen Energieverbrauch von 16 000 kWh.

Wenn sie mit Gas heizt, betragen die CO_2-Emissionen 16 000 kWh x 202 g = 3 232 kg oder 3,232 t, also 32,32 kg/(m²a).

Damit landet die Familie in Stufe 6. Darin wird der CO_2-Preis hälftig zwischen Mietern und Vermietern aufgeteilt.

Im Verbrauchsjahr 2023 zahlen sie jeweils einen Anteil von
3,232 t x (25 €/t + 19 % MwSt) x 0,5 = 48,08 €

Im Verbrauchsjahr 2025 steigen die Mehrkosten auf
3,232 t x (55 €/t + 19 % MwSt) x 0,5 = 105,77 €.

Eine Selbstnutzerfamilie muss den CO_2-Preis allein tragen, also jeweils die doppelte Summe zahlen.

Wenn dieselbe Familie mit Öl heizt, betragen die CO_2-Emissionen
16 000 kWh x 266 g = 4 256 kg oder 4,246 t, also 42,56 kg/(m²a).

Damit fällt sie in Stufe 8 des Aufteilungsmodells. Der CO_2-Preis wird zu 30 % vom Mieter und zu 70 % vom Vermieter getragen. Das bedeutet für den Mieter im Jahr 2023:
4,246 t x (25 €/t + 19 % MwSt) x 0,7 = 88,42 €
Sein Anteil im Verbrauchsjahr 2025:
4,246 t x (55 €/t + 19 % MwSt) x 0,7 = 194,53 €.

(Stand der Berechnungen: 8/2022)

→ **Geeignete Zeitpunkte:** Den einzig richtigen, für alle WEG optimalen Zeitpunkt für eine Sanierung gibt es nicht. Zu unterschiedlich sind bauliche Realitäten, Zusammensetzung und Interessen der Bewohner.

> **WAS ERFAHRE ICH?**
>
> 14 → Austauschpflicht für Heizungen
> 15 → Reparaturen und Instandhaltung
> 16 → Wohnraumerweiterung und Barrierefreiheit
> 16 → Mehr Wohnkomfort
> 17 → Neues Erscheinungsbild
> 17 → Wirtschaftliche Überlegungen
> 18 → Termine für die Umsetzung

Es gibt jedoch in jeder WEG Anlässe, die sich anbieten, um energetische Maßnahmen anzudocken. Vielfach lassen sich dabei Synergien nutzen, die baulich sinnvoll sind und zugleich den Geldbeutel entlasten.

Austauschpflicht für Heizungen

Das am 1. November 2020 in Kraft getretene Gebäudeenergiegesetz (GEG) enthält zwar vor allem eine Vielzahl von Auflagen für Neubauten. Aber auch Eigentümer von Bestandsimmobilien müssen zu bestimmten Terminen einige Austausch- und Nachrüstpflichten erfüllen:

Ganz oben auf der Liste steht der **HEIZUNGSTAUSCH**. Heizkessel, die älter als 30 Jahre sind und mit flüssigen oder gasförmigen Brennstoffen betrieben werden (also vor allem Heizöl oder Erdgas) und eine Heizleistung von 4 bis 400 kW haben, müssen außer Betrieb genommen werden (§ 72 Absatz 2 GEG). Diese Geräte sind seit Jahren veraltet und extrem ineffizient.

Die **AUSTAUSCHPFLICHT** gilt nicht für Brennwert- und Niedertemperaturkessel. Der freiwillige Heizungstausch vor dem gesetzlich vorgegebenen Termin wird durch umfangreiche Fördermittel versüßt. Wer bis zum Pflichttermin wartet, erhält keine Fördermittel. Aus Sicht von Experten sind die politischen Vorgaben übrigens meist ein Minimal-Kompromiss.

Die aktuelle Bundesregierung hat sich den schnellen und umfangreichen Ausbau erneuerbarer Energien auf die Fahne geschrieben. Demnach soll ab 2024 jede neu eingebaute oder ausgetauschte Heizung mindestens zu 65 Prozent mit erneuerbaren Energien betrieben werden.

Die Details sollen im Zuge der schrittweisen GEG-Novelle verbindlich geregelt werden und standen zum Zeitpunkt der Drucklegung noch nicht fest. Vorbereitend auf die Gesetzesänderung wird bereits seit Juli 2022 der Austausch von Gasheizungen analog zum Austausch von Ölheizungen gefördert.

Reparaturen und Instandhaltung

Oft sind es unumgängliche Instandsetzungen, die den Anstoß geben, über eine energetische Sanierung nachzudenken: Das Dach ist durch einen Sturm beschädigt. Die Heizungsanlage ist defekt. Die Neueindeckung könnte prima mit einer Dämmung kombiniert und die Heizungsanlage auf CO_2-arme Energieträger und erneuerbare Energien umgestellt werden. Der Haken ist nur: Das undichte Dach oder die defekte Heizungsanlage kann nicht warten, bis die Eigentümergemeinschaft über ein ganzheitliches energetisches Sanierungskonzept oder auch nur über kombinierte Maßnahmen entschieden hat. Solche akut erforderlichen Instandsetzungen müssen so schnell umgesetzt werden, dass in der Regel vorhandene Systeme erneuert, nicht jedoch durch andere, energieeffizientere ersetzt werden. Dann werden Fakten geschaffen, die für Jahrzehnte – eben für die Lebensdauer der Dacheindeckung oder der Heizungsanlage – Bestand haben. Experten nennen das „Lock-in-Effekt": Kurzfristige oder auch unüberlegte Maßnahmen bergen die Gefahr, dass der bestmögliche energetische Einspareffekt verbaut wird.

Das lässt sich durch vorausschauende Planung umfangreicher Sanierungsmaßnahmen zumindest teilweise vermeiden. Sie kann sich an gängigen **INSTANDHALTUNGSZYKLEN** und den durchschnittlichen Lebens- und Nutzungsdauern von Bauteilen orientieren (siehe Tabelle rechts). Wer wartet, bis die elektrischen Leitungen 50 Jahre auf dem Buckel haben, riskiert Defekte. Wer jedoch die Erneuerung frühzeitig in Angriff nimmt, hat ausreichend zeitlichen Spielraum, um die Leitungserneuerung an die Installation einer Photovoltaikanlage zu koppeln.

Bei vielen turnusmäßigen Instandhaltungen müssen ohnehin nach dem Gebäudeenergiegesetz sogenannte „bedingte Anforderungen" erfüllt werden. Wenn beispielsweise Sanierungsarbeiten beauftragt und dabei mehr als 10 Prozent eines Bauteils erneuert werden, müssen die Arbeiten so ausgeführt werden, dass das Bauteil anschließend den Vorgaben des GEG entspricht (§ 48 GEG). Konkret heißt das: Für den Fassadenanstrich oder den Ersatz einzelner Dachziegel gibt es keine Vorgaben. Wird jedoch der Außenputz oder die Dacheindeckung komplett erneuert, dann muss auch der Wärmeschutz mit auf den Prüfstand. Diese Regelung gilt nicht für denkmalgeschützte Häuser und für Bauteile, die unter Einhaltung energiesparrechtlicher Vorschriften nach dem 31. Dezember 1983 errichtet oder erneuert wurden.

Bei einer vorausschauenden Planung von Baumaßnahmen ist wichtig, die Bauteile nicht einzeln, sondern im Zusammenhang zu betrachten. Werden Fassadendämmung, Putz und Anstrich aufgebracht, ist es sowohl unter wirtschaftlichen als auch unter baulichen Gesichtspunkten eine Überlegung wert, die Fenster auch gleich auszutauschen. Oder: Wenn der Schornsteinkopf und die Dachentwässe-

MITTLERE LEBENSDAUER EINZELNER BAUTEILE
(CIRCA-ANGABEN)

Dachpfannen aus Beton	60 Jahre
Gebrannte Dachpfannen und Ziegeldächer	80 Jahre
Zinkblecheindeckungen	25 Jahre
Schornsteinköpfe	30 Jahre
Dachentwässerung	20 Jahre
Tragende Dachkonstruktion	100 Jahre
Kellerlichtschächte	50 Jahre
Außentreppen	60 Jahre
Außenputz	50 Jahre
Verblendmauerwerk	80 Jahre
Außenanstrich	10 Jahre
Heiztechnische Anlagen	30 Jahre
Warmwasserboiler	20 Jahre
Elektrische Leitungen	50 Jahre
Elektrische Pumpen	15 Jahre
Fenster	40 Jahre

Quelle: Verband privater Bauherren e. V.

> **MASSNAHMEN KOMBINIEREN**
>
> Eine sinnvolle Herangehensweise besteht darin, eine energetische Sanierung mit anderen zwar nicht zwingend notwendigen, aber gewünschten Baumaßnahmen zu kombinieren. Nach diesem Schema können an vielen Stellen Synergien genutzt werden.

rung erneuert werden müssen, bietet es sich an, die Dacheindeckung ebenfalls auszutauschen – selbst wenn die Ziegel vielleicht noch zehn Jahre halten würden. Bei der Gelegenheit werden dann gleich die Dachflächen mit gedämmt. Bautechnisch haben solche Koppelungen den Vorteil, dass Baumaterialien optimal aufeinander abgestimmt und Fehlerquellen bei Anschlussarbeiten reduziert werden.

Wohnraumerweiterung und Barrierefreiheit

Die Neueindeckung des Daches lässt sich nicht nur mit der Dämmung, sondern auch mit dem Ausbau des Dachgeschosses verbinden. Dabei müssen sowohl das Baurecht als auch das Wohnungseigentumsrecht beachtet werden. Befindet sich das unausgebaute Dachgeschoss im Gemeinschaftseigentum, so muss die Eigentümergemeinschaft zunächst einstimmig die Umwandlung in Sondereigentum beschließen. Dafür ist eine Änderung der Teilungserklärung notwendig, in der sinnvollerweise der nachträgliche Ausbau zu Wohnzwecken vereinbart wird. Dann verkauft die WEG als Eigentümer das entstandene Sondereigentum. Dieser formale Vorlauf ist zwar aufwendig, auch entstehen der Gemeinschaft in der Regel Kosten durch baurechtliche Anforderungen wie beispielsweise die Schaffung eines zusätzlichen Stellplatzes. Doch unterm Strich hat die WEG mit dem Erlös aus dem Verkauf eine ordentliche zusätzliche Summe für die Dachsanierung zur Verfügung.

Ganz frei ist die Gemeinschaft beim Dachgeschossausbau allerdings nicht. Hier greift eine weitere bedingte Anforderung des Gebäudeenergiegesetzes: Bei der Erweiterung von Bestandsgebäuden durch Anbau, Aufstockung oder Ausbau muss der bauliche **WÄRMESCHUTZ** der neuen Außenbauteile gewährleistet werden. Der Wärmeverlust darf maximal 20 Prozent über dem Wert des dem GEG zugrunde liegenden Referenzgebäudes liegen (§ 51 GEG). Im Keller ist eine dem Dachgeschoss vergleichbare Konstellation denkbar: Die Kelleraußenwände sollen in die Fassadendämmung einbezogen und feuchte Kellerräume saniert werden. Bisher als Abstellräume genutzte Flächen können bei dieser Gelegenheit in eine Souterrainwohnung umgewandelt werden. Eine energetische Sanierung bietet ebenso eine ideale Gelegenheit, das Gebäude altersgerecht umzubauen. Werden beispielsweise Balkone im Zuge einer Fassadendämmung vom übrigen Gebäude thermisch abgekoppelt oder Balkontüren ausgetauscht, so können zugleich hinderliche Schwellen entfernt und die Balkonflächen auf rollstuhlgeeignete Maße vergrößert werden. Investitionen in Barrierefreiheit erhöhen den Wert der Immobilie zusätzlich.

Der demografische Wandel wird absehbar zu einer steigenden Nachfrage nach barrierefreiem Wohnraum führen: Die Zahl der 60- bis 80-jährigen Einwohner Deutschlands wird bis zum Jahr 2030 von derzeit rund 19 Millionen auf mehr als 22 Millionen wachsen, die der Hochbetagten (über 80 Jahre) von 5,1 auf 5,2 Millionen, so die Prognosen des Statistischen Bundesamtes. Im Jahr 2030 wird damit beinahe jeder dritte Einwohner 60 Jahre oder älter sein. Vermieter sichern durch altersgerechte Umbauten langfristig die gute **VERMIETBARKEIT** ihrer Wohnung. Und für Selbstnutzer bringt ein altersgerechter Umbau persönlichen **KOMFORTGEWINN** oder macht gar den Umzug ins Heim unnötig. Angesichts des mit knapp 60 Jahren hohen Durchschnittsalters von Wohnungseigentümern (BBSR 2015) ist das ein nicht zu unterschätzendes Argument.

Mehr Wohnkomfort

Fenster und Türen sind undicht und sorgen für unangenehme Zugluft. Räume werden auch bei aufgedrehten Heizkörpern nie richtig warm.

Die Außenwände strahlen Kälte ab. Die Bewohner des Erdschosses haben am Esstisch kalte Füße. Das Spielen mit den Kindern auf dem Fußboden ist unangenehm. Die Dachgeschosswohnung ist im Sommer ohne Klimagerät kaum bewohnbar. Jede einzelne dieser Schwachstellen ist ärgerlich, aber für sich genommen kaum ein Anlass für eine energetische Sanierung. In der Summe und auf Dauer beeinträchtigen sie allerdings den Wohnkomfort und das Raumklima erheblich. Für selbstnutzende Eigentümer ist genau das ein wichtiger Aspekt und möglicherweise ein maßgeblicher Grund für eine energetische Sanierung: Sie wollen sich in den eigenen vier Wänden wohlfühlen.

Neues Erscheinungsbild

Im Zuge eines Fenstertauschs lassen sich ungedämmte Rollladenkästen durch neue, in der Regel kleinere Kästen ersetzen und die **BELICHTUNG** der Räume so erheblich verbessern. Alternativ können künftig Schiebe- oder Klappläden die Verschattung übernehmen. Die Liste sinnvoller Kombinationen von energetischen mit anderen Maßnahmen ließe sich lange fortsetzen. Letztlich sind die Möglichkeiten immer von den Gegebenheiten vor Ort und den Wünschen der Eigentümer abhängig. An einer gemeinsamen ganzheitlichen Planung führt daher kein Weg vorbei.

Wirtschaftliche Überlegungen

Jede Kombination von Baumaßnahmen verringert nicht nur die Beeinträchtigungen für die Bewohner, sondern auch die Kosten erheblich. Die Baustelle muss nur einmal eingerichtet werden. Damit fallen die Kosten für die Anlieferung von Baustellentoilette und Bauwagen, für Absperrungen im Straßenraum und Zugang zur Baustelle, für Baufeldbeleuchtung, Baustrom und Bauwasser und für alle notwendigen Schutzmaßnahmen wie etwa Spritzschutz der Fenster nur einmal an. Besonders viel können Gemeinschaften sparen, indem sie Maßnahmen kombinieren, für die ein Gerüst notwendig ist. Die Kosten für Anlieferung,

Im Zuge einer Fassadensanierung ist die zeitgleiche Erneuerung der Fenster eine sinnvolle Überlegung.

Montage, technische Abnahme und Abbau machen schließlich den Löwenanteil im Gerüstbau aus. Die Standzeiten von Baustelleneinrichtung und Gerüst auf der Baustelle halbieren sich zwar nicht, doch gibt es meist eine Überlappung in den Tätigkeiten der Gewerke, sodass die Gesamtstandzeiten kürzer ausfallen als die Summe der einzelnen Bauzeiten. Außer-

> ### BAUPARTNER IN DER NACHBARSCHAFT
>
> Für Eigentümergemeinschaften mit einem nicht-freistehenden Mehrfamilienhaus kann es spannend sein, frühzeitig mit den Eigentümern der Nachbargebäude ins Gespräch zu kommen.
>
> Vielleicht planen sie ebenfalls eine energetische Sanierung, sodass eine gemeinsame Herangehensweise möglich ist. Auf jeden Fall lassen sich kritische Dach- und Fassadenübergänge gemeinsam am besten lösen.

dem gibt es für längere Standzeiten Mietreduzierungen. Synergien entstehen auch bei der Entsorgung von Bauschutt. Im Sinne der Nachhaltigkeit sollten Baustoffe möglichst sortenrein getrennt werden, damit die Materialien recycelt oder wiederverwertet werden können. Je nach Maßnahme(n) werden dafür diverse Container benötigt, etwa für mineralische Abfälle, Holz und Metall. Auch hier reduzieren sich die Anlieferungspreise. Zudem werden die Container besser ausgelastet.

Der Planungsvorlauf innerhalb der WEG mit dem komplexen und langwierigen Prozess der Willensbildung und hohen formalen Hürden ist beträchtlich und zudem schwer kalkulierbar. Von den Vorüberlegungen bis zum Baubeginn vergehen schnell zwei Jahre (siehe Seite 68). In dieser Zeit können sich viele Faktoren, die sich auf ein Projekt auswirken, verändern – von gesetzlichen Anforderungen über Fördermittel und Baupreise bis zur Auslastung der Handwerksbetriebe. Eine punktgenaue Vorbereitung, die all dies optimal berücksichtigt, ist kaum möglich.

Dennoch ist es sinnvoll, die wichtigsten Parameter während der WEG-internen Planung im Hinterkopf zu haben: Zinskonditionen von Kreditinstituten sowie Höhe und Bedingungen von Fördergeldern sind nicht in Stein gemeißelt. Über Bundesmittel wird alljährlich im Zuge der Haushaltsplanung neu beschlossen. Länder, Kommunen und manchmal auch Energieversorger legen hier und da neue Programme auf. Auf jeden Fall ist es ratsam, die **FÖRDERMITTELLANDSCHAFT** ab dem Beginn der Vorplanungen im Blick zu haben und damit frühzeitig über besonders spannende Programme informiert zu sein. Eine wichtige Rolle spielt auch der Marktkontext – sowohl in Sachen Materialien als auch in puncto Manpower. Die gesteigerte Nachfrage während der Corona-Pandemie und Lieferengpässe haben die Preise für zahlreiche Baumaterialien in die Höhe getrieben. So hat sich nach Angaben des Statistischen Bundesamtes beispielsweise Konstruktionsvollholz im Jahr 2021 um 77,3 Prozent im Vergleich zum Vorjahr verteuert, Dachlatten um 65,1 Prozent und Dämmplatten aus Kunststoff um 20,7 Prozent. Preisentwicklungen wie diese können ein wichtiges Argument sein, eine Sanierung ins Folgejahr zu verschieben oder – falls möglich – die Reihenfolge einzelner Sanierungsschritte zu verändern.

Termine für die Umsetzung

Oft genug haben Bauherren allerdings nur sehr begrenzten Einfluss auf den Termin einer Baumaßnahme. In vielen Bereichen beeinträchtigt der Fachkräftemangel seit Jahren die Handwerkersuche. Erschwerte Arbeitsbedingungen in den Corona-Monaten haben nun zusammen mit Lieferengpässen dafür gesorgt, dass viele Betriebe eine Bugwelle von Aufträgen vor sich herschieben. Während die Ausbesserung eines Daches auf einem Einfamilienhaus vielleicht noch in den Kalender passt, sind die Lücken für Großaufträge schnell besetzt. Hier macht es sich bezahlt, wenn die Verwaltung auf ein gut funktionierendes Netzwerk zurückgreifen kann oder der leitende Architekt oder Ingenieur regelmäßig mit denselben Firmen zusammenarbeitet. Wie bei jeder Baumaßnahme gilt: Die Auftragsbücher füllen sich im Herbst und Winter für das Folgejahr.

Wer frühzeitig am Ball ist, kann jahreszeitliche Gegebenheiten im Bauablauf berücksichtigen. Frühjahr und Frühherbst bieten mit moderaten Temperaturen und guten Lichtverhältnissen oft optimale Arbeitsbedingungen für alle Außenarbeiten und sind entsprechend nachgefragt. Eine Dachsanierung beispielsweise kann zwar auch ganzjährig durchgeführt werden, ist jedoch besonders wetterabhängig. Herbststürme oder Sommergewitter erfordern unter Umständen zusätzliche Sicherungsmaßnahmen, Hitzeperioden im Sommer machen häufigere Pausen notwendig. Hitze ebenso wie Kälte schaden zudem vielen Baustoffen. Außenputz sollte bei Temperaturen zwischen 5 und 30 Grad Celsius verarbeitet werden. Beim Streichen sollte die Temperatur über 10 Grad liegen.

→ Die unterschiedlichen Beteiligten:
Jeder Eigentümer, der Verwaltungsbeirat oder die Hausverwaltung kann eine Sanierung vorschlagen. Doch keiner kann sie allein oder gar gegen die anderen durchsetzen.

WAS ERFAHRE ICH?

- 19 → Die Wohnungseigentümer
- 21 → Der Verwaltungsbeirat: Sprachrohr der Eigentümer
- 23 → Die Hausverwaltung
- 25 → Experten an unserer Seite

Nur wenn alle drei Pfeiler der Eigentümergemeinschaft konstruktiv zusammenarbeiten, wird es gelingen, das Sanierungsprojekt auf den Weg zu bringen und schließlich erfolgreich umzusetzen. Dabei ist an vielen Stellen die Unterstützung von Experten gefragt. Je mehr die vielen Beteiligten voneinander wissen, umso besser kann jeder auf die Belange des anderen eingehen.

Je klarer Rollen verteilt und Aufgaben definiert sind, umso reibungsloser wird das Zusammenspiel aller funktionieren. Es lohnt sich, am Anfang und auch während des gesamten Prozesses immer wieder Zeit in das **MITEINANDER** zu investieren, Wünsche, Ziele und Vorstellungen klar zu formulieren, aber auch Befindlichkeiten und eigene Grenzen unmittelbar zu thematisieren.

Die Wohnungseigentümer

Insgesamt rund neun Millionen Wohnungen in Deutschland gehören zu Wohnungseigentümergemeinschaften. Das sind 22 Prozent aller Wohneinheiten. Sie verteilen sich auf 1,77 Millionen Gebäude. Die aktuellsten Detailstatistiken zum Thema WEG stammen aus dem Mikrozensus 2011. Danach befanden sich die meisten Wohneinheiten in kleinen Mehrfamilienhäusern. Knapp ein Drittel (32 Prozent) aller Eigentümergemeinschaften bestehen aus drei bis sechs Einheiten, weitere 28 Prozent aus sieben bis zwölf Einheiten.

Die Eigentümer bilden eine extrem heterogene Gruppe aus Personen mit unterschiedlichem sozialen, familiären und beruflichen Hintergrund und Alter, verschiedenen finanziellen Möglichkeiten, persönlichen Präferenzen oder auch individuellen Kompetenzen. Daraus ergeben sich zwangsläufig jeweils sehr unterschiedliche Umgangsweisen mit dem Wohnungseigentum. Diese Heterogenität macht die Willensbildung und die **BESCHLUSSFASSUNG** in nahezu jeder Gemeinschaft zu einem komplexen, oft konfliktbehafteten und meist langwierigen Prozess. Aufgrund der individuellen Zusammensetzung ist keine WEG wie die andere. Pauschale Erfolgsrezepte kann es für diese Zielgruppe also nicht geben.

Nach ihrer Nutzung unterscheiden sich zwei ähnlich große Eigentümergruppen: 42 Prozent aller WEG-Einheiten werden von den Eigentümern selbst bewohnt, 54 Prozent sind vermietet. Die übrigen stehen leer (3 Prozent) oder sind Ferien- und Freizeitwohnungen (1 Prozent). **SELBSTNUTZER** und **VERMIETER** verbindet das Interesse an einer möglichst zu Beginn des Ruhestandes schuldenfreien Wohnung, ihrer kostengünstigen Bewirtschaftung und einer guten Verwaltung ihrer Eigentumswohnanlage. Und die geringe Bereitschaft, sich für Ihr Eigentum zu verschulden. Knapp 90 Prozent der privaten Kleinvermieter finanzieren Sanierungsmaßnahmen ausschließlich über Eigenkapital. Komplettsanierungen lassen sich jedoch aus der Portokasse kaum stemmen. Entsprechend wird das Gebäude einer WEG – anders als etwa das eines Wohnungsunternehmens – eher kleinteilig und sukzessive saniert.

Darüber hinaus gibt es jedoch erhebliche Unterschiede zwischen den beiden Eigentümergruppen. Für Selbstnutzer fallen der eigene Wohnkomfort und individuelle Aspekte wie altersgerechte Gestaltung bei der Meinungsbildung ins Gewicht. Viele von ihnen planen, den Rest ihres Lebens in dieser Wohnung zu verbringen, und haben dadurch eine hohe emotionale Bindung an die eigenen vier Wände und ihre Umgebung. Auch das Miteinander der Hausgemeinschaft ist für sie wichtig.

In einer Umfrage des Instituts für ökologische Wirtschaftsforschung (IÖW, 2020) gaben mehr als 60 Prozent der Befragten an, in ihrer WEG seien selbstnutzende Eigentümer die Akteure, die den Prozess der energetischen Sanierung vorantreiben; ein Drittel sprach ihnen sogar einen starken positiven Einfluss zu. Die vermietenden Eigentümer hingegen wurden nur von 17 Prozent der Befragten als Akteure wahrgenommen. Die ebenfalls vom IÖW befragten Verwalter bestätigten dieses Bild: Knapp 50 Prozent von ihnen betrachten die Selbstnutzer als Treiber oder gar wesentlichen Treiber einer energetischen Sanierung. Nur gut 10 Prozent sehen vermietende Eigentümer in dieser Rolle.

Vermietende Eigentümer haben vor allem bei der Bewertung der Wirtschaftlichkeit von Investitionen einen anderen Blickwinkel als Selbstnutzer. Für sie sind die Mieteinnahmen ein wichtiger Beitrag zur Altersvorsorge. Sie betragen bei gut drei Vierteln aller privaten

Unter den Wohnungseigentümern sind Selbstnutzer oft die treibende Kraft bei Sanierungsvorhaben.

Wohnungsvermieter monatlich weniger als 750 Euro. Den vermietenden Eigentümern geht es weniger um maximale Rendite, sondern vielmehr um langfristige Sicherung der Mieteinnahmen durch reibungslose Mietverhältnisse. Sie können gemäß § 559 BGB 8 Prozent der für die Wohnung aufgewendeten Kosten für energetische Maßnahmen (abzüglich von Instandsetzungsanteilen) auf die Jahresnettokaltmiete umlegen. Diese Möglichkeit nutzen private Kleinvermieter allerdings seltener und in geringerem Maße als andere Vermietergruppen, so eine Untersuchung des Instituts der deutschen Wirtschaft Köln (2010).

Nichtsdestoweniger: In der **WIRTSCHAFTLICHKEITSBETRACHTUNG** (siehe Seite 143) muss dies berücksichtigt werden. Neben den zukünftig potenziell höheren Mieteinnahmen schlägt zu Buche, dass Vermieter die Maßnahmen steuerlich geltend machen können.

Neben der Form der Nutzung unterscheiden sich Eigentümer bezüglich ihrer soziodemografischen Merkmale: Einer Studie des Bundesinstituts für Bau-, Stadt- und Raumforschung (BBSR) auf Grundlage des Mikrozensus zufolge sind 52 Prozent aller privaten Wohnungseigentümer 60 Jahre und älter. Der Bundesdurchschnitt beläuft sich auf 26 Prozent. Der durchschnittliche Wohnungseigentümer ist den Berechnungen zufolge 58,3 Jahre alt. Der Faktor Alter spielt bei der Entscheidung für umfangreiche Investitionen eine maßgebliche Rolle. „Was hab' ich denn noch davon ..." oder: „Darum sollen sich dann meine Kinder kümmern" sind typische Sätze in Eigentümerversammlungen.

Auch die Auseinandersetzung mit komplexen Sachverhalten und immer neuen Technologien ist für viele ältere Menschen eine enorme Herausforderung. Erschwerend kommt hinzu, dass noch nicht alle Personen dieser Altersgruppe versiert sind in der Nutzung digitaler Instrumente. Genau diese sind jedoch enorm hilfreich, um den zeitnahen und umfangreichen Informationsfluss vor, während und nach der Sanierung zu sichern und alle bei der Stange zu halten. Das ist mit herkömmlichen Mitteln deutlich schwerer möglich.

MIETERHÖHUNG NACH SANIERUNG

Wohnungsanbieter	Anteil der Sanierungen mit Mieterhöhung	Durchschnittliche Mieterhöhung in Prozent
Private Kleinvermieter	54,1%	16,5%
Private Unternehmen	76,1%	43,5%
Genossenschaften	72,5%	28,2%
Sonstige Unternehmen	78,4%	24,1%
Durchschnitt der Anbietergruppen	61,5%	23,2%

Quelle: KfW/IW Köln Wohngebäudesaniererbefragung 2010

Der Verwaltungsbeirat: Sprachrohr der Eigentümer

Das Wohnungseigentumsgesetz (WEG) sieht in § 29 vor, dass die Eigentümer per Mehrheitsbeschluss einen Verwaltungsbeirat bestellen können. Zwingend notwendig ist ein solches Gremium nicht, es ist jedoch sinnvoll und entsprechend weit verbreitet.

Der Verwaltungsbeirat wird durch Mehrheitsbeschluss in der Eigentümerversammlung aus Mitgliedern der Gemeinschaft gewählt. Wenn die Teilungserklärung oder Gemeinschaftsordnung nichts anderes vorsieht, reicht dabei die einfache Mehrheit der in der Versammlung Anwesenden. Das bedeutet, mehr als 50 Prozent der anwesenden Eigentümer müssen für den jeweiligen Kandidaten stimmen. In seiner nun gültigen Fassung schreibt das WEG weder eine Mindest- noch eine Höchstanzahl an Beiratsmitgliedern vor. Die Wohnungseigentümer können die Größe ihres Beirates nach den Bedürfnissen ihrer konkreten Gemeinschaft festlegen. Zweckmäßig ist jedoch eine ungerade Zahl, um eine Beschlussmehrheit in Beiratssitzungen zu ermöglichen. In der Regel besteht ein Verwaltungsbeirat aus drei Wohnungseigentümern – einem Vorsitzenden und zwei Beisitzern. Wer welche Funktion übernimmt, kann im Beschluss der Wohnungseigentümer festgelegt werden. Es kann aber auch dem gewählten Beirat überlassen blei-

> **ZENTRALE AUFGABEN DES VERWALTUNGSBEIRATES (WEG 2020)**
>
> → Er vertritt die Interessen der Gemeinschaft gegenüber dem Verwalter (§ 9b Abs. 2).
> → Er hat die Aufgabe, den Verwalter bei der Durchführung seiner Aufgaben zu unterstützen und zu überwachen. Das Gremium soll den Wirtschaftsplan und die Jahresabrechnung prüfen und mit einer Stellungnahme versehen, bevor diese wichtigen Dokumente in der Eigentümerversammlung beschlossen werden (§ 29 Abs. 2).
> → Er ist befugt, eine Eigentümerversammlung einzuberufen, wenn ein Verwalter fehlt oder die Einberufung pflichtwidrig verweigert (§ 24 Abs. 3).
> → Der Vorsitzende des Verwaltungsbeirates oder sein Vertreter unterschreibt gemeinsam mit dem Vorsitzenden der Eigentümerversammlung und einem weiteren Wohnungseigentümer die Niederschrift der in einer Eigentümerversammlung gefassten Beschlüsse (§ 24 Abs. 6).

ben, wen er aus seiner Mitte zum Vorsitzenden wählt. Auch bezüglich der Bestelldauer macht das Gesetz keine Vorgaben. Ein Verwaltungsbeirat kann auf unbestimmte Zeit oder auch befristet bestellt werden. Die Beiratsmitglieder sind zumeist ehrenamtlich tätig und organisieren sich selbst. Sie bestimmen also Themen, Häufigkeit und Dauer ihrer Sitzungen selbst. Der Verwalter und andere Eigentümer können zu den Sitzungen eingeladen werden, sie haben jedoch keinen Anspruch darauf. Der Verwaltungsbeirat kann beispielsweise vereinbaren, mit einfacher Mehrheit Beschlüsse zu fassen. Diese haben allerdings keine Bindungswirkung für die Gemeinschaft. Mit der Gesetzesnovelle wurde die **HAFTUNG** von ehrenamtlichen Verwaltungsbeiräten auf Vorsatz und grobe Fahrlässigkeit beschränkt (§ 29 Abs. 3).

In der vorherigen Fassung des WEG waren als weitere Aufgaben die Prüfung von Rechnungslegungen und Kostenanschlägen explizit aufgeführt. Dass diese Funktionen nun nicht mehr genannt sind, heißt jedoch nicht, dass der Verwaltungsbeirat sie nicht übernehmen kann oder darf. In der Teilungserklärung oder Gemeinschaftsordnung kann die Eigentümergemeinschaft dem Verwaltungsbeirat über das Gesetz hinausgehende **BEFUGNISSE**, Vollmachten und Aufgaben erteilen. Das ist auch per Mehrheitsbeschluss möglich. Weithin üblich ist beispielsweise, dass der Verwaltungsbeirat zum Abschluss des Verwaltervertrages oder auch zur Erteilung von Aufträgen „gemeinsam" oder „in Abstimmung" mit der Verwaltung ermächtigt wird. Doch Vorsicht: Solche Beschlüsse scheitern in Anfechtungsverfahren oft an unbestimmten Formulierungen, so die Beobachtung des Verbandes der Immobilienverwalter Deutschlands (VDIV). Er empfiehlt, im Beschluss genau zu formulieren, was unter „gemeinsam" oder „in Abstimmung" zu verstehen ist. Beispielsweise kann im Beschluss festgelegt werden, wie viele Beiratsmitglieder in die Entscheidungsfindung einzubinden sind und welche Mehrheitsregelungen gelten.

Die Eigentümer können den Beirat nicht per Beschluss zu Leistungen zwingen. Es reicht also nicht, dass die Eigentümerversammlung einen Beschluss über zusätzliche Aufgaben oder Aufträge des Verwaltungsbeirates fasst. Der Beirat muss diese in der Versammlung explizit annehmen oder ablehnen. Das sollte entsprechend dokumentiert sein.

Im Alltag und erst recht bei umfangreichen Maßnahmen wie einer energetischen Sanierung kann ein Verwaltungsbeirat eine **SCHLÜSSELFUNKTION** einnehmen und maßgeblich zum Gelingen beitragen. Meist engagieren sich vor allem diejenigen Wohnungseigentümer im Verwaltungsbeirat, denen die Wohnanlage besonders am Herzen liegt. Das sind vorwiegend Selbstnutzer. Sie sind ständig vor Ort, also für die anderen Selbstnutzer gut erreichbar und für weiter entfernt lebende Vermieter wichtige Ansprechpartner. Die Mitglieder des Verwaltungsbeirates können Anliegen, Bedenken und Anregungen, Fragen und Kritik von allen sammeln und in die Arbeit der Verwaltung einbringen.

In den schwierigen und komplexen Willensbildungs- und Entscheidungsprozessen über umfangreiche bauliche Maßnahmen kann der Verwaltungsbeirat damit Überlegungen anstoßen, den Informationsfluss auf allen Ebenen sichern, wertvolle Überzeugungsarbeit leisten, Ausgleich schaffen und zwischen den unterschiedlichen Interessen vermitteln. Kurz: Ein akzeptierter, engagierter und teamfähiger Verwaltungsbeirat kann den gesamten Prozess vorantreiben. Er kann bei der Auswahl externer Dienstleister einbezogen werden, Begehungen und Vorgespräche begleiten, Angebote und Kostenvoranschläge prüfen.

Je besser Verwaltungsbeiräte informiert sind, umso besser und verantwortungsvoller können sie diese Aufgaben wahrnehmen. Die Gemeinschaft profitiert davon, wenn Rechtsanwälte, Steuerberater oder Vertreter ähnlicher Berufe bereit sind, diese Aufgaben zu übernehmen und ihr Fachwissen für alle einzubringen. Nicht zu unterschätzen ist darüber hinaus die erforderliche Kommunikations- und Moderationskompetenz, um in dem oft hitzigen, manchmal sogar feindlichen Miteinander in der Gemeinschaft konstruktiv wirken zu können. Mit einer entsprechenden Schulung können sie darin unterstützt werden.

Die Hausverwaltung

Die Verwaltung des gemeinschaftlichen Eigentums einer Eigentumswohnanlage ist Aufgabe der Gemeinschaft der Wohnungseigentümer (§ 18 Abs. 1 WEG). In der Regel beauftragt die Gemeinschaft damit einen gewerblichen Wohnimmobilienverwalter. Im Jahr 2017 waren auf diesem Feld deutschlandweit rund 24 600 Unternehmen mit mehr als 112 000 Beschäftigten tätig. Die Rechte und Pflichten der Verwaltungen sind im Wohnungseigentumsgesetz geregelt. Aus der Teilungserklärung oder Gemeinschaftsordnung, der Rechtsprechung, dem Verwaltervertrag und den Beschlüssen der Eigentümerversammlung können sich weitere Aufgaben ergeben. Die **VERWALTERVERGÜTUNG** und besondere Verwalterleistungen sind im Verwaltervertrag geregelt.

Hausverwaltungen werden für höchstens drei Jahre (Erstbestellung) bzw. fünf Jahre (Folgebestellung) bestellt (§ 26 Abs. 2 WEG) und sind normalerweise an einer langfristigen Zusammenarbeit und an Kunden interessiert, die sie weiterempfehlen. Umgekehrt hat die Eigentümergemeinschaft ein Interesse daran, kontinuierlich von einer kompetenten Verwaltung begleitet zu werden, die die Wohnanlage, die Eigentümer, die Mieter und alle Besonderheiten vor Ort kennt.

Für die Planung und Umsetzung einer umfangreichen Baumaßnahme ist ein gutes Miteinander von Eigentümern und Verwaltung das A und O. Im Team können Verwaltung und Verwaltungsbeirat substanzielle Vorarbeiten leisten und **BESCHLUSSFASSUNGEN** erleichtern, oft sogar ermöglichen. Doch ein Sanierungsprozess ist weder für die Eigentümer noch für die Verwaltung Alltag. Beide Seiten müssen wissen, worauf sie sich miteinander einlassen. Bevor es losgeht, ist daher ein guter Zeitpunkt, die Aussprache mit dem Verwalter zu suchen und zu besprechen, was in letzter Zeit besonders gut gelaufen ist, was weniger, was gar nicht. Was soll verbessert werden?

Zu den Aufgaben der Verwaltung gehört es auch, Erhaltungsmaßnahmen des gemeinschaftlichen Eigentums vorzubereiten und beschließen zu lassen. Nur: Die Vorbereitung und Begleitung mehrmonatiger Baumaßnahmen

---

RECHTE UND PFLICHTEN DES VERWALTERS (WEG 2020)

→ Er vertritt die Gemeinschaft gerichtlich und außergerichtlich (§ 9 b Abs. 1).

→ Er trifft Maßnahmen, die 1. untergeordnete Bedeutung haben und nicht zu erheblichen Verpflichtungen führen oder 2. zur Wahrung einer Frist oder zur Abwendung eines Nachteils erforderlich sind (§ 27 Abs. 1).

→ Er beruft mindestens einmal im Jahr eine Eigentümerversammlung ein (§ 24 Abs. 1).

→ Er führt die Beschlusssammlung (§ 24 Abs. 8).

→ Er erstellt jährlich einen Wirtschaftsplan mit den voraussichtlichen Einnahmen und Ausgaben (§ 28 Abs. 1 Satz 2).

→ Er stellt einmal im Jahr in einer Jahresabrechnung die tatsächliche Finanzsituation der Eigentümergemeinschaft dar (§ 28 Abs. 2 Satz 2).

→ Er erstellt nach Ablauf des Kalenderjahres einen Vermögensbericht (§ 28 Abs. 4).

sind etwas anderes als die Organisation des Austausches von zehn defekten Dachziegeln. Es muss also geklärt werden, welche Aufgaben die Verwaltung übernehmen kann und will. Je nach Größe des Unternehmens kann das Sanierungsprojekt aufgrund seines Umfangs, seiner Komplexität oder auch der speziellen technischen Anforderungen die personellen oder auch die fachlichen Kapazitäten sprengen. Darüber hinaus erfordert ein solches Unterfangen ein hohes Maß an Prozessmanagementerfahrung und überfachlicher sozialer und kommunikativer Kompetenzen. Das ist nicht überall gegeben. Dass Verwaltungen die eigenen Möglichkeiten und Grenzen realistisch einschätzen, belegt eine Umfrage des Verbandes der Immobilienverwalter Deutschland (VDIV). Darin gaben 31,4 Prozent der Umfrageteilnehmer an, sie fühlten sich wenig oder gar nicht qualifiziert, in Eigentümerversammlungen über energetische Sanierungsoptionen zu informieren. 35,1 Prozent fühlen sich wenig oder gar nicht qualifiziert, Finanzierungskonzepte zu erarbeiten. Nur wenn von Anfang an klar ist, welche Aufgaben die Verwaltung erfüllen kann und welche nicht, kann das bei der Zusammenstellung des übrigen Sanierungsteams entsprechend berücksichtigt werden.

Viele Verwalterverträge sehen eine Aufspaltung der Vergütung in eine pauschale Grundvergütung und in Sondervergütungen für bestimmte Leistungen vor. So kann beispielsweise für die kaufmännische Betreuung von umfangreichen baulichen Maßnahmen am Gemeinschaftseigentum (z. B. ab einem Investitionsvolumen von 10 000 Euro) eine Sondervergütung in Höhe von 4 Prozent, bei Hinzuziehen einer externen Bauleitung von 2 Prozent vereinbart werden. Eine solche Aufspaltung ist nicht zu beanstanden, wenn im Vertrag eine klare und transparente Abgrenzung erfolgt und darüber hinaus die tatsächliche Gesamtvergütung für laufend anfallende Aufgaben erkennbar ist. Das hat der Bundesgerichtshof mit Urteil vom 5.7.2019 (Az. V ZR 278/19) klargestellt.

Gibt es in einer WEG keine entsprechende vertragliche Regelung, dann sollten die Eigentümer mit ihrer Verwaltung offen über das Thema Vergütung sprechen. Den Eigentümern ist nicht damit gedient, ein ohnehin schwieriges und komplexes Projekt mit einer Verwaltung anzugehen, die möglicherweise unzufrieden und entsprechend unmotiviert ist, weil sie das Gefühl hat, nicht entsprechend ihren Leistungen bezahlt zu werden. Hat die Zusammenarbeit mit der Verwaltung in der Vergangenheit gut funktioniert und möchte diese aktiv an der Energiewende des Gebäudes mitwirken, dann besteht die Möglichkeit, sich auf ein Modell mit Sondervergütungen zu einigen. Die Höhe der Sondervergütung hängt von der Größe des Bauprojektes, seiner Kompliziertheit und dem daraus erwachsenden Arbeitsumfang sowie den Regelungen im Verwaltervertrag ab. Um rechtliche Unsicherheiten zu vermeiden, sollten die Leistungen des Verwalters, für die eine Sondervergütung vereinbart wird, im Vorfeld möglichst detailliert aufgeschlüsselt und per Beschluss festgelegt werden.

Es kann sich jedoch im Verlauf des Gespräches herausstellen, dass die gemeinsame Basis für eine komplexe Sanierung wackelig ist. Wenn eine oder beide Seiten jetzt schon Zweifel haben, dann ist es unter Umständen sinnvoll, vor Beginn des Megaprojektes den bisherigen Verwalter gemäß § 26 Abs. 3 Satz 1 abzuberufen. Liegt kein außerordentlicher Kündigungsgrund vor oder läuft der Verwalterver-

> **Nur wenn von Anfang an klar ist, welche Aufgaben die Verwaltung erfüllen kann und welche nicht, kann das bei der Zusammenstellung des übrigen Sanierungsteams entsprechend berücksichtigt werden.**

HIER GEHT ES WEITER: VERWALTERCHECKLISTE → HTTPS://VDIV.DE/PUBLIKATIONEN?TX_VDIVCAS_PUBLICATIONS%5BPUBLICATIONCATEGORY%5D=7

trag nicht sowieso aus, endet dieser sechs Monate nach der Abberufung (§ 26 Abs. 3 Satz 2).

Bei der Suche nach einem neuen Verwalter ist neben Ortsnähe und einem gut funktionierenden Dienstleisternetzwerk die fachliche Qualifikation das wichtigste Kriterium. In Deutschland gibt es keinen Ausbildungsberuf zum Immobilienverwalter. Doch mit der Überarbeitung des Wohnungseigentumsgesetzes wurde erstmals ein gesetzlicher Anspruch auf einen fachkundigen gewerblichen Verwalter verankert. Ab spätestens 1. Juni 2024 hat jeder Wohnungseigentümer das Recht, als Teil der ordnungsgemäßen Verwaltung des gemeinschaftlichen Eigentums die Bestellung eines zertifizierten Verwalters zu verlangen (§ 19 Abs. 2 Satz 6). Als **KOMPETENZNACHWEIS** dient eine IHK-Prüfung oder eine vergleichbare Qualifikation wie ein einschlägiges Hochschulstudium (§ 26a Abs. 1, Abs. 2 Satz 4).

Bereits 2017 wurde die Berufszulassung für Wohnimmobilienverwalter geregelt. Seither benötigen Wohneigentums- und Mietverwalter eine Erlaubnis nach § 34c der Gewerbeordnung. Voraussetzungen dafür sind geordnete Vermögensverhältnisse, Zuverlässigkeit und eine Berufshaftpflichtversicherung. Außerdem müssen Wohnimmobilienverwalter innerhalb von drei Jahren eine 20 Stunden umfassende **FORTBILDUNGSPFLICHT** erfüllen. Die Mitgliedsunternehmen der Landesverbände des Verbandes der Immobilienverwalter Deutschland (VDIV) haben sich zu 45 Stunden Weiterbildung verpflichtet. Für den Sanierungsprozess ist es natürlich hilfreich, wenn die Verwaltung über möglichst umfangreiche Kenntnisse zu energetischen Maßnahmen verfügt. Darüber können Zusatzqualifikationen Auskunft geben. Das Europäische Bildungszentrum der Wohnungs- und Immobilienwirtschaft (EBZ) und der VDIV haben beispielsweise einen Zertifikatslehrgang „Klimaverwalter" entwickelt. Im Idealfall hat der Verwalter in einer anderen WEG bereits energetische Maßnahmen begleitet. Dann bietet es sich an, den Kontakt in die dortige Eigentümerschaft zu suchen und sich vor Ort ein Bild zu machen. Möglicherweise ist manch eine getroffene Maßnahme oder Herangehensweise zum Nachahmen geeignet.

Experten an unserer Seite

Energetische Baumaßnahmen sind so komplex, dass jede Gemeinschaft auf kompetente Berater, erfahrene Planer und versierte ausführende Unternehmen angewiesen ist. Dabei lohnt es sich, die notwendigen Spezialisten zu beauftragen. Das spart unterm Strich Reibungen, die eine oder andere Sackgasse und oft sogar bauliche Mängel.

Ein wichtiges Kriterium bei der Auswahl aller Dienstleister ist, dass sie möglichst umfangreiche Expertise in der energetischen Sanierung von möglichst vergleichbaren Mehrfamilienhäusern vorweisen sollten. Im Idealfall gibt es **REFERENZOBJEKTE** in der Umgebung, die besichtigt werden können.

Allerdings sind die Gegebenheiten in einer Eigentümergemeinschaft bekanntermaßen andere als die in einem Mehrfamilienhaus, das einem einzelnen Eigentümer oder einem Wohnungsunternehmen gehört. Die kommunikativen Herausforderungen sind für Externe noch weit größer als für Eigentümer und Verwaltung untereinander. Mindestens die leitenden Planer und Berater sollten im Umgang mit Eigentümergemeinschaften Erfahrung haben.

Von den ersten Überlegungen bis zur Bauabnahme werden viele Monate vergehen. Sehr hilfreich ist, in dieser Zeit an den wesentlichen Schnittstellen **KONTINUITÄT** zu sichern. Ein Verwalterwechsel im Lauf einer solchen Maßnahme kann die Abläufe nicht nur erheblich verzögern, sondern möglicherweise die gesamte Umsetzung gefährden. Kontinuität zählt jedoch genauso auf der anderen Seite des Tisches. Im Idealfall begleitet ein Planer das gesamte Projekt. Für diese Schlüsselrolle kommt der Energieberater, ein Architekt oder auch ein Bauingenieur infrage.

Wie das Team am Ende aussieht und welche fachlichen Ausrichtungen darin vertreten sind, hängt stark von der jeweiligen Maßnahme ab.

Je nach baulichen Anforderungen müssen Experten hinzu gezogen werden. Im Folgenden wird erläutert, welche Fachleute in Frage kommen.

ENERGIEBERATER

Der erste und zugleich einer der wichtigsten Partner der Eigentümergemeinschaft ist der unabhängige Energieberater. Er analysiert die wichtigsten Gebäude-, Anlagen- und Verbrauchsdaten und erarbeitet ein energetisches Gesamtkonzept. Das enthält Vorschläge für einzelne Energieeffizienzmaßnahmen samt einer ersten Abschätzung zu Kosten und Wirtschaftlichkeit, Hinweisen auf Fördermöglichkeiten und Empfehlungen zur schrittweisen Umsetzung (siehe Seite 34 ff.). Unterschiedliche Formen von Energieberatung werden von Bund und Ländern gefördert. Darüber hinaus ist die Einbindung eines Energieberaters auch Voraussetzung, um Fördermittel nutzen zu können. Manch ein Energieberater ist gleichzeitig auch Architekt oder Ingenieur. Dann ist es eine Überlegung wert, diesen mit der weiteren Begleitung des Modernisierungsvorhabens zu beauftragen.

ARCHITEKTEN UND INGENIEURE

Wenn mehrere Maßnahmen, die ineinandergreifen, realisiert werden sollen, ist es ratsam, einen Architekten oder einen Bauingenieur hinzuzuziehen. Er ist so etwas wie der Manager der Baumaßnahme – von der Entwicklung eines ganzheitlichen Sanierungskonzeptes über die Planung und Vorbereitung der Umsetzung bis hin zur Kontrolle der Durchführung. Der Architekt oder Bauingenieur erstellt alle für die Bauantragstellung benötigten Bauunterlagen, Ausführungs- und Bauzeitenpläne und präzise Leistungsbeschreibungen. Er ermittelt die Kosten für die geplanten Maßnahmen, wirkt bei der Prüfung von Angeboten, der Vergabe von Aufträgen und der Kontrolle der Rechnungen mit. In der Umsetzungsphase fungiert der Architekt oder Bauingenieur als Bauleiter vor Ort. So kümmert er sich um einen geregelten Bauablauf, koordiniert alle am Bau beteiligten Gewerke und überwacht dabei die Einhaltung der anerkannten Regeln der Technik, der Durchführungsverordnungen, der Landesbauordnungen und des festgelegten Kostenrahmens. Und schließlich ist er für die Abnahmen von Leistungen zuständig.

Architekten arbeiten meist in kleinen Büros und können sich gut auf individuelle Bauvorhaben einstellen. Dabei haben sie auch die Gestaltung des Hauses im Blick. Gerade wenn es um die Dämmung der Fassade und/oder die Dachdeckung geht, ist das nicht zu unterschätzen. Wie werden die neu entstehenden Dachüberstände ansprechend gestaltet? Wie lassen sich Simse nachbilden? Oder wie würde das Gebäude wirken, wenn die künftige Fassade glatt wäre? Für solche Fragen ist ein Architekt ein wichtiger Berater. Einen guten Überblick über Architektenbüros in der näheren Umgebung können Sie sich anhand des Onlineauftritts der Gelben Seiten verschaffen. Auf den Internetseiten der Architektenkammern der Länder sind oftmals Profile der Büros hinterlegt. Damit können Sie die Suche gut eingrenzen, da viele Büros auf bestimmte Gebäudenutzungen oder -größen spezialisiert sind.

Bauingenieure sind sehr technisch orientiert und auf mathematisch-naturwissenschaftliche Zusammenhänge ausgerichtet. Sie prüfen die Baukonstruktion und dimensionieren die Gebäudetechnik. Viele Ingenieure haben sich auf bestimmte Bereiche wie etwa die technische Gebäudeausrüstung oder die Tragwerksplanung spezialisiert. Für die Suche gilt dasselbe Prinzip wie bei der Architektensuche: Überblick in den Gelben Seiten, Detailrecherche über die Ingenieurkammer.

Ob eine WEG einen Architekten oder einen Bauingenieur beauftragt, richtet sich letztlich danach, ob die gestalterische Seite großes Gewicht hat oder ob mehr Wert auf die prakti-

---

> **NICHT OHNE UNABHÄNGIGE BAUKONTROLLE**
>
> Auch wenn ein Projekt mit einem Generalunternehmen realisiert wird, das diverse Fachplaner und alle notwendigen Gewerke unter seinem Dach vereint, ist die Begleitung durch einen Architekten oder Bauingenieur unverzichtbar. Die Eigentümergemeinschaft braucht einen unabhängigen Kontrolleur, der ihre Interessen vertritt. Diese Funktion kann ein Mitarbeiter eines beauftragten Unternehmens nicht erfüllen.

BEWERTUNG DER LEISTUNGSPHASEN FÜR VERSCHIEDENE LEISTUNGSBILDER

Leistungsphase	Bezeichnung	Gebäude (§ 34 HOAI)	Tragwerksplanung (§ 51 HOAI)	Technische Ausrüstung (§ 55 HOAI)
1	Grundlagenermittlung	2 %	3 %	2 %
2	Vorplanung	7 %	10 %	9 %
3	Entwurfsplanung	15 %	15 %	17 %
4	Genehmigungsplanung	3 %	30 %	2 %
5	Ausführungsplanung	25 %	40 %	22 %
6	Vorbereitung der Vergabe	10 %	2 %	7 %
7	Mitwirkung bei der Vergabe	4 %	–	5 %
8	Bauüberwachung und Dokumentation	32 %	–	35 %
9	Objektbetreuung	2 %	–	1 %
Summe		100 %	100 %	100 %

sche Seite gelegt wird. Vielfach realisieren Architekten und Ingenieure gemeinsame Projekte, oft sogar in Bürogemeinschaften. Bei dieser Konstellation ist ein zentraler Ansprechpartner wichtig.

Architekten und Ingenieure können ihre Honorare frei verhandeln. Bis Ende 2020 galten dafür verbindliche Mindest- und Höchstsätze, die in der **HONORARORDNUNG FÜR ARCHITEKTEN UND INGENIEURE (HOAI)** festgeschrieben waren. Diese hat der Europäische Gerichtshof gekippt. Mit der am 1. Januar 2021 in Kraft getretenen Neufassung der HOAI gelten die Honorare nur noch als Orientierungswerte. Das Berechnungssystem an sich wurde allerdings nicht verändert. Die HOAI enthält unverbindliche Regelungen zu den anrechenbaren Neubaukosten, der Schwierigkeit der Bauaufgabe (Honorarzone), den Honorartafeln und Honoraranteilen für die einzelnen **LEISTUNGSPHASEN**. Die Vergütung richtet sich nun grundsätzlich nach der Vereinbarung, welche die Vertragsparteien treffen. Sie ist wirksam, wenn sie in Textform – also etwa in Form von E-Mails – festgehalten wird (§ 7 Abs. 1). Inhaltlich sind unterschiedliche Herangehensweisen möglich. Die Vertragsparteien können zwar vollständig von der HOAI abweichen und pauschal oder aufwandsbezogen Honorare vereinbaren. Doch Vorsicht: Die Aufgaben eines Architekten oder Ingenieurs sind enorm umfangreich. Auftraggeber können da leicht den Überblick verlieren. Die Empfehlungen der HOAI sind hier ein guter Maßstab. Hat die WEG keinen Architekten oder Ingenieur an der Hand, können auf Grundlage der HOAI mehrere Architekten angefragt werden, was Profit im freien Preiswettbewerb verspricht. Später wird dann mit dem Planer der Wahl vereinbart, dass die Regelungen der HOAI der gesamten Berechnung oder auch der Berechnung für einzelne Bestandteile zugrunde gelegt werden.

FACHLICHE UNTERSTÜTZUNG IN DER PLANUNGSPHASE

Gemeinsam mit dem Architekten oder Bauingenieur wird entschieden, ob und welche weiteren Experten hinzugezogen werden. Das kann bereits in der Planungsphase notwendig sein, um Einzelfragen zu klären. Möglicherwei-

> **BERATUNG DURCH BRANCHENVERBÄNDE**
>
> Mitglieder eines Verbandes wie Haus & Grund, Wohnen im Eigentum, dem Verband Wohneigentum, dem Bauherren-Schutzbund oder dem Verband Privater Bauherren können im Netzwerk des Verbandes hilfreiche Beratungs- und Serviceleistungen nutzen.

se verfügt die Hausverwaltung auch über eigenes technisches Personal, das die eine oder andere Planungsleistung übernehmen kann.

Zum einen gibt es je nach Projekt spezielle bauliche Anforderungen, die berücksichtigt werden. Durch zum Beispiel eine Neueindeckung und Dämmung des Daches und die gegebenenfalls zusätzliche Anbringung einer Solarthermie- oder Photovoltaikanlage wird in die Struktur und das statische Gefüge des Gebäudes eingegriffen. Das gilt erst recht, wenn das Dachgeschoss ausgebaut wird oder wenn Anbauten oder neue Balkone geplant sind. Dann muss ein **STATIKER** oder **TRAGWERKSPLANER** berechnen, welche zusätzlichen Sicherungen möglicherweise notwendig sind und welche Holzquerschnitte die Firstpfette ganz oben im Dach haben muss.

Sobald die Erneuerung, Veränderung oder Optimierung der Heizungsanlage zur Diskussion steht, ist der **SCHORNSTEINFEGER** gefragt. Er prüft, ob der Schornstein den Anforderungen der neuen Anlage entspricht, und macht bei Bedarf Vorgaben für Anpassungen desselben. Per Gesetz ist der Schornsteinfeger außerdem verpflichtet, die Feuerungsanlage bei Neuinstallation und später auch im Betrieb zu überprüfen. Soll eine komplexe Heizungs- und Lüftungsanlage errichtet werden, wird unter Umständen ein Fachingenieur für die technische Gebäudeausrüstung (**TGA-INGENIEUR**) benötigt. Und wenn mit der Sanierung auch Feuchteschäden behoben werden sollen, hilft ein **BAUPHYSIKER** oder Sachverständiger für Bauwerk- oder Schimmelschäden. Anbauten müssen in der Regel im amtlichen Lageplan erfasst werden, wofür ein **VERMESSER** beauftragt wird.

Sowohl der Vertrag mit dem Architekten oder Bauingenieur als auch später die Beschlussabwicklungen für die Maßnahme bergen vielfach juristische Fallstricke. Mit einem **FACHANWALT** für Architekten- und Bauvertragsrecht bzw. einem in Miet- und Wohnungseigentumsrecht versierten Anwalt ist die Gemeinschaft auf der sicheren Seite.

Im Zuge der Finanzierungsplanung gilt es steuerliche Aspekte zu bedenken. Ein **STEUERBERATER** informiert über Abschreibungsmöglichkeiten und die im Jahr 2020 neu eingeführte steuerliche Förderung energetischer Maßnahmen. Darüber hinaus hat eine Neuorganisation der Energieversorgung etwa mit einer Photovoltaikanlage (PV) oder einem Blockheizkraftwerk erhebliche Auswirkungen nicht nur auf die Form der Steuererklärung, sondern vor allem auf die Steuerpflichten. Diese Posten müssen in die Wirtschaftlichkeitsbetrachtung einbezogen werden.

ANSPRECHPARTNER BEI BEHÖRDEN

Viele Maßnahmen erfordern die Zustimmung von Behörden. Die Kompetenzen sind nicht ganz einfach zu durchschauen. Wenn der Architekt oder Ingenieur ortskundig ist – prima. Wenn nicht, kann die WEG an dieser Stelle wertvolle Vorarbeit leisten. Der Verwaltungsbeirat oder ein beliebiger Eigentümer kann sich frühzeitig informieren, welche Behörde wofür zuständig ist und zu welchem Zeitpunkt kontaktiert werden muss. Praktisch ist eine große Übersicht mit konkreten Ansprechpartnern und idealerweise auch üblichen Bearbeitungszeiten für Anträge etc., auf die die unterschiedlichen Akteure im Verlauf ihres Projektes zurückgreifen können.

Immer, wenn das äußere Erscheinungsbild des Gebäudes geändert wird und/oder Eingriffe in die Statik erfolgen, müssen baurechtliche Vorschriften beachtet werden (siehe Seite 214). Rechtliche Vorschriften werden von Bund, Ländern und Kommunen erlassen und unterscheiden sich damit von Ort zu Ort mitunter erheblich. Das kommunale **BAUAMT** informiert über allgemeine Rahmenbedingungen wie erforder-

DIE UNTERSCHIEDLICHEN BETEILIGTEN   29

Rollenverteilung beim Sanierungsprojekt

Das konstruktive Zusammenspiel von Eigentümern, Hausverwaltung sowie den planenden und ausführenden Fachleuten ist entscheidend für das Gelingen des Sanierungsvorhabens.

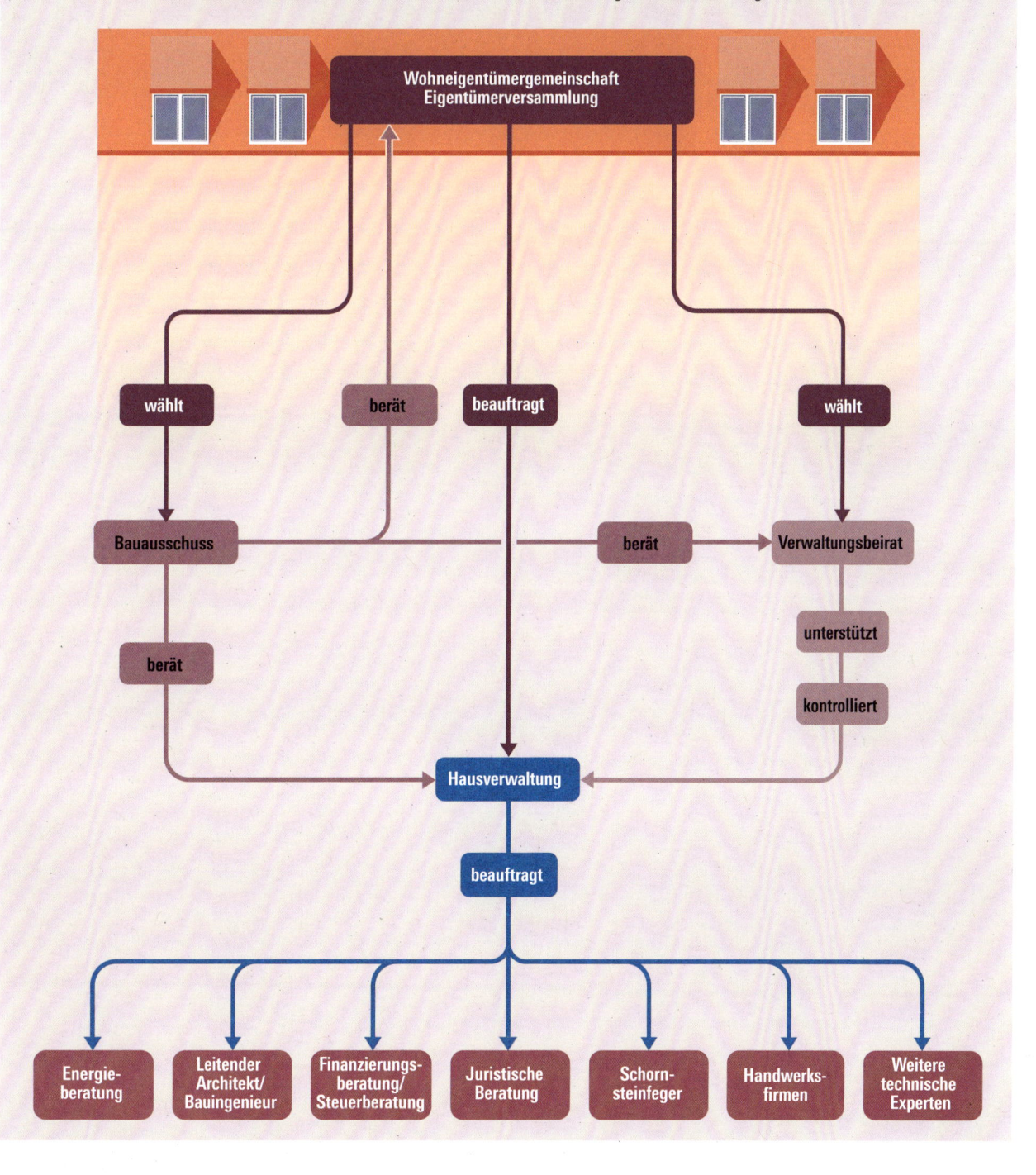

Wohneigentümergemeinschaft / Eigentümerversammlung
- wählt → **Bauausschuss**
- berät
- beauftragt → **Hausverwaltung**
- wählt → **Verwaltungsbeirat**

Bauausschuss — berät → **Verwaltungsbeirat**

Verwaltungsbeirat
- unterstützt
- kontrolliert → **Hausverwaltung**

Bauausschuss berät → **Hausverwaltung**

Hausverwaltung beauftragt:
- Energieberatung
- Leitender Architekt/Bauingenieur
- Finanzierungsberatung/Steuerberatung
- Juristische Beratung
- Schornsteinfeger
- Handwerksfirmen
- Weitere technische Experten

liche Genehmigungen, einzuhaltende Abstandsregeln oder auch Gestaltungsvorgaben. Bei Sanierungsmaßnahmen an einem Gebäude, das unter Denkmalschutz steht, spricht nicht nur das Bauamt mit. Auch die **DENKMALSCHUTZBEHÖRDE** muss über die Planungen benachrichtigt werden und ihre Zustimmung geben. Der Schattenwurf großer Bäume in der Nachbarschaft kann den Ertrag einer Solarthermie- oder PV-Anlage empfindlich beeinträchtigen. Die Bäume einfach zu fällen geht dennoch nicht. Das für Grünflächen und Naturschutz zuständige Amt der Kommune gibt Auskunft über Vogelschutzzeiten, Gebühren für Baumfällungen und Vorgaben bezüglich Ersatzpflanzungen. Die Bohrung für eine Erdwärmesonden- oder Grundwasserwärmepumpe beeinträchtigt unter Umständen das Grundwasser. Die **UNTERE WASSERSCHUTZBEHÖRDE** entscheidet, ob die Wärmepumpe am konkreten Standort gebaut werden kann und ob dafür eine Genehmigung erforderlich ist. In Wasserschutzgebieten sind Bohrungen für Wärmepumpen in der Regel unzulässig.

Beim **GRUNDBUCHAMT** lässt sich in Erfahrung bringen, ob und wo möglicherweise fremde Leitungen über das Grundstück laufen.

Kein Muss, aber mancherorts sehr lohnenswert ist der Kontakt zum **KLIMASCHUTZMANAGER** der Kommune. Seine Aufgaben sind lokal sehr unterschiedlich definiert. Meist laufen viele Fäden bei diesem Querschnittsposten zusammen. Der Klimaschutzmanager ist in der Regel über Quartierskonzepte und dortige Erfahrungen auf dem Laufenden. Möglicherweise erprobte Mustersanierungskonzepte, die neben Sanierungsvarianten mögliche Förderprogramme und deren wirtschaftliche Auswirkungen darstellen, können Entscheidungshilfen für die eigene WEG liefern. Und falls auf kommunaler Ebene Quartierslösungen angestrebt werden, kann die WEG unter Umständen einbezogen werden.

AUSFÜHRENDE UNTERNEHMEN

Für die Baumaßnahme(n) nebst allen Anschlussarbeiten wird meist eine ganze Reihe von Handwerksbetrieben benötigt. Genau wie für die Planer gilt auch für sämtliche ausführende Unternehmen: Sie sollten Erfahrungen mit Umbauten von Mehrfamilienhäusern haben und möglichst aus der näheren Umgebung stammen. Das erleichtert nicht nur den eigentlichen Bauablauf, sondern auch gegebenenfalls notwendige Mängelregulierung und die Wartung von Geräten.

Grundlage der Beauftragung der einzelnen **HANDWERKSUNTERNEHMEN** sind die Leistungsbeschreibungen des Architekten oder Ingenieurs. Er schickt seine Ausschreibung in der Regel an Firmen, mit denen er bereits zusammengearbeitet hat, mit der Bitte um Abgabe eines Angebots. Es spricht jedoch nichts dagegen, in diese Vorauswahl eigene Vorschläge einzubringen. Hilfreich ist dabei, wenn die Verwaltung über ein gut ausgebautes Netzwerk an Dienstleistungsunternehmen verfügt.

Sowohl bei Heizungsanlagen als auch bei Dämmungen entwickelt sich das Angebot an Techniken und Produkten stetig weiter. Das hat zur Folge, dass sich immer mehr Unternehmen spezialisieren. Bauherren sind also gut beraten, entweder Experten für ihr konkretes Projektvorhaben zu beauftragen oder eine Firma zu suchen, die so groß ist, dass sie Mitarbeiter mit unterschiedlicher und vielfältiger Expertise beschäftigt. Das sollten sie allerdings anhand von Referenzen nachweisen können. Die denkbar schlechteste Wahl trifft man beispielsweise, wenn mit dem Einbau einer Pelletheizung eine Installationsfirma betraut wird, für die dies das erste Objekt ist. Spezialisierte Betriebe können in der Regel über die Fachverbände und Innungen gesucht oder erfragt werden. Diese bieten ihren Mitgliedern Schulungen an und informieren über technische Entwicklungen und gesetzliche Neuerungen.

INTERVIEW

→ **Chancen und Fallstricke:** Das Miteinander der diversen Akteure in der Eigentümergemeinschaft ist eine kommunikative Herausforderung, berichtet Ulf Schelenz, Fachanwalt für Miet- und Wohnungseigentumsrecht.

Ulf Schelenz berät seit 2006 als Fachanwalt für Miet- und Wohneigentumsrecht vermietende Eigentümer und Selbstnutzer. Seit 2017 ist er Geschäftsführer des Grundeigentümer-Verbandes Hamburg.

Wo verhindern unterschiedliche Interessen von Wohnungseigentümern eine gemeinsame Willensbildung? Wo gibt es die größte Überlappung, auf der man möglicherweise bei einer Entscheidungsfindung aufbauen kann?

Der Knackpunkt in WEGs ist häufig die unterschiedliche finanzielle Leistungsfähigkeit der einzelnen Eigentümer. Dies führt dazu, dass der eine qualitativ hochwertiger bauen will als der andere, der kostengünstigere Maßnahmen vorzieht. Bei vielen baulichen Maßnahmen kommt hinzu, dass der unmittelbare Nutzen für die Eigentümer unterschiedlich groß ausfällt: Von der Dachdämmung hat der vermietende Eigentümer im Erdgeschoss weniger als der Selbstnutzer in der obersten Etage. Der Erdgeschosseigentümer wird deshalb eher über die Notwendigkeit der Dachdämmung oder auch über die Höhe der Kosten diskutieren. Letztendlich muss immer ein Kompromiss gefunden werden. Das gelingt oft, aber bei Weitem nicht immer. Vermietende Eigentümer sind tendenziell eher zu Zugeständnissen bereit, weil sie einen Teil der Kosten häufig den Mietern beispielsweise als Modernisierungsmaßnahme aufbürden können.

An einem Strang ziehen die Eigentümer häufig nur dann, wenn sie gesetzliche Vorgaben erfüllen müssen. Dann wird zuweilen nach dem Motto gehandelt: „Wenn wir sowieso etwas machen müssen, dann schauen wir mal nach der Möglichkeit staatlicher Förderung und machen vielleicht etwas mehr." Es gibt allerdings manchmal auch die Spezies der Eigentümer bzw. Eigentümergemeinschaften, die mit Blick auf feststehende Gesetzesverschärfungen – wie etwa bei uns in Hamburg die Photovoltaikpflicht – ganz schnell handeln, um den erhöhten gesetzlichen Anforderungen zu entgehen.

> Vermietende Eigentümer sind gut beraten, ihre Mieter frühzeitig umfassend zu informieren.

Welche Rolle spielen Mieter im Entscheidungsprozess für eine energetische Sanierung?

Mieter haben große faktische Macht. Sie verfügen über die Wohnung und können damit Baumaßnahmen erheblich verzögern, manchmal sogar verhindern. Vermietende Eigentümer sind deshalb gut beraten, ihre Mieter frühzeitig umfassend zu informieren. Spätestens wenn der Beschluss über eine umfangreiche Baumaßnahme gefasst wurde, sollten sie mit den Mietern ins Gespräch kommen. Und sobald es konkret wird, müssen sie darauf achten, die Maßnahme gesetzeskonform anzukündigen (siehe Seite 220), um später rechtlich nicht das Nachsehen zu haben. Dass Mieter umgekehrt eine Baumaßnahme maßgeblich mit auf den Weg bringen, dürfte eher selten sein. Mieter haben keinen Anspruch auf Modernisierungen und sind damit in der schwächeren Rechtsposition, gerade auf engen Wohnungsmärkten. Zwar haben private Eigentümer in der Regel ein großes Interesse an langfristigen Mietverhältnissen mit zufriedenen Mietern. Doch wenn Mieter sich energetische Verbesserungen wünschen, ist das bei der Willensbildung des Eigentümers sicherlich nur ein Faktor unter vielen. Wichtig ist auch die Frage, wer am Ende die Kosten der Maßnahme trägt.

Für Wohnungseigentümer ist sehr hilfreich, wenn der Verwalter als derjenige, der das Gebäude sehr gut kennt, eine starke, engagierte Rolle im Sanierungsprozess spielt. Wie kann das gelingen?

Der wünschenswerte Idealfall ist natürlich, dass der Verwalter als „Auge und Ohr" der WEG fungiert und alle Nöte und Bedürfnisse der WEG ohne Einschaltung Dritter kennt. Doch das ist die Theorie. Mittlerweile sind die Prozesse so komplex, dass der Verwalter mit vielen Details fachlich überfordert ist. Er braucht auf jeden Fall externe Planer an seiner Seite, später dann gute Fachfirmen zur Ausführung der Arbeiten.

Der Verwalter kann den Gesamtprozess nur dann gut lenken und leiten, wenn er in der WEG Vertrauen genießt und ein gutes Standing hat. Das kann er sich vor allem durch eine offene Informationspolitik erarbeiten. Wenn er möglichst detailliert und aktuell über alle Belange informiert und dabei auch kritische Punkte nicht verschweigt, haben die Eigentümer ein gutes Gefühl, selbst wenn sie möglicherweise gar nicht alle baulichen oder technischen Details verstehen. Enorm hilfreich in der Kommunikation können digitale Plattformen sein, um alle Eigentümer schnell und einfach zu erreichen. Viele Verwaltungen nutzen bereits digitale Portale oder Ähnliches. Die Etablierung solcher Tools benötigt allerdings Zeit und kann nicht von heute auf morgen alternativlos geschehen. Bei uns kommen immer wieder Eigentümer in die Beratung, die mit digitalen Instrumenten nicht oder nur unzureichend zurechtkommen. Sie haben den nachvollziehbaren Anspruch, weiter auf dem Postweg informiert werden zu wollen. Trotzdem ist es richtig, wenn Verwaltungen jetzt moderne digitale Instrumente verwenden, auch wenn diese anfangs nur von einzelnen Eigentümern genutzt werden und die Verwaltung noch einige Zeit zweigleisig fahren muss.

Die Steigerungen von Bau- und Brennstoffpreisen sind kaum kalkulierbar, Veränderungen bei gesetzlichen Vorgaben und Fördermitteln auch nicht. Auf der anderen Seite steht ein langer Vorlauf innerhalb der WEG. Eine ohnehin mit Fragezeichen behaftete Wirtschaftlichkeitsrechnung aus der Planungsphase ist zum Zeitpunkt des Baubeginns oft längst überholt. Wie können Eigentümer damit umgehen?

Die einzige Möglichkeit ist, Planungen, Kostenvoranschläge etc. immer wieder im Laufe des Projekts auf den Prüfstand zu stellen. Es geht um Überprüfung, ob die ursprünglichen Basisdaten noch aktuell sind, ob es möglicherweise neue Erkenntnisse, neue Fördermöglichkeiten oder neue gesetzliche Vorgaben gibt, die eine Anpassung der Planungen und der Wirtschaftlichkeitsberechnungen erforderlich machen. Insbesondere die Vorbereitungsphase ist von grundlegender Bedeutung für das Gelingen eines Projektes. Vor Preissteigerungen, die während der Ausführung entstehen, kann man sich als Bauherr durch die Vertragsgestaltung absichern. Wichtig ist, dass der Vertrag keine Klausel enthält, die vorsieht, dass das unternehmerische Risiko des Auftragnehmers für Preiserhöhungen ganz oder teilweise auf die WEG abgewälzt wird. Im Rahmen der Beschlussfassung über eine Maßnahme sollte dieser Aspekt besprochen werden. Der Verwalter muss wissen, wie er vorgehen soll, wenn eine Firma einen solchen Vertrag vorlegt. Darüber hinaus ist jede WEG gut beraten, zeitliche und finanzielle Puffer einzuplanen.

Wohnungseigentümer sind sehr zögerlich, Kredite aufzunehmen. Zugleich haben die lange Niedrigzinsphase und die aktuellen Negativzinsen dafür gesorgt, dass die Erhaltungsrücklagen in vielen WEGs alles andere als üppig bemessen wurden. Das Geld auf dem Hausgeldkonto reicht nicht, um eine umfangreiche Sanierung zu finanzieren. Wie lässt sich dieses Dilemma lösen?

Das ist tatsächlich eine Konstellation, die auch wir häufig beobachten. Für eine WEG, die auf dieser Grundlage kurzfristig eine Maßnahme umsetzen muss, sind Sonderumlagen und/oder ein Kredit der einzige Weg. Viel sinnvoller ist es natürlich, rechtzeitig eine ausreichende Erhaltungsrücklage aufzubauen, um dann für umfangreiche Maßnahmen oder auch für unvorhergesehene Instandsetzungen einen Puffer zu haben. Das funktioniert jedoch nur, wenn der Verwalter vorausschauend und großzügig plant und die Eigentümer bereit sind, bei dieser Strategie mitzuziehen.

An einer energetischen Sanierung sind diverse externe Dienstleister beteiligt – von der Verwaltung über den Energieberater bis hin zum Architekten. Wie können Eigentümer diesen die Arbeit erleichtern?

Jeder einzelne Eigentümer kann signalisieren, dass er bereit ist, Fragen zu beantworten und Zuarbeit zu leisten. Die größte Schwierigkeit besteht allerdings oft darin, dass die Eigentümer eine sehr heterogene Gruppe bilden. Wenn jeder mit seinen ganz persönlichen Interessen an Planer und Dienstleister herantritt, sind diese schnell überfordert. Wichtig ist, dass die Eigentümer gegenüber den Dienstleistern als geschlossene Gruppe auftreten. Das kann beispielsweise durch einen Bauausschuss oder eine Arbeitsgemeinschaft geschehen. In einem solchen Gremium sollten die verschiedenen Meinungen und Ideen der Gemeinschaft kanalisiert und Fachwissen einzelner Eigentümer beispielsweise aufgrund besonderer beruflicher Erfahrung gebündelt werden. Auch diejenigen, die meinen, alles besser zu wissen, müssen eingebunden werden. Sonst suchen und finden sie nämlich erfahrungsgemäß andere Wege, sich Gehör zu verschaffen und Sand ins Getriebe zu streuen. In der Arbeitsgruppe hingegen können ihnen die anderen Eigentümer mit überzeugenden Argumenten den Wind aus den Segeln nehmen. Unterm Strich können die Diskussionen in solch einem Gremium den Maßnahmen viel Rückhalt verschaffen.

→ Wenn jeder mit seinen ganz persönlichen Interessen an Planer und Dienstleister herantritt, sind diese schnell überfordert.

→ **Die unabhängige Energieberatung:**
Wohnungseigentümer haben viele Möglichkeiten, den energetischen Zustand des Hauses selbst einzuschätzen. An einer Energieberatung führt jedoch kein Weg vorbei.

WAS ERFAHRE ICH?

35 → Orientierungshilfe Energieausweis

37 → Basisangebote zur Energieberatung

37 → Auf der Suche nach einem qualifizierten Energieberater

38 → Der individuelle Sanierungsfahrplan

42 → Von der Bestandsaufnahme zum Konzept

43 → Konzept ersetzt keine Planung

Erste Hinweise darauf, ob sich energetische Maßnahmen lohnen können, liefert der **ENERGIEAUSWEIS**. Dieser standardisierte Steckbrief für Wohngebäude vermittelt mit verschiedenen Kennziffern ein Bild von der energetischen Qualität des Hauses und den daraus resultierenden Treibhausgasemissionen.

Das am 1. November 2020 in Kraft getretene **GEBÄUDEENERGIEGESETZ (GEG)** schreibt beim Bau von neuen Wohngebäuden einen Energieausweis vor. Eigentümer von Bestandsbauten müssen einen Energieausweis erstellen lassen, wenn das Gebäude umfassend saniert und dabei eine energetische Gesamtbilanzierung aufgestellt wird. Auch bei Verkauf oder Übertragung eines Erbbaurechts, bei Vermietung oder Leasing eines Wohngebäudes muss dem oder den Interessenten ein Energieausweis vorgelegt werden, und zwar spätestens bei der Besichtigung. Die wichtigsten Kennwerte müssen jedoch bereits in die Immobilienanzeige übernommen werden (§87 GEG).

Für Eigentümergemeinschaften heißt das: Sobald ein Eigentümer seine Wohnung verkauft oder neu vermietet, braucht er einen Energieausweis. Dieser gilt immer für das gesamte Gebäude, nicht für die einzelne Wohnung. Der Eigentümer hat einen Anspruch gegen die Gemeinschaft, dass er den Ausweis rechtzeitig erhält, kann also die Erstellung oder Aktualisierung des Dokuments einfordern. Die Kosten muss die Eigentümergemeinschaft tragen. Diese Regelung war im Wesentlichen Bestandteil der Energieeinsparverordnung (EnEV), galt also bereits vor Inkrafttreten des GEG. Überall, wo es seither Nutzungsänderungen gab, muss also ein Energieausweis vorliegen. Ein Energieausweis ist zehn Jahre lang gültig, muss allerdings neu ausgestellt werden, wenn Sanierungen vorgenommen und dabei energetische Berechnungen für das Gesamtgebäude durchgeführt werden.

WELCHEN ENERGIEAUSWEIS BRAUCHT UNSERE WEG?

Anzahl der Wohneinheiten	Baualter des Gebäudes	Bedarfsausweis	Verbrauchsausweis
1 – 4	Bauantrag vor dem 1.11.1977 + Gebäude unsaniert > Anforderungen der 1. Wärmeschutzverordnung sind nicht erfüllt.	X	
1 – 4	Bauantrag vor dem 1.11.1977 + Gebäude saniert > Anforderungen der 1. Wärmeschutzverordnung sind erfüllt.	X	X
1 – 4	Bauantrag nach dem 1.11.1977	X	X
5 und mehr	unabhängig von Baujahr und Sanierungsstand	X	X

Orientierungshilfe Energieausweis

Der Gesetzgeber unterscheidet zwischen dem Energieverbrauchsausweis und dem Energiebedarfsausweis.

Der **VERBRAUCHSAUSWEIS** basiert auf dem mittleren Heizenergieverbrauch der letzten drei Jahre, beispielsweise aus den Angaben des Gas- oder Fernwärmelieferanten. Die im Verbrauchsausweis dargestellte Energieeffizienz des Gebäudes hängt also maßgeblich von seinen Bewohnern ab. In kleinen Eigentümergemeinschaften kann das leicht zu Verzerrungen führen, wenn etwa viele Bewohner des Hauses tagsüber auswärts arbeiten. Je größer die Eigentümergemeinschaft ist, umso aussagekräftiger ist die Darstellung im Verbrauchsausweis, da sich die Gewohnheiten der einzelnen Bewohner relativieren. Aufgrund der einfachen Datenerhebung ist ein Verbrauchsausweis relativ kostengünstig.

Werden die Wohnungen dezentral über Gasetagenheizungen geheizt, müssten für einen Verbrauchsausweis theoretisch alle Gasverbräuche zusammengerechnet werden. Ein Verbrauchsausweis ist deshalb hier nicht sinnvoll. Für einen **ENERGIEBEDARFSAUSWEIS** wird der Energiebedarf des Gebäudes aufgrund der Bauweise der Gebäudehülle, der Anlagentechnik und normierter Randbedingungen rechnerisch ermittelt. Diese Methode erfordert eine umfangreiche bautechnische Untersuchung, ist also wesentlich aufwendiger, aber auch aussagekräftiger. Der Gesetzgeber hat genau festgelegt, für welche Gebäude welcher Energieausweis zulässig ist.

Auf der ersten Seite des Energieausweises ist neben allgemeinen Angaben zum Gebäude und Informationen zu Energieträgern auch vermerkt, welches Verfahren zur Berechnung herangezogen wurde. Handelt es sich um einen Bedarfsausweis, dann geht es auf Seite 2 weiter, Seite 3 bleibt unausgefüllt. Bei einem Verbrauchsausweis ist Seite 2 leer, die relevanten Kennwerte stehen auf Seite 3.

> **LESEHILFE FÜR LAIEN**
>
> → **PRIMÄRENERGIEKENNWERT (PE-KENNWERT):** Die ursprünglich aufgewendete, gesamte fossile Energiemenge, inklusive Verluste, die durch den Abbau, die Lieferung und die Verarbeitung des Energieträgers entsteht. Dieser Wert bildet die gesamte Kette der Energiebereitstellung ab und gibt Aufschluss über die Umweltauswirkungen des Gebäudes.
> → **ENDENERGIEWERT:** die jährlich erforderliche Energiemenge für Heizung, Warmwasserbereitung und Lüftung

Heizspiegel für Deutschland

Wohnfläche des Gebäudes in m²	Energieträger/ Heizsystem	Verbrauch in Kilowattstunden je m² und Jahr				Kosten in Euro je m² und Jahr			
		niedrig	mittel	erhöht	zu hoch	niedrig	mittel	erhöht	zu hoch
100 – 250	Erdgas	bis 89	bis 152	bis 234	ab 235	bis 7,80	bis 11,60	bis 16,40	bis 16,41
	Heizöl	bis 98	bis 155	bis 232	ab 233	bis 7,10	bis 9,70	bis 12,90	bis 12,91
	Fernwärme	bis 78	bis 130	bis 222	ab 223	bis 9,30	bis 13,80	bis 21,40	bis 21,41
	Wärmepumpe	bis 25	bis 42	bis 92	ab 93	bis 8,00	bis 11,50	bis 22,40	bis 22,41
	Holzpellets	bis 63	bis 127	bis 222	ab 223	bis 5,70	bis 8,70	bis 12,90	bis 12,91
251 – 500	Erdgas	bis 86	bis 145	bis 224	ab 225	bis 7,30	bis 10,60	bis 15,00	ab 15,01
	Heizöl	bis 95	bis 152	bis 228	ab 229	bis 6,70	bis 9,20	bis 12,50	bis 12,51
	Fernwärme	bis 74	bis 124	bis 210	ab 211	bis 8,90	bis 13,10	bis 20,00	ab 20,01
	Wärmepumpe	bis 25	bis 40	bis 91	ab 92	bis 7,60	bis 10,90	bis 21,50	ab 21,51
	Holzpellets	bis 59	bis 119	bis 208	ab 209	bis 5,20	bis 7,90	bis 11,80	ab 11,81
501 – 1.000	Erdgas	bis 82	bis 137	bis 213	ab 214	bis 6,80	bis 9,80	bis 13,80	ab 13,81
	Heizöl	bis 93	bis 149	bis 226	ab 227	bis 6,40	bis 8,90	bis 12,10	ab 12,11
	Fernwärme	bis 72	bis 119	bis 199	ab 200	bis 8,50	bis 12,40	bis 18,80	ab 18,81
	Wärmepumpe	bis 24	bis 39	bis 89	ab 90	bis 7,20	bis 10,40	bis 20,60	ab 20,61
über 1.000	Erdgas	bis 80	bis 133	bis 206	ab 207	bis 6,50	bis 9,30	bis 13,10	ab 13,11
	Heizöl	bis 91	bis 147	bis 224	ab 225	bis 6,20	bis 8,60	bis 11,90	ab 11,91
	Fernwärme	bis 70	bis 116	bis 192	ab 193	bis 8,20	bis 12,00	bis 18,10	ab 18,11
	Wärmepumpe	bis 23	bis 39	bis 88	ab 89	bis 6,90	bis 10,10	bis 20,10	ab 20,11

Quelle: co2online auf Basis von Daten aus dem Abrechnungsjahr 2020

HIER GEHT ES WEITER: HEIZSPIEGEL → CO2ONLINE.DE

Die Bedarfs- bzw. Verbrauchswerte Ihres Gebäudes werden in Kilowattstunden pro Quadratmeter Gebäudenutzfläche und Jahr (kWh/(m²a)) ausgewiesen. Je höher der Kennwert ist, umso schlechter steht es um den energetischen Zustand des Gebäudes. Ähnlich wie bei Elektrogeräten wird der konkrete Gebäudewert auf einer **FARBSKALA** von Grün (gut) über Gelb (mittel) bis Rot (schlecht) Energieeffizienzklassen zugeordnet. Ein unsanierter, energetisch schlechter Altbau mit mehr als 250 kWh/(m²a) findet sich in der rot gekennzeichneten Kategorie H. Bei einem Gebäude mit einem Endenergiewert von bis zu 150 kWh/(m²a) kann es interessant sein, energetische Optimierungsmöglichkeiten zu untersuchen. Unbedingt ratsam ist es, wenn der Kennwert über 150 kWh/(m²a) liegt.

Auf Seite 4 des Ausweises erhalten Eigentümer Empfehlungen zu kostengünstigen Verbesserungen der energetischen Eigenschaft des Gebäudes, auf Seite 5 Erläuterungen unter anderem zum Berechnungsverfahren.

Wo noch kein Energieausweis vorhanden ist, hilft der **HEIZSPIEGEL**, den die gemeinnützige Beratungsgesellschaft co2online alljährlich erstellt, bei der Einschätzung. Dieser arbeitet mit einer vierstufigen Farbskala.

Energieausweis und Heizspiegel sind Orientierungshilfen zur Abschätzung, wie dringlich der Handlungsbedarf ist. Nicht mehr – und nicht weniger. An einer unabhängigen Energieberatung führt aber kein Weg vorbei. Sie wird in unterschiedlicher Beratungstiefe und auch in unterschiedlichen Ausrichtungen angeboten.

Basisangebote zur Energieberatung

Für einzelne Eigentümer oder Verwaltungsbeiräte, die sich einen ersten Überblick verschaffen wollen, sind die bundesgeförderten Basis-Beratungsangebote der Verbraucherzentralen hervorragend geeignet. Für gezielte Fragestellungen bieten sich kostenfreie Online- oder Telefonberatungen an. Im Rahmen von Vor-Ort-Beratungen vermitteln Experten einen ersten Überblick über den energetischen Zustand des Gebäudes, die Schwachstellen der Haustechnik und der Gebäudehülle sowie über Sparpotenziale. Der Termin vor Ort dauert rund zwei Stunden. Innerhalb von vier Wochen erhalten die Ratsuchenden dann einen standardisierten Kurzbericht. Das Ganze kostet aufgrund der **FÖRDERUNG** durch das Bundeswirtschaftsministerium lediglich einen Eigenanteil in Höhe von 30 Euro (Stand 2022). Ingenieur- und Planungsleistungen gibt es im Rahmen dieser Angebote nicht.

Um das Thema „energetische Maßnahmen in der Gemeinschaft" ins Rollen zu bringen, sind die Erkenntnisse aus Energieausweis, Heizspiegel und erster Beratung eine gute Grundlage. Die Eigentümerversammlung muss dann entscheiden, ob alle gemeinsam einen Schritt weiter gehen und eine ausführliche Energieberatung samt Maßnahmenplan in Auftrag geben. Die Inhalte und der Umfang der Energieberatungsleistung müssen im Vorfeld möglichst genau festgelegt und beschlossen werden.

Auf der Suche nach einem qualifizierten Energieberater

Die Berufsbezeichnungen Energieberater, Gebäudeenergieberater oder Energieeffizienzexperte sind keine geschützten Begriffe. Architekten und Ingenieure, Bauphysiker, Handwerker und Schornsteinfeger bieten entsprechende Beratungsleistungen an, welche sich in Qualität und Umfang stark unterscheiden können. In der **ENERGIEEFFIZIENZ-EXPERTENLISTE** des Bundes sind Experten eingetragen, die im Rahmen der Eintragung für den bestimmten Aufgabenbereich ihre Qualifikation und Sachkunde nachgewiesen haben. Mit einer weiterführenden Qualifikation sind Experten zusätzlich berechtigt, Anträge für die verschiedenen Förderprogramme zu stellen. Diese Berater müssen ihre Qualifikation regelmäßig erneuern und nachweisen. In der Regel wird die Verwaltung die Suche nach einem professionellen Energieberater übernehmen.

Auf der Internetseite energie-effizienz-experten.de gibt es zwar eine Eingrenzung auf Wohn- oder Nichtwohngebäude und eine Suchmöglichkeit nach Postleitzahlen. Doch

HIER GEHT ES WEITER: BASIS-ENERGIEBERATUNG → HTTPS://VERBRAUCHERZENTRALE-ENERGIEBERATUNG.DE/BERATUNG/

> **INTERESSEN KLAR KOMMUNIZIEREN**
>
> Je genauer der Energieberater die Interessenlagen der einzelnen Akteure in der WEG kennt, umso besser kann er im Laufe der kommenden Wochen und Monate darauf eingehen und auch Sackgassen vermeiden.

wird darüber hinaus nur zwischen der Förderantragsberechtigung für Energieberatung für Wohngebäude, Komplettsanierung (KfW-Effizienzhaus oder Effizienzhaus Denkmal) und Einzelmaßnahmen unterschieden. Es gibt keine Möglichkeit, nach Energieberatern zu filtern, die mit Mehrfamilienhäusern oder gar mit Wohnungseigentümergemeinschaften Erfahrung haben.

Hilfreich ist die Angabe zur Ausbildung oder zum Studium des Beraters. Möglicherweise ist die energetische Achillesferse des Hauses bereits bekannt. Oder energetische Maßnahmen sollen mit einer notwendigen Instandhaltung gekoppelt werden. Dann kann der entsprechende fachliche Hintergrund der Energieberater bei der Auswahl berücksichtigt werden. Für die Dacherneuerung oder eine Fassadendämmung mit Fenstertausch ist der Elektrotechniker nicht die erste Wahl, sondern eher der Bauingenieur. Und für eine Heizungserneuerung bringt ein Ingenieur für Versorgungs- und Energietechnik gute Voraussetzungen mit. Der Vorteil dieser Herangehensweise in einem noch frühen Stadium ist: Sollte die Baumaßnahme umgesetzt werden, kommt der Energieberater eventuell als Bauleiter infrage. Das sichert Kontinuität und macht einen weiteren Ansprechpartner überflüssig, das Risiko von Informationsverlusten wird also verringert.

Doch ohne Erfahrung in Wohnungseigentümergemeinschaften oder zumindest in einem vergleichbaren Mehrfamilienhaus geht es nicht. Die technischen Randbedingungen, Erfordernisse und Möglichkeiten unterscheiden sich hier in der Regel deutlich von denen im Einfamilienhaus. Das hat auch Auswirkungen auf die Wirtschaftlichkeitsberechnungen. Hinweise auf umfangreiche Beratung im Mehrfamilienhaussegment sind manchmal, aber nicht immer auf den Internetseiten der Energieberater einsehbar. Mit all diesen Kriterien werden am Ende der Vorrecherche höchstens Eigentümergemeinschaften in Großstädten eine größere Auswahl an potenziellen Beratern haben.

Dennoch: Es lohnt sich, ausreichend Zeit für das erste Telefonat einzuplanen. Der Energieberater ist eine der Schlüsselpersonen im Sanierungsprozess.
→ Welche Erfahrungen kann er vorweisen?
→ Welche Referenzen?
→ Und welche Spezialgebiete?

Umgekehrt muss der Energieberater möglichst viel über das Gebäude, seine Bewohner und Eigentümer wissen. Und schließlich müssen die Modalitäten eines Vor-Ort-Termins geklärt sein:
→ Wann soll er stattfinden?
→ Wer soll dabei sein?
→ Was ist Ziel der Beratung?
→ Welches Honorar wird vereinbart?

Für eine Energieberatung gibt es keine Gebührenordnung. Die Kosten richten sich nach dem Umfang der Beratung.

Der individuelle Sanierungsfahrplan

Eine Energieberatung besteht aus mehreren Schritten. Kernelemente sind die Bestandsaufnahme vor Ort, die Analyse des energetischen Gebäudezustandes und Handlungsempfehlungen. Die Beratung mündet üblicherweise in einen schriftlichen und mündlichen Bericht. In der Detailtiefe gibt es allerdings enorme Unterschiede nicht nur zwischen den unterschiedlichen Beratungsformen, sondern auch zwischen Berater A und Berater B.

Aktuell gewinnt der sogenannte individuelle Sanierungsfahrplan (iSFP) erheblich an Bedeutung. Die Idee ist, Eigentümern einen auf das Gebäude zugeschnittenen Plan technisch und wirtschaftlich sinnvoller, folgerichtig aufeinander aufbauender **MASSNAHMENPAKETE** an die Hand zu geben, den sie schließlich entweder in einem Zug oder Schritt für Schritt nach ihren individuellen Möglichkeiten abarbeiten.

Dieses Verfahren hat zahlreiche Vorzüge: Wenn bereits im Grundsatz geklärt ist, welche Lösungen angestrebt werden, dann ist die Eigentümergemeinschaft schnell handlungsfähig, sobald kurzfristig Instandsetzungen notwendig sind oder falls sich günstige Förderoptionen auftun. Darüber hinaus können die Eigentümer frühzeitig finanzielle Belastungen einplanen und die Erhaltungsrücklage entsprechend anpassen. Die vorausschauende Planung erleichtert der Hausverwaltung das Erstellen des jährlichen Wirtschaftsplans. Unterschiedliche Maßnahmen lassen sich vorteilhaft kombinieren und gut aufeinander abstimmen. Dabei werden weitergehende Verbesserungen nicht verbaut. Und schließlich erleichtert die längere zeitliche Perspektive die Beschlussfassung: Diejenigen, die gern viel bewirken wollen, haben das gute Gefühl, dass sich etwas tut. Und diejenigen, die nur das Nötigste tun wollen, können sich frühzeitig auf unvermeidbare Ausgaben einstellen.

Allerdings ist der Nutzwert des iSFP für Eigentümergemeinschaften geringer als für Einfamilienhäuser. Im 91-seitigen Handbuch für Energieberater findet sich nur eine knappe Seite zum Thema WEG. Wichtige Optionen, wie etwa die unterschiedlichen Betriebsmodelle einer PV-Anlage (siehe „Mieterstrom", Seite 120 ff.), lassen sich in der Standardsoftware nicht darstellen. Auch werden in der **WIRTSCHAFTLICHKEITSBERECHNUNG** nur die Energiekosten des gesamten Hauses betrachtet, Posten wie die Modernisierungsmieterhöhung hingegen nicht berücksichtigt. An einer ergänzenden Wirtschaftlichkeitsbetrachtung, die sowohl Selbstnutzer als auch Vermieter behandelt, führt in der WEG also kein Weg vorbei.

Der iSFP ist auf unterschiedliche Weise förderfähig. Zunächst übernimmt der Staat 80 Prozent der Kosten für die Erstellung eines iSFP durch einen dafür gelisteten Energieberater. Eine WEG mit mindestens drei Wohnungen erhält bis zu 1 700 Euro. Präsentiert der Energieberater die Ergebnisse seiner Arbeit zusätzlich in einer Eigentümerversammlung, gibt es weitere 500 Euro. Die Förderung wird nicht

---

UNTERLAGEN FÜR DEN ENERGIEBERATER

Kontaktdaten Ansprechpartner

Angaben zum Gebäude
→ Baujahr des Gebäudes
→ Baujahr der Anlagentechnik
→ Anzahl der Wohneinheiten / Gewerbeeinheiten
→ Anzahl der Bewohner
→ Angaben zu Wohnfläche / beheizter Nutzfläche
→ Angaben zum umbauten Raum (aus dem Bauantrag)

Bau- und Planunterlagen
→ Pläne aus Bauantragstellung oder Baufertigstellungspläne
→ Grundrisse von allen Geschossen
→ Ansichten von allen Seiten
→ Konstruktionszeichnungen zu Wandaufbauten, Dach, Geschossdecken und Einbausituation der Fenster
→ Lageplan

Weitere Dokumente
→ aktuelles Schornsteinfegerprotokoll
→ Produktdatenblätter, Energielabel etc. zu Anlagenkomponenten
→ Verbrauchsabrechnungen Heizung der vergangenen drei Jahre
→ Verbrauchsabrechnungen Strom der vergangenen drei Jahre
→ Informationen zur derzeitigen Warmwasserbereitung und zum Verbrauch
→ möglichst differenzierte Angaben zu bisher durchgeführten Sanierungsmaßnahmen
→ Energieausweis, Wärmebedarfsrechnung / Heizlastberechnung
→ eventuell bereits vorliegende Angebote von Handwerkern

EIN GEBÄUDE, VIELE EIGENTÜMER - DIE RAHMENBEDINGUNGEN

Mein Sanierungs-fahrplan

Ihr Haus heute

Energiekosten[3]
15.150 €/a

Äquivalente CO_2-Emission
57 kg/(m²a)

Endenergieverbrauch
183.300 kWh/a

Primärenergiebedarf
257 kWh/(m²a)

Maßnahmenpaket 1
- Oberste Geschossdecke

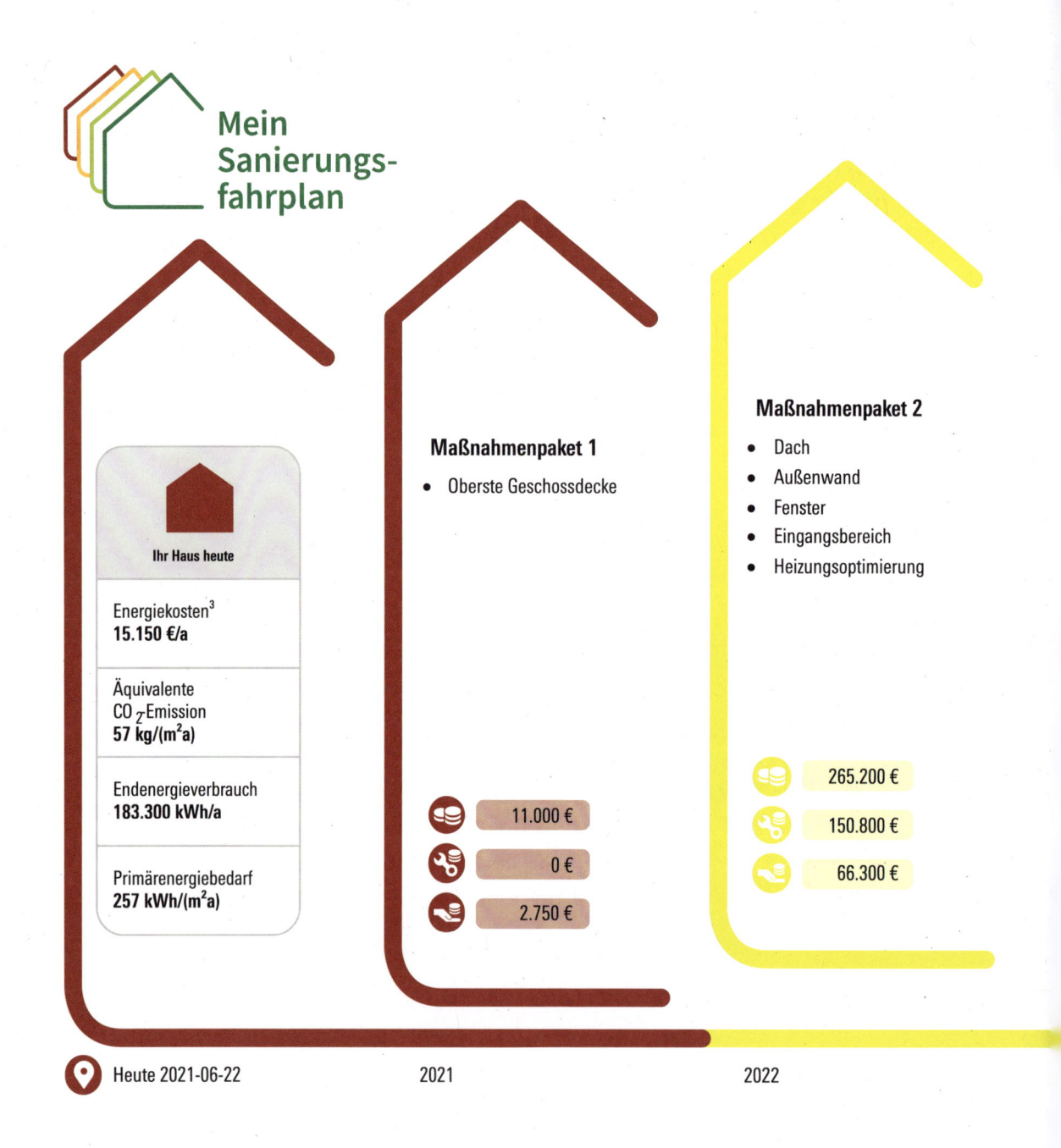

11.000 €
0 €
2.750 €

Maßnahmenpaket 2
- Dach
- Außenwand
- Fenster
- Eingangsbereich
- Heizungsoptimierung

265.200 €
150.800 €
66.300 €

Heute 2021-06-22   2021   2022

1) Die angegebenen Investitionskosten beruhen auf einem Kostenüberschlag zum Zeitpunkt der Erstellung des Sanierungsfahrplans. Es handelt sich hierbei nicht um eine Kostenermittlung nach DIN 276. Zu den tatsächlichen Ausführungskosten können Abweichungen au reten. Vor Ausführung sind konkrete Angebote von Fachfirmen einzuholen.

2) Die Förderbeträge wurden anhand der Konditionen der zum Zeitpunkt der Erstellung des iSFP geltenden Förderprogramme berechnet und sind rein informativ. Es besteht kein Anspruch auf die genannte Förderhöhe. Fördermöglichkeiten können zum Umsetzungszeitpunkt höher oder niedriger ausfallen, daher bitte zum Umsetzungszeitpunkt nochmals prüfen.

DIE UNABHÄNGIGE ENERGIEBERATUNG   41

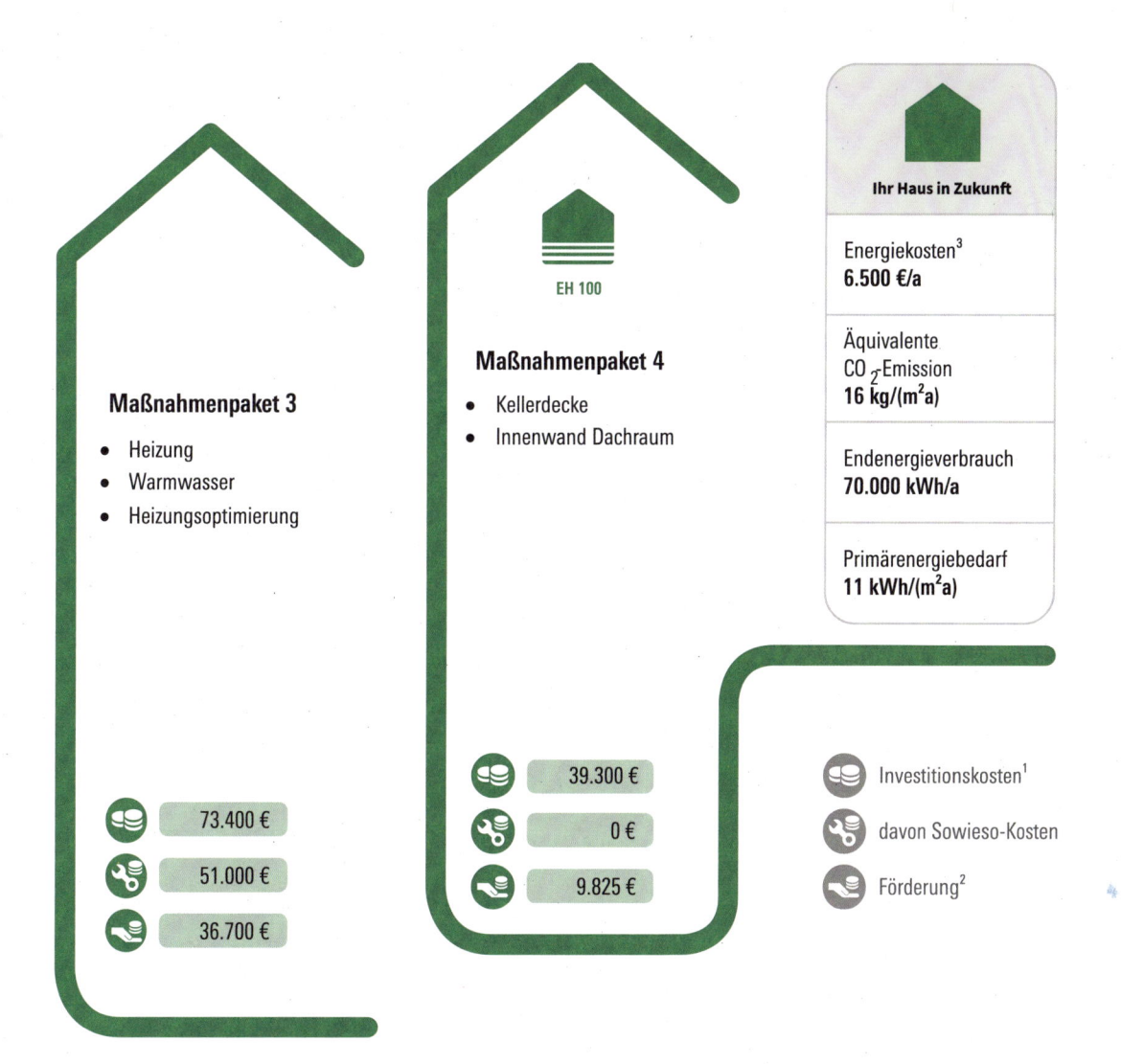

Maßnahmenpaket 3
- Heizung
- Warmwasser
- Heizungsoptimierung

EH 100

Maßnahmenpaket 4
- Kellerdecke
- Innenwand Dachraum

Ihr Haus in Zukunft

Energiekosten[3]
6.500 €/a

Äquivalente CO_2-Emission
16 kg/(m²a)

Endenergieverbrauch
70.000 kWh/a

Primärenergiebedarf
11 kWh/(m²a)

73.400 €
51.000 €
36.700 €

39.300 €
0 €
9.825 €

Investitionskosten[1]

davon Sowieso-Kosten

Förderung[2]

2024-2029   bis 2036   Ziel

3) Die Energiekosten wurden mit heutigen Energiepreisen und anhand des erwarteten Endenergieverbrauchs nach Umsetzung des jeweiligen Maßnahmenpakets berechnet. In der Langfristperspektive können Energiepreise schwanken.

> **SCHRITT FÜR SCHRITT ZUM INDIVIDUELLEN SANIERUNGSFAHRPLAN**
>
> 1. Berater suchen, Kontakt aufnehmen, Termin vereinbaren
> 2. Beratungsgespräch vor Ort
> 3. Energetische Bewertung des Ist-Zustandes
> 4. Entwicklung von Sanierungsvorschlägen
> 5. Zweites Vor-Ort-Gespräch, eventuell Vorstellung unterschiedlicher Varianten, Abstimmung des individuellen Sanierungsfahrplans
> 6. Erstellung des iSFP mit zwei bis fünf aufeinander aufbauenden Maßnahmenpaketen
> 7. Abschlussgespräch mit Erläuterungen des iSFP, eventuell in der Eigentümerversammlung
>
> Quellen: in Anlehnung an KfW, dena, ifeu, Passivhaus Institut

an die Bauherren, sondern an den Energieberater ausgezahlt. Er ist verpflichtet, den Zuschuss mit seinem Honorar zu verrechnen. Werden anschließend Maßnahmen aus dem iSFP umgesetzt, so wird das mit zusätzlichen 5 Prozent bezuschusst (s. Seite 160). Diesen Bonus gibt es nicht für die Heizungserneuerung und auch nicht für Komplettsanierungen.

Achtung: Der Begriff „individueller Sanierungsfahrplan" ist nicht geschützt. Er wird von Dienstleistern gern, aber für sehr unterschiedliche Inhalte und Formate verwendet. Für den Laien ist kaum erkennbar, welche Produkte die Anforderungen des Bafa erfüllen. Mit einem iSFP nach dem von der Deutschen Energie-Agentur und dem Institut für Energie- und Umweltforschung im Auftrag des Bundeswirtschaftsministeriums entwickelten Standard sind Ratsuchende auf der sicheren Seite. Empfehlenswert ist, diesen Standard vertraglich mit dem Energieberater zu vereinbaren.

FÖRDERVORAUSSETZUNG

Der iSFP muss der detaillierten **FÖRDERRICHTLINIE** des Bundesamtes für Wirtschaft und Ausfuhrkontrolle (Bafa) entsprechen. Danach muss ein Beratungsbericht vorgelegt werden, der die Ergebnisse der Energieberatung in für den Kunden verständlicher Weise dokumentiert. Das vom Berater erarbeitete individuelle Sanierungskonzept muss eine Schritt-für-Schritt-Sanierung und/oder eine Gesamtsanierung in einem Zuge zu einem KfW-Effizienzhaus beinhalten. Bestandteil des Berichts müssen immer auch Angaben zum Primärenergiebedarf, Endenergiebedarf und zu CO_2-Emissionen, Energiekosten, geschätzten Gesamtinvestitionskosten, Instandhaltungskosten und Fördermöglichkeiten des Bundes sein. Darüber hinaus können Ratsuchende mit einem Gebäudeenergieberater die zu erbringende Leistung frei verhandeln. Denkbar ist beispielsweise, ihm einen Kostenrahmen oder auch Wünsche wie etwa die Kombination mit einem altersgerechten Umbau mit auf den Weg zu geben.

Eine Besonderheit gilt in Baden-Württemberg: Dort schreibt das Erneuerbare-Wärme-Gesetz (EWärmeG) vor, dass nach einem Heizungstausch mindestens 15 Prozent des jährlichen Wärmeenergiebedarfs aus erneuerbaren Energien gedeckt wird. Die Vorlage des iSFP reduziert diesen Pflichtanteil auf 10 Prozent.

Von der Bestandsaufnahme zum Konzept

Die Grundlage jeder ganzheitlichen Sanierung ist eine umfassende Bestandsaufnahme. Wenn der Energieberater bereits vor seinem ersten Vor-Ort-Termin alle notwendigen Pläne und Dokumente (siehe Kasten) zur Verfügung hat, kann er sich gezielt vorbereiten.

Bei seiner Besichtigung nimmt der Energieberater die Beschaffenheit von Wänden, Dach, Geschossdecken und anderen Bauteilen sowie die Haustechnik unter die Lupe. Hilfreich sind Hinweise der Verwaltung oder auch seitens der Wohnungseigentümer über Mängel, Wünsche, geplante Nutzungsänderungen, finanzielle Rahmenbedingungen etc. Dieser Termin dauert etwa zwei bis drei Stunden.

Im Anschluss analysiert der Experte die Gebäude-, Anlagen- und Verbrauchsdaten. Er bewertet den energetischen **IST-ZUSTAND** der Immobilie anhand von bedarfsbasierten Kennwerten, also unabhängig vom konkreten

NUTZUNGSVERHALTEN der Bewohner. Bei der Berechnung der Kosten zieht er Verbrauchsdaten hinzu, um ein realitätsnahes Bild zu zeichnen und keine falschen Einsparungen zu suggerieren. Die Kostenberechnung gilt damit für die jetzigen Bewohner. Sobald sich deren Zusammensetzung oder Nutzungsverhalten etwa durch vermehrtes Arbeiten im Homeoffice verändert, kann das Auswirkungen auf die Kostenberechnung haben.

Aus der Datenanalyse und allen ergänzenden Informationen entwickelt der Energieberater Vorschläge für mögliche Maßnahmen. Die Methodik des iSFP sieht vor, dass die empfohlenen Maßnahmen dem „Bestmöglich-Prinzip" folgen, dass also bei jeder Maßnahme so weit wie möglich alle in Betracht kommenden Faktoren zur Senkung des Primärenergiebedarfs ausgeschöpft werden. Das nachhaltige Ziel besteht darin, Bauteile heute so zu sanieren, dass sie nicht mittelfristig schon wieder ausgetauscht oder nachsaniert werden.

Unter Umständen sind unterschiedliche Varianten denkbar. Beim zweiten Vor-Ort-Termin werden diese einander gegenübergestellt, Details besprochen und eine Variante vereinbart. Im Anschluss erstellt der Energieberater umfangreiche Bauherrendokumente. Die Eigentümer erhalten die ZUSAMMENFASSUNG in Form von zwei Booklets – „Mein Sanierungsfahrplan" und „Umsetzungshilfe für meine Maßnahmen". Sie beinhalten sowohl die Bestandsaufnahme als auch die Berechnungen für mögliche Maßnahmen in Form von Kurzbeschreibungen, übersichtlichen Tabellen und Grafiken. Einzelne Maßnahmen, die sinnvollerweise zusammen durchgeführt werden, sind dabei zu Paketen zusammengefasst und in eine zeitliche Reihenfolge gebracht. Dazu werden die aus dem Energieausweis bekannten Farben zur Klassifizierung des energetischen Standards verwendet (siehe Seite 40). Die beste (dunkelgrüne) Farbklasse wird für den auch auf absehbare Zeit höchsten Effizienzstandard vergeben, beispielsweise für Passivhaus-taugliche Bauteile. Die zweite (sattgrüne) Farbklasse kennzeichnet die Anforderungen der Einzelmaßnahmenförderung. In der dritten (hellgrünen) Klasse sind die Anforderungen des GEG an sanierte Bauteile zusammengefasst. Alle weiteren Klassen dienen der abgestuften Darstellung. Je nach Gebäude und Maßnahmen werden in der individuellen grafischen Darstellung nicht alle Farbklassen verwendet.

Bestandteil des Sanierungsfahrplans sind neben der grafischen Darstellung Informationen über die geschätzte Höhe der Kosten der einzelnen Maßnahmen. Dabei wird die geschätzte, zu erwartende jährliche GESAMTKOSTENBELASTUNG für einen Betrachtungszeitraum von 20 Jahren dargestellt. Neben den einmaligen Investitionskosten für Instandhaltung (Sowieso-Kosten) und energetische Optimierung (energieeffizienzbedingte Mehrkosten) werden die laufenden Betriebs-, Wartungs- und Energiekosten berücksichtigt. Auch infrage kommende Fördermittel werden aufgeführt.

Konzept ersetzt keine Planung

Der individuelle Sanierungsfahrplan ersetzt keine Planung, auch keine Planungsstufen. Er vermittelt immer nur ein systematisches Konzept, das Ist-Zustand, Maßnahmenempfehlungen, Wirtschaftlichkeit, Energieeffizienz und Bauherrenwünsche miteinander verbindet.

Für die Eigentümergemeinschaft ist das eine solide Basis für ein zielgerichtetes weiteres Vorgehen. Und so verlockend es sein mag – es bringt langfristig nichts, einen iSFP erstellen zu lassen, die erste Maßnahme umzusetzen, umfangreiche Förderungen mitzunehmen und den Fahrplan dann in die Schublade zu legen. Wenn die nächste Instandhaltung ansteht oder die gesetzlichen Anforderungen erhöht werden, sind die Berechnungen möglicherweise nicht mehr nutzbar, weil sich zentrale Basisdaten wie der Energieverbrauch verändert haben. Und die Kostenschätzungen sind durch Preisentwicklungen komplett überholt. Dann heißt es von vorn anfangen.

Das lässt sich vermeiden, indem der iSFP genutzt wird, um das Gebäude in einem überschaubaren Zeitraum Schritt für Schritt energetisch auf Vordermann zu bringen. Der iSFP ist ein gutes Hilfsmittel, um sowohl die Finanzierung als auch die Aufträge an ausführende Gewerke strategisch anzugehen.

VON DER IDEE ZUR PLANUNG

2 Die Beschlussfassung über bauliche Maßnahmen ist eine komplexe und oft langwierige Angelegenheit. Wenn Eigentümer ihre Möglichkeiten, Rechte und Pflichten kennen, erleichtert das eine strukturierte, zielorientierte Herangehensweise.

46 → Entscheidungen in der Eigentümergemeinschaft
55 → Interview: Der neue gesetzliche Rahmen
58 → Verbündete gesucht
61 → Schritt für Schritt zur Beschlussfassung

→ Entscheidungen in der Eigentümergemeinschaft: Die Beschlussfassung hängt von vielen Faktoren ab: Welche Bauteile sind betroffen? Um was für eine Maßnahme geht es? Wie sind die Stimmrechte geregelt?

WAS ERFAHRE ICH?

46 → Gemeinschafts- und Sondereigentum
48 → Die Eigentümerversammlung
49 → Beschlussfähigkeit
51 → Stimmrecht und Mehrheiten

Mitglieder von Eigentümergemeinschaften bezeichnen sich als Wohnungseigentümer und fühlen sich oft auch vorrangig als Eigentümer einer einzelnen Wohnung. Dabei sind sie zugleich auch Miteigentümer eines Gebäudes. Wenn es um energetische Optimierungen geht, sind die einzelnen Eigentümer vorrangig in dieser Rolle betroffen.

Gemeinschafts- und Sondereigentum

Das Eigentum jedes Mitglieds der Eigentümergemeinschaft setzt sich zusammen aus seinem Miteigentum am Gemeinschaftseigentum und aus seinem Sondereigentum. Der Miteigentumsanteil (MEA) ist ein ideeller, rein rechnerischer Wert, der in der Teilungserklärung festgelegt und im Grundbuch eingetragen wird. Zur Berechnung der Miteigentumsanteile gibt es keine gesetzlichen Vorgaben. In der Regel wird dazu das Wohn- und Nutzflächenverhältnis hinzugezogen. Einer kleinen Wohnung werden also weniger Miteigentumsanteile zugewiesen als einer großen Wohnung. Der Miteigentumsanteil wird in Bruchteilen am Gemeinschaftseigentum ausgedrückt. Üblich ist die Angabe der Miteigentumsanteile in 1 000steln.

Beispiel: Ein Gebäude hat insgesamt eine Wohn- und Nutzfläche von 500 Quadratmetern. Der Rahmenwert 1 000 wird durch 500 geteilt. Jeder Miteigentumsanteil am Grundstück beträgt auf Basis der Gesamtfläche also 2,0 Quadratmeter. Ein Eigentümer mit einer Wohnung von 80 Quadratmetern hat damit einen Miteigentumsanteil von 80 x 2 Quadratmetern/1 000, also 160/1 000.

Den Rahmen dafür, welche Gebäudeteile Gemeinschaftseigentum und welche Sondereigentum sind bzw. sein können, steckt das **WOHNUNGSEIGENTUMSGESETZ** in § 5. Danach gehören alle Teile des Gebäudes, die für dessen Bestand oder Sicherheit erforderlich sind, sowie Anlagen und Einrichtungen, die dem gemeinschaftlichen Gebrauch dienen, zum Gemeinschaftseigentum. Die Grund- und Umfassungsmauern, die tragenden Zwischenwände und das Dach, die konstruktiven Elemente von

GEMEINSCHAFTSEIGENTUM ODER SONDEREIGENTUM?

GEMEINSCHAFTSEIGENTUM

Balkon
- konstruktive Teile
- Brüstung
- Seitenwände
- Außenseite
- Isolier- und Dämmschichten

Fenster
- Fenster
- Fensterläden
- Außenjalousien, Markisen, Rollläden
- Fensterbänke und -sims außen

Haustechnik
- Versorgungsleitungen (Wasser, Abwasser, Heizung, Gas) bis zur Absperrvorrichtung im Bereich des Sondereigentums
- Verbrauchszähler
- Licht-/Luftschächte
- Solaranlagen

Heizung
- Heizungsanlage
- Fußbodenheizung
- Heizkörperventile
- Heizkostenverteiler

Türen
- Hauseingangstür
- Türen zu Gemeinschaftsräumen
- Wohnungseingangstüren

Dach
- Eindeckung
- Dämmung
- Dachfenster
- Schornstein

Fassade
- Anstrich
- Außenputz
- Dämmung
- Isolier- und Dämmschichten
- Außenwände

SONDEREIGENTUM

Balkon
- oberer Plattenbelag
- Innenanstrich der Brüstung

Fenster
- Innenrahmen/Innenscheiben bei echten Doppelfenstern mit trennbarem Rahmen
- Zugvorrichtungen, Verkleidung
- Fensterbänke und -sims innen

Haustechnik
- Steckersolar eines einzelnen Eigentümers auf seinem Teileigentum

Heizung
- Heizkörper

Türen
- Innentüren

Balkonen und Dachterrassen, der Heizungs- und der Waschraum, das Treppenhaus, der Fahrstuhl und der Hauseingang sind also zum Beispiel zwingend und immer Gemeinschaftseigentum. Andere Teile des Gebäudes können zum Sondereigentum erklärt werden. Das geschieht mit der Gründung des Wohn- und Teileigentums in der **TEILUNGSERKLÄRUNG** und dem **AUFTEILUNGSPLAN**. Dort ist genau definiert, was zum individuellen Sondereigentum gehört. Kern des Sondereigentums ist grundsätzlich die in sich abgeschlossene Einheit. Unterschieden wird dabei in das zu Wohnzwecken dienende Wohnungseigentum und zu anderen Zwecken genutztes Teileigentum wie z. B. Ladenflächen, Gewerberäume oder eine Arztpraxis. Dem Wohnungseigentum sind dann beispielsweise die nichttragenden Innenwände, die Thermostatventile, der obere Belag des Balkons oder auch der Innenanstrich der Brüstung zugeordnet. Was in der Teilungserklärung nicht als Sondereigentum bestimmt ist, ist Gemeinschaftseigentum.

Wenn es um energetische Maßnahmen geht, betreffen diese zwar vorrangig Bauteile, die im Gemeinschaftseigentum stehen. Es werden jedoch meist auch Teile des Sondereigentums berührt, etwa beim Fenstertausch oder bei der Instandhaltung der Balkone.

Die Unterscheidung zwischen Gemeinschafts- und Sondereigentum ist maßgeblich dafür, welche Rechte und Pflichten der einzelne Eigentümer hat. Mit seinem Sondereigentum oder Wohn- und Teileigentum kann ein Wohnungseigentümer grundsätzlich tun, was er will. Allerdings kann die Teilungserklärung Einschränkungen vorsehen. Die Instandhaltung und Instandsetzung des Sondereigentums muss der Eigentümer immer eigenständig und auf eigene Kosten vornehmen. Für das

Gemeinschaftseigentum hingegen sind in der Regel alle Eigentümer verantwortlich. Sie können nur gemeinsam Entscheidungen treffen und müssen gemeinsam die Kosten tragen. Wie die Stimmen gewichtet und die Kosten verteilt werden, das ist meist in der Gemeinschaftsordnung geregelt (siehe Seite 51).

Die Eigentümerversammlung

Die Eigentümergemeinschaft ist rechtlich die „Gesamtheit aller Wohnungseigentümer innerhalb einer Wohnungseigentumsanlage". Mit dem Kauf einer Wohnung tritt der Erwerber immer automatisch der Eigentümergemeinschaft bei. Die Gemeinschaft ist für die Verwaltung des Gemeinschaftseigentums zuständig, sie hat viele Rechte und ist zum Abschluss von Verträgen berechtigt. Sie hat jedoch auch Pflichten wie beispielsweise die Bewirtschaftung, Instandhaltung, Werterhaltung und Modernisierung des gemeinschaftlichen Eigentums.

Das oberste **BESCHLUSSORGAN** der Gemeinschaft ist die Eigentümerversammlung (§§ 23, 24, 25 WEG). Dieses Gremium entscheidet über Art und Weise, Gegenstand und Umfang, Termin und Kostenrahmen von Erhaltungsmaßnahmen. Auf der Tagesordnung finden sich jährlich die Jahresabrechnung, der Wirtschaftsplan und der Vermögensbericht des Verwalters. Auch für die Wahl des Verwalters und des Verwaltungsbeirates ist die Eigentümerversammlung zuständig. Einzelne Entscheidungen können die Eigentümer an die Verwaltung delegieren. Sie können beispielsweise einen Kostenrahmen festlegen, in dem die Verwaltung Aufträge vergeben kann. Neben den konkreten Aufgaben hat die Eigentümerversammlung eine weitere nicht zu unterschätzende Funktion: Sie ist der Treffpunkt und ein wichtiges Informationsmedium für die Wohnungseigentümer. Hier werden alle anstehenden Themen, Vorschläge und Probleme besprochen.

Nach dem Gesetz muss der Verwalter die ordentliche Eigentümerversammlung regelmäßig mindestens einmal im Jahr einberufen. Darüber hinaus sind bei Bedarf außerordentliche Eigentümerversammlungen möglich. Sie sind gerade bei umfangreichen Maßnahmen, die viele Entscheidungen und auch Anpassungen von Entscheidungen erfordern, ein wichtiges Instrument, um dafür zu sorgen, dass sich die Planungen nicht über mehrere Jahre hinziehen. Die Eigentümer haben das Recht, eine außerordentliche Versammlung zu verlangen. Voraussetzung ist, dass mehr als 25 Prozent der Miteigentümer nach Köpfen dies in Textform und mit Angabe des Zwecks und der Gründe fordern (siehe auch Seite 51).

Die in einer Eigentümerversammlung gefassten Beschlüsse haben nur dann vor Gericht Bestand, wenn die gesetzlichen Vorgaben zur Form der Versammlung und der Beschlüsse eingehalten werden. Dazu gehört, dass die Einberufung in Textform – also zum Beispiel per Mail, Fax, Messengerdienst oder Brief – erfolgt. Eine mündliche Einladung genügt nicht. Die Ladungsfrist beträgt nach dem neuen Gesetz mindestens drei Wochen (früher: zwei Wochen). Der Verwalter setzt alle vorgeschlagenen und zu besprechenden Themen auf die **TAGESORDNUNG**. Nur zu Tagesordnungspunkten können rechtswirksame Beschlüsse gefasst werden. In der Versammlung gefasste Beschlüsse müssen protokolliert und das Protokoll vom Vorsitzenden der Versammlung – üblicherweise dem Verwalter – sowie einem Wohnungseigentümer und einem Vertreter des Verwaltungsbeirates, soweit es einen gibt, unterzeichnet werden.

> **NUR ÜBER TAGESORDNUNGSPUNKTE KANN BESCHLOSSEN WERDEN**
>
> Wer ein Anliegen vorantreiben möchte, sollte nicht nach dem Motto verfahren: „Ich spreche das mal unter dem Tagesordnungspunkt ‚Verschiedenes' an." Dann bleibt es nämlich zwangsläufig zumindest in dieser Eigentumsversammlung beim reinen Meinungsaustausch. Ratsam ist vielmehr, dafür zu sorgen, dass der Verwalter das Anliegen als eigenen Punkt in die Tagesordnung aufnimmt. Dann ist der Weg geebnet, auch gleich einen Beschluss zu fassen.

FORMULIERUNGSVORSCHLAG

Vollmacht – Eigentümerversammlung

Hiermit erteilte ich
Name: ....
Anschrift: ....

Herrn/Frau
Name: ....
Anschrift: ....

Vollmacht, mich in der Eigentümerversammlung der WEG
Anschrift: ....
am (Datum) ....
zu vertreten. Die Vollmacht umfasst die Befugnis, in meinem Namen und Auftrag Erklärungen abzugeben und mein Stimmrecht für mich auszuüben.

Dabei gelten folgende Weisungen:
zu TOP x ....
zu TOP y ....
zu TOP z ....

Diese Vollmacht schließt das Recht zur Erteilung von Untervollmachten ausdrücklich nicht ein.
Ort, Datum: ....
Unterschrift: ....

Beschlussfähigkeit

Bis zur Reform des Wohnungseigentumsgesetzes im Jahr 2020 war eine Eigentümerversammlung nur dann beschlussfähig, wenn mehr als 50 Prozent der Miteigentumsanteile anwesend bzw. vertreten waren. Zwar konnte die Gemeinschaftsordnung oder eine Vereinbarung der Wohnungseigentümer auch ein anderes Quorum oder gar den Verzicht auf ein Quorum vorsehen, doch war das nur in wenigen Gemeinschaften der Fall. In vielen anderen Gemeinschaften sind Beschlüsse deshalb immer wieder daran gescheitert, dass nicht genug Teilnehmer zur Eigentümerversammlung erschienen. Das kann jetzt nicht mehr passieren. Seit Inkrafttreten der WEG-Reform ist eine Eigentümerversammlung immer beschlussfähig, selbst dann, wenn nur ein einziger stimmberechtigter Eigentümer anwesend ist. Durch die Gesetzesänderung wurde die Bedeutung der Eigentümerversammlung erheblich gestärkt und die Beschlussfassung erleichtert. Zudem werden Aufwand und Kosten von in der Vergangenheit vielfach notwendigen Wiederholungsversammlungen vermieden. Alle Eigentümer sind also gut beraten, an der Versammlung teilzunehmen, sonst kann es vorkommen, dass sie im Nachhinein einen Beschluss mitumsetzen müssen, der nicht ihren Interessen entspricht. Für diejenigen, die nicht in der Nähe der Wohnanlage leben, ist die Teilnahme an Eigentümerversammlungen meist mit erheblichem Aufwand verbunden. Sie werden wenig begeistert sein, wenn zu den jährlichen auch noch außerordentliche Versamm-

lungen hinzukommen. Hier sieht das Gesetz drei Lösungsmöglichkeiten vor:
→ Vertretung mittels Vollmacht
→ Teilnahme in elektronischer Form
→ Umlaufbeschlüsse

Jeder Eigentümer hat das Recht, eine andere Person – beispielsweise einen Miteigentümer oder den Verwalter – zu bevollmächtigen, in seinem Namen abzustimmen. Unter Umständen enthält die Teilungserklärung oder die Gemeinschaftsordnung Vorgaben hierzu. So kann beispielsweise geregelt sein, dass nur der Ehepartner, ein anderer Miteigentümer oder der Verwalter die Vertretung in der Versammlung ausüben darf. Ziel einer solchen Regelung ist, dass keine fremden Dritten an der nicht öffentlichen Versammlung teilnehmen. Eine **VOLLMACHT** muss in Textform übermittelt werden. Sie kann entweder für eine bestimmte Versammlung oder auch nur für einen bestimmten Tagesordnungspunkt gelten. Eine Blankovollmacht für eine bestimmte und womöglich alle weiteren Eigentümerversammlungen sollten Eigentümer nur im absoluten Ausnahmefall abgeben.

Soll die Teilnahme an Eigentümerversammlungen in elektronischer Form möglich sein, so muss dies zuvor von der Gemeinschaft beschlossen werden. Ein solcher Beschluss ist als vorbeugende Maßnahme auf jeden Fall eine Überlegung wert. Die Teilnahme einzelner Wohnungseigentümer mithilfe eines Onlinetools kann in schwierigen Situationen zum Rettungsanker werden. Zum einen hat die Corona-Zeit gezeigt, dass es sehr hilfreich ist, ein solches Instrument nutzen und so Eigentümerversammlungen auch unter Einschränkungen durchführen zu können. Zum anderen erhöht die Onlineteilnahme die Chance, dass auch entfernt lebende Eigentümer mit dabei sind. Die gefassten Beschlüsse stehen auf einer umso stabileren Basis, je mehr Eigentümer an der Beschlussfassung beteiligt sind.

Nach der neuen Bestimmung können die Wohnungseigentümer beschließen, dass sich Wohnungseigentümer online zuschalten und sämtliche oder einzelne ihrer Rechte ganz oder teilweise in digitaler Form wahrnehmen können. Eine rein **VIRTUELLE EIGENTÜMERVERSAMMLUNG** oder auch eine Telefonkonferenz ermöglicht das Gesetz allerdings nicht. Es muss unverändert die Möglichkeit der Präsenzteilnahme geben. Wie konkret Hybridversammlungen ausgestaltet werden, bleibt der jeweiligen Gemeinschaft überlassen. Die Vorgaben für die technische Ausgestaltung und die Durchführung von Onlinezuschaltungen sollten also Bestandteile des Beschlusses sein.

Die Corona-Krise hat in Verwaltungen und in Eigentümergemeinschaften einen gewaltigen Schub in Richtung Digitalisierung ausgelöst. Viele Verwaltungen haben bereits Erfahrung mit Onlinetools gesammelt. Wichtig ist, Geräte und Software im Vorfeld auszuprobieren. Alle Eigentümer brauchen schriftliche Anleitungen zum Einloggen, zur Teilnahme und zur Abstimmung. In einer Probeveranstaltung lässt sich das Verfahren gut testen, und weniger versierte Eigentümer können Sicherheit gewinnen. Während der Hybrid-Veranstaltung ist es dann Aufgabe des Veranstaltungsleiters, für die störungsfreie Übertragung zu sorgen. Vorsorglich sollten diejenigen Eigentümer, die eine virtuelle Teilnahme planen, für den Fall einer Störung einer anwesenden Person eine Vollmacht ausstellen.

Im **UMLAUFVERFAHREN** kann auch außerhalb der Eigentümerversammlung ein Beschluss gefasst werden. Das geht beispielsweise so: Der Verwalter, der Verwaltungsbeirat oder ein einzelner Wohnungseigentümer for-

> **DIGITALE FORMATE ERLEICHTERN INFORMATIONSAUSTAUSCH**
>
> Eine anstehende Sanierung ist ein guter Anlass, neue Wege zu gehen. In den Planungs- und Umsetzungsmonaten besteht allseits ein erheblicher Informations- und Kommunikationsbedarf, der sich in digitaler Form oft leichter erfüllen lässt. In einer der ersten Eigentümerversammlungen sollte deshalb die neue Möglichkeit der **ONLINEZUSCHALTUNG** auf der Tagesordnung stehen und am besten gleich beschlossen werden.

muliert einen Beschlussantrag und versendet diesen mitsamt einer Begründung an alle Eigentümer. Seit der Gesetzesreform kann das in Textform – also per Mail oder über einen Nachrichtendienst – erfolgen. Die Eigentümer können dann auf demselben Wege zustimmen. Die Schriftform – also die eigenhändige Unterschrift der Wohnungseigentümer – ist nicht mehr erforderlich. Das ist eine erhebliche Vereinfachung und Beschleunigung des Verfahrens. Aber: Ein Umlaufbeschluss kommt generell nur zustande, wenn 100 Prozent der Eigentümer zustimmen. Selbst wenn nur einer nicht zustimmt, sich enthält oder sich auch einfach nicht äußert, kann der Beschluss nicht gefasst werden. Gerade in großen Gemeinschaften ist dieses Verfahren daher oft nicht per se praktikabel. Allerdings kann die Gemeinschaft beschließen, für einen konkreten, inhaltlich vordefinierten Umlaufbeschluss die erforderliche Mehrheit zu senken.

BEISPIEL: Für die Leitung und Koordination diverser energetischer Maßnahmen soll ein Architekt beauftragt werden. Darüber ist sich die Gemeinschaft einig. Zum Termin der Eigentümerversammlung liegen noch nicht alle Angebote vor, sodass keine Entscheidung getroffen werden kann. Die Eigentümerversammlung kann nun beschließen, dass der Beschluss über die Beauftragung im anschließenden Umlaufverfahren per Mehrheitsbeschluss gefasst wird, sobald alle Angebote vorliegen. In diesem Verfahren dürfen dann alle Eigentümer abstimmen, auch diejenigen, die bei der Eigentümerversammlung nicht anwesend waren.

Stimmrecht und Mehrheiten

Das Stimmrecht in der Eigentümerversammlung beruht meist auf dem sogenannten **KOPFPRINZIP**: Jeder Eigentümer hat nur eine Stimme, selbst wenn er mehrere Wohnungen in der Anlage sein Eigen nennt. Die Stimmen der Eigentümer sind bei diesem Prinzip alle gleichgestellt. Es spielt keine Rolle, wie groß die Eigentumswohnung ist. Sind zwei Personen Eigentümer einer Wohnung, steht ihnen gemeinsam eine Stimme zu. Sie müssen sich einigen, geteilte Stimmabgabe ist ungültig. Strei-

tig war lange, ob einem Wohnungseigentümer, der an mehreren Sondereigentumseinheiten als Miteigentümer beteiligt ist und/oder dem eine weitere Einheit allein gehört, eine oder mehrere Stimmen zustehen. Das hat der Bundesgerichtshof am 20. November 2020 entschieden: Wenn mehrere Wohnungen nur teilweise identischen Miteigentümern gehören oder wenn der Miteigentümer einer Wohnung zugleich Alleineigentümer einer anderen Wohnung ist, haben die Eigentümer jeder Wohnung bei Geltung des Kopfstimmenprinzips je eine Stimme (Az. V ZR 64/20).

→ **Ein Umlaufbeschluss kommt generell nur zustande, wenn 100 Prozent der Eigentümer zustimmen.**

→ **BEISPIEL**: Der Bundesgerichtshof hatte über die Stimmrechte bei folgender Eigentümerkonstellation zu entscheiden:
A und B sind Miteigentümer von Wohnung 1
C und D sind Miteigentümer von Wohnung 2
C ist Alleineigentümer von Wohnung 3
Dem BGH-Urteil (20. November, 2020, Az. V ZR 64/20) zufolge haben sie nach dem Kopfprinzip folgende Stimmrechte:
A und B – 1 gemeinschaftliche Stimme als Miteigentümer
C und D – 1 gemeinschaftliche Stimme als Miteigentümer
C – 1 Stimme (als Alleineigentümer)

Das **KOPFPRINZIP** gilt jedoch nur, solange in der Teilungserklärung oder der Gemeinschaftsordnung nichts anderes geregelt ist. Dort kann beispielsweise das sogenannte **WERTPRINZIP** verankert sein. Dann richtet sich das Stimmrecht nach der Größe der Miteigentumsanteile. Die Stimmen werden also nach der Größe der Einheiten gewichtet. Problematisch ist das

Wertprinzip, wenn einem Eigentümer viele Miteigentumsanteile gehören. Ein Eigentümer mit mehr als 50 Prozent der Miteigentumsanteile hat immer die Stimmenmehrheit. Ohne ihn geht nichts. Und im Zweifel geht alles nur so, wie er will. Auch das **OBJEKTPRINZIP** kann festgelegt sein. Dann hat jede Wohnung oder jeder Geschäftsraum eine Stimme. Über jede bauliche Veränderung kann nun mit einfacher Mehrheit entschieden werden.

Was die für eine Beschlussfassung erforderlichen **MEHRHEITEN** angeht, hat die Reform des Wohnungseigentumsgesetzes erhebliche Vereinfachungen gebracht: Früher wurden verschiedene Kategorien baulicher Maßnahmen unterschieden – Instandhaltung und Instandsetzung, Modernisierung oder Anpassung an den Stand der Technik, modernisierende Instandsetzung sowie sonstige bauliche Veränderungen. Je nachdem, um welche Maßnahme es sich handelte, waren unterschiedliche Mehrheiten erforderlich (siehe Kasten unten). So konnten Beschlüsse über die Ausführung baulicher Maßnahmen, durch die der bauliche Status quo erheblich verändert werden sollte, regelmäßig nur mit einer doppelt qualifizierten Mehrheit (damals: mindestens drei Viertel aller stimmberechtigten Wohnungseigentümer und mehr als die Hälfte der Miteigentumsanteile) beschlossen werden. Das Bestandsinteresse wurde höher bewertet als das Veränderungsinteresse, und wenige Eigentümer konnten die Gemeinschaft blockieren. Sowohl die Differenzierung der Maßnahmenkategorien als auch die hohen Quoren sind nun vom Tisch.

Über jede bauliche Veränderung kann nun mit einfacher Mehrheit entschieden werden.

GESONDERTE ANSPRÜCHE

Darüber hinaus hat der Gesetzgeber den Wohnungseigentümern einen **INDIVIDUALANSPRUCH** auf bestimmte privilegierte Maßnahmen eingeräumt. Das sind Maßnahmen, die typischerweise gar nicht oder nur im Ausnahmefall mit einer Umgestaltung der Wohnanlage verbunden sind (§ 20 Abs. 2). Privilegiert sind bauliche Veränderungen, die dem Gebrauch durch Menschen mit Behinderung, dem Laden elektrisch betriebener Fahrzeuge, dem Einbruchschutz oder dem Anschluss an ein Telekommunikationsnetz mit sehr hoher Kapazität (Glasfaseranschluss) dienen. Jeder einzelne Wohnungseigentümer kann diese baulichen Veränderungen verlangen. Die Gemeinschaft ist verpflichtet, einen entsprechenden Beschluss zu fassen. Energetische Maßnahmen sind nicht privilegiert.

Des Weiteren hat jeder Wohnungseigentümer einen Individualanspruch darauf, dass die Gemeinschaft eine bauliche Maßnahme gestattet, wenn diejenigen Miteigentümer, die durch die Veränderung beeinträchtigt werden, einverstanden sind.

→ **BEISPIEL**: Der Eigentümer einer Wohnung in der obersten Etage möchte auf seinem Balkon

---

MEHRHEITSARTEN IM ÜBERBLICK

→ **EINFACHE MEHRHEIT**: Es gibt mehr Ja- als Nein-Stimmen. Enthaltungen werden nicht mitgezählt.

→ **QUALIFIZIERTE MEHRHEIT**: Mehr als 50 Prozent aller Stimmen im gesamten Objekt stimmen mit Ja – unabhängig von der Zahl der Anwesenden oder Vertretenen.

→ **DOPPELT QUALIFIZIERTE MEHRHEIT**: Diese Mehrheitsart wurde mit der Gesetzesnovelle neu definiert. Seither gilt: Die Zahl der Ja-Stimmen ist größer als zwei Drittel der abgegebenen Stimmen, die mindestens die Hälfte aller Miteigentumsanteile repräsentieren. Nach altem WEG waren mehr als drei Viertel aller stimmberechtigten Wohnungseigentümer notwendig, die mindestens die Hälfte aller Miteigentumsanteile vertreten mussten.

→ **EINSTIMMIG**: Alle auf der Eigentümerversammlung anwesenden und vertretenen Mitglieder stimmen mit Ja. Wenn auch nur eines von ihnen mit Nein stimmt oder sich enthält, kommt kein einstimmiger Beschluss zustande. Das neue Wohnungseigentumsgesetz sieht die Einstimmigkeit nicht mehr vor. Doch Vorsicht: Sie kann in bestehenden Teilungserklärungen für bestimmte Anwendungsfälle verankert sein.

→ **ALLSTIMMIG**: Alle im Grundbuch eingetragenen Eigentümer stimmen dem Antrag zu. Diese Mehrheit ist für Umlaufbeschlüsse und Änderungen der Teilungserklärung erforderlich.

ZUSAMMENHANG ZWISCHEN MEHRHEITEN, KOSTENTRAGUNG UND NUTZUNG

Maßnahme	Beispiel	Welche Mehrheit?	Bedingungen	Wer muss zahlen?	Wer darf nutzen?	WEG
Erhaltung: Wartung, Reparatur (früher: Instandhaltung und Instandsetzung)	Reparatur der Klingelanlage	einfache Mehrheit	Auswahl zwischen mehreren Angeboten	alle	alle	§ 19 Abs. 2, S. 2
Notmaßnahme oder dringliche Maßnahme	Wasserrohrbruch	Verwalter oder einzelner Eigentümer	nur Gefahrenbehebung	alle	alle	§ 27 Abs. 2, S. 2; § 18 Abs. 3
bauliche Veränderung, die über Erhaltung hinausgeht	Fassadendämmung	einfache Mehrheit	Auswahl zwischen mehreren Angeboten.[1]	alle, die zugestimmt haben	alle, die zugestimmt haben	§ 20 Abs. 1; § 21 Abs. 3, S. 1
bauliche Veränderung, die über Erhaltung hinausgeht	Fassadendämmung	einfache Mehrheit	Auswahl zwischen mehreren Angeboten.[1]	alle	alle	§ 20 Abs. 1; § 21 Abs. 2, S. 2
bauliche Veränderung, die über Erhaltung hinausgeht	Fassadendämmung	doppelt qualifizierte Maßnahme	Auswahl zwischen mehreren Angeboten.[2]	alle	alle	§ 20 Abs. 1; § 21 Abs. 2, S. 1, Nr. 1
privilegierte Maßnahme	Einbruchschutz	von einem Eigentümer verlangt, ETV muss zustimmen		der eine Eigentümer	nur dieser Eigentümer	§ 20 Abs. 2; § 21 Abs. 1
privilegierte Maßnahme	Einbruchschutz	einfache Mehrheit	Ausführung nach Antrag, angemessene Auflagen sind möglich.	alle, die zugestimmt haben	alle, die zugestimmt haben	§ 21 Abs. 3, S. 1
privilegierte Maßnahme	Einbruchschutz	doppelt qualifizierte Mehrheit	Die Kosten sind nicht unverhältnismäßig hoch.	alle	alle	§ 21 Abs. 2, S. 1 Nr. 1
bauliche Veränderung – unwidersprochener Individualanspruch	Steckersolar	von einem Eigentümer verlangt, Eigentümerversammlung muss zustimmen	keine erhebliche Beeinträchtigung anderer Eigentümer; alle, die beeinträchtigt sind, müssen einverstanden sein.	der Einzelne	der Einzelne	§ 20 Abs. 3

1) Die Kosten amortisieren sich nicht innerhalb eines angemessenen Zeitraumes.
2) Die Kosten sind nicht unverhältnismäßig hoch.

ein Solarpaneel anbringen. Wird kein anderer Eigentümer dadurch beeinträchtigt, muss die Gemeinschaft die Maßnahme gestatten. Wird jedoch durch das Paneel der darunterliegende Balkon zeitweise verschattet, dann muss der betroffene Wohnungseigentümer zustimmen.

Es gibt jedoch auch Grenzen baulicher Veränderungen: Maßnahmen, welche die Wohnanlage „grundlegend umgestalten" oder einen Wohnungseigentümer ohne sein Einverständnis gegenüber anderen „unbillig benachteiligen", sind weder beschluss- noch gestattungsfähig. Beide Ausnahmen sind so wenig präzise formuliert, dass sie Streitpotenzial bergen. Die Rechtsprechung wird die Voraussetzungen herausarbeiten müssen.

Die Gesetzesnovelle hat die Mehrheitsfindung jedoch nur auf den ersten Blick vereinfacht. Durch die Hintertür – nämlich über die Regelungen zur Kostentragung – wurden wieder Maßnahmenkategorien geschaffen, die unterschiedliche Quoren erfordern.

EINFACHER MEHRHEITSBESCHLUSS

Zunächst gilt für den einfachen Mehrheitsbeschluss: Wer dafür stimmt, zahlt. Und nur wer zahlt, darf nutzen. Wenn es um einen eingezäunten Spielplatz geht, ist durchaus denkbar, dass in einer Gemeinschaft mit sechs Eigentümern eine Mehrheit aus vier Eigentümern einen Beschluss fasst, diese alleine die Kosten tragen und künftig nur ihre Kinder den Spielplatz nutzen. Oder: Die Mehrheit der Eigentümer stimmt für ein Vordach und akzeptiert achselzuckend, dass auch die Neinsager davon profitieren.

Wer nachträglich seine Meinung ändert und sich an der mehrheitlich beschlossenen Maßnahme beteiligen möchte, hat dazu jederzeit das Recht. Er muss eine angemessene Ausgleichszahlung für die Investition leisten und sich an den künftigen laufenden Kosten beteiligen.

Für den Verwalter bringen diese Mehrheitsbeschlüsse einen erheblichen Mehraufwand mit sich: Er muss Sonderumlagen von den Betroffenen erheben und in der Jahresabrechnung nach Beteiligung differenzieren. Nachzügler erschweren das Prozedere zusätzlich.

Und wenn dann noch mehrere Bauprojekte betroffen sind, wird es für alle Akteure in der WEG zur Herausforderung, den Überblick zu behalten.

Die erleichterte Beschlussfassung mit einfacher Mehrheit ist also mit Nachteilen behaftet. Und: Bei Energieeffizienzmaßnahmen wie der Fassadendämmung mit Fenstertausch oder der Dacherneuerung reden wir von sehr kostenintensiven Maßnahmen, deren Nutzung sich nicht auf einzelne beschränken lässt. Einzelne Eigentümer könnten nun beim Abstimmungsverhalten entsprechend taktieren: Sie stimmen nicht für die Fassadendämmung, müssen nicht zahlen, können jedoch nicht von der Nutzung ausgeschlossen werden. Eine solche Konstellation birgt Konfliktpotenzial.

MANCHMAL MÜSSEN ALLE ZAHLEN

In der Regel wird das Bestreben derjenigen, die sich für Energieeffizienzmaßnahmen stark machen, so ausfallen, die Sanierungskosten nicht allein zu tragen, sondern diese auf alle zu verteilen. Das geht auch nach dem neuen Gesetz, jedoch nur, wenn eine von zwei Voraussetzungen erfüllt ist:

Entweder amortisieren sich die Kosten innerhalb einer angemessenen Zeit. Das heißt, es muss sich zum Zeitpunkt der Beschlussfassung rechnerisch darstellen lassen, dass die Investitionsmehrkosten für die Energieeffizienz durch die Einsparungen und die künftig geringeren Betriebskosten aufgewogen werden. Außerdem müssen alle zahlen, wenn die Maßnahme von einer großen Mehrheit der Eigentümer (konkret: einer doppelt qualifizierten Mehrheit von mehr als zwei Dritteln der abgegebenen Stimmen und der Hälfte der Miteigentumsanteile) beschlossen wird und deren Kosten nicht unverhältnismäßig hoch sind. Wie früher auch sind dafür neben vielen guten Argumenten (siehe „Ein Gebäude, viele Eigentümer", Seite 6 ff.) vor allem intensive **ÜBERZEUGUNGSARBEIT**, gute Kommunikation und diplomatisches Geschick nötig. Wenn alle zahlen, sind natürlich auch alle zur Nutzung berechtigt. Das Ziel der komplexen Regelungen besteht darin, die überstimmte Minderheit vor finanzieller Überlastung zu schützen.

INTERVIEW

→ **Der neue gesetzliche Rahmen:** Mit der Reform des Wohnungseigentumsgesetzes wurden die Anforderungen an die Beschlussfassung zu baulichen Maßnahmen deutlich verändert. Ein Jurist klärt, was das neue Gesetz für energetische Sanierungen bedeutet.

Dr. jur. Oliver Elzer, Richter am Kammergericht Berlin, Fachbuchautor und Seminarleiter, hat als Sachverständiger im Rechtsausschuss des Bundestags die Novellierung des Wohnungseigentumsgesetzes begleitet.

Das Wohnungseigentumsgesetz in seiner alten Fassung war ein wesentlicher Grund dafür, dass in Eigentümergemeinschaften zu wenig energetisch saniert wurde. Wie stehen Sie zu dieser These?

Das lag auch, aber nicht nur an § 22 WEG alter Fassung. Das Gesetz verlangte für die Beschlussfassung zu baulichen Veränderungen und zu Modernisierungen ein hohes Stimmen-Quorum, das häufig einfach nicht erreicht wurde. Außerdem legte die Rechtsprechung das Gesetz so aus, dass alle Wohnungseigentümer die Kosten tragen sollten. Das machte es doppelt schwer, die notwendige Mehrheit zu finden. Denn unter den Wohnungseigentümern gibt es große Gruppen, die kein Interesse an Modernisierungen haben: Kapitalanleger blicken regelmäßig nur auf die zu erzielenden Renditen. Und Selbstnutzer hinterfragen, ob ihnen die Modernisierungsmaßnahmen in absehbarer Zeit nützen – und verneinen die Frage. Dies liegt nicht nur, aber auch an der Altersstruktur in vielen Wohnungseigentümergemeinschaften. In der Regel wird Wohnungseigentum erst in späteren Jahren erworben und kann nur noch eine bestimmte Zeit von seinem Eigentümer konsumiert werden. Ferner ist die Finanzierung eines Wohnungseigentums für viele Menschen die größte Investition ihres Lebens. Die Bereitschaft, daneben weitere Kosten zu stemmen, ist daher nicht immer ausgeprägt.

Was waren typische Streitfälle bei der Beschlussfassung zu baulichen Maßnahmen, die in der Vergangenheit vor Gericht gelandet sind?

Bei Anfechtungsklagen im Zusammenhang mit § 22 WEG alter Fassung ging es meiner Ansicht nach häufig gar nicht primär um die optisch nachteilige bauliche Veränderung oder um die Befürchtung eines Wohnungseigentümers, durch eine bauliche Veränderung im Bereich des Sondereigentums eine Störung zu erfahren, die er nicht hinnehmen wollte. Vielfach kristallisierte sich an dieser Frage nur ein anderer Streit und es ging im Kern um persönliche Befindlichkeiten. Der eine

> → Früher konnte ein Einzelner eine Maßnahme komplett verhindern. Das kann heute nicht mehr passieren.

Wohnungseigentümer bestrafte den anderen Wohnungseigentümer durch eine Nicht-Zustimmung gegenüber der baulichen Veränderung.

Ist die Gesetzesnovelle der Durchbruch?
Auf jeden Fall erleichtern die §§ 20, 21 WEG, die sich baulichen Veränderungen widmen, diese. Die neuen Bestimmungen haben die beiden vorhin genannten Probleme erheblich entschärft: Zum einen ist das notwendige Stimmenquorum herabgesetzt worden. Und zum anderen wird die Frage der Kostentragungspflicht auf sehr differenzierte Weise gelöst. Im Kern müssen danach nur noch die Wohnungseigentümer die Kosten tragen, die eine Maßnahme wünschen. Dies erleichtert selbstverständlich Beschlussfassungen. Früher konnte ein Einzelner eine Maßnahme komplett verhindern. Das kann heute nicht mehr passieren. Dort, wo mehr Eigentümer für als gegen eine Maßnahme sind, kann sie durchgeführt werden. Schwierig wird es jedoch dann, wenn keine Einigkeit in der Gemeinschaft besteht. Der Gesetzgeber hat zwar vier privilegierte Maßnahmen definiert, auf die ein Eigentümer einen Anspruch hat und die er auch gegen die Mehrheit umsetzen kann – Barrierefreiheit, Lademöglichkeiten für E-Mobile, Einbruchschutz und Anschluss an das Glasfaserkabel. Für energetische Maßnahmen gibt es einen solchen Individualanspruch auf Gestattung von baulichen Veränderungen jedoch nicht.

Welche Gemeinschaften werden Ihrer Einschätzung nach von der neuen Gesetzeslage profitieren?
Sie dürfte vor allem für große Anlagen von Bedeutung sein. Dort ist das Interesse der einzelnen Eigentümer am Gebäude deutlich geringer und kann damit weniger emotional diskutiert werden. Außerdem ist der Anteil, den der Einzelne zahlen muss, in großen Gebäuden meist wesentlich geringer als in kleinen. Dort dürfte die Entscheidungsfindung nach wie vor oft schwierig sein, zumal die Eigentümer meist persönliche Beziehungen untereinander entwickeln, oft Selbstnutzer sind und sich leicht Lager bilden, die sich dann auch noch verfestigen.

Gibt es heute bereits Rechtsstreitigkeiten, die aus den Neuregelungen resultieren?
Mir ist aktuell nur eine Gerichtsentscheidung bekannt, bei der es um eine außen am Gebäude montierte Klimaanlage geht, die also das Thema nur ganz am Rande berührt. Ich würde vermuten, dass die Rechtsstreitigkeiten mit Zeitverzug kommen werden. Durch die Einschränkungen im Zuge der Covid-19-Pandemie haben viele Eigentümerversammlungen nicht stattgefunden. Damit gibt es noch so gut wie keine Beschlüsse auf Grundlage des neuen Gesetzes, die zum Streitgegenstand werden könnten.

Bauliche Maßnahmen dürfen nicht beschlossen werden, wenn sie zu einer grundlegenden Umgestaltung der Wohnanlage führen oder wenn ein Eigentümer unbillig benachteiligt wird. Welche energetischen Maßnahmen könnten in diese Kategorien fallen?
Der Gesetzgeber war an diesen Punkten sehr zurückhaltend. Er hat nur Maßnahmen benannt, die keine grundlegende Umgestaltung der Wohnanlage darstellen. Klassische energetische Maßnahmen wie Dachdämmung, Fassadendämmung, Installation von PV oder Solarthermie stellen eindeutig keine grundlegende Umgestaltung dar.

Und wie ist das bei der unbilligen Benachteiligung?
Denkbar wäre, dass die Geräusche der neuen Heizungsanlage im Keller den Eigentümer im Erdgeschoss unbil-

lig benachteiligen. Aber ein solcher Fall ist schon sehr weit hergeholt. Diese Regelung dürfte äußerst selten greifen.

Über den Grundsatz „Wer beschließt, zahlt" wurde viel diskutiert. Die Befürchtung ist, sinnvolle Maßnahmen könnten daran scheitern, dass einzelne Eigentümer taktisch gegen sie stimmen werden, um sich um eine Beteiligung an den Kosten zu drücken. Wie lautet Ihre Prognose?

Diese Kritik ist aus meiner Sicht nur bedingt berechtigt. Zum einen müssen nach § 21 Abs. 2 Satz 1 alle die Kosten tragen, wenn die Maßnahme mit zwei Dritteln der abgegebenen Stimmen und der Hälfte aller Miteigentumsanteile beschlossen wurde. Diese Mehrheit dürfte häufig erreicht werden. Zum anderen müssen alle zahlen, wenn sich die Kosten innerhalb eines angemessenen Zeitraumes amortisieren. Auch das wird häufig gegeben sein. Hilfreich ist sicherlich, wenn bei der Beschlussfassung die Amortisationsberechnung eines Experten vorliegt.

Was genau ist unter Amortisation „innerhalb eines angemessenen Zeitraums" zu verstehen?

Auch da hat sich der Gesetzgeber sehr bedeckt gehalten und bewusst einen unbestimmten Rechtsbegriff gewählt. In der Begründung der Regierung zum Gesetzentwurf und auch in der Rechtsprechung ist von einem 10-Jahres-Zeitraum die Rede. Das kann als Daumenregel herangezogen werden, ist jedoch keine Garantie.

Wie kann eine Gemeinschaft vorgehen, um Rechtssicherheit zu haben und zu vermeiden, dass ein Eigentümer im Nachhinein querschießt, ein umfangreiches Sanierungskonzept zunichtemacht und ein jahrelanger Rechtsstreit folgt?

Die gesetzliche Regelung zur Kostenverteilung birgt Konfliktpotenzial. Sie gilt jedoch nur, wenn nichts anderes beschlossen wurde. Eine Herangehensweise ist also, die Kostenverteilung mit zu beschließen, eventuell auch unter der Bedingung, dass die Maßnahme nicht umgesetzt wird, falls der Kostenverteilungsbeschluss angefochten wird. Wenn dann innerhalb von vier Wochen keine Anfechtung erfolgt, haben Sie das Kind in trockenen Tüchern.

In großen Anlagen mit mehreren Baukörpern könnten sich in einem Gebäude viele Sanierungswillige finden, die dann ihr Haus unabhängig von den anderen energetisch auf Vordermann bringen. Unter welchen Voraussetzungen kann das gelingen?

Wenn in der Gemeinschaftsordnung eine Trennung in selbstständige Untergemeinschaften mit entsprechender Beschlusskompetenz vereinbart ist, dann kann eine solche Konstruktion durchaus funktionieren. Theoretisch können auch im Nachhinein Untergemeinschaften vereinbart werden. Mir ist jedoch kein Fall bekannt, wo das praktiziert wurde.

Welches Vorgehen empfehlen Sie einzelnen Eigentümern, die die anderen überzeugen wollen?

Information, Information, Information. Alle Eigentümer müssen wissen, worüber sie reden. Der Transmissionsriemen für das Fachwissen kann nicht der Verwalter sein. Sie brauchen externe Fachleute und Berater, die so transparent wie möglich erklären: Was geht? Wie ist es umsetzbar? Welche Vor- und Nachteile gibt es? Welche Beeinträchtigungen und vor allem welche Kosten kommen auf mich zu? Letztlich sind die Wirtschaftlichkeit einer Maßnahme und die Wertsteigerung der Immobilie vermutlich die einzigen gemeinsamen Interessen der Eigentümer.

Welche Eigenschaften sollten die externen Berater neben ihrer fachlichen Qualifikation mitbringen?

Sie müssen sich im Klaren sein, dass sie es mit einer sehr heterogenen Gruppe zu tun haben, mit unterschiedlichen finanziellen Möglichkeiten, unterschiedlicher Bildung, auch mit vielen älteren Menschen und mit Eigentümern mit Migrationshintergrund. Auf diese Heterogenität müssen sie sich nicht nur einlassen, sie müssen auf sie eingehen. Das erfordert ein hohes Maß an sozialen und kommunikativen Kompetenzen.

→ Die gesetzliche Regelung zur Kostenverteilung birgt Konfliktpotenzial. Sie gilt jedoch nur, wenn nichts anderes beschlossen wurde.

→ **Verbündete gesucht!** Wann die energetische Sanierung bei ihnen zum Thema wurde, können viele Eigentümergemeinschaften später nicht genau sagen. Oft strukturiert sich die Meinungsbildung nach und nach.

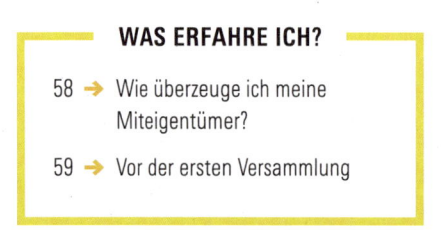

> **WAS ERFAHRE ICH?**
>
> 58 → Wie überzeuge ich meine Miteigentümer?
>
> 59 → Vor der ersten Versammlung

Am Anfang stehen meist Flurgespräche. Zwei Selbstnutzer tauschen sich über die steigenden Betriebskosten oder über die wachsenden gesetzlichen Anforderungen aus. Oder: Ein klimabewusster oder ein neu zugezogener Bewohner berichtet von der Inbetriebnahme einer PV-Anlage auf dem Dach seines bisherigen Zuhauses. Oder: Ein Eigentümer verunglückt auf der Hauseingangstreppe und denkt laut über Barrierefreiheit nach und damit stellt sich die Frage nach der Erneuerung der Haustür sowie der Neugestaltung des Eingangsbereichs und dem Anschluss an die übrige Fassade.

Wie überzeuge ich meine Miteigentümer?

Wer auch immer zuerst konkret an energetische Maßnahmen denkt und die Initiative dazu ergreifen möchte, braucht verbündete Miteigentümer. Natürlich kann man das Thema auch einfach in die nächste Eigentümerversammlung einbringen. Doch dort werden die meisten überrollt sein, sodass konkrete Beschlüsse selbst zur Beauftragung einer Energieberatung wohl kaum zustande kommen. Und dann vergeht wieder ein Jahr bis zur nächsten regulären Versammlung. Wesentlich effizienter ist es, ganz informell und gezielt Gespräche mit einzelnen Miteigentümern zu suchen. In vielen Gemeinschaften bilden sich im Lauf der Jahre Grüppchen, die in der Versammlung nebeneinander sitzen und vielleicht auch einmal im Hof gemeinsam grillen. Eine solche Gruppe ist als Keimzelle einer Initiative hervorragend geeignet. Die Gruppenmitglieder können beispielsweise nach dem Schneeballprinzip auf die Suche nach weiteren Unterstützern gehen. In der Regel hat jeder mit irgendeinem anderen Miteigentümer schon zu tun gehabt. Auf diese Weise entwickeln die Aktiven schnell ein Gefühl für die Stimmungslage in der Gemeinschaft, können einschätzen, ob und wie viele Eigentümer am liebsten gar nichts unternehmen möchten oder ob einzelne eigene Bedürfnisse haben, die sich möglicherweise mit energetischen Maßnahmen koppeln lassen.

Schon in diesem ersten Ideenstadium ist der **VERWALTUNGSBEIRAT** ein wichtiger Ansprechpartner. Er hat nicht nur einen besonders guten Überblick über das Miteinander in der Gemeinschaft, sondern kennt auch die meisten Akteure und kann damit eventuelle weitere Unterstützer oder auch Verhinderer benennen. In einer großen Gemeinschaft oder bei häufigerem Eigentümerwechsel ist eine Umfrage eine gute Möglichkeit, um einen Überblick über Bedürfnisse und Wünsche der Wohnungseigentümer zu gewinnen. Auf den Verwaltungsbeirat kommt – wenn die angedachten Maßnahmen realisiert werden – eine Extraportion Arbeit zu. Je früher er inhaltlich beteiligt ist, umso besser.

In Absprache mit dem Verwaltungsbeirat und der Verwaltung kann eine **BASIS-ENERGIEBERATUNG** organisiert werden. Sie sichert dem aktiven Kern in der Gemeinschaft einen gemeinsamen Kenntnisstand und liefert zugleich eine solide Diskussionsvorlage für die Eigentümerversammlung.

> **ENERGIEBERATUNG ALS GRUNDLAGE**
>
> Es gab bereits eine Energieberatung und die seitens der Gemeinschaft beteiligten Personen waren mit dem Experten zufrieden?
>
> Dann kann er ein Angebot für eine umfassende energetische Bewertung des Gebäudes und die Erstellung eines **INDIVIDUELLEN SANIERUNGSFAHRPLANES** (iSFP) unterbreiten (siehe Seite 38). Das dient im Idealfall als Beschlussgrundlage in der Eigentümerversammlung.

Vor der ersten Versammlung

Einen allgemeingültigen Fahrplan, wie der Planungs- und Umsetzungsprozess abläuft, gibt es nicht. Zu unterschiedlich sind die Gegebenheiten in den Gebäuden und den Eigentümergemeinschaften, die geplanten Maßnahmen und die beteiligten Dienstleister. Die Zahl der notwendigen Eigentümerversammlungen variiert genauso wie die Zahl der Beschlüsse. Die in diesem Buch dargestellten Herangehensweisen können damit immer nur als Beispiele dienen.

Jeder Eigentümer kann beantragen, dass die Verwaltung den Vorschlag einer energetischen Sanierung auf die Tagesordnung der nächsten Eigentümerversammlung setzt. Dazu muss der Antrag rechtzeitig vor Beginn der Einladungsfrist vorliegen. Nur wenn das Thema auf der Tagesordnung steht und dort hinreichend benannt ist, kann in der Versammlung ein Beschluss dazu gefasst werden. Je mehr Informationen die Eigentümer bereits mit der Einladung zur Versammlung an die Hand bekommen, umso besser. Die Verwaltung sollte einen Überblick über eventuell notwendige Instandsetzungen sowie die in den kommenden Jahren anstehenden **INSTANDHALTUNGEN** und über die **ENERGIEKOSTEN** des Vorjahres beisteuern. Letztere sind den Eigentümern zwar bekannt, doch nicht jeder wird sie im Detail verinnerlicht haben. Falls bereits eine Basis-Energieberatung stattgefunden hat, ist ein Protokoll dazu eine gute Anlage zu diesem Tagesordnungspunkt (TOP). Alternativ kann eine Liste der Optionen energetischer Maßnahmen beigelegt werden.

Ziel der ersten Versammlung ist, dass ein oder mehrere Vorbereitungsbeschlüsse gefasst werden. Ist deren inhaltliche Ausrichtung bereits im Vorfeld erkennbar, dann wird ein versierter Verwalter die Vorlagen für die infrage kommenden Beschlüsse etwa zur Beauftragung von planerischen Leistungen, Festlegung eines Kostenrahmens oder Gründung eines Bauausschusses bereits erstellen.

Auch wenn das Risiko, dass eine Eigentümerversammlung nicht beschlussfähig ist, nach der WEG-Novelle de facto nicht mehr besteht – es ist auf jeden Fall sinnvoll, möglichst viele Eigentümer bei dieser und allen folgenden Versammlungen im Lauf des Sanierungsprozesses an den Tisch zu bekommen. Zum einen ist diese Runde der zentrale Informationspool. Zum anderen finden Maßnahmen umso mehr Akzeptanz, je weiter die einzelnen Eigentümer im Prozess mitgenommen werden. Wichtig ist selbstverständlich, dass alle, die sich im Vorfeld bereits Gedanken gemacht und ausgetauscht haben, anwesend sind. Die Aktiven, aber auch die Verwaltung und der Verwaltungsbeirat, können einiges dafür tun, dass der Teilnehmerkreis so groß wie möglich ist.

Aktive und offene Kommunikation unter den Eigentümern unterstützt die Vorbereitung wichtiger Beschlussfassungen zu Sanierungsvorhaben.

Je frühzeitiger die Einladung verschickt wird, umso größer die Chance, dass viele Eigentümer den Termin einrichten können. Auch langfristige Ankündigungen – etwa ein Ausblick am Ende jeder Versammlung auf den nächsten Termin – oder auch mehrfache Ankündigungen können hilfreich sein.

Darüber hinaus kann die Verwaltung in der Einladung die Bedeutung des Termins herausstellen. Die Initiatoren des Themas Sanierung können ihre Nachbarn gezielt ansprechen und sich mit ihnen verabreden. Besonders wirkungsvoll gestaltet es sich, wenn die Verwaltungsbeiräte persönlich auf die einzelnen Eigentümer zugehen und der Einladung so zu Nachdruck verhelfen. Sie genießen als gewählte Vertreter der Eigentümergemeinschaft meist das Vertrauen aller, ihre Meinung hat daher ein besonderes Gewicht.

Für auswärtige Eigentümer ist es oft wesentlich schwieriger, zur Eigentümerversammlung zu kommen. Das gilt erst recht, wenn außerordentliche Termine hinzukommen. Für sie ist neben langfristigen Terminankündigungen und -erinnerungen sehr hilfreich, wenn es bereits die Option zur Onlineteilnahme gibt (siehe Seite 50). Selbstnutzer sind durch die gemeinsame Anwesenheit in der Wohnanlage zwangsläufig öfter miteinander im Gespräch. Die Auswärtigen sind hier außen vor. Im Lauf des Sanierungsprozesses gilt es, sie bestmöglich in die Kommunikation einzubinden, vor den Eigentümerversammlungen, aber auch zwischendurch.

→ Schritt für Schritt zur Beschlussfassung: Im Vorfeld der Eigentümerversammlung können die Bauwilligen ihre Rollen verteilen: Welche Inhalte bringt wer wann zur Sprache?

> **WAS ERFAHRE ICH?**
>
> 61 → Stimmungsbild als gemeinsamer Start
> 62 → Unterstützung durch einen Bauausschuss
> 64 → Kommunikation und Information strukturieren
> 68 → Zeitmanagement
> 70 → Von der Entwurfs- zur Ausführungsplanung

Stimmungsbild als gemeinsamer Start

Hilfreich ist es, wenn der Meinungsaustausch von einem versierten Versammlungsleiter moderiert wird. Dabei bietet es sich an, unterschiedliche Themen und Argumente zu visualisieren. Selbst wenn dafür ein simples Flip-Chart verwendet wird – die Eigentümer haben damit das Gefühl, dass ihre Anliegen und Bedürfnisse ernst genommen werden.

In der Diskussion werden die Befürworter von Effizienzmaßnahmen inhaltlich zwangsläufig eine wichtige Rolle spielen. Die übrigen Anwesenden dürfen jedoch auf keinen Fall den Eindruck haben, einer Front gegenüberzustehen. Durch eine geschickte **SITZORDNUNG** lässt sich das zumindest teilweise verhindern: Diejenigen, die das Projekt vorantreiben wollen, sollten keinesfalls in einer langen Reihe nebeneinander, sondern besser einzeln und verteilt im Raum sitzen. Sind die Sitzplätze um einen Tisch oder in einer Runde angeordnet, hat das zudem den Vorteil, dass die Bauwilligen untereinander Blickkontakt halten können. Darüber hinaus muss die gesamte Gesprächsführung darauf ausgerichtet sein, alle Meinungen einzuholen. Schon der Verdacht, dass im Vorfeld geklüngelt wurde, wäre Gift.

Es gibt viele gute Gründe, die für energetische Maßnahmen sprechen (siehe Seite 8),

Wieder kann der Verwaltungsbeirat eine zentrale Position einnehmen. Gab es etwa im Vorfeld eine Basis-Energieberatung, so ist es günstig, wenn der Verwaltungsbereit deren Ergebnisse vorstellt. Die Überblicke über anstehende Instandhaltungen und vorjährige Energiekosten kann der Verwalter vortragen. Dann gilt es, ein gesamtes Stimmungsbild einzuholen: Wie bewerten die Eigentümer den Zustand der Wohnanlage? Wo sehen sie Mängel, wo Verbesserungsbedarf? Welche Bedürfnisse haben sie? Wie soll die Anlage in zehn Jahren aussehen? Welche Vorstellungen und Ideen gibt es zum Themenkomplex Energieeffizienz?

Die Gründung eines Bauausschusses bietet die Möglichkeit, interessierte Eigentümer einzubinden, und entfaltet oft eine positive Strahlkraft in die Gemeinschaft.

aber nicht alle sind in jeder Gemeinschaft gut angebracht. Dank ihrer Vorrecherche können die Projektinitiatoren ganz gezielt die Argumente vorbringen, von denen sie bereits wissen, dass sie nicht nur von ihnen, sondern auch von anderen gesehen werden. Diese werden Ihnen entsprechend zustimmen. So entstehen eine positive Atmosphäre und ein Gefühl der Gemeinsamkeit.

Umgekehrt ist es gut zu wissen, welche Argumente vermutlich gegen energetische Maßnahmen vorgebracht werden. Die Erstunterstützer der Idee können sich systematisch auf diese vorbereiten und ihnen in der Diskussion begegnen.

Am Ende der Diskussion sollte das gemeinsame Ziel der Baumaßnahmen definiert werden: Was wollen wir erreichen? Was soll verbessert werden? Für einen entsprechenden **GRUNDLAGENBESCHLUSS** ist eine einfache Mehrheit notwendig.

Grundsätzlich sollte jede einzelne Maßnahme Gegenstand eines eigenen Beschlusses sein. Wird einer der Beschlüsse angefochten, dann bedeutet das nur Stillstand auf einer Schiene. Sind hingegen diverse Maßnahmen in einem Beschluss zusammengefasst, kann im Falle einer Anfechtung der gesamte Prozess ins Wanken geraten.

Die nächsten Schritte werden in weiteren **VORBEREITUNGSBESCHLÜSSEN** festgelegt. Sie können unterschiedliche Gegenstände zum Inhalt haben, beispielsweise die Beauftragung von Beraterleistungen (Planer, Finanzberater) oder eines Fachanwalts und die Festlegung von Kostenrahmen dafür. Die **VERWALTUNG** kann mit der Recherche von Fördermitteln und Finanzierungsmöglichkeiten beauftragt werden. Auch die Gründung eines Bauausschusses kann jetzt schon beschlossen werden.

Unterstützung durch einen Bauausschuss

In den Eigentümerversammlungen der kommenden Monate können kaum alle Einzelpunkte bis ins letzte Detail besprochen werden. Doch leben in vielen Wohnanlagen fachkundige Eigentümer, die sich besonders für bauliche Belange interessieren und sich gern verstärkt in den Prozess einbringen möchten. Sie können die Verwaltung und den Verwaltungsbeirat in ihrer Arbeit unterstützen. Doch wenn ein einzelner Eigentümer regelmäßig in der Verwaltung vorstellig wird, weckt das schnell das Misstrauen der anderen. Und der Verwalter kann nicht einordnen, wessen Interessen der Eigentümer eigentlich vertritt.

Ein guter Weg besteht stattdessen in der Gründung eines Bauausschusses. Diese Arbeitsgruppe wird von der Eigentümerversammlung gewählt und im Optimalfall mit Wohnungseigentümern besetzt, die über bautechnische, juristische oder kaufmännische Expertise verfügen. Wie bei vielen anderen Gremien auch hat sich eine ungerade Anzahl an Mitgliedern bewährt, um aussagekräftige Entscheidungen herbeiführen zu können. Der Bauausschuss sollte genauso heterogen sein wie die Gemeinschaft an sich. Zum einen fühlen sich dann alle anderen gut vertreten und der Ausschuss hat das Vertrauen der Eigentümer. Zum anderen können bei einer heterogenen Zusammensetzung viele Diskussionen, die sonst auf der großen Bühne in der nächsten Eigentümerversammlung ausgetragen würden, bereits vorweggenommen werden. In der kleinen Gruppe lassen sich Planungsdetails gut besprechen, notfalls Kompromisse finden und die jeweils nächsten Projektschritte vorbereiten. Ein Bauausschuss hat immer nur beratende Funktion. Die endgültigen Entscheidungen muss die Eigentümerversammlung treffen. Auch eine Delegation von Eigentümerbefugnissen auf ein solches zusätzliches Gremium ist nicht möglich.

Im Zuge der Wahl bietet es sich an, über die Aufgabenteilung und das Miteinander von Verwaltung, Verwaltungsbeirat und Bauausschuss zu sprechen. Nur wenn sie gut zusammenwirken und nicht als konkurrierende Gremien agieren, wird das gemeinsame Vorhaben gut gelingen.

Die Gründung des Bauausschusses und seine Aufgaben werden in der Eigentümerversammlung beschlossen. Dabei erfolgt die Abstimmung über die einzelnen Mitglieder separat. Ergänzend kann ein zweiter Beschluss zur Kostenerstattung und Finanzierung gefasst werden. Darin kann beispielsweise eine monatliche **AUFWANDSPAUSCHALE** in angemessener Höhe bestimmt werden. Keiner der Eigentümer wird diese sicherlich nicht einfache Aufgabe des Geldes wegen übernehmen. Jedoch ist die Aufwandspauschale ein wichtiges Zeichen der Anerkennung. Die Zahlung wird üblicherweise aus dem laufenden Wohngeld beglichen. Auch das muss im Beschluss festgehalten sein.

Was für den Bauausschuss gilt, hat natürlich auch für den Verwaltungsbeirat Bestand. Auf die Beiratsmitglieder kommt in den kommenden Monaten viel Arbeit zu. In der Regel üben sie ihre Tätigkeit ehrenamtlich und ohne gesonderte Vergütung aus. Die Eigentümergemeinschaft kann jedoch auch für den Verwaltungsbeirat – entweder pro Mitglied oder als Gesamtbetrag – eine pauschale Aufwandsent-

---

FORMULIERUNGSVORSCHLAG GRUNDLAGENBESCHLUSS

TOP XX: Energetische Optimierung der Wohnanlage

Die Wohnungseigentümer der Eigentümergemeinschaft [Bezeichnung] beschließen, dass die Wohnanlage energetisch verbessert werden soll. Ziel ist [z. B. eine Verringerung des CO_2-Ausstoßes/eine Reduzierung der jährlichen Betriebskosten um xx Prozent].
Die Verwaltung wird beauftragt und ermächtigt, namens, im Auftrag und auf Kosten der Eigentümergemeinschaft das Energieberatungsbüro _____
gemäß Angebot vom _____ in Höhe von ____ Euro mit der energetischen Voruntersuchung und der Erstellung eines individuellen Sanierungsfahrplanes zu beauftragen.

Die Kosten für die Maßnahme werden wie folgt aufgebracht: [beispielsweise: „Die Gelder für diese Maßnahme sind der Erhaltungsrücklage zu entnehmen."]

Ja-Stimmen: _____
Nein-Stimmen: _____
Enthaltungen: _____

Beschlussergebnis: _____
(Beschlussfassung und Verkündung)

schädigung beschließen. Zur angemessenen Höhe der Pauschale gibt es zahlreiche Gerichtsurteile. Danach sind 100 Euro pro Beiratsmitglied und Jahr nicht zu beanstanden.

Kommunikation und Information strukturieren

Was selbstverständlich klingt, ist für die Akteure in der WEG eine der größten Herausforderungen überhaupt in der gesamten Planungs- und Umsetzungsphase: die Organisation der Kommunikation untereinander. Jeder Eigentümer muss zu jedem Zeitpunkt umfassend informiert sein. Dabei werden die Themen und Einzelfragen im Lauf der Wochen immer spezifischer. Alle Angebote, Gutachten, Planungsunterlagen, Berechnungen etc. müssen möglichst so aufbereitet sein, dass sie für alle Eigentümer mit ihren unterschiedlichen Kenntnissen verständlich und nachvollziehbar sind. Und alle Informationen müssen auf einem für alle nutzbaren Kommunikationsweg zur Verfügung gestellt werden. Nicht jeder wird alles lesen. Aber allein die Möglichkeit zu haben, schafft Vertrauen und damit ein gutes Gefühl. Das erleichtert die Beschlussfassung erheblich. Sobald feststeht, dass die Gemeinschaft ein größeres Projekt in Angriff nimmt, ist es an der Zeit, ausführlich über Kommunikationswege, Hilfsmittel und Ansprechpartner zu diskutieren.

Die Eigentümerversammlungen sind die Fixpunkte. Schon im ersten Termin, wenn die ersten Planungsschritte beschlossen wurden, kann ein Rahmenplan für die kommenden Monate erstellt werden, der die nächsten – dann außerordentlichen – Eigentümerversammlungen beinhaltet.

Je mehr Kommunikation außerhalb bzw. im Vorfeld der Eigentümerversammlungen stattfindet, umso effizienter können diese ablaufen.

Wird ein Beschluss abgelehnt, so hat das große Zeitverzögerungen zur Folge. Das lässt sich vermeiden: Bei unklaren Mehrheitsverhältnissen bietet es sich an, im Vorfeld der jeweiligen Eigentümerversammlung im Rahmen eines informellen Treffens eine **PROBEABSTIMMUNG** durchzuführen. Zeigt sich dabei, dass eine Maßnahme keine Mehrheit finden wird, kann der Planer für die Beschlussfassung in der Eigentümerversammlung Alternativen vorbereiten.

Der Verwaltungsbeirat, der Bauausschuss oder die Verwaltung kann zu regelmäßigen Infoabenden oder auch Themensprechstunden einladen. Zwar gibt es zu allen Facetten der energetischen Optimierung Berge von Informationsmaterialien, doch ohne fachliche Hilfe fällt es manchmal schwer, dass Wissen einzuordnen. Die Gefahr, dass sich Halbwissen und Vorurteile aus der Kategorie „Mit neuen Fenstern holen wir uns den Schimmel ins Haus" verfestigen, ist groß. Dem können Planer und andere Experten dank ihrer hohen Glaubwürdigkeit gut entgegenwirken. Das muss jedoch durch frühzeitige Absprachen beispielsweise im Rahmen der Beauftragung organisiert werden. Dann ist der leitende Architekt oder Ingenieur sicherlich bereit, in regelmäßigen Abständen den aktuellen Sachstand zu präsentieren.

Durch **VISUALISIERUNGEN** lassen sich Probleme und auch Lösungen besonders anschaulich darstellen. Die Aufnahmen einer Wärmebildkamera vom Gebäude etwa machen auf einen Blick sichtbar, wo und in welchem Ausmaß Verbesserungsbedarf besteht. Möglicherweise hat der Planer oder später einer der ausführenden Betriebe ein Referenzgebäude in der Nähe erfolgreich energetisch optimiert. Eine Besichtigung und der Erfahrungsaustausch mit den Bewohnern können helfen, Hürden zu verringern. Wichtig ist, dass alle informellen Termine allen Eigentümern frühzeitig bekannt gemacht werden, etwa über einen Aushang am Schwarzen Brett oder auch Infozettel in den Briefkästen.

Der Informationsfluss zwischen institutionalisierten und informellen Terminen kann auf ganz unterschiedlichen Wegen sichergestellt werden. Im Idealfall gibt es bereits ein webbasiertes Eigentümerportal und Applikationen für mobile Endgeräte.

Das spart Zeit und Unmengen Papier. Viele Fragen können auf elektronischem Weg zeitnah geklärt und Themen im Chat diskutiert werden. Damit blähen sich kleine Problemchen gar nicht erst zu Riesenhürden auf. Je nach Software lässt sich eine eigene Rubrik für die Bauzeit einrichten. Wichtig ist eine klare Verantwortlichkeit: Wer kümmert sich darum, dass alle Dokumente zeitnah hochgeladen werden? Hilfreich sind regelmäßige Zusammenfassungen zum Planungs- und später zum Baugeschehen, beispielsweise Monatsbriefe. Auch die können digital erstellt und veröffentlicht werden. Gibt es noch kein Portal, kann die Vernetzung der Eigentümer und damit auch der Mitglieder von Verwaltungsbeirat und Bauausschuss in einer Gruppe eines Messengerdienstes geschehen. Zur Dokumentenablage sind Cloudlösungen bewährt, die den gemeinsamen Zugriff auf Dokumente ermöglichen.

In den meisten Gemeinschaften wird es jedoch (noch) unerlässlich sein, zweigleisig zu fahren und Informationen sowohl in digitaler als auch in gedruckter Form zur Verfügung zu stellen. Falls die Verwaltung noch keine Abfrage getätigt hat, wer per Mail und wer per Post auf dem Laufenden gehalten werden will, dann ist der Beginn eines Sanierungsprozesses ein geeigneter Moment.

Zur Strukturierung der Kommunikation gehört auch, dass transparent gemacht wird, wer für welche Anliegen ansprechbar ist. Wo verläuft beispielsweise die Trennlinie zwischen Verwaltungsbeirat und Bauausschuss? Auch die Erreichbarkeit der einzelnen Akteure muss gesichert sein. Praktisch sind gemeinsame E-Mail-Anschriften für die jeweiligen Mitglieder der beiden Gremien.

ERLEICHTERUNGEN NUTZEN

→ **UMLAUFVERFAHREN ANWENDEN**

Die Neuregelung der Beschlussfassung im Umlaufverfahren (siehe Seite 50) kann die vielfach nötigen mehrstufigen Beschlüsse erleichtern. Die Wohnungseigentümer können für einen Einzelgegenstand beschließen, dass das konkrete weitere Vorgehen einfach-mehrheitlich im Umlaufverfahren beschlossen werden kann.

→ **BEFUGNISSE DELEGIEREN**

Die Wohnungseigentümer haben das Recht und die Möglichkeit, die gesetzlichen Pflichten und Befugnisse der Verwaltung durch Beschluss zu erweitern oder zu beschränken (§ 27 Abs. 2 WEG). In der Regel ist das grundlegende Aufgabenspektrum im Verwaltervertrag klar umrissen. Zu Beginn eines umfangreichen Bauprozesses ist ein guter Zeitpunkt, zu hinterfragen, ob die getroffenen Regelungen ausreichen oder ergänzende Beschlüsse sinnvoll sind. Im Idealfall besteht mit dem Verwalter ein Vertrauensverhältnis. Dann bietet es sich beispielsweise an, ihm die Entscheidungskompetenz für die Einschaltung sachkundiger Dritter zu übertragen. Im Beschluss kann vorgegeben werden, dass die entstehenden Kosten einen Betrag in Höhe von [xx] Euro brutto im Einzelfall und eine Gesamtjahressumme in Höhe von [yy] Euro nicht übersteigen dürfen. Eine solche Regelung ist zulässig, so der Bundesgerichtshof (BGH) mit Urteil vom 11. Juni 2021 (Az. V ZR 215/20). Möglich ist auch die Verknüpfung der Kompetenz zur Auftragsvergabe mit einem Beiratsvorbehalt. Darüber hinaus kann der Verwalter ermächtigt werden, Wartungsverträge oder bestimmte Versicherungen abzuschließen. Denkbar ist, Höchstlaufzeiten festzulegen.

→ **BEIRAT STÄRKEN**

Die Aufgaben des Verwaltungsbeirats sind im Gesetz nur vage umrissen. Sie lassen sich durch Mehrheitsbeschluss ausgestalten. Beispielsweise kann das Gremium die Prüfung von Angeboten, die Recherche von Fördermitteln oder die Kontaktaufnahme zu Referenzimmobilien übernehmen. Es gibt allerdings klare Grenzen: Kernkompetenzen wie die Entscheidung über die Vergabe von Aufträgen oder die Befugnis zum Abschluss von Verträgen kann die Eigentümerversammlung nicht an den Beirat delegieren.

Wichtige Schritte im Sanierungsprozess

1. Eigentümerversammlung
Meinungsbild
VORBEREITUNGSBESCHLÜSSE:
- Entscheidung über Einbeziehung von Fachleuten
- Beschluss über maximale Kosten der Fachleute
- Auftrag an Verwaltung, Fachleute zu beauftragen
- Auftrag an Verwaltung, Fördermittel zu recherchieren

Wahl Bauausschuss
Klärung Kommunikationswege

2. Eigentümerversammlung
Erörterung der Ergebnisse der Energieberatung
PLANUNGSBESCHLÜSSE:
- Auftrag an Verwaltung, Angebote einzuholen
- Auftrag an Verwaltung, Umsetzungs- und Finanzierungskonzept erarbeiten zu lassen

Klärung von Aufgabenteilung

Verwaltung
Begleitung Energieberatung
Recherche von Fördermitteln

Abstimmung mit Verwaltungsbeirat
Information der Eigentümer
Vorbereitung Planungsbeschlüsse
Einladung zur
2. Eigentümerversammlung

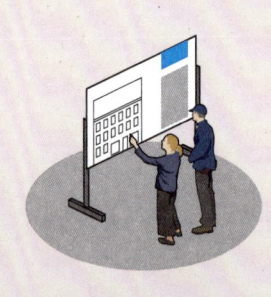

Verwaltung
Einholen und Auswerten von Angeboten
Beauftragung Umsetzungs- und Finanzierungskonzept

Information der Eigentümer
Vorbereitung Vorlagen
Umsetzungsbeschlüsse
Einladung zur
3. Eigentümerversammlung

Fachleute
Bestandsaufnahme
Energieberatung
Recherche baulicher Möglichkeiten

Präsentationen von Basisinformationen

Fachleute
Erstellung eines Umsetzungskonzeptes

Fachleute
Erstellung eines Finanzierungskonzeptes

SCHRITT FÜR SCHRITT ZUR BESCHLUSSFASSUNG 67

3. Eigentümerversammlung

Erörterung von Umsetzungs- und Finanzierungskonzept sowie Angeboten

UMSETZUNGSBESCHLÜSSE:
- Beschlüsse über zu realisierende Maßnahmen, Durchführung, Beauftragte, Kosten und Finanzierung
- Auftrag an die Verwaltung, Verträge abzuschließen

Eigentümer

Information der Mieter

Ankündigung Modernisierungsmieterhöhung

4. Eigentümerversammlung

Erörterung des Sanierungsprozesses

Beschlüsse über Beauftragung weiterer Experten (Erstellung Energieausweis, Feststellung von Baumängeln)

Beschluss über Evaluation

Eigentümer

Information der Mieter

Modernisierungsmieterhöhung

Anpassung Betriebskostenvorauszahlung

Verwaltung

Antragstellung Fördermittel und Darlehen

Vergabe von Aufträgen an Baufirmen

Abnahme der Leistungen
Rechnungsprüfungen
Finanzkontrolle
Information der Eigentümer
Einladung zur 4. Eigentümerversammlung

Verwaltung

Information über Maßnahmendurchführung
Vorlage der Gesamtabrechnung
Dokumentation der Maßnahme
evtl. Beauftragung weiterer Experten

Abwicklung von Gewährleistungsansprüchen
Prüfung und Anpassung von Verträgen mit Versorgern
Nutzerschulung Anlagentechnik

Fachleute

Koordination Durchführung

Fachleute

Baubegleitung und kontrolle

Fachleute

Erstellung aller notwendigen Bescheinigungen u.a. für Abruf Fördermittel

Fachleute

Kontrolle vor Ende der Gewährleistung

Zeitmanagement

Von der Idee bis zum Baubeginn können Jahre vergehen. Abhängig von den Gepflogenheiten in vielen Gemeinschaften sieht das im schlimmsten Fall so aus: Die erste Eigentümerversammlung beschließt die Energieberatung. Bei der Versammlung im Folgejahr werden die Ergebnisse vorgestellt und die Hausverwaltung beauftragt, Angebote von Architekten oder Ingenieuren einzuholen. Wieder ein Jahr später wird über deren Beauftragung entschieden. Und so weiter. Einen solchen Ablauf gilt es tunlichst zu vermeiden. Je länger der Entscheidungsprozess dauert, umso größer ist die Gefahr, dass sich Rahmenbedingungen wie etwa gesetzliche Vorgaben, Fördermittelbedingungen, Baukosten und technische Möglichkeiten verändern, womit wiederum Planungen angepasst werden müssen.

Ein Beispiel: Im Juli 2022 hat das Bundeswirtschaftsministerium eine umfangreiche Änderungsrichtlinie für die Bundesförderung für energieeffiziente Gebäude (BEG) veröffentlicht, die mit extrem kurzer Vorlaufzeit gültig wurde. Bereits am übernächsten Tag gab es die bis dato mögliche Förderung von Komplettsanierungen in Form von Zuschüssen nicht mehr. Auch die Förderung von Gasbrennwert- und Gashybridheizungen wurde gestrichen. Bei vielen anderen Maßnahmen wurde gekürzt. Wer zu diesem Zeitpunkt mitten in den Planungen steckte, musste zumindest teilweise von vorne beginnen. Solch umfangreiche Änderungen von Rahmenbedingungen, die gravierende Auswirkungen für eine Sanierung haben, sind nicht die Regel, aber sie können vorkommen. Je kürzer die Planungsphase ist, umso besser.

Auch das Risiko, dass wichtige handelnde Akteure frustriert aufgeben oder auch aus sachlichen Gründen (Verkauf, Wegzug, Verwalterwechsel) ausscheiden, erhöht sich im Lauf der Zeit. Derweil wird sich der Zustand der Wohnanlage auf jeden Fall nicht verbessern. Und die hohen Betriebskosten laufen weiter.

Das **BUNDESINSTITUT FÜR BAU-, STADT- UND RAUMFORSCHUNG (BBSR)** hat 2014 in Fallstudien untersucht, wie viel Zeit von der Initiative bis zur Beschlussfassung vergangen ist. In der Mehrzahl der Beispiele wurden mehr als zwei Jahre für den Entscheidungsprozess benötigt. Seine Dauer wird von unterschiedlichen Fakto-

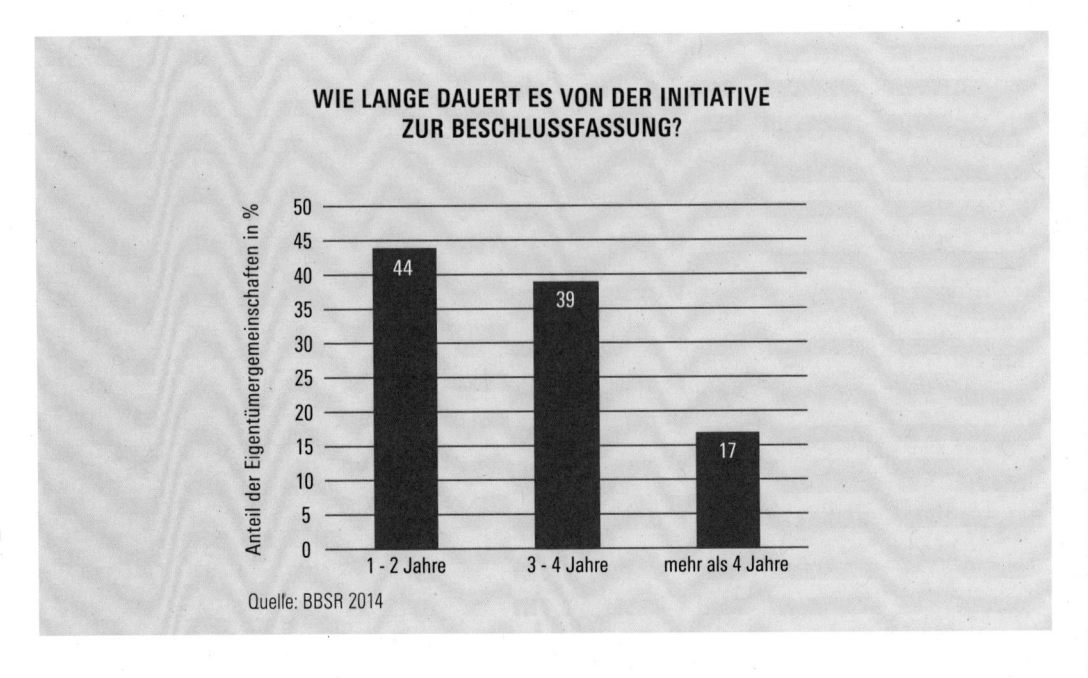

Je länger sich die Planungen hinziehen, umso mehr Größen wie Kosten oder Förderungen können sich im Verlauf verändern.

WIE LANGE DAUERT ES VON DER INITIATIVE ZUR BESCHLUSSFASSUNG?

Zeitraum	Anteil der Eigentümergemeinschaften in %
1 - 2 Jahre	44
3 - 4 Jahre	39
mehr als 4 Jahre	17

Quelle: BBSR 2014

ren beeinflusst. Am meisten fallen die Beratungsintensität und die Häufigkeit von Eigentümerversammlungen ins Gewicht. Wenn alle Details ausschließlich in jährlichen Versammlungen beraten und entschieden werden, dauert der Prozess um ein Vielfaches länger, als wenn das Projekt in außerordentlichen Versammlungen konsequent vorangetrieben wird.

Wenn eine besonders heterogene Gemeinschaft von Eigentümern mit möglicherweise sehr unterschiedlichen finanziellen Möglichkeiten über ein umfangreiches Maßnahmenpaket entscheiden muss, wird sicherlich mehr diskutiert und auch neu überlegt, als wenn eine weitgehend homogene Gruppe von Selbstnutzern über ein klar umrissenes Projekt beschließen muss. Darüber hinaus ist die Komplexität der Maßnahme entscheidend. Je mehr Fachrichtungen und je mehr Personen in den Planungsprozess involviert sind, umso aufwendiger gestalten sich Abstimmungsprozesse. Erschwerend können eventuell notwendige bautechnische Voruntersuchungen und rechtliche Aspekte hinzukommen, wenn beispielsweise sowohl Gemeinschafts- als auch Sondereigentum tangiert werden. Und wenn im Lauf des Prozesses wichtige Akteure wie die Verwaltung oder der Verwaltungsbeirat oder auch Vertragspartner wechseln, dann kostet das Zeit, Kraft und oft auch Geld.

Schwerer zu fassen, aber genauso wichtig: Wenn es im Umgang der Eigentümer untereinander oder im Miteinander von Eigentümern und Verwaltung oder von Verwaltungsbeirat und Verwaltung klemmt, kann hierdurch der gesamte Prozess deutlich belastet und verlangsamt werden. Unterm Strich, so das Ergebnis der Wissenschaftler vom BBSR, ist in den seltensten Fällen ein einzelner hemmender oder erleichternder Faktor ausschlaggebend für das Gelingen oder das Scheitern von Investitionsprozessen in der WEG.

Was allerdings für die Dauer der Meinungsbildung keine Rolle spielt, ist den Experten zufolge das **INVESTITIONSVOLUMEN**. Und: Wenn der Beschluss steht, wird er in der Regel zeitnah umgesetzt. Von der Beschlussfassung bis zur Bauabnahme vergingen in den Fallstudien im Durchschnitt eineinhalb Jahre.

> **WIE VIELE ANGEBOTE BRAUCHEN WIR?**
>
> Vor der Beschlussfassung über eine größere Auftragsvergabe müssen den Wohnungseigentümern mindestens drei Vergleichsangebote vorliegen (LG Hamburg, Az. 318 S 164/11; LG Dortmund, Az. 1 S 371/13; LG Frankfurt, Az. 2–13 S 2/17). Das gilt auch für die Beauftragung von Fachdienstleistern wie Architekten (LG Hamburg, Az. 318 S 9/16).
>
> Liegen weniger Angebote vor, dann ist der Beschluss anfechtbar. Nur durch die **VERGLEICHSANGEBOTE** können die Wohnungseigentümer Unterschiede zwischen den angebotenen Leistungen und Preisen erkennen und damit ihren Ermessensspielraum sachgerecht ausüben, so die Argumentation der Gerichte.
>
> Doch die Angebotseinholung kostet Zeit. Möglicherweise wurde mit einem bestimmten Unternehmen zu einem früheren Zeitpunkt bereits erfolgreich zusammengearbeitet. Oder es wird eine spezifische Dienstleistung benötigt, für die es wenige regionale Anbieter gibt. In solchen Situationen können sich die Wohnungseigentümer darüber einig sein, dass eine bestimmte Firma den Auftrag erhalten soll.
>
> Bei der Beschlussfassung sollte explizit auf das Risiko der Anfechtbarkeit hingewiesen werden. Wird der Beschluss allstimmig gefasst, ist die Gemeinschaft auf der sicheren Seite. Ansonsten sollte die Verwaltung mit der Beauftragung sicherheitshalber den Ablauf der einmonatigen Anfechtungsfrist abwarten. Dann ist der Beschluss bestandskräftig.
>
> Bei kleineren Aufträgen sind drei Vergleichsangebote nicht erforderlich. Eine allgemein gültige Bagatellgrenze gibt es jedoch nicht. Einzelne Gerichte halten Vergleichsangebote ab einer Auftragshöhe von 2 000 Euro für notwendig, andere ab 5 000 Euro.

Ohne Frage: Die fundierte Planung komplexer Baumaßnahmen braucht ihre Zeit, gerade in der Eigentümergemeinschaft. Darauf müssen sich auch alle einstellen, die am liebsten gestern schon losgelegt hätten. Mit Drängeln und Hektik ist niemandem geholfen. Im Gegenteil: Manch ein unentschlossener Eigentümer kann durch Aktionismus verprellt werden. Doch durch eine strukturierte Herangehensweise lässt sich das gesamte Projekt in einem überschaubaren zeitlichen Rahmen halten.

> **RECHTSSICHERE BESCHLUSSFASSUNG**
>
> Die Formulierung von rechtsverbindlichen Beschlüssen erfordert umfangreiche juristische Kenntnisse. Der Verband der Immobilienverwalter Deutschland (VDIV) stellt als Grundlage eine Sammlung mit Musterbeschlüssen zur Verfügung. Die Eigentümergemeinschaft kann auch die Prüfung durch einen Anwalt beauftragen.

Von der Entwurfs- zur Ausführungsplanung

In der zweiten Eigentümerversammlung stehen die Empfehlungen aus der umfassenden Energieberatung auf der Tagesordnung. Mindestens eine Zusammenfassung dazu verteilt die Verwaltung bereits mit der Einladung. Unterstützend stellt der Energieberater seine Vorschläge und einen individuellen Sanierungsfahrplan in der Sitzung vor, begründet seine Empfehlungen, erläutert alternative Möglichkeiten und beantwortet Fragen. Die Präsentation durch den Energieberater wird staatlich gefördert (siehe Seite 159). Ein zweiter unverzichtbarer Tagesordnungspunkt sind die Finanzierungs- und Fördermöglichkeiten. Ziel dieser Versammlung ist ein **PLANUNGSBESCHLUSS** der Eigentümer dazu, welches Konzept sie verfolgen wollen, wie der Gesamtkostenrahmen aussehen und wie die Finanzierung gestaltet werden soll.

In der Regel braucht die Gemeinschaft nun einen leitenden Architekten oder Ingenieur, der die Entwurfsplanung erarbeitet. Hat die Verwaltung bereits im Vorfeld Angebote eingeholt – prima! Dann können die Eigentümer gleich darüber befinden und die Verwaltung zur Auftragsvergabe an den Architekten oder Ingenieur ermächtigen. Falls nicht, kann die Beschlussfassung durch das Umlaufverfahren vereinfacht werden (siehe Seite 50).

Darüber hinaus muss nun geklärt werden, wie kleinschrittig die künftige Beschlussfassung erfolgen soll. Sie kann sich an den Leistungsphasen der HOAI (siehe Seite 27) orientieren, doch wenn die Entwurfs-, die Genehmigungs- und die Ausführungsplanung jeweils das Votum der Eigentümergemeinschaft erfordern, gehen Monate ins Land. In der Praxis hat sich eine Begrenzung auf die richtungsweisenden Schritte bewährt: Der Planer erarbeitet in Absprache mit der Verwaltung und dem Verwaltungsbeirat die **AUSFÜHRUNGSPLANUNG**, konkretisiert Pläne und Berechnungen, legt Baustoffe, Materialien und Qualitäten fest, ermittelt Mengen und Massen und erstellt Leistungsbeschreibungen und -verzeichnisse für die Ausschreibungen. Je nach Aufgabenteilung führt entweder er oder die Verwaltung die Ausschreibungen durch und holt Angebote ein.

Auf jeden Fall sollten der Planer und auch der Verwaltungsbeirat oder der Bauausschuss an der Prüfung und Wertung der Angebote beteiligt sein. Aufgabe des Planers ist dann, aus den vorliegenden Angeboten der verschiedenen Gewerke einen **PREISSPIEGEL** zusammenzustellen. Er dient dem Preisvergleich, der Gesamtkostenermittlung und der Kostenkontrolle und ist eine wichtige Grundlage für die Erarbeitung eines tragfähigen Sanierungskonzeptes. Das kann von der Verwaltung, dem Planer oder auch einem Finanzierungsberater erarbeitet werden.

Mit der Einladung zur dritten Eigentümerversammlung werden Übersichten zu Maßnahmen-, Kosten- und Finanzierungsplanung übermittelt. Die Eigentümer müssen im Vorfeld der Sitzung auch die Möglichkeit haben, sich mit den Angeboten zu beschäftigen. Die reine Einsichtnahme auf der Eigentümerversammlung reicht nicht aus (AG Augsburg, Az. 31 C 1980/15 WEG). Die Angebote müssen aber auch nicht generell an alle Eigentümer übersendet werden. Das wäre angesichts des Umfangs und der Detailfülle nicht nur aufwendig, sondern auch wenig zielführend. Manch ein Eigentümer wäre nicht nur überfordert, sondern vielleicht sogar abgeschreckt. Sehr viel sinnvoller ist hingegen, dass Leistungen und Preise in übersichtlicher, vergleichbarer Form zusammengetragen und mit dem Einladungsschreiben verteilt werden. Diese Aufgabe kann die Verwaltung, aber auch ein Mitglied des Verwaltungsbeirates oder des Bauausschusses übernehmen. Interessierte Eigentümer haben dann die Möglichkeit, sich durch Einsicht in die Verwaltungsunterlagen umfassender zu informieren und etwaige Fragen in der Eigentümerversammlung zu stellen (LG München I, Az. 1 S 21342/13 WEG).

DIE SANIERUNGSBESCHLÜSSE

Die Eigentümerversammlung muss nun darüber entscheiden, welche Maßnahmen wie, in welcher Reihenfolge, von welcher Firma und zu welchen Kosten umgesetzt werden sollen. Auch die Finanzierung und die Verteilung der Kosten müssen beschlossen werden. Der Verwalter muss beauftragt werden, Förder- und Kreditanträge zu stellen und – danach! – Verträge mit den ausführenden Unternehmen zu schließen. Sollen externe Fachleute die Bauüberwachung und -begleitung übernehmen, erfordert auch dies einen Beschluss.

All diese Entscheidungen in der dritten Versammlung zu treffen, ist eine enorme Herausforderung und nur dann zu schaffen, wenn die Beschlussfassungen gut vorbereitet sind. Die Übermittlung von umfassenden, verständlichen Unterlagen mit der Einladung zu den Eigentümerversammlungen ist dazu ein Baustein, die Strukturierung der Beschlüsse ein weiterer.

Sollen mehrere Maßnahmen umgesetzt werden, bietet es sich an, diese in getrennten Beschlüssen zu behandeln und nach Priorität oder auch nach Konfliktpotenzial abzustimmen. Findet dann ein einzelner Beschlussantrag keine Mehrheit, kippt wenigstens nur die eine Maßnahme und nicht das gesamte Paket. Darüber hinaus empfiehlt es sich, die Beschlüsse über die Maßnahmen zu entkoppeln und jeweils einen Beschluss über die Durchführung der Maßnahme als solche und einen zweiten über die konkrete Finanzierung zu fassen. Wenn ein Eigentümer die Finanzierung anficht, dann bringt er damit nicht die Gesamtmaßnahme zu Fall.

Sanierungsvorhaben gehen meist mit einer Vielzahl von Beschlüssen einher, die in den Eigentümerversammlungen gefasst werden. Eine gute Vorbereitung erleichtert die Abstimmungsphase.

HIER GEHT ES WEITER: VERBAND DER IMMOBILIENVERWALTER E.V. → VDIV.DE

ENERGIEEFFIZIENZMASSNAHMEN

3 Die wenigsten Eigentümergemeinschaften nehmen die Verbesserungen an der Gebäudehülle und die Erneuerung der Anlagentechnik zugleich in Angriff. Wichtig ist aber, jede Maßnahme als Teil eines Gesamtkonzepts zu sehen, denn es gibt viele Abhängigkeiten.

74 → Gebäudehülle
91 → Anlagentechnik
134 → Prioritäten setzen, Kompromisse finden
136 → Interview: Abwägen und entscheiden

→ **Gebäudehülle:** Die Ertüchtigung der Gebäudehülle ist bei Bauherren nicht gerade beliebt: Komplexe Aufträge müssen vergeben werden, meist an mehrere unterschiedliche Gewerke. Die Umsetzung verursacht Aufwand und Kosten.

WAS ERFAHRE ICH?

- 74 → Nachrüstpflicht bei der obersten Geschossdecke
- 75 → Dachdämmung
- 76 → Auswahl des Dämmstoffes
- 80 → Fassadendämmung
- 84 → Innendämmung als Alternative
- 85 → Sonderfall Keller
- 85 → Fenstertausch mit System
- 90 → Erneuerung der Haustür

Auf den ersten Blick scheint es verlockend, die Energiewende in der Eigentümergemeinschaft mit dem Heizungstausch einzuläuten. Diese Maßnahme ist übersichtlich, vergleichsweise einfach umsetzbar und wird zudem durch hohe Fördersummen angekurbelt. Nur: Die Heizung muss zum Gebäude passen. Solange die Hülle – also alle Außenbauteile, die den beheizten Bereich umschließen – nicht gedämmt ist, muss die Heizung deutlich mehr leisten als irgendwann später nach der Dämmung. In der Zwischenzeit verschwindet ein beträchtlicher erklecklicher Teil der Raumwärme durch Wände, Dach und Fenster. Wird umgekehrt zuerst die Gebäudehülle optimiert, so reduziert das die Verluste bereits deutlich. In einem zweiten Schritt kann die Heizungserneuerung folgen, und zwar mit einer Anlage, die auf den verringerten Heizbedarf des Gebäudes ausgelegt ist. Das reduziert die Investitionskosten und – vor allem – verbessert es Effizienz und Lebensdauer der Anlage.

Die Gebäudehülle verbessern – das heißt dämmen. Je nach Bauteil, Konstruktion und gewünschtem energetischen Standard kommen dafür unterschiedliche Verfahren infrage. Die grenzen dann die Auswahl unter den mittlerweile mehr als 100 Dämmstoffen deutlich ein, denn nicht jeder Dämmstoff ist für jede Anwendung geeignet (siehe Tabelle, Seite 80).

Nachrüstpflicht bei der obersten Geschossdecke

Die Dämmung der obersten Geschossdecke gegen unbeheizte Räume oder das Dach ist eine einfache, CO_2-relevante und in der Regel sehr wirtschaftliche Maßnahme. Und sie ist eine der wenigen Pflichten aus dem Gebäudeenergiegesetz (GEG), die auch für Bestandsimmobilien gilt (§ 47). Sie muss dann erfüllt werden, wenn das Gebäude vier Monate im Jahr mit mindestens 19 Grad beheizt wird und der Mindestwärmeschutz nach DIN 4108–2: 2013–02 nicht eingehalten wird. Bei der Geschossdeckendämmung muss ein U-Wert von maximal 0,24 W/(m²K) (vergleiche auch Tabelle, Seite 78) erreicht werden. Neu sind diese Anforderungen allerdings nicht, waren sie doch vor Inkrafttreten des Gesetzes in der Energieeinsparverordnung verankert. Ist der Dachboden in der Eigentümergemeinschaft noch nicht gedämmt und wird das Dachgeschoss auch auf absehbare Zeit nicht ausgebaut, dann ist es Zeit zu handeln. Bei Verstößen gegen die Nachrüstpflicht drohen Bußgelder von bis zu 50 000 Euro.

Für die Dämmung der obersten Geschossdecke stehen unterschiedliche Verfahren zur Wahl. Besonders einfach gestaltet sich die Dämmung bei massiven Betondecken, wie sie seit den 1960er-Jahren vermehrt gebaut wurden: Das Dämmmaterial wird auf den Boden des Dachbodens gelegt, die Raumhöhe im darunter liegenden Geschoss bleibt demnach erhalten. Zwar können bei dieser sogenannten Aufdeckendämmung theoretisch sowohl Platten als auch Matten verlegt werden, doch die allermeisten Dämmstoffe sind nicht begehbar. Selbst wenn das Dachgeschoss heute noch nicht als Lagerraum genutzt wird – diese Option sollte zumindest eröffnet werden. Entweder wird also die Dämmschicht mit Verlegeplatten aus Pressspan oder mit OSB-Platten abgedeckt, oder es werden Verbundplatten verwendet, die oberseitig mit einer begehbaren Spanplatte versehen sind. Eine Dampfsperre ist für die Aufdeckendämmung zwar nicht vorgeschrieben, kann aber bei einer begehbaren Abdeckung sinnvoll sein. Die Alternative ist, einen zweiten Boden zu konstruieren und dann den dazwischen entstandenen Hohlraum mit Einblas- oder Schüttdämmung zu füllen.

Die häufigste Form der obersten Geschossdecke im Altbau ist eine Holzbalkendecke, die zum Dachboden mit Brettern belegt ist. Zwischen den Kehlbalken befindet sich meist ein Hohlraum von bis zu 20 Zentimetern Höhe. Er kann teilweise oder sogar ganz mit Asche, Schlacke oder Lehm gefüllt sein. In diesen Hohlraum werden Dämmstoffflocken oder Schüttungen eingebracht oder formbare Matten hineingedrückt. Um die maximale Dämmwirkung zu erzielen, ist es sinnvoll, zuvor die schlecht dämmende Schlacke etc. zu entfernen. Eine andere Möglichkeit besteht darin, die Dämmung in der Decke mit einer Aufdeckendämmung zu kombinieren.

Die einfachste Möglichkeit, die oberste Geschossdecke zu dämmen: Auslegen von Glaswollmatten.

Steinwollplatten auf einer massiven Geschossdecke

Der Hohlraum der Holzbalkendecke wurde mit einem Einblasdämmstoff luftdicht ausgeblasen, die alte Verkleidung bleibt erhalten.

Dachdämmung

Wurde die oberste Geschossdecke ordnungsgemäß gedämmt und bleibt das Dachgeschoss unbeheizt, ist eine Dämmung der Dachflächen nicht sinnvoll. Schließlich umschließen die Dachflächen dann nicht den be-

Dachboden

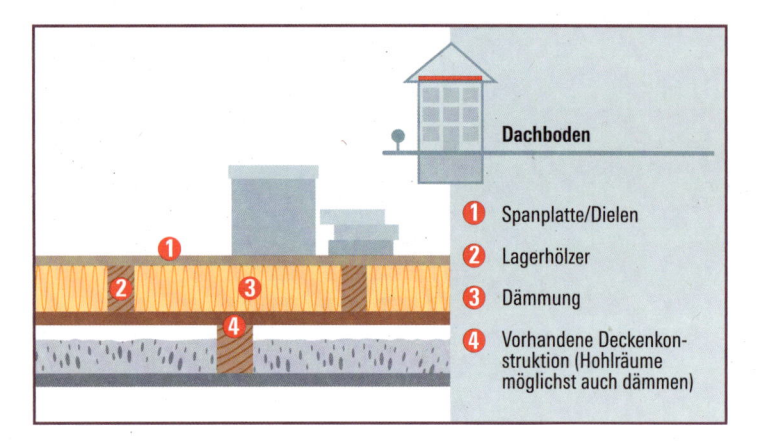

① Spanplatte/Dielen
② Lagerhölzer
③ Dämmung
④ Vorhandene Deckenkonstruktion (Hohlräume möglichst auch dämmen)

Die häufigste Form der oberen Geschossdecke im Altbau ist eine Holzbalkendecke, die zum Dachboden mit Brettern belegt ist. Der Hohlraum der Holzbalkendecke wurde mit einer Einblasdämmung luftdicht ausgeblasen. Auf die alte Verkleidung wurde anschließend eine zweite Dämmschicht aufgebracht.

heizten Raum. Hinzu kommt: Die Dachflächendämmung wäre auch aufwendiger und deutlich teurer. Wenn zu einem späteren Zeitpunkt mehr als 10 Prozent der Dachfläche verändert werden – etwa für eine Neueindeckung –, müssen die Dachflächen gedämmt werden, die an beheizte Wohnräume grenzen. Das betrifft also beispielsweise die steilen Flächen eines Mansarddaches. Der künftige U-Wert darf nach dem Gebäudeenergiegesetz, wie oben schon erwähnt, maximal 0,24 W/m²K betragen. Die nachträgliche **DÄMMUNG** dieser Bereiche muss sorgfältig an die Dämmung der obersten Geschossdecke angebunden werden. Wenn neuer Wohnraum geschaffen und ein bislang unbeheizter Raum also künftig beheizt werden soll, dann ist die Dämmung aller umschließenden Dachflächen Pflicht.

Bei Steildächern – also Sattel-, Walm-, Mansard- und Pultdächern – kann die Dämmung grundsätzlich auf, unter und/oder zwischen den Sparren angebracht werden. Wenn die Eindeckung intakt ist und nicht angerührt werden soll und die Statik der Sparren ausreicht, kann man sich ein aufwendiges Gerüst sparen und die Dämmarbeiten von innen, also zwischen und/oder unter den Sparren, ausführen. Häufig werden beide Methoden kombiniert: Der Raum zwischen den Sparren wird mit passgenau zugeschnittenen Dämmmatten beispielsweise aus Mineralwolle oder Hanf gefüllt. Raumseitig ist dringend eine luftdichte Dampfbremse nötig.

Alternativ kann auch **EINBLASDÄMMUNG** zwischen die Sparren eingebracht werden. Dazu müssen zunächst geschlossene Fächer geschaffen werden. Auf der Innenseite wird entweder erst die Dampfbremse dicht schließend an den Sparren angebracht und über ihr eine Auflattung montiert. Sie bildet das Grundgerüst für eine spätere Aufdopplung mit Trockenbauplatten, dient aber auch der Befestigung der Dampfbremse während des Einblasvorgangs. Dazu wird die **DAMPFBREMSE** in jedem Sparrenfeld aufgeschnitten, ein Einblasrohr eingeführt, der Dämmstoff eingeblasen und die eingeschnittene Folie anschließend wieder luftdicht verklebt. Seit einigen Jahren gibt es auch Folienschläuche, die in die Zwischensparrenfelder gelegt, aufgeblasen und dann mit Dämmstoff gefüllt werden.

Zusätzlich zur **ZWISCHENSPARRENDÄMMUNG** ist unterhalb der Sparren und der Dampfsperre eine zweite Dämmschicht sinnvoll. Das ist Pflicht, wenn durch die Zwischensparrendämmung alleine der geforderte U-Wert nicht erreicht wird. Ist die Dämmschichtdicke allerdings aus technischen Gründen begrenzt, so sieht das Gesetz Erleichterungen vor (Anlage 7 zu GEG § 48). Die zusätzliche zweite Schicht hat auch praktische Vorteile: Diese Ebene kann durchgängig, also über die Sparren hinweg, angefertigt werden und reduziert damit die Wirkung der Sparren selbst als Wärmebrücken. Zur Ausführung bieten sich stabile Dämmplatten oder auch Verbundplatten an.

Ist das Dachgeschoss ausgebaut, muss zwangsläufig von außen gedämmt werden.

Auswahl des Dämmstoffes

Die Auswahl an Dämmmaterialien ist gigantisch und verwirrend. Doch nicht jedes Material und jede Verarbeitungsform ist für jeden Einsatzzweck zugelassen und geeignet. Weitere wichtige Auswahlkriterien sind:

→ Materialeigenschaften (z. B. Wärmeleitfähigkeit, Feuchteempfindlichkeit, Schall- und Brandschutz),
→ Kosten,
→ Handhabbarkeit und
→ ökologische Aspekte.

Unter energetischen Gesichtspunkten sind zwei Kennwerte besonders aussagekräftig: die Wärmeleitfähigkeit und der Wärmedurchgangskoeffizient.

Die **WÄRMELEITFÄHIGKEIT**, auch Wärmeleitzahl oder Wärmeleitkoeffizient (Lambda-Wert), ist auf dem Produkt angegeben. Sie besagt, welche Menge an Wärmeenergie (in Watt) in einer festgelegten Zeit (pro Sekunde) durch eine bestimmte Baustoffstärke (in Meter) bei einem festgelegten Temperaturunterschied (1 Kelvin) auf beiden Seiten des Bauteils durch diese hindurchgeht. Die Maßeinheit des Lambda-Wertes ist W/(mK). Je kleiner der Lambda-Wert, desto schlechter die Wärmeleitfähigkeit und desto besser das Wärmedämmvermögen des Baustoffes. Gute Dämmstoffe haben eine Wärmeleitfähigkeit von 0,035 W/(mK). Die Wärmeleitzahl wird unter Laborbedingungen ermittelt, ist also ein theoretischer Wert.

Der **WÄRMEDURCHGANGSKOEFFIZIENT**, auch Transmissionswärmeverlust (U-Wert), gibt an, wie viel Wärme bei einem Temperaturgefälle von einem Kelvin zwischen Außen- und Innenraum pro Quadratmeter verloren geht. Die Maßeinheit des U-Wertes ist W/(m²K). Anders als der Lambda-Wert bezieht er sich also nicht auf einen einzelnen Baustoff, sondern auf das gesamte Bauteil. Je kleiner der U-Wert eines Bauteils, desto besser das Wärmedämmvermögen. Der U-Wert ist abhängig von der Wärmeleitfähigkeit und der Dicke aller Baustoffe im Bauteil. In die Ermittlung des U-Wertes eines Daches fließen also unter anderem die Eindeckung, die Dämmschichten, die Sparrenanteile und stehende Luft ein. Sowohl Gesetze als auch Förderrichtlinien arbeiten mit erforderlichen U-Werten. Aufgabe der Planer ist es, zu berechnen, welche Dicke eines bestimmten Materials mit einer Wärmeleitfähigkeit X notwendig ist, um für ein Bauteil mit einem aktuellen U-Wert Y künftig den geforderten U-Wert Z zu erreichen.

WICHTIGE KENNZEICHEN VON DÄMMSTOFFEN UND WAS SIE AUSSAGEN

→ **CE-ZEICHEN**: Damit bestätigt ein Hersteller selbst, dass sein Produkt den geltenden europäischen Richtlinien entspricht, also die Mindestanforderungen der in Europa anzuwendenden Normen oder Zulassungen erfüllt. Produkte mit dem CE-Zeichen dürfen frei in der gesamten EU frei gehandelt werden.

→ **RAL-GÜTEZEICHEN**: Die von RAL anerkannten Gütegemeinschaften vergeben dieses Qualitätszeichen an Unternehmen, die strenge Güte- und Prüfbestimmungen einhalten. Die RAL-Gütezeichen werden für Produktarten und Leistungskategorien ge-

---

KRITERIEN FÜR DIE AUSWAHL DES DÄMMSTOFFES

1. BAUTECHNISCHE ANFORDERUNGEN
→ Eignung und Zulassung (DIBt) für die jeweilige Anwendung
→ Wärmedämmwert
→ Wärmespeicherwert
→ Entfeuchtungseigenschaften
→ Brandschutz
→ Druckfestigkeit
→ verfügbarer Platz und andere bauliche Gegebenheiten

2. ÖKOLOGISCHE BILANZ
→ Ausgangsmaterial (nachwachsend, vollsynthetisch)
→ Primärenergiezahl
→ Grad der Wiederverwertbarkeit
→ Gesundheitsgefährdung während der Produktion, Verarbeitung, Nutzung

3. KOSTEN

4. PRAKTISCHE ASPEKTE
→ Verfügbarkeit des Materials vor Ort
→ Verfügbarkeit und Sachkenntnis der ausführenden Unternehmen
→ Handhabung/Verarbeitbarkeit/Schadensanfälligkeit auf der Baustelle

DÄMMSTOFFE IM VERGLEICH

| Material | Lieferform | Anwendung |||||||
| | | Steildach ||| | | Fassade außen ||
		Untersparren	Zwischensparren	Aufsparren	Flachdach	Oberste Geschossdecke	WDVS	Kerndämmung
Mineralische Dämmstoffe								
Kalziumsilikat	Platte							
Schaumglas	Platte				X	X	X	
Mineralschaum	Platte					X	X	
Perlite	Schüttung					X		X
Künstliche Mineralfasern								
Glaswolle/ Steinwolle	Matte/ Filz	X	X			X		
Steinwolle	Platte			X	X		X	
Glaswolle	Einblasdämmung		X		X	X		X
Vollsynthetische Dämmstoffe auf Erdölbasis								
Expandiertes Polystyrol (EPS)	Platte				X	X	X	
	Granulat					X		X
Extrudiertes Polystyrol (XPS)	Platte	X			X	X		
Phenolharzschaum	Platten	X		X	X	X	X	
PUR/PIR	Platten	X		X	X	X	X	
Dämmstoffe aus nachwachsenden Rohstoffen								
Flachs	Matten/ Platten	X	X			X		
Hanffaser	Matten/Platten		X			X		
Holzweichfaser	Platten	X		X		X	X	
Schafwolle	Matten	X	X			X		
Stroh	Einblasdämmung		X			X		
Zellulose	Einblasdämmung		X			X		

1) Der Primärenergieeinsatz (PEI) variiert stark je nach Aufbereitung des Rohstoffes. Die Kategorien sind eine grobe Orientierung.
2) Da die Materialpreise erheblich schwanken und die Gesamtkosten zudem von der Konstruktionsform, dem Arbeitsaufwand und der Fertigkeit des Unternehmens abhängen, dient die Einstufung in Kategorien der groben Orientierung.

| Anwendung | | | | Wärmeleitfähigkeit in W/(m*K) | Baustoffklasse* | Primärenergieeinsatz[1&3] | Materialpreis[2&3] | Material |
| Fassade außen | | Fassade innen | Kellerdecke | | | | | |
Vorgehängte Fassade	Perimeterdämmung							
		X		0,060 – 0,10	A1	3++	3	Kalziumsilikat
	X	X	X	0,037 – 0,060	A1	3	2 – 3	Schaumglas
		X	X	0,042 – 0,045	A1	2 – 3	2	Mineralschaum
			X	0,040 – 0,070	A1	2	2	Perlite
X				Glaswolle: 0,032 – 0,040 Steinwolle: 0,035 – 0,048	A1, A2	2	1 – 2	Glaswolle/Steinwolle
X			X					
		X		0,032 – 0,045	B1	2 – 3	1	Expandiertes Polystyrol (EPS)
		X						
	X		X	0,023 – 0,042	B1	2 – 3	1 – 2	Extrudiertes Polystyrol (XPS)
			X	0,021 – 0,025	B2	2 – 3	2	Phenolharzschaum
			X	0,023 – 0,030	B1	2 – 3	1 – 2	PUR/PIR
X		X		0,039 – 0,057	B2	1 – 2		Flachs
X		X	X	0,039 – 0,047	B2	2	2	Hanffaser
		X	X	0,040 – 0,090	B2	2 – 3	2	Holzweichfaser
X			X	0,032 – 0,040	B2	1		Schafwolle
X		X	X	0,043 – 0,099	B2	1	1	Stroh
X		X	X	0,038 – 0,045	B2	1	1	Zellulose

3) Kategorien: 1 = niedrig; 2 = mittel; 3 = hoch   * nach DIN 4102–1

schaffen und entsprechend technischer Entwicklungen auch revidiert. Für Hartschaumplatten aus Polystyrol und Polyurethan wird beispielsweise RAL-GZ 710 vergeben, für Erzeugnisse aus Mineralwolle RAL-GZ 388.

→ **BLAUER ENGEL:** Das durch das staatliche Umweltbundesamt vergebene Zertifikat kennzeichnet emissionsarme Dämmstoffe, die über die gesetzlichen Bestimmungen hinaus schadstoffarm hergestellt wurden und im Wohnumfeld aus gesundheitlicher Sicht unbedenklich sind. Sie enthalten weder Flammschutzmittel noch Weichmacher, Biozide, Halogene oder Filmschutzmittel.

→ **NATUREPLUS:** Das Umweltzeichen bestätigt Bauprodukten die Einhaltung hoher Qualitätsnormen auf allen für die Nachhaltigkeit relevanten Gebieten.

Fassadendämmung

Die Außenwand hat in der Regel den größten prozentualen Anteil der Gebäudehülle. Das gilt im Mehrfamilienhaus noch mehr als im Ein- oder Zweifamilienhaus. Je nach Wandaufbau, Dicke und Baualtersklasse ist ihr energetischer Zustand oft bescheiden.

Wenn im Zuge der Fassadenerneuerung die Fenster und Türen getauscht werden, kann die Fassadendämmung optimal an die Fenster herangearbeitet werden.

Die Fassadendämmung ist deshalb eine der wirksamsten energetischen Maßnahmen. Genau wie für Dachflächen schreibt das Gebäudeenergiegesetz einen maximalen U-Wert von 0,24 W/m²K vor. Dabei sollten möglichst alle Fassadenteile in einem Arbeitsgang gedämmt werden. Bauliche Anschlüsse bergen immer Risiken. Es gibt verschiedene Möglichkeiten der Fassadendämmung. In jedem Fall ist zwingende Voraussetzung, dass das Mauerwerk intakt und tragfähig ist. Nachträgliche Fassadendämmungen sind in allen Bundesländern genehmigungsfrei. Unter Umständen machen die Landesbauordnungen Vorgaben etwa zu Grenzabständen (siehe Seite 224). Bei Gebäuden, die unter Denkmalschutz stehen, sind Fassadenverkleidungen anzeige- und genehmigungspflichtig (siehe Seite 224).

Die einfachste und am weitesten verbreitete Art der Dämmung von Fassaden mit einschaligem Mauerwerk ist ein **WÄRMEDÄMMVERBUNDSYSTEM (WDVS)**. Der Dämmstoff wird in Form von Platten von außen auf den bestehenden intakten (!) Untergrund geklebt und gedübelt. Dabei müssen die Platten nahtlos aneinanderstoßen. Anschließend wird ein Armierungsmörtel (Unterputz) aufgetragen, in den ein Gewebe aus Glasfaser eingearbeitet ist. Diese Schicht dient dazu, Risse zu vermeiden. Den Abschluss bildet der Außenputz (Oberputz). Er kann beliebig gestaltet werden. Alle WDVS-Komponenten müssen aufeinander abgestimmt und als Gesamtsystem geprüft sein. Damit ist sichergestellt, dass der Dampfdiffusionswiderstand nach außen hin abnimmt, die anfallende Feuchte also gut nach außen abgeführt werden kann. Die schnelle, einfache Montage und die vergleichsweise geringen Investitionskosten sind die Hauptgründe für die Beliebtheit von Wärmedämmverbundsystemen. Auch Fassadenprofile und -verzierungen lassen sich mit Dämmmaterial rekonstruieren. Das kann allerdings ins Geld gehen. Im Ergebnis wird die äußere Gestalt gerade von Altbauten durch eine WDVS-Dämmung oft deutlich verändert – nicht immer zum Vorteil.

Eine vielseitig gestaltbare Alternative zum Wärmedämmverbundsystem mit Putz als Wetterschutzschicht ist eine vorgehängte, hinter-

TYPISCHE U-WERTE BEI UNSANIERTEN FASSADEN

Konstruktion	Dicke	Baualtersklasse								
		bis 1918	1919-1948	1949-1957	1958-1968	1969-1978	1979-1983	1984-1994	1995-2001	ab 2002
Zweischalige Wandaufbauten ohne Dämmschicht		1,3	1,3	1,3	1,4	1	0,8	0,6	0,5	0,4
Zweischalige Wandaufbauten mit Dämmschicht				1	0,9	0,9	0,7	0,5	0,5	0,4
Massivwand aus Vollziegeln, wenig oder nicht porösem Naturstein, Kalksandstein, Bimsbetonvollsteinen etc.	bis 20 cm ggfs. einschl. Putz	2,8	2,8	2,8						
Massivwand aus Vollziegeln, wenig oder nicht porösem Naturstein, Kalksandstein, Bimsbetonvollsteinen etc.	20 bis 30 cm ggfs. einschl. Putz	1,8	1,8	1,8						
Massivwand aus Vollziegeln, wenig oder nicht porösem Naturstein, Kalksandstein, Bimsbetonvollsteinen etc.	über 30 cm ggfs. einschl. Putz	1,5	1,5	1,5						
Massivwand aus Hochlochziegeln, Bimsbetonhohlsteinen oder vergleichbaren porösen oder stark gelochten Materialien		1,4	1,4	1,4	1,4	1	0,8	0,6	0,5	0,4
Sonstige massive Wandaufbauten	bis 20 cm über alle Schichten	3	3	3	1,4	1	0,8	0,7	0,7	0,4
Sonstige Wandaufbauten	über 20 cm über alle Schichten, ggfs. mit ursprünglicher Dämmung	2,2	2,2	2,2	1,4	1	0,8	0,6	0,5	0,4
Massivholzwand (z. B. Blockhaus), Holzrahmen oder Holztafelwand mit dämmender Füllung		0,5	0,5	0,5	0,5	0,5	0,5	0,4	0,4	0,3
Fachwerkwand mit Lehm-/Lehmziegelausfachung	bis 25 cm einschl. Putz	1,5	1,5	1,5						
Fachwerkwand mit Vollziegel oder massiver Natursteinausfachung	bis 25 cm einschl. Putz	2	2	2						
Sonstige Holzkonstruktion		2	2	1,5	1,4	0,6	0,5	0,4	0,4	0,3

Quelle: BMWi/BMI 2020, BAnz AT 04.12.2020 B1

lüftete Fassade (**VORHANGFASSADE**). Dieses Verfahren wird vor allem dann gern gewählt, wenn die Fassade eine Optik aus Holz erhalten soll.

Zunächst wird ein Gerippe aus Kanthölzern und eventuell Aluminiumprofilen auf der tragenden Außenwand befestigt. Eher unüblich sind im privaten Wohnungsbau schwere Verblendungen beispielsweise aus Sichtfassadenelementen. Sie stellen höhere Anforderungen an die Belastbarkeit der Unterkonstruktion. Zwischen die Lattungen kommen lückenlos Dämmstoffplatten oder -matten. Auf der ausgefüllten Unterkonstruktion wird eine geschlossene Winddichtungsschicht zum Beispiel aus Holzfaserplatten montiert, darauf dann eine mindestens zwei Zentimeter hohe zweite Lattenkonstruktion. Sie bildet den Unterbau für die abschließende, nach außen sichtbare Verblendung und sorgt zugleich dafür, dass zwischen Verblendung und Winddichtungsschicht eine durchgängige Luftschicht bestehen bleibt, durch welche Luft strömt. Wärmebrücken in der Unterkonstruktion lassen sich durch Kunststoffdübel und durch kreuzweise angeordnete Traglatten sowie durch zwei gegeneinander versetzte Lagen Dämmung minimieren.

Welches **MATERIAL** zur Verkleidung verwendet wird, ist vor allem eine Frage des Geschmacks. Holz, Klinker, Naturstein, Feinkeramik, Aluminium oder auch Schiefer sind gut geeignet, weil sie der Witterung trotzen. Insgesamt ist die Konstruktion einer vorgehängten hinterlüfteten Fassade wesentlich aufwendiger als die Montage eines Wärmedämmverbundsystems. Das macht sich auch in den höheren Kosten bemerkbar.

Besteht die Außenwand aus zweischaligem Mauerwerk mit einer inneren Luftschicht, ist eine nachträgliche Kerndämmung das Mittel der Wahl. Zunächst wird der Zwischenraum zwischen den Mauerschalen mit einem Endoskop untersucht. Er sollte mindestens vier bis fünf Zentimeter tief sein, wobei die Anker zwischen Innen- und Außenschale intakt sein müssen. Dann wird durch Bohrungen in der Außenwand kurz unter Traufkante und Ortgang mit Spezialgeräten wasserabweisendes Dämmmaterial in diesen Hohlraum eingeblasen. Je dünner die Luftschicht ist, umso feiner sollte der Dämmstoff sein. Das Material wird so verdichtet, dass es die Hohlschicht lückenlos ausfüllt und nicht nach unten rutschen kann. Die gleichmäßige Verteilung des Materials kann allerdings durch Mörtelanker oder auch Bindersteine behindert werden. Besonde-

Bei der Fassadendämmung für Gebäude mit einer Höhe bis zu 7 Metern müssen normal entflammbare Materialien (Baustoffklasse B2) verwendet werden, bis zu einer Höhe von 22 Metern schwerentflammbare Materialien (Baustoffklasse B1) und ab einer Höhe von 22 Metern nicht brennbare (Baustoffklasse A). Einzelheiten regeln die Landesbauordnungen der Bundesländer.

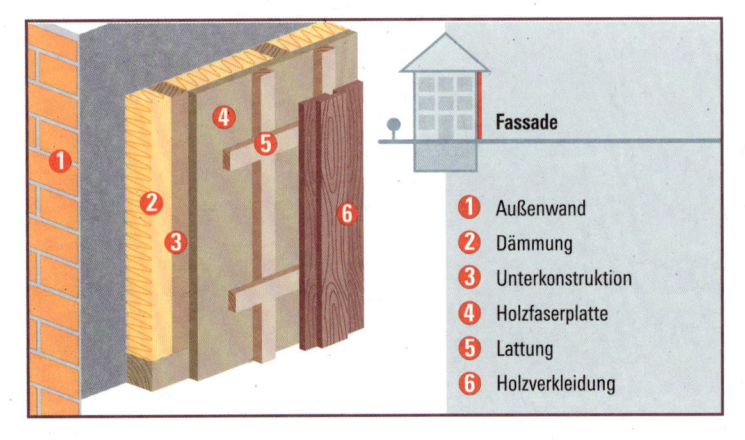

Fassade
1. Außenwand
2. Dämmung
3. Unterkonstruktion
4. Holzfaserplatte
5. Lattung
6. Holzverkleidung

Außenwandverkleidung mit Holzschalung

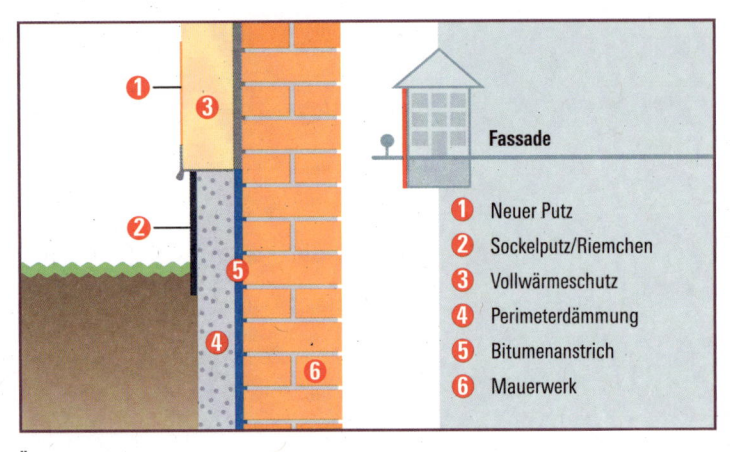

Fassade
1. Neuer Putz
2. Sockelputz/Riemchen
3. Vollwärmeschutz
4. Perimeterdämmung
5. Bitumenanstrich
6. Mauerwerk

Übergang von der Außenwand- zur Sockeldämmung

res Augenmerk sollte auf die vollständige Füllung unterhalb von Fenstern gelegt werden.

Die **KERNDÄMMUNG** ist vergleichsweise günstig – auch weil das Gebäude nicht komplett eingerüstet werden muss. Zudem bleibt das äußere Erscheinungsbild gewahrt. Allerdings ist der Hohlraum zwischen den beiden Mauerwerksschalen üblicherweise nur vier bis zehn Zentimeter tief. Die Dämmstärke und damit der energetische Effekt sind entsprechend gering. Zumindest aus rechtlicher Sicht ist das kein Problem: Bei einer Kerndämmung sind die Anforderungen des Gebäudeenergiegesetzes erfüllt, wenn der Hohlraum zwischen den Mauerschalen vollständig mit einem Dämmstoff der Wärmeleitfähigkeit 0,045 W/(mK) ausgefüllt wird. Die Kerndämmung darf nur von Firmen ausgeführt werden, die beim Deutschen Institut für Bautechnik in Berlin gelistet sind.

Wenn es die baulichen Gegebenheiten zulassen, sollte sowohl beim Wärmedämmverbundsystem als auch bei einer vorgehängten Fassade nicht am Dämmmaterial gespart werden. Der Arbeitsaufwand und damit auch der Arbeitslohn ist der gleiche, wenn das Material ein paar Zentimeter dicker ist, die Wirkung jedoch erheblich höher. Die zusätzlichen Dämmstoffkosten halten sich in Grenzen. Auch ein zweischaliges Mauerwerk kann von außen gedämmt werden – allerdings nur, wenn der Hohlraum zuvor nach dem Prinzip der Kerndämmung gefüllt wurde. Andernfalls wäre die äußere Schale samt neuer Dämmung hinterlüftet und für die Dämmwirkung nutzlos.

Durch die Entscheidung für eines der drei Dämmverfahren wird die Auswahl des Dämmmaterials eingeschränkt: Für ein Wärmedämmverbundsystem kommen nur Platten infrage – beispielsweise aus Polystyrol, Mineralfaser, Schaumglas, Phenolhartschaum, Polyurethan oder Holzfaser. Für die Vorhangfassade werden biegsame Matten oder Filze etwa aus Mineralwolle, Holzfaser oder Zellulose oder Einblasdämmung aus Zellulose oder Glaswolle verwendet. Und für eine Kerndämmung muss der Dämmstoff einblas- oder schüttbar und zudem wasserabweisend sein. Viele Steinwollflocken, Perlite-Granulat oder Polystyrol-Perlen sind für diesen Zweck zugelassen.

ACHTUNG: WÄRMEBRÜCKENGEFAHR

Ziel der Dämmung ist, die beheizten Räume lückenlos von der kalten Außenluft und von unbeheizten Gebäudebereichen abzuschirmen. Überall dort, wo die thermische Hülle durch Materialien mit hoher Wärmeleitfähigkeit durchbrochen ist – an den sogenannten Wärmebrücken – fließt die Wärme deutlich schneller ab. Wärmebrücken verursachen nicht nur hohe **ENERGIEVERLUSTE**. Sie können auch erhebliche Schäden nach sich ziehen. Wo die Wärme entweicht, kühlt die Oberfläche der Innenwand ab. Wenn die warme Innenluft auf diese kalten Wandbereiche trifft, erhöht sich die relative Feuchte an der Oberfläche schnell auf Werte oberhalb von 70 Prozent und kann zu **SCHIMMELBILDUNG** oder auch zu Schäden an der Bausubstanz führen.

Typische konstruktiv bedingte Wärmebrücken entstehen an massiven Bauteilanschlüssen. Risikobereiche sind deshalb beispielsweise auskragende Stahlbetonplatten von Balkonen, gemauerten Brüstungen und Vordächern. Hier gestaltet sich die thermische Trennung oft schwierig. Notfalls müssen die Bauteile abgetrennt und nach der Dämmung neu angebracht werden. Problematisch sind ebenfalls Befestigungen von Markisen und Satellitenschüsseln.

Dazu bieten sich Aufständerungen an. Auch Verankerungen der Balkongeländer, Regenrinnen und Fallrohre, Halterungen der Außenleuchten und Scharniere für Fensterläden müssen thermisch getrennt und neu ausgebildet werden. Die Hersteller von Dämmmaterialien bieten dazu Trennmodule an. Alternativ können punktuell Montageplatten in die Außenhautdämmung integriert und Trägersysteme an ihnen montiert werden.

Wärmebrücken können darüber hinaus durch die unsachgemäße **AUSFÜHRUNG** von Dämmarbeiten entstehen, beispielsweise wenn bei einer Dachdämmung oder einer Vorhangfassade nicht das gesamte Gefach mit Dämmstoff gefüllt wird, Dämmplatten nicht nahtlos aneinanderstoßen oder Anschlüsse, etwa zwischen Außenwand und Fensterrahmen, mangelhaft ausgeführt werden.

Innendämmung als Alternative

Es gibt bauliche Situationen, in denen weder eine Dämmung von außen noch eine Kerndämmung möglich ist: Bei denkmalgeschützten Häusern, älteren Gebäuden mit Sichtfachwerk oder regionaltypischer Fassadengestaltung soll oder darf das Äußere des Gebäudes in der Regel nicht verändert werden. Problematisch sind auch Grenzbebauungen. Dann bleibt oft die Innendämmung als einzig praktikable Lösung. Sie hat einige Vorteile: Räume können neu gestaltet werden, schrittweises Vorgehen ist möglich, Gerüstkosten fallen weg. Räume mit Innendämmung werden schnell warm, kühlen aber auch schneller aus, da das Mauerwerk zur Speicherung fehlt.

Diese Methode hat allerdings auch Nachteile: Es lassen sich keine Synergien mit einer Fassadensanierung nutzen. Wertvoller Wohnraum geht verloren. Die Bewohner werden durch die Baumaßnahme erheblich beeinträchtigt. Und: Falsch ausgeführt, kann eine Innendämmung zu Feuchteschäden führen.

Unverzichtbare Bedingung für eine Innenraumdämmung ist eine trockene, schlagregendichte Außenwand. Eine Innendämmung kann unterschiedlich aufgebaut werden. Eine Variante ist, raumseits zunächst ein **SCHIENENSYSTEM** oder eine Unterkonstruktion frei vor die Außenwand zu stellen oder auch punktuell an ihr zu befestigen. Dazwischen kommt die Dämmung. Darauf wird lückenlos eine durchgehende Dampfsperre verklebt, zuoberst schließt eine Verkleidung meist aus Gipsfaser- oder Gipskartonplatten ab.

Alternativ gibt es auch **VERBUNDPLATTEN** – beispielsweise mit EPS (Expandiertes Polystyrol) oder mit Mineralwolle kaschierte Gipskartonplatten oder Kalziumsilikatplatten mit einem PUR-Kern (Polyurethan). Diese funktionieren wie das Wärmedämmverbundsystem und werden von innen an die Außenwand geklebt. Eher selten wird die Wand raumseits mit gut dämmenden Porensteinen aufgemauert. Besonderes Augenmerk sollte hier darauf gerichtet sein, dass die Anschlüsse der Platten nicht von feuchtwarmer Raumluft durchströmt werden können. Das Gleiche gilt in besonderer Weise für alle Durchdringungen der Dämmung durch Leitungen, Elektrodosen, aber auch Holzbalken. Eine solche Innendämmung sollte unbedingt ein erfahrener Fachbetrieb nach Vorgaben durch einen Bauphysiker vornehmen.

Unabhängig von der Ausführungsform – immer, wenn nur die Innenseite der Außenwand gedämmt wird – bilden die Anschlusspunkte konstruktive Wärmebrücken. Diese gilt es, fachgerecht zu harmonisieren. Risikobereiche sind unter anderem Außenwandecken oder die Übergänge zwischen Geschossdecken oder Zwischenwänden und Außenwänden. Die kälteren Bauteile ziehen Wärme ab, sodass Feuchte kondensieren und zum Nährboden für Schimmel werden kann. Das Risiko lässt sich durch eine sogenannte Flankendämmung mit Dämmkeilen reduzieren.

Trotz aller Nachteile und baulicher Herausforderungen: In der Eigentümergemeinschaft kann die Innenwanddämmung eine spannende Option sein. Jeder Selbstnutzer kann diese Maßnahme ohne Zustimmung der übrigen Eigentümer vornehmen, solange er die tragenden Wände nicht beeinträchtigt.

Wand (innen)

1. Gipskartonplatten
2. Dampfsperre (Folie)
3. Unterkonstruktion
4. Dämmschicht
5. Innenputz (alt)
6. Außenwand

Für die Innenwanddämmung sollten generell nur solche Dämmstoffe verwendet werden, die nach DIN 4108, Teil 10 für diese Anwendung zugelassen sind.

Sonderfall Keller

Ein kritischer Bereich für nachträgliche Fassadendämmungen ist der **GEBÄUDESOCKEL**. In der Regel wird hausumlaufend eine horizontale Metallschiene montiert – die Unterkante des Wärmeverbundsystems oder der Vorhangfassade. Bleibt der Sockelbereich ungedämmt, entsteht hier eine Wärmebrücke. Besonders problematisch ist es, wenn die Metallschiene mit der darauf aufgebauten Fassadendämmung auf der Höhe der Geschossdecke sitzt. Dann bildet die gesamte Anschlusskante zwischen Erdgeschossboden und Außenwand eine durchgängige Wärmebrücke. Ein Kompromiss ist die Außendämmung, die möglichst 50 Zentimeter über den Erdgeschossboden hinaus nach unten gezogen wird.

Die bauphysikalisch sicherste Lösung ist jedoch, das Gebäude rundherum bis in den Bereich der Betonsohle aufzugraben, die Kellerwand mit einem wasserundurchlässigen Bitumenanstrich zu versehen und darauf Perimeterdämmplatten zu kleben. Ganz wichtig ist der lückenlose Anschluss zur Fassadendämmung. Die **PERIMETERDÄMMUNG** muss der hohen Druckbelastung des Erdreiches standhalten und das Eindringen von Feuchtigkeit aus dem Boden in das Mauerwerk verhindern. Daher sind für diese Anwendung nur wenige Materialien zugelassen. Zumeist handelt es sich um Platten aus XPS (extrudiertes Polystyrol) oder Schaumglas.

Wird der Keller zu Wohnzwecken genutzt, ist die Dämmung der Außenwände unverzichtbar. Notfalls kann sie anstelle einer Perimeterdämmung auch durch die Dämmung der Innenwände erfolgen. Dafür ist allerdings eine trockene Kellerwand Bedingung. Dabei wird der Taupunkt und mit ihm die Gefahr von Kondensation und Schimmelbildung allerdings nach innen verschoben.

Ist der Keller hingegen unbeheizt und wird er als Abstellfläche genutzt, erscheint der Aufwand einer Perimeterdämmung unter Umständen unverhältnismäßig. Die einfachste Variante, um diesen Bereich gegen die beheizten Wohnräume im Erdgeschoss abzuschirmen, besteht darin, von unten Dämmplatten an die Kellerdecke zu dübeln oder zu kleben. Die Gefahr von Wärmebrücken lässt sich verringern, indem die Kellerdeckendämmung an den Wänden einen halben Meter nach unten gezogen wird (Flankendämmung) und die Fassadendämmung außen möglichst weit unterhalb der Kellerdecke beginnt.

In manch einem Keller scheitert die Dämmung der Kellerdecke mit Platten an der Ausbildung dieser als Gewölbe oder an unter der Decke verlegten Kabeln und Rohrleitungen. Eine noch weitgehend unbekannte Lösung können **SPRÜHDÄMMUNGEN** sein. Ist der Kellerraum hoch genug, kann eine Decke abgehängt und der Zwischenraum mit einer Einblasdämmung versehen werden. Sie ist auch bei Holzbalkendecken oder Betondecken mit Hohldielen eine gute Option. Und schließlich kann die Dämmung auch vom Erdgeschoss auf die Kellerdecke aufgebracht werden. Das bringt jedoch erheblichen Aufwand mit sich, vor allem für die Erdgeschossbewohner. Allerdings haben diese möglicherweise das größte Interesse an dieser Maßnahme. Die Kellerdeckendämmung wird ihren Wohnkomfort deutlich erhöhen. Häufig scheitert diese Methode jedoch daran, dass der Bodenaufbau durch die Dämmung deutlich höher wird.

Sowohl für die Perimeterdämmung als auch für die Dämmung der Kellerwände und der Kellerdecke schreibt das Gebäudeenergiegesetz einen maximalen U-Wert von 0,30 $W/m^2 K$ vor.

DOKUMENTATION DER LEITUNGEN FÜR DIE ZUKUNFT

Wie auch immer die Kellerdecke gedämmt wird – Gasleitungen müssen zugänglich und belüftet bleiben. Bevor alle anderen Kabel und Leitungen in einer Dämmschicht verschwinden, sollte die Verwaltung oder das ausführende Unternehmen die Leitungen mit einem angelegten Meterstab fotografieren und in einen Grundriss eintragen.

Fenstertausch mit System

Der Austausch alter Fenster und Balkontüren gegen neue bringt zwar eine geringere Energieersparnis als die Fassadendämmung, doch sowohl aus energetischer und bautechnischer Sicht als auch unter praktischen Gesichtspunkten spricht alles dafür, Fassade und Fenster zusammen in Angriff zu nehmen. Denn dann werden die Fenster und Türen so eingesetzt, dass die Fassadendämmung optimal an die Fenster herangearbeitet werden kann. Der Großteil der Arbeiten kann dabei dank des ohnehin aufgebauten Gerüstes von außen erledigt werden, sodass die Bewohner weniger durch die Baustelle beeinträchtigt werden.

Aufarbeiten oder austauschen? Das ist die erste Frage, mit der sich die Gemeinschaft auseinandersetzen muss. Wenn der Fensterrahmen in einem guten Zustand ist, gibt es prinzipiell die Möglichkeit, nur die Verglasung auszutauschen. Voraussetzung ist allerdings, dass der alte Rahmen und die alten Beschläge stark genug sind, das erheblich höhere Gewicht der modernen Verglasung zu tragen. Das ist oft nicht der Fall. Außerdem sind hochwertige Wärmeschutzverglasungen in Kombination mit energetisch suboptimalen Fensterrahmen wenig überzeugend. Die fachgerechte Aufarbeitung schützenswerter alter Fenster führt in der Regel zu einem energetisch deutlich schlechteren Ergebnis und ist preislich vergleichbar mit neuen Fenstern. In der Regel ist deshalb der Austausch der gesamten Einheit die Methode der Wahl.

Wie bei der Fassade wird der energetische Wert von Fenstern durch den **WÄRMEDURCHGANGSKOEFFIZIENTEN**, den **U-WERT**, beschrieben (siehe Seite XXX). Werden mehr als 10 Prozent der Fensterflächen ausgetauscht, müssen die Vorgaben des Gebäudeenergiegesetzes erfüllt werden: Der Uw-Wert darf höchstens 1,3 W/(m²K) betragen. Für Dachflächenfenster wird ein Uw-Wert von höchstens 1,4 W/(m²K) gefordert. Fenster mit einem Uw-Wert von maximal 0,95 W/(m²K) und Dachflächenfenster mit einem Uw-Wert von maximal 1,0 W/(m²K) gelten als Energiesparfenster und sind förderfähig. Handelt es sich um barrierearme oder einbruchhemmende Fenster, Balkon- oder Terrassentüren, so sind die Förderbedingungen lockerer. Dann muss nur ein Uw-Wert von 1,1 W/(m²K) erreicht werden.

VERGLASUNG UND RAHMEN

Die gesetzlichen Anforderungen erfüllen viele Fenster mit Zweischeiben-Wärmeschutzglas: Zwei Scheiben sind mit einem Abstand von ein bis zwei Zentimetern hintereinander in einen Rahmen eingebaut. Der Zwischenraum ist mit einem Edelgas – meist Argon, Xenon oder Krypton – gefüllt. Dieses Gaspolster sorgt für eine deutlich stärkere Isolierwirkung als Luft. In der Vergangenheit bestand der Abstandshalter, der den Zwischenraum zwischen den Scheiben gewährleistet, vielfach aus wärmeleitendem Aluminium. Heute kommen thermisch getrennte Abstandshalter zum Beispiel aus Kunststoffen, Edelstahlprofilen oder Struktursilikonschaum zum Einsatz, die für thermische Trennung sorgen. Diese sogenannte warme Kante ist in der Lage, die Wärme schlechter zu leiten, und verhindert die Abkühlung des Scheibenrandes bei niedrigen Außentemperaturen. Die nach außen gerichtete innere Scheibe ist zusätzlich mit einer unsichtbaren Metallbeschichtung bedampft, der Low-E-Beschichtung. Sie lässt kurzwellige Sonnenlichtstrahlen in den Raum eindringen, die langwelligeren Wärmestrahlen jedoch nicht aus dem Gebäude entweichen. Sie werden ins

---

> **ACHTEN SIE AUFS KLEINGEDRUCKTE!**
>
> Die Fenstertechnik unterscheidet zwischen drei verschiedenen U-Werten. Der **UF-WERT** bezeichnet den Wärmedurchgangskoeffizienten für den Fensterrahmen (f = frame), der **UG-WERT** charakterisiert die Verglasung (g = glazing), und der **UW-WERT** das gesamte Fenster (w = window). Bei seiner Berechnung werden der Rahmen und die Verglasung berücksichtigt. Dieser Wert ist der entscheidende, sowohl im Hinblick auf gesetzliche Pflichten als auch auf die Förderung. Doch Vorsicht: In vielen Produktbeschreibungen und manchmal auch in Angeboten ausführender Firmen wird meist nur der niedrige Ug-Wert für den Glasanteil genannt.

Rauminnere reflektiert. Fenster mit einer **ZWEI-FACH-WÄRMESCHUTZVERGLASUNG** erreichen einen Uw-Wert von 1,1 bis 1,7 W/m²K.

Deutlich besseren Wärmeschutz bietet **DREISCHEIBEN-WÄRMESCHUTZVERGLASUNG**. Sie ist nach demselben System aufgebaut, besteht jedoch aus drei hintereinander in einen Rahmen gesetzten Scheiben. Damit entstehen zwei mit Edelgas gefüllte Scheibenzwischenräume, also zwei Wärmefunktionsschichten. Zudem ist eine Scheibe mit einer zweiten wärmereflektierenden Metallschicht versehen. Diese Fenster können sogar einen Ug-Wert von 0,5 W/m²K erzielen.

Fenster mit Zweischeiben- und Dreischeiben-Wärmeschutz unterscheiden sich in der Tiefe und im Aufbau der Fensterrahmen. Sie können aus Kunststoff, Holz, Aluminium oder einem Holz-Aluminium-Verbundsystem bestehen.

KUNSTSTOFFRAHMEN haben aktuell einen Marktanteil von knapp 60 Prozent. Sie punkten mit ihrer Pflegeleichtigkeit und dem günstigsten Preis. In der Regel werden Aluminiumprofile eingearbeitet und mit Luftkammersystemen ummantelt. Das erhöht die Stabilität, die Sicherheit, die Energieeffizienz und den Schallschutz. Nachteilig ist die schlechte Ökobilanz. Umweltverträglichere Kunststoffe, die besser recycelt werden können, kommen erst nach und nach auf den Markt.

Klassische **HOLZRAHMEN** sind aufgrund ihrer natürlichen Optik und ihrer günstigen Umweltbilanz beliebt, verlangen allerdings deutlich mehr Pflege und Wartung und sind teurer in der Anschaffung. Rahmen aus Weichholz wie Fichte oder Kiefer bieten den besten Wärmeschutz. Besonders stabil und witterungsbeständig sind dagegen Rahmen aus Hartholz wie etwa Eiche, Mahagoni oder Meranti. Unter Nachhaltigkeitsaspekten sind heimische Holzarten auf jeden Fall die bessere Wahl. Fenster aus Tropenholz sollten nur dann eingebaut werden, wenn sie nachweislich aus nachhaltiger Produktion stammen. Erkennbar ist das beispielsweise am FSC-Siegel, einem Zertifikat des Forest Stewardship Council. Auch bei Holzfenstern werden die Profile oft mit Luftkammern und/oder Dämmkernen etwa aus

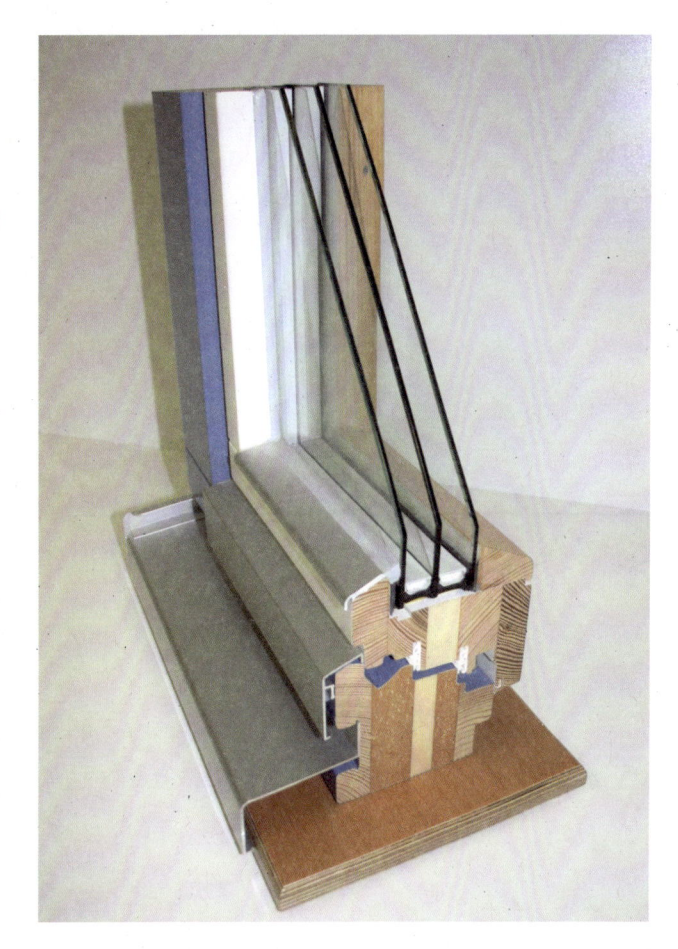

Moderne Drei-Scheiben-Verglasung mit guter Wärmedämmung

Kork versehen, um die Wärmedämmeigenschaften zu verbessern.

ALUMINIUMRAHMEN sind langlebig, witterungsstabil und nahezu wartungsfrei. Sie bieten guten Einbruchschutz und sind in vielen Einbausituationen aufgrund ihres geringen Gewichtes aus statischen Gesichtspunkten interessant. Durch eine thermische Trennung werden sehr gute Dämmwerte erreicht. Allerdings wird zur Herstellung sehr viel Energie verbraucht. Und: Die aufwendige Produktion schlägt sich im Anschaffungspreis nieder.

Bei sogenannten **VERBUNDFENSTERRAHMEN** werden zwei Materialien miteinander kombiniert. Am häufigsten handelt es sich dabei um Holz und Aluminium: Ein Holzrahmen vermit-

Durch den Austausch der insgesamt 235 Millionen Fenstereinheiten der veralteten Typen 1, 2 und 3 ließen sich insgesamt rund 53 Milliarden Kilowattstunden Energie und rund 12,3 Millionen Tonnen CO_2 pro Jahr einsparen, so die Berechnungen des Verbandes Fenster + Fassade und des Bundesverbandes Flachglas.

telt raumseitig ein wohnliches Ambiente. Auf der Außenseite ist er mit Aluminium verschalt und damit vor Witterungseinflüssen geschützt. Hochwertige Verbundfenster sind so konstruiert, dass die Verschalung hinterlüftet ist und kein Kondenswasser den Rahmen angreifen kann.

WEITERE BAUPHYSIKALISCHE PARAMETER

Fenster müssen mehr können, als Licht spenden, Ausblick ermöglichen und Energieverluste verhindern. Für die Auswahl spielen deshalb neben U-Wert, Konstruktionsform und Material weitere Aspekte eine Rolle.

Zum Beispiel der **GESAMTENERGIEDURCHLASSGRAD** (g-Wert). Er gibt an, wie viel Energie aus der Sonnenstrahlung, die auf das Fenster trifft, prozentual in den dahinterliegenden Wohnraum gelangt und diesen erwärmt. Der g-Wert 1 entspricht einem Energiedurchlass von 100 Prozent. Unbeschichtetes Fensterglas hat einen g-Wert von etwa 0,85. Durch Anzahl, Anordnung und Material von Beschichtungen kann dieser deutlich verringert werden. Bei Zweifach-Wärmeschutzverglasungen beträgt der g-Wert 0,6 bis 0,65, bei Dreifach-Wärmeschutzverglasungen etwa 0,50. Die Krux ist: Ein niedriger U_w-Wert geht mit einem niedrigen g-Wert einher. Ein hoher g-Wert kann bei einem Raum mit nach Westen ausgerichteten Fensterflächen im Hochsommer für Überhitzung, im Winter jedoch für angenehme zusätzliche Wärme sorgen. Ein niedriger g-Wert desselben Fensters ist im Hochsommer willkommen, weil er einen größeren Teil der Hitze draußen hält. Im Winter bewirkt er, dass von der ohnehin geringeren solaren Sonnenenergie weniger ins Haus gelangt, also mehr geheizt werden muss. Die beste Antwort auf dieses Problem lautet: Fenster mit hohem g-Wert wählen und mit Einrichtungen zur Verschattung ausstatten.

Die Helligkeit im Raum hängt nicht nur von der Größe der Fensterfläche, sondern ebenfalls von der Konstruktion des Fensters ab, genauer gesagt von der Dicke und der Zusammensetzung der Verglasung und vom Rahmenanteil an der Fensteröffnung. Sprossen kosten also Helligkeit im Raum. Der **LICHTTRANSMISSIONSGRAD** t_L bezeichnet den prozentualen Anteil des sichtbaren Lichtes im Spektralbereich von 380 bis 780 Nanometer, der durch die Verglasung hindurchgeht. Als Bezugsgröße dient eine unverglaste Mauerwerksöffnung mit einer Transmission von 100 Prozent. Normales Flachglas, das im Floatglasverfahren hergestellt wurde, hat mit 85 bis 90 Prozent einen deutlich höheren Lichttransmissionsgrad als Dreifachwärmeschutzglas mit 70 bis 80 Prozent oder Sonnenschutzglas mit 50 bis 70 Prozent.

Für den Wohnkomfort ist die Ruhe in den eigenen vier Wänden ein wichtiger Faktor. Der **SCHALLSCHUTZ** der Fenster hängt unter anderem von den schalltechnischen Eigenschaften der Blend- und Flügelrahmen, den Dichtungen dazwischen, den Scheibengewichten und -zwischenräumen und der Dichtung zwischen Blendrahmen und Mauerwerk ab.

Besonders effektiv ist die Kombination von Gläsern unterer Stärken, die dann unterschiedliche Schwingungsresonanzen verzeichnen und durch ihr Zusammenspiel ein viel breiteres

Frequenzspektrum dämpfen. Fenster werden nach DIN 4109 in sechs Schallschutzklassen kategorisiert, gegliedert nach Schalldämmmaß. Das gibt an, wie viel störender Lärm von außen durch das Fenster abgehalten wird. Je höher die Schallschutzklasse, umso höher die Schalldämmung. Fenster der Schallschutzklasse 2 können eindringenden Schall um 30 bis 34 dB verringern. Solche Fenster bieten sich zum Einbau in Gebäuden mit leicht befahrenen Straßen an. In der Nähe zu stark befahrenen Hauptverkehrsstraßen hingegen kommen Fenster der Schallschutzklasse 4 zum Einsatz. Sie reduzieren den Lärm um 40 bis 44 dB.

Die polizeiliche Kriminalitätsprävention der Länder und des Bundes empfiehlt, beim Tausch von Fenstern und Fenstertüren Produkte zu wählen, die nach DIN EN 1627 geprüft oder zertifiziert wurden. Sie sind als Gesamtkonstruktion von Rahmen, Beschlag und Verglasung auf ihre Einbruchhemmung getestet. In der DIN wird zwischen sieben Widerstandsklassen unterschieden, die mit RC für „resistance class" abgekürzt werden. Für Wohngebäude rät die Polizei zu **EINBRUCHSCHUTZ** durch RC-2-Fenster. Sie sind mit Pilzkopfzapfen-Beschlägen, einbruchhemmender Verglasung (P4A-Glas) und abschließbaren Griffen mit Anbohrschutz ausgestattet.

Moderne, gut gedämmte Fenster sind weitgehend luftdicht. Also muss künftig kontrolliert nach Bedarf gelüftet werden. Die Fensteröffnungssysteme sind unterschiedlich komfortabel, nicht für jeden Raum geeignet und nicht immer barrierefrei erreichbar. Für die zukunftsfähige Ausstattung des Gebäudes sind solche Details wichtig. Integrierte Falzlüfter gewährleisten den notwendigen Mindestluftaustausch, auch wenn die Bewohner unterwegs sind. Darüber hinaus gibt es verschiedene halbautomatische oder automatische **LÜFTUNGSSYSTEME**. Werden mehr als ein Drittel der Fenster im Gebäude ausgetauscht, muss ein Experte ein Lüftungskonzept nach den Vorgaben der DIN 1946 – Teil 6 erstellen (siehe Seite 130).

Je nach Einbausituation sind weitere Zusatzausstattungen sinnvoll oder gar notwendig – der Sonnenschutz an größeren Süd-, Ost- oder Westflächen, komfortable Fliegengitter in Küche und Schlafzimmer, Sichtschutz bei gut einsehbaren Bädern.

FENSTERTYPEN

Fenstertyp	Hauptsächlich verbaut	Durchschnittlicher U_w-Wert in W/(m²K)	Durchschnittlicher g-Wert in %	Anzahl Fenstereinheiten 2020 in Mio.
Typ 1: Fenster mit Einfachglas	bis 1978	4,7	87	11
Typ 2: Verbund- und Kastenfenster	bis 1978	2,4	76	39
Typ 3: Fenster mit unbeschichtetem Isolierglas	1978–1995	2,7	76	185
Typ 4: Fenster mit Zweischeiben-Wärmedämmglas (Low-E)	ab 1995	1,5	60	309
Typ 5: Fenster mit Dreischeiben-Wärmedämmglas (x Low-E)	ab 2005	1,1	50	90
Gesamt				634

1) siehe Kasten Seite 86; Quelle: VFF/BF 2021

> **QUALITÄT ERKENNEN**
>
> Seit 2010 müssen Fenster das **CE-ZEICHEN** tragen. Dies besagt jedoch lediglich, dass das Fenster im Neuzustand der Norm entspricht. Bekannte Qualitätszeichen für Fenster und Außentüren sind die Qualitätssiegel des Instituts für Fenstertechnik in Rosenheim (**IFT** Rosenheim) und der **RAL**-Gütegemeinschaft Fenster- und Haustüren sowie das **PASSIV-HAUS-ZERTIFIKAT** für sehr hohe Energieeffizienz. Der fachgerechte Einbau lässt sich mit einem Luftdichtheitstest bzw. einer Infrarotthermografie kontrollieren. Dabei kann der Experte auch gleich die Ausführung der Fassadendämmung unter die Lupe nehmen.

HÄUFIGE FEHLER BEI DER MONTAGE

Die Wahl der passenden Fenster ist eine Sache, die korrekte Montage eine andere. Schon bei der Position des Fensters können viele Fehler gemacht werden. Sie hängt vom Wandaufbau und den Befestigungsmöglichkeiten ab. Im Idealfall wird die Fenstererneuerung zeitgleich mit der Fassadendämmung durchgeführt. Dann rücken die Fenster so weit nach außen, dass sie bündig mit der alten Außenwand abschließen. So kann die Dämmung der Fassade den Fensterrahmen um ein paar Zentimeter überdecken. Ist ein bündiger Fenstereinbau nicht möglich, entstehen in den Laibungen – also den seitlichen senkrechten Flächen sowie dem horizontalen Sturz im Bereich der Fensteröffnung – bauphysikalisch gesehen Schwachstellen. Hier sollte eine mindestens drei Zentimeter dicke Dämmschicht aus einem Material mit möglichst kleiner Wärmeleitzahl angebracht werden.

Durch luftdichten Einbau der Fenster werden Feuchteschäden am Rahmen und das unkontrollierte Entweichen warmer Raumluft vermieden. Auch für optimalen Schallschutz ist die Abdichtung essenziell. Fenster sollten immer in einer inneren und einer äußeren Ebene abgedichtet sein. Die Anschlussfuge zwischen Fensterrahmen und Mauerwerk wird mit vorkomprimierten Fugendichtungsbändern verfüllt und von außen mit der Fassaden- oder Laibungsdämmung überdeckt.

Erneuerung der Haustür

Ob die Haustür durch Abdichtungen verbessert, aufgedoppelt oder ausgetauscht wird, richtet sich vor allem nach den baulichen Gegebenheiten vor Ort. Ist das Treppenhaus beheizt, ist es sinnvoll, die Gebäudeeingangstür in die energetische Sanierung einzubeziehen und analog zu den Fenstern auszutauschen. Bei einem unbeheizten Treppenhaus muss ein Energieberater und/oder leitender Architekt den Einzelfall bewerten.

Spannend ist beim Haustürtausch in Kombination mit einer Fassadensanierung auch der Blick auf die gesamte Eingangssituation: Jetzt ist ein idealer Zeitpunkt, um für Barrierefreiheit zu sorgen, beispielsweise Treppen durch eine Rampe zu ergänzen und über eine komfortable Position für Handläufe nachzudenken.

→ Anlagentechnik: Der Löwenanteil der Energie, die in privaten Haushalten verbraucht wird, geht in die Heizung. Sie ist damit der mit Abstand größte Erzeuger von CO_2.

> **WAS ERFAHRE ICH?**
>
> 91 → Erneuerung von Heizungen mit fossilen Brennstoffen
> 95 → Fernwärme – Vor- und Nachteile
> 97 → Heizen mit Pellets
> 102 → Wärmepumpe nachrüsten
> 111 → Solare Wärme
> 113 → Hybridsysteme: Partnerwahl
> 115 → Wärme auf Vorrat
> 116 → Sonnenstrom
> 126 → Blockheizkraftwerk
> 128 → Strom aus der Konserve
> 130 → Lüftung mit Konzept
> 132 → Smarte Steuerung

Die Optimierung und Erneuerung der Heizungsanlagen – Stichwort: „Dekarbonisierung" – ist ein zentraler Baustein in der Klimawende im Gebäudebestand. An diesem Punkt greift auch der Staat mit gesetzlichen Vorgaben ein. Der CO_2-Preis und die befristet gültige Gasumlage erhöhen die Attraktivität erneuerbarer Energien, umfangreiche Fördermittel erleichtern den Umstieg. Dabei geht es zunehmend nicht mehr um die Heizungsanlage allein, sondern um das Zusammenspiel der gesamten Haustechnik: Öko-Strom oder eigenproduzierter Strom von einer Photovoltaik-Anlage oder einem Blockheizkraftwerk (BHKW) liefert den Betriebsstrom für die Heizung. Die Abwärme dieser Stromproduzenten, aber auch der Lüftungsanlage wird in das Heizsystem integriert. Die Optimierung der Anlagentechnik ist ein immer komplexeres Unterfangen, das bei allen Beteiligten viel Umdenken erfordert.

Erneuerung von Heizungen mit fossilen Brennstoffen

Der Bundesverband der Deutschen Heizungsindustrie geht davon aus, dass im Jahr 2020 nur 21 Prozent aller Heizungen effizient und mit erneuerbaren Energien betrieben wurden. Den Schätzungen zufolge haben mehr als die Hälfte aller Heizungen (53 Prozent) unzureichend effizient gearbeitet. Die Altanlagen bieten ein enormes Potenzial, Treibhausgase deutlich zu verringern. Das Gebäudeenergiegesetz beinhaltet mehrere Regelungen, die den Austausch der veralteten Heizungsanlagen ankurbeln sollen:

ENERGIEVERBRAUCH DER PRIVATEN HAUSHALTE

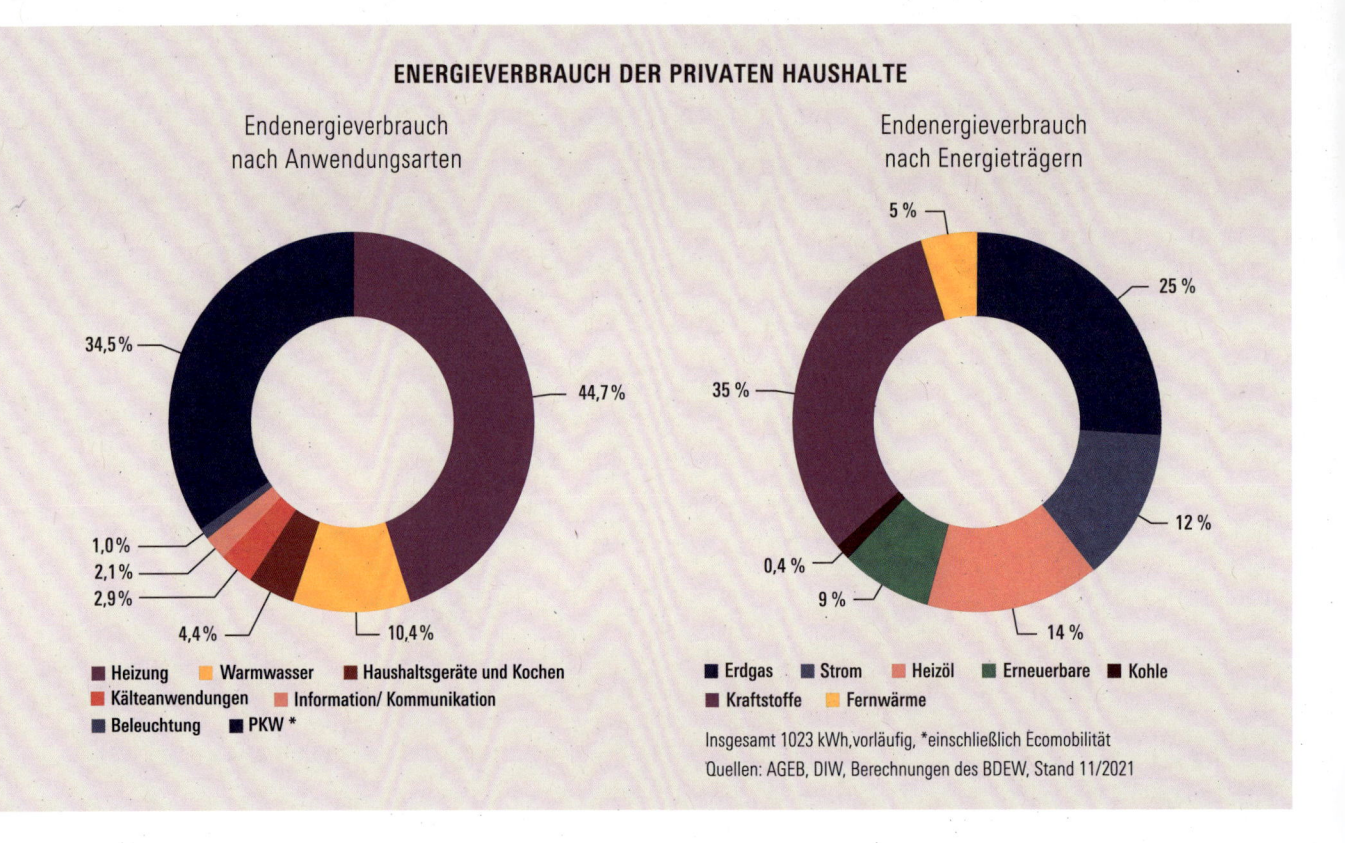

Endenergieverbrauch nach Anwendungsarten

- 44,7 %
- 34,5 %
- 10,4 %
- 4,4 %
- 2,9 %
- 2,1 %
- 1,0 %

■ Heizung ■ Warmwasser ■ Haushaltsgeräte und Kochen
■ Kälteanwendungen ■ Information/ Kommunikation
■ Beleuchtung ■ PKW *

Endenergieverbrauch nach Energieträgern

- 35 %
- 25 %
- 14 %
- 12 %
- 9 %
- 5 %
- 0,4 %

■ Erdgas ■ Strom ■ Heizöl ■ Erneuerbare ■ Kohle
■ Kraftstoffe ■ Fernwärme

Insgesamt 1023 kWh, vorläufig, *einschließlich Ecomobilität
Quellen: AGEB, DIW, Berechnungen des BDEW, Stand 11/2021

→ Für Öl- und Gas-Konstanttemperaturkessel (auch Standardkessel genannt) mit einer Nennleistung von 4 bis 400 kW gilt ein Betriebsverbot, sobald sie 30 Jahre alt sind (GEG § 72 Abs. 1–3). Da in den betroffenen Gebäuden dann ein neuer Wärmeerzeuger eingebaut werden muss, wird diese gesetzliche Vorgabe oft auch als „AUSTAUSCHPFLICHT" bezeichnet. Ausgenommen sind Niedertemperatur- oder Brennwertkessel und Eigentümer von Ein- oder Zweifamilienhäusern, die ihr Haus mindestens seit dem 1. Februar 2002 selbst bewohnen.

→ ÖLKESSEL verursachen besonders hohe Emissionen an Treibhausgasen und Luftschadstoffen. Daher dürfen ab dem 1. Januar 2026 Heizkessel, die mit Heizöl oder einem festen fossilen Brennstoff – beispielsweise Kohle – beschickt werden, nur noch installiert werden, wenn sie mit einem Mindestanteil an erneuerbaren Energien kombiniert werden (GEG § 72 Absatz 4). Dabei gelten dieselben Vorgaben wie für Neubauten (GEG §§ 34–41). Reine Öl- oder Kohleheizungen sind dann nur noch in seltenen Ausnahmefällen erlaubt, nämlich wenn eine anteilige Deckung des Wärmebedarfs durch erneuerbare Energien technisch nicht möglich ist oder zu einer unbilligen Härte führt und wenn weder ein Fernwärme- noch ein Gasnetzanschluss hergestellt werden kann.

Die Einhaltung dieser Austauschverpflichtung kontrollieren die bevollmächtigten Bezirksschornsteinfeger im Rahmen der Feuerstättenschau.

Bei Verstoß gegen die Vorschriften drohen bis zu 50 000 Euro Bußgeld. Wer die alte Ölheizung früher ausmustert und ein klimafreundlicheres Modell einbaut, wird mit einer **AUSTAUSCHPRÄMIE** umfangreich gefördert: Bis zu

50 Prozent der Kosten für die neue Heizung trägt der Staat (siehe Seite 160 ff.).

Nach den Plänen der Bundesregierung soll künftig jede neu eingebaute und jede ausgetauschte Heizung zu mindestens 65 Prozent mit erneuerbaren Energien betrieben werden. Details sollen mit der schrittweisen Überarbeitung des Gebäudeenergiegesetzes festgeschrieben werden, standen jedoch zum Zeitpunkt der Drucklegung noch nicht fest. Im Vorgriff auf diese Gesetzesänderung wurde bereits im Juli 2022 die Förderung von Gasheizungen gestoppt und der Austausch alter Gasheizungen durch ein neues Förderprogramm angekurbelt.

Anders als für Neubauten enthält das Gebäudeenergiegesetz allerdings für die Nachrüstung von Heizsystem in Bestandsgebäuden keine weiteren Anforderungen beispielsweise bezüglich der Brennstoffe. Die Klimaschutzgesetze einzelner Länder zeigen bereits, wohin die Reise geht: In Baden-Württemberg, Hamburg und Schleswig-Holstein muss beim Heizungstausch oder dem nachträglichen Einbau einer Heizungsanlage in privaten Bestandsgebäuden ein Mindestanteil von 15 Prozent des Wärmeenergiebedarfs durch erneuerbare Energien gedeckt werden (siehe Seite 223). Diese Pflicht gilt für alle Gebäude, die vor dem 1. Januar 2009 gebaut wurden. Alle später neu errichteten Gebäude fielen bereits zum Zeitpunkt des Baus bundeseinheitlich unter die vergleichbaren Vorschriften des Erneuerbaren-Energien-Wärmegesetzes (EEWärmeG). Unabhängig von der gesetzlichen Pflicht: Fördermittel gibt es seit Juli 2022 nur noch für Heizungen, die mit erneuerbaren Energien betrieben werden. Die Fördersätze sind dabei nach der Klimafreundlichkeit des Systems gestaffelt.

Einem Heizgerät, egal ob alt oder neu, sieht man nicht an, wie effizient es arbeitet. Deshalb wurde 2015 die **ENERGIEVERBRAUCHSKENNZEICHNUNG** für Heizgeräte eingeführt. Sie wurde 2017 auch auf Geräte mit Festbrennstoffen ausgeweitet. Die bevollmächtigten Bezirksschornsteinfeger sind verpflichtet, die entsprechenden Etiketten auf den Heizgeräten anzubringen. Auf dem Gerät prangt ein C oder ein D? Dann gilt es, schnell zu handeln.

PROBLEM ETAGENHEIZUNG

In Mehrfamilienhäusern sind mit Gas betriebene Etagenheizungen ein weit verbreitetes Modell. Dafür gibt es zahlreiche Gründe:

Sie beanspruchen wenig Platz im Gemeinschaftseigentum, arbeiten meist ohne Speicher und erwärmen Heizungs- und Trinkwasser genau dann, wenn es benötigt wird. Der Weg zur Zapfstelle ist kurz, und etwaige Wärmeverluste bleiben in den Wohnräumen. Die Bewohner können den Gasanbieter selbst auswählen und die Heizung auf ihre individuellen Bedürfnisse einstellen. Sie zahlen garantiert nur den eigenen Verbrauch und können diesen außerdem leicht kontrollieren. Der Abrechnungsaufwand für Eigentümer oder Verwaltungen ist gering. Und fällt eine Etagenheizung aus, bleiben alle übrigen Wohnungen warm. Dieses System hat allerdings seinen Preis. Immerhin muss statt einem zentralen Gerät eine Vielzahl von Geräten installiert, gewartet und unterhalten werden. Je größer das Gebäude ist, umso mehr schlägt diese Kostendifferenz zu Buche.

Schwierig wird es allerdings, wenn es um den Austausch geht. Eine Etagenheizung, die ausschließlich die Räume eines Sondereigentums versorgt, steht im Sondereigentum. Ist sie defekt, kann der Eigentümer sie erneuern. Theoretisch zumindest. Praktisch stößt er dann oft auf technische Probleme: Die meisten Gasetagenheizungen arbeiten noch mit Niedertemperaturtechnik. Sie müssten durch Brennwertgeräte ersetzt werden. Dafür müsste auch das Abgassystem im Schornstein erneuert werden.

BRENNWERTTECHNIK

Bei konventioneller Heiztechnik geht ein großer Teil der Energie mit den heißen Abgasen zum Schornstein hinaus. In einer Brennwertheizung wird das Abgas weitestgehend abgekühlt. Dadurch entsteht Wasserdampf. Er kondensiert und setzt dabei Wärme frei, die zusätzlich zum Heizen verwendet wird. Der Energiegehalt des Brennstoffes wird so nahezu vollständig genutzt. Brennwertkessel werden vorrangig mit Gas, Öl oder Pellets betrieben.

An diesem wiederum hängen jedoch auch die Etagenheizungen der anderen Wohnungen, sodass ein Systemkonflikt entsteht. In der Eigentümergemeinschaft müssen also auch in dieser Hinsicht alle an einem Strang ziehen, also gleichzeitig auf ein und dasselbe neue Heizsystem umstellen.

Nach derzeitigem Gesetzesstand könnten in alle Wohnungen neue Gasbrennwertgeräte eingebaut werden. Empfehlenswert ist das jedoch nicht wirklich. Sie verlängern die Abhängigkeit von einem fossilen Energieträger mit hohen Treibhausgasemissionen und absehbar hohen Betriebskosten.

Die Preise für das importierte Gas schwanken und sind von aktueller Geopolitik abhängig, der CO_2-Preis steigt garantiert. Die Einbindung erneuerbarer Energien ist bei Etagenheizungen im Prinzip technisch nicht möglich. Die Platzverhältnisse in den Wohnungen lassen komplexe Lösungen und nachhaltige Konzepte kaum zu. Es ist jedoch damit zu rechnen, dass die Auflagen für Heizungen in Richtung Klimaschutz mehr und mehr zunehmen werden – siehe die Regelungen in den einzelnen Bundesländern.

Eine **ZENTRALHEIZUNG** bietet wesentlich mehr Spielraum für neue technische Möglichkeiten. Sie wird meist in Kellern oder auf Dachböden von Mehrfamilienhäusern installiert, üblicherweise mit einem Speicher ausgestattet und versorgt von da aus alle Abnehmer im Gebäude mit Wärme für Heizung und Warmwasser. Zwar muss der Brennstoff für alle Wohneinheiten vom selben Lieferanten bezogen werden. Dafür sind die Konditionen aufgrund der größeren Abnahmemengen oftmals günstiger. Außerdem fallen Betriebskosten für Wartung, Reparatur und Schornsteinfeger natürlich nur einmal an.

Ob eine Gas- oder Ölbrennwertheizung, Pelletheizung oder eine Kombination mit einer Solaranlage oder aber eine Wärmepumpe künftig das Haus mit Wärme versorgt und ob der Betriebsstrom der Heizung von der eigenen Photovoltaik-Anlage oder gar einem Blockheizkraftwerk stammt, richtet sich nach den Möglichkeiten vor Ort, dem finanziellen Rahmen und den gesetzlichen Anforderungen an die Nutzung erneuerbarer Energiequellen.

Was aber, wenn der Keller der Wohnungsanlage parzelliert ist, alle Einheiten einzelnen Eigentümern zugeordnet sind und niemand die Teilungserklärung antasten will? Dann kann unter Umständen ein Heizungsraum außerhalb des Gebäudes infrage kommen. Einzelne Hersteller bieten für solche Fälle sogar Containerlösungen an.

OPTIMIERUNG DER VORHANDENEN ANLAGE

Durch ungedämmte Anlagenteile in unbeheizten Kellern geht auch heute noch mancherorts viel Heizenergie ungenutzt verloren. Dabei ist die Dämmung von Heizungs- und Warmwasserleitungen sowie von Armaturen Pflicht, wenn diese in einem unbeheizten Raum verlaufen und zugänglich sind. Das gilt nicht erst seit dem Inkrafttreten des Gebäudeenergiegesetzes, sondern war bereits in der Energieeinsparverordnung vorgeschrieben. Auch die Dicke der Isolierungen ist gesetzlich vorgegeben.

Zur groben Orientierung: Die Wandstärke der Dämmung sollte dem Durchmesser der Rohre entsprechen. Eigentümergemeinschaften, an denen die Gesetzespflicht bislang vorübergegangen ist, sollten schnellstens handeln. Die Dämmung lässt sich mit vorkonfektionierten Dämmschalen für kleines Geld und mit wenig Aufwand durchführen. Spätestens nach zwei Heizperioden rechnet sich diese Maßnahme. Außerdem ist sie förderfähig. Die wichtigsten Optimierungsmaßnahmen einer bestehenden Anlage sind der hydraulische Abgleich inklusive der Einstellung der Heizkurve, der Austausch von Heizungspumpen sowie die Anpassung der Vorlauftemperatur und der Pumpenleistung, der Einbau von Flächenheizungen, von Niedertemperaturheizkörpern und Wärmespeichern im Gebäude oder gebäudenah (auf dem Gebäudegrundstück) sowie von Mess-, Steuer- und Regelungstechnik. Auch für diese Maßnahmen gibt es Geld vom Staat (siehe Seite 160).

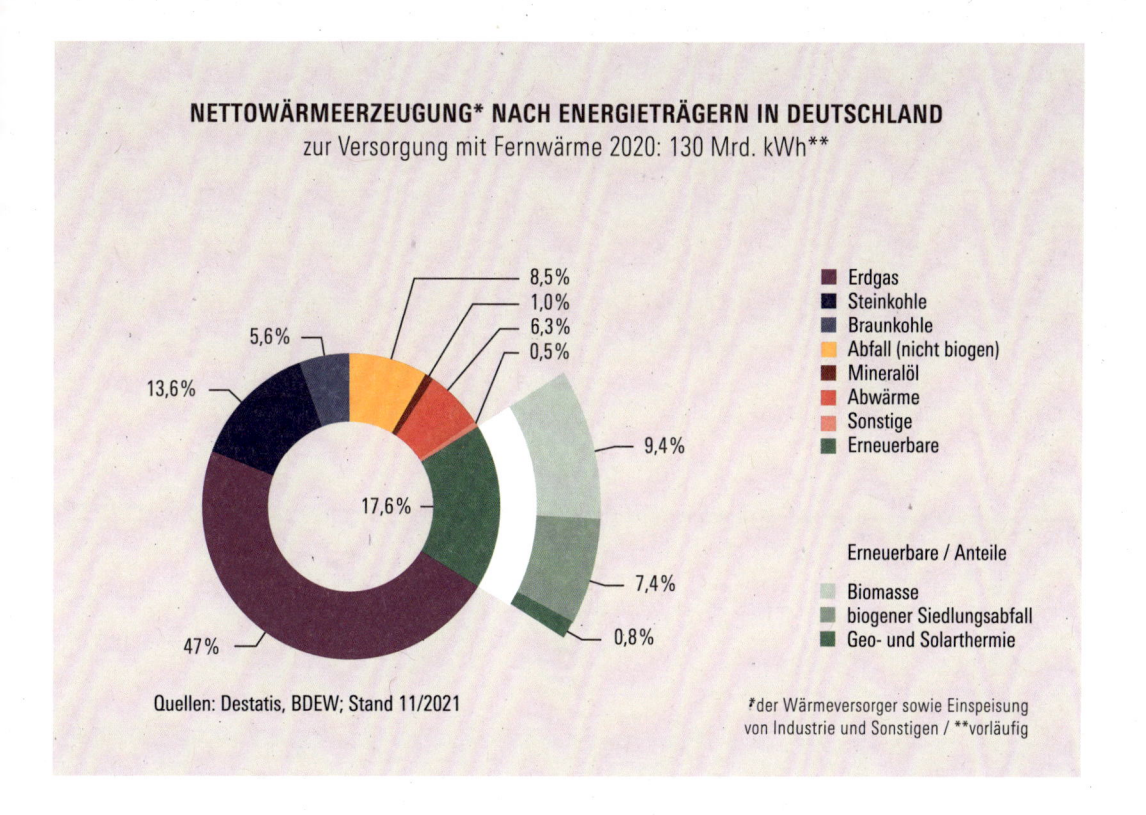

NETTOWÄRMEERZEUGUNG* NACH ENERGIETRÄGERN IN DEUTSCHLAND
zur Versorgung mit Fernwärme 2020: 130 Mrd. kWh**

- 8,5 %
- 1,0 %
- 6,3 %
- 0,5 %
- 5,6 %
- 13,6 %
- 17,6 %
- 47 %
- 9,4 %
- 7,4 %
- 0,8 %

- Erdgas
- Steinkohle
- Braunkohle
- Abfall (nicht biogen)
- Mineralöl
- Abwärme
- Sonstige
- Erneuerbare

Erneuerbare / Anteile
- Biomasse
- biogener Siedlungsabfall
- Geo- und Solarthermie

Quellen: Destatis, BDEW; Stand 11/2021

*der Wärmeversorger sowie Einspeisung von Industrie und Sonstigen / **vorläufig

Fernwärme – Vor- und Nachteile

Eine Wohnanlage kann an das kommunale Fernwärmenetz angeschlossen und mit Wärme von einem Kraft- oder Heizwerk versorgt werden? Das ist vermutlich die kostengünstigste Methode der Heizungserneuerung.

Auskunft über die Anschlussfähigkeit Ihres Gebäudes an das Fernwärmenetz und über bereits feststehende Planungen zum Netzausbau in den kommenden Jahren erteilen die Bauämter der Kommunen.

Der bauliche Aufwand für den Wechsel zur Fernwärme ist denkbar gering: Im Gebäude wird keine eigene Heizungsanlage, sondern nur eine **ÜBERGABESTATION** für die Fernwärme benötigt. Sie enthält einen Wärmetauscher und ein Zählwerk und kann in einem Kellerraum oder auch einem Nebengebäude montiert werden. Durch die Hauswand werden zwei Leitungsöffnungen mit einem Durchmesser von dreißig bis vierzig Zentimetern geführt und die externe Fernwärmeleitung durch ein Zu- und ein Ableitungsrohr mit der Übergabestation verbunden. Es ist kein Lagerraum für Brennstoffe nötig. Rohre und Heizkörper im Gebäude können erhalten bleiben. Eine Abgasanlage wird nicht benötigt, der Schornstein kann stillgelegt werden, Wartung und Messungen des Schornsteinfegers fallen weg. Der Haken ist: Fernwärme ist nicht überall in Deutschland verfügbar. Aktuell gibt es rund 1400 Fernwärmenetze mit einer Gesamtlänge von mehr als 30 000 Kilometern, so der Bundesverband der Energie- und Wasserwirtschaft (bdew).

Sie versorgen rund sechs Millionen Haushalte – also 14 Prozent aller Anschlüsse – vor allem in den neuen Ländern und in einigen Ballungszentren der alten Bundesländer. Die regionalen Unterschiede sind topografisch, strukturell oder auch historisch gewachsen.

Allerdings ist absehbar, dass sich die Landkarte in den kommenden Jahren deutlich verändern wird. Die Bedeutung der Fernwärme für die Energiewende im Gebäudesektor belegt eine Studie, die das Hamburg Institut im Jahr

ANLAGENBESTAND PELLETFEUERUNGEN

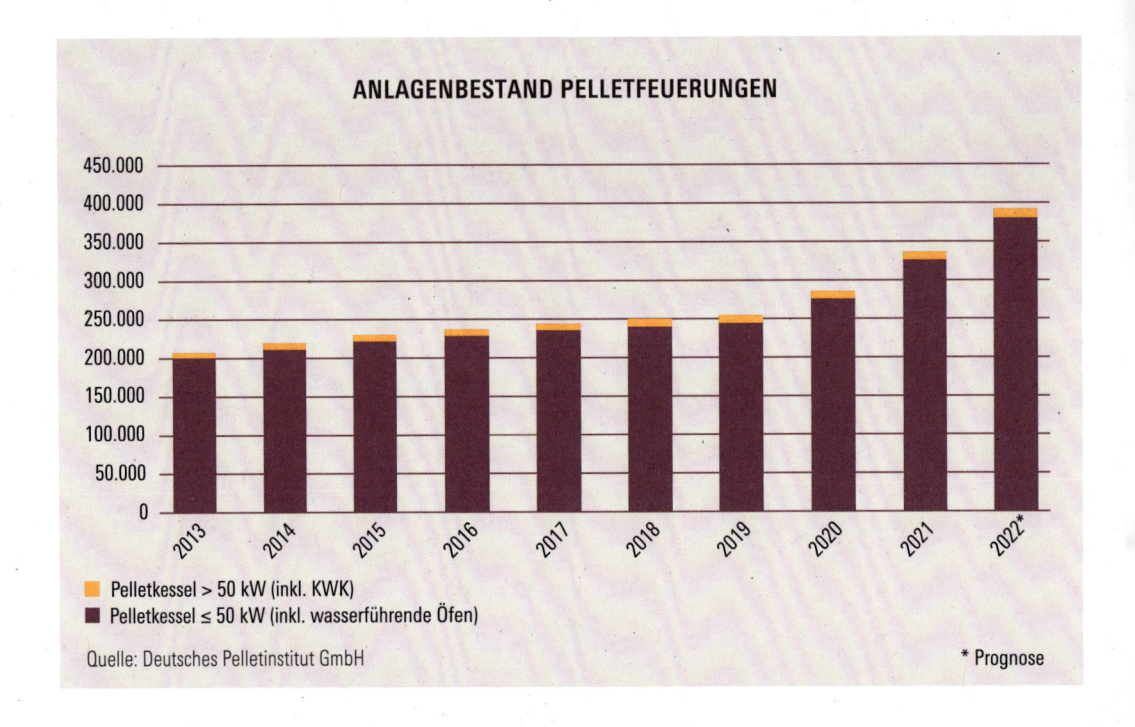

- Pelletkessel > 50 kW (inkl. KWK)
- Pelletkessel ≤ 50 kW (inkl. wasserführende Öfen)

Quelle: Deutsches Pelletinstitut GmbH

* Prognose

2020 in Zusammenarbeit mit Prognos im Auftrag des Energieeffizienzverbandes AGFW erstellt hat: Durch einen kontinuierlichen Aus- und Umbau der Fernwärme können bis 2030 rund 39 Millionen Tonnen CO_2-Emissionen im Gebäudesektor zusätzlich eingespart und der Anteil der Fernwärme am Wärmebedarf der Gebäude auf 30 Prozent erhöht werden. Die flächendeckende kommunale Wärmeplanung, der Ausbau der Fernwärmenetze und der Umbau der Erzeugerinfrastruktur in den bestehenden Netzen sollen zügig vorangetrieben werden, so die Ziele des 2021 zwischen FDP, Grünen und SPD geschlossenen Koalitionsvertrags.

Fernwärme wird in Heizkraftwerken und Blockheizkraftwerken erzeugt. Die bei der Stromerzeugung entstehende Abwärme geht auf ein Wärmeträgermedium über, gelangt über das Hochtemperatur-Primärnetz in die Häuser. Dort individuell geregelt, versorgt sie die Haushalte mit Raumwärme und Warmwasser. Ein und derselbe Brennstoff wird also gleich zweimal genutzt. Die Emissionen werden aus den Innenstädten ausgelagert. Den Löwenanteil unter den Brennstoffen, die in den Kraftwerken zu Wärme verarbeitet werden, machen nach wie vor fossile Brennstoffe aus. Doch immerhin: 17,5 Prozent der im Jahr 2021 erzeugten Fernwärme stammt nach den vorläufigen Zahlen des Bundesverbandes der Energie- und Wasserwirtschaft e. V. aus erneuerbaren Energien. Der Kohleausstieg und der CO_2-Preis werden sich auch im Bereich der Fernwärme niederschlagen. Großwärmepumpen, Solarthermieanlagen, saisonale Großwärmespeicher, die Nutzung von Abwärme sowie – je nach regionalen Voraussetzungen – auch Geothermie werden erheblich an Bedeutung gewinnen. An dieser Energiewende auf der Versorgerseite partizipieren alle Abnehmer der Fernwärme dann ohne weiteres eigenes Zutun.

MONOPOL DER VERSORGER

So schlagkräftig die ökologischen und technischen Argumente für einen Wechsel zur Fernwärme auch sind – es gibt einen erheblichen Nachteil: Jedes Fernwärmenetz wird nur von einem einzigen Versorger bedient. Verbraucher, die sich auf diese Monopolstruktur einlassen, sind darin weitgehend gefangen. Anders als im Gas- oder Strommarkt können sie den Anbieter nicht wechseln, wenn der den monatlichen Bezugspreis für die Übergabestation, den Grundpreis oder auch den Verbrauchspreis ändert, Vertragsbedingungen modifiziert oder bei der Zusammensetzung der Brennstoffe die Richtung ändert. Die Kunden sind mit langen VERTRAGSLAUFZEITEN von regelmäßig zehn Jahren an den Fernwärmemonopolisten gebunden. Häufig besteht sogar ein Anschluss- und Benutzungszwang, sodass Verbraucher selbst am Ende der Vertragslaufzeit nicht auf ein anderes Heizsystem umsteigen können. Viele Verträge lassen jedoch die zusätzliche Nutzung erneuerbarer Energien zu.

Heizen mit Pellets

Holzheizungen galten lange Zeit als rückständig und allenfalls noch als romantisch. Das hat sich innerhalb weniger Jahre deutlich geändert. Heute ist eine mit Holz betriebene Zentralheizung, die das gesamte Gebäude mit Wärme für Heizung und Warmwasser versorgt, eine echte Alternative. Dabei kommen vorrangig Pellets zum Einsatz. Sie bestehen aus Holzresten und -abfällen, wie zum Beispiel Sägemehl oder Hobelspänen, die unter hohem mechanischem Druck zu kleinen Zylindern oder Stäbchen gepresst werden.

Die PELLETHEIZUNG zählt zu den umweltfreundlicheren Heizungen – wenn man darauf achtet, Feinstaubemissionen zu vermeiden. Der heimische Rohstoff Holz wächst nach, der Energieaufwand bei der Pelletproduktion ist gering, der CO_2-Ausstoß ist mit 40 g/kWh deutlich niedriger als bei einer Gas- (240 g/kWh) oder gar Ölheizung (300 g/kWh). Das macht sich deutlich in den Betriebskosten bemerkbar. Die hohen Anschaffungskosten werden durch Zuschüsse und Fördermöglichkeiten reduziert (siehe Seite 143) und amortisieren sich im Mehrfamilienhaus deutlich schneller als im Einfamilienhaus. Leitungen und Heizkörper müssen in der Regel nicht erneuert werden.

Manch ein Hersteller oder Installateur bietet die Besichtigung von Musteranlagen oder bereits installierten Anlagen im Betrieb an. Das ist eine gute Möglichkeit, sich einen Eindruck von einer solchen Heizung, aber auch von

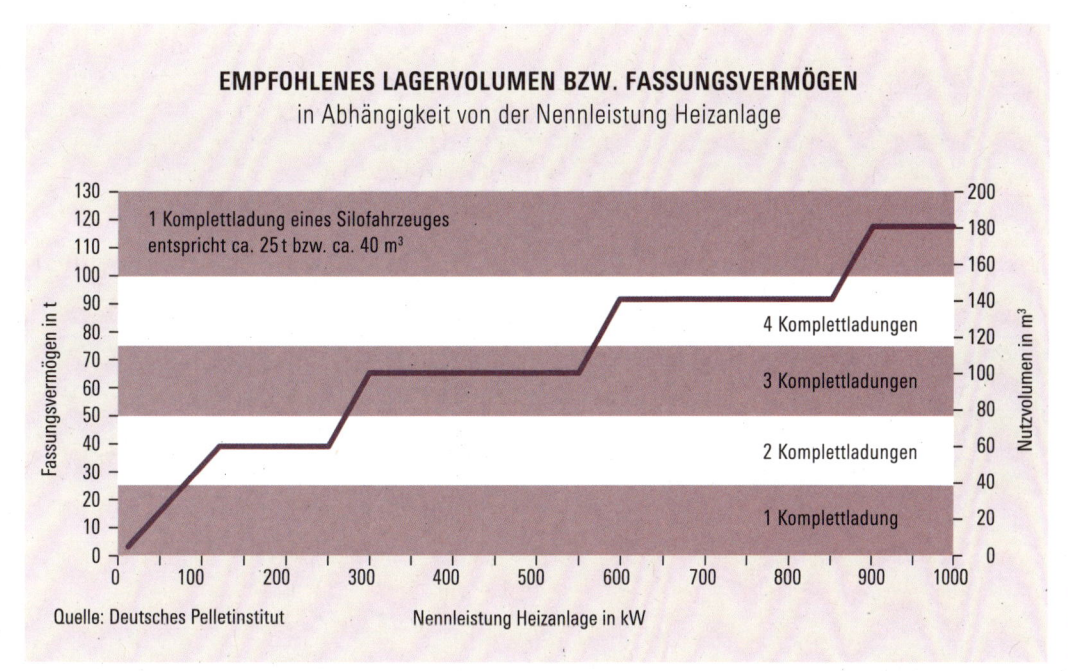

EMPFOHLENES LAGERVOLUMEN BZW. FASSUNGSVERMÖGEN
in Abhängigkeit von der Nennleistung Heizanlage

1 Komplettladung eines Silofahrzeuges entspricht ca. 25 t bzw. ca. 40 m³

4 Komplettladungen
3 Komplettladungen
2 Komplettladungen
1 Komplettladung

Quelle: Deutsches Pelletinstitut

Das Lagervolumen bestimmt die Häufigkeit der Anlieferungen.

PELLETLAGER BESCHLIESSEN

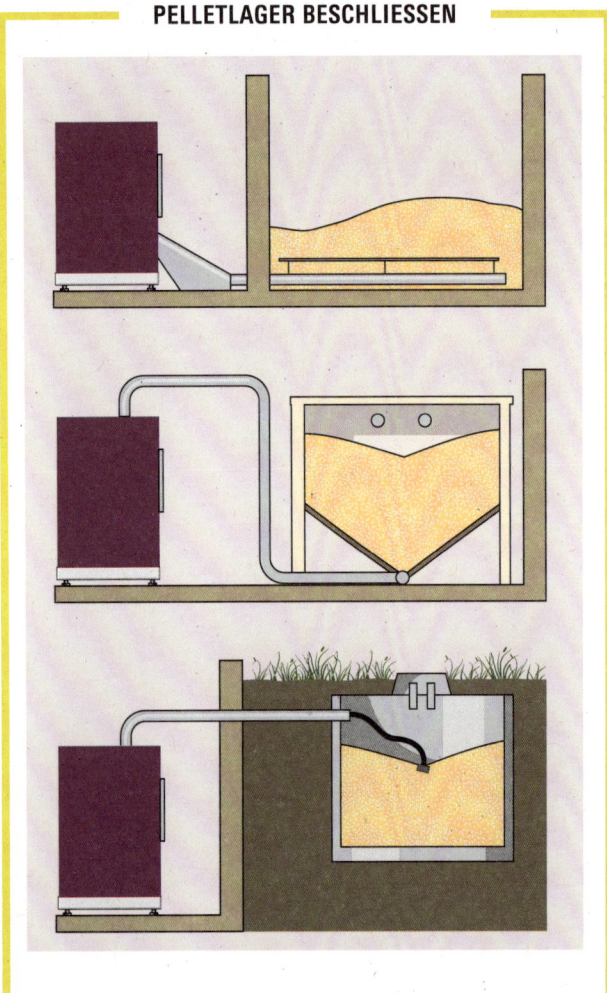

Eine Neuaufteilung des Kellers oder eine Verlegung des Lagers nach draußen kann unter Umständen eine Änderung der Teilungserklärung erfordern und somit die Beschlussfassung erschweren. Dieser Aspekt sollte früh Thema der Gespräche mit der Verwaltung oder einem Anwalt sein.

Komfortmöglichkeiten zu verschaffen und Erfahrungen von Eigentümern beispielsweise mit der Staubbelastung zu erfragen.

Jahrelang stagnierte der Markt, doch seit 2019 steigt die Zahl der installierten Pelletfeuerungen in allen Größenkategorien deutlich an. Im Jahr 2020 hat der Absatz den des Vorjahres sogar um 78,5 Prozent übertroffen. Insgesamt gehen Experten allerdings davon aus, dass das Potenzial dieser Heizungssysteme weitgehend ausgereizt ist.

Die drei zentralen Komponenten einer Pelletheizung sind ein Lagerraum oder Vorratsbehälter, der Kessel und die Verbindung zwischen diesen beiden Anlagenteilen, das Austragsystem. Nur wenn diese drei Elemente aufeinander abgestimmt sind, läuft die Heizung störungsfrei, so das Deutsche Pelletinstitut.

DIE PELLETLAGERUNG

Eine Pelletheizung ist für eine Eigentümergemeinschaft nur dann eine Option, wenn der erforderliche Lagerraum vorhanden ist oder eingerichtet werden kann. Holzpellets können in separaten Räumen oder in speziellen Behältern aufbewahrt werden. Im Idealfall wird eine Jahresbrennstoffmenge eingelagert. Das dafür benötigte Volumen hängt vom Wärmebedarf des Gebäudes ab. Er wird ermittelt, indem der im Gebäudeenergieausweis genannte spezifische Endenergiebedarf für Heizung, Warmwasser und Lüftung addiert und mit der Wohnfläche multipliziert wird. Der Jahresbedarf an Pellets in Kilogramm entspricht in etwa einem Viertel des Wärmebedarfs in Kilowattstunden, so das Deutsche Pelletinstitut.

Es empfiehlt folgende Faustformel:
Jahrespelletbedarf in Tonnen x 1,2 (Sicherheitsfaktor) x 1,5 (Kehrwert der Schüttdichte) = Lagervolumen in m^3

Gibt es keine Möglichkeit, einen solchen Vorrat einzulagern, dann sind mehrfache Anlieferungen erforderlich. Das schlägt sich deutlich in den Betriebskosten nieder und birgt außerdem Risiken in Bezug auf die Versorgungssicherheit.

VARIANTE 1 ist die Einrichtung eines separaten Lagerraumes neben dem Heizungsraum. Wurde bisher mit Öl geheizt, so kommt das bisherige Öllager als künftiges Pelletlager infrage. Alternativ könnte vielleicht die bisherige Waschküche umgenutzt oder ein wenig genutzter Abstellraum verwendet werden. Denkbar ist auch, von einem größeren Kellerraum einen separaten Raum abzutrennen. Voraussetzung ist immer, dass Wände und Boden des Lagerraumes massiv und trocken sind. Bei zu hoher Feuchtigkeit können die Presslinge aufquellen oder verkleben und damit die gesamte Technik schädigen.

VARIANTE 2 ist ein industriell vorgefertigter Lagerungsbehälter, der direkt neben der Heizungsanlage platziert wird. Luftdurchlässige Gewebesilos oder luftundurchlässige Kunststoff- oder Metallbehälter lassen sich innerhalb des Gebäudes einfach, günstig und sauber aufstellen. Dabei können mehrere Silos zu Batterien kombiniert werden. Egal, ob separater Raum oder Silo: Das Pelletlager befindet sich am besten in einem Raum, der von einer Außenwand, idealerweise zur Straßenseite hin, begrenzt ist. Das erleichtert die Anlieferung.

Außerdem müssen immer auch Sicherheitsaspekte berücksichtigt werden. Da Pellets gesundheitsschädliches Kohlenmonoxid abgeben können, muss die ausreichende Belüftung des Lagers sichergestellt sein. Das geschieht beispielsweise mittels perforierter Einfüllstutzen.

VARIANTE 3 besteht darin, auf den Garten oder den Hof auszuweichen, möglicherweise kann ein Nebengebäude genutzt werden. Es gibt auch erdvergrabene Lager aus Beton oder Kunststoff oder Silos aus Kunststoff oder Metall. Die unterirdische Lagerung ist vor allem dann eine elegante Lösung, wenn ohnehin eine Umgestaltung der Außenanlage ansteht.

In jedem Fall sollte die Entfernung zwischen der späteren Haltemöglichkeit des Silofahrzeugs und dem Befüllanschluss des Schüttraumes oder Lagerbehälters nicht mehr als 30 Meter betragen. Das ist die übliche Länge des Pumpschlauchs, über den die Pellets später eingeblasen werden. Kann diese Entfernung nicht eingehalten werden, dann empfiehlt es sich, vor der Entscheidung für eine Pelletheizung mit einem Lieferanten Kontakt aufzunehmen und die technischen Möglichkeiten zu klären.

DER PELLETKESSEL

Im Gehäuse des eigentlichen Pelletkessels verbergen sich ein interner Vorratsbehälter, die hitzebeständige Brennkammer, eine Einschubschnecke, ein System zum Austragen der Asche und ein Wärmetauscher. Dieser Kessel kann den Platz des alten Gas- oder Ölkessels im Keller einnehmen. Die Verbrennung und der Wirkungsgrad der Anlage werden durch eine Primär- und Sekundärluftregelung gesteuert. Genau wie der Lagerraum grenzt im Idealfall auch der Kesselraum an die Außenmauer des Hauses, sodass direkt Verbrennungsluft zum Kessel zugeführt werden kann.

Die **KESSELNENNLEISTUNG** muss an den Heizbedarf des Hauses angepasst sein. Planungsgrundlage ist eine aktuelle Heizlastberechnung nach DIN 12831. Unter Umständen kann die Leistung auch aus dem Gebäudeenergieausweis abgeleitet werden, welcher aber eigentlich nur Angaben über Energiemengen in Kilowattstunden enthält. Gerade getätigte, parallel laufende oder in Zukunft geplante Dämmmaßnahmen können die Heizlast erheblich verringern und sollten so gut wie möglich in die Planung einbezogen werden. Der ohnehin nötige Pufferspeicher entspannt die Lage, auch bei nachträglich deutlich verringertem Wärmebedarf.

Holzpelletkessel sind mittlerweile auch als Brennwertgeräte erhältlich. Was die Qualität und Effizienz einer Pelletheizung angeht, sind die Vorgaben in Förderrichtlinien eine gute Orientierung. Ihre Anforderungen an den Wirkungsgrad und die Verbrennungsgüte eines Kessels sind deutlich höher als die der Gesetzgeber. Eine sinnvolle Ergänzung ist der Einbau

---

PELLETLAGER PLANEN

→ ausreichendes Fassungsvermögen

→ garantierte Trockenheit des Lagerortes

→ gute Zugänglichkeit für Wartung und Reinigung

→ ausreichende Belüftung

→ Abdichtung gegenüber dem Wohnbereich

→ kurzer Einblasweg

→ kurzer Förderweg zwischen Lager und Kessel

> **GEPRÜFTE QUALITÄT**
>
> Die Qualitätsanforderungen für Holzpellets sind in der europäischen Norm EN 14961–2 festgelegt. Ihre Werte werden von der Zertifizierung ENplus umgesetzt. Für Endverbraucher gibt es die Güteklassen A1 und A2. Qualitativ hochwertige Pellets sind die Grundlage für den effizienten, emissionsarmen und störungsfreien Betrieb der Heizungsanlage.

eines Pufferspeichers. Er sorgt dafür, dass der Brenner seltener starten muss und der Heizkessel immer im Vollastbetrieb laufen kann. Das erhöht den Wirkungsgrad und verringert die CO_2-Emissionen.

DIE FÖRDERTECHNIK

Bei einer halbautomatischen Pelletheizung müssen die Pellets von Hand in einen Vorratsbehälter gefüllt werden. Von dort gelangen sie dosiert und kontinuierlich in die Brennkammer. Dieses sehr aufwendige Verfahren ist zur Beheizung eines Mehrfamilienhauses keine Option. Hier werden die Pellets vollautomatisch über ein Raumaustragsystem vom Lagerraum oder -behälter direkt in den Brennraum des Kessels transportiert. Dabei werden grob zwei Systeme unterschieden: Wenn die Pellets in unmittelbarer Nähe zum Kessel gelagert werden können, dann ist eine **FÖRDERSCHNECKE** das Mittel der Wahl. Wenn jedoch Entfernungen oder auch Höhenunterschiede innerhalb des Gebäudes oder auf dem Grundstück überbrückt werden müssen, kommen **SAUGSYSTEME** zum Einsatz.

Die Befüllung der Brennkammer richtet sich nach dem Bedarf und wird durch eine mikroprozessorgesteuerte Regelung an die Kesselleistung angepasst. Ist der Brennraum beschickt, startet ein automatischer Zündvorgang mit einer elektrischen Glühwendel die Verbrennung. Die Holzpresslinge werden bei rund 1 000 Grad Celsius nahezu rückstandsfrei verbrannt. Die entstandene Hitze erwärmt das Wasser des Wärmetauschers, der die Wärme an den Pufferspeicher und den Heizkreislauf abgibt.

DER BRENNSTOFF

Holzpellets sind zwischen 0,5 und 4,5 Zentimeter lang und haben einen Durchmesser von 6 bis 8 Millimetern. Sie werden als Schüttgut, also in loser Form, mit speziellen Silopumpwagen transportiert und mit einem Druck von 0,3 bis 0,5 Bar durch ein Schlauchsystem in den Lagerraum geblasen. Hochwertige Pellets sehen glatt und glänzend aus, weisen wenige Risse auf und enthalten wenig Staub. Die Restteilchen dürfen nicht durch Leim, Farbreste oder Kunststoffe verunreinigt sein. Sie werden durch natürliche, holzeigene Bindstoffe zusammengehalten. Qualitativ hochwertige Pellets dürfen maximal 2 Prozent chemische Bindemittel enthalten.

Anfang 2022 gab es hierzulande 46 zertifizierte Produzenten und 148 Händler. Tendenz steigend, denn immer mehr Heizöllieferanten weiten ihr Leistungsspektrum aus oder stellen gar komplett um. Ein Vergleich mehrerer Lieferanten lohnt sich – nicht nur im Blick auf den Preis und die Qualität, sondern auch auf den Service und die Leistungen. Gibt es eine Mindestabnahmemenge? Ist der Preis abhängig von der Liefermenge? Entstehen zusätzliche Transportkosten oder Einblaspauschalen bei der Lieferung loser Ware mit dem Silofahrzeug? Wann oder wie oft wird geliefert?

Auf der Internetseite enplus-pellets.de ist eine Suchfunktion zu finden, die laufend aktualisiert wird.

Zur regelmäßigen Pflege und Wartung der Pelletzentralheizung gehören die Entleerung des Aschebehälters und die Reinigung der Flächen des Wärmetauschers. Je nach Modell gibt es dafür automatische Lösungen. Eine jährliche Kesselwartung durch einen in Sachen Pellets versierten Heizungsfachmann ist allerdings unverzichtbar.

HACKSCHNITZELHEIZUNGEN

Sie funktionieren ähnlich wie Pelletheizungen und sind vor allem für große landwirtschaftliche und gewerbliche Betriebe oder große Wohnanlagen mit hohem Wärmebedarf geeignet. Der Grund: Die kleingehackten, aber nicht weiter verarbeiteten oder gepressten Holzreste beanspruchen sehr viel Platz, und es gibt keine

FALLBEISPIEL BRAUNSCHWEIG
→ Heizungserneuerung

GEBÄUDE
- Baujahr: 1971
- Anzahl Wohneinheiten: 32
- Selbstnutzer: 21
- Mieter: 11
- Nutzfläche: 2 938,1 m²
- Beheiztes Bruttovolumen: 9 181,5 m³

AUSGANGSSITUATION
Gebäudehülle:
- Dachsanierung 2002, U-Wert 0,3 W/(m²K)
- Hochziegelmauerwerk mit ungedämmter, eternitverkleideter Vorhangkonstruktion, U-Wert 1,07 W/(m²K)
- einzelne Fenster zweifachverglast, Kunststoff, Uw-Wert 3,0 W/(m²K)
- ungedämmte Kellerdecke, 1,0 W/(m²K)

Anlagentechnik:
- Fernwärme, Einbau 1994

MASSNAHMEN
- Erneuerung der Fernwärmestation
- teilweise Austausch der Heizungs- und Warmwasserleitungen
- Abwasser- und Kaltwasserleitungen
- Rohrleitungsdämmung
- hydraulischer Abgleich

ABLAUF
- Beginn der Planungen: 2019
- Sanierungsfahrplan und Beschlussfassung: Spätsommer 2021
- Beginn der Umsetzung: November 2021

FINANZIERUNG
- Bruttoinvestitionskosten: 787 000 €
- Davon Sowieso-Kosten: 650 000 €
- Förderung nach BEG EM Zuschuss: 130 000 €
- WEG-Kredit zweigeteilt – kontokorrent über Zuschüsse abgelöst, Hauptdarlehen läuft 15 Jahre

ERGEBNISSE
Heizenergieverbrauch:
- 298,707 + 36,726 KWh/a / unverändert = Prognose / keine*

Primärenergiebedarf:
- 47 kWh/(m²a) / 37 kWh/(m²a) = Prognose / 21 %*

Endenergieverbrauch:
- 451 250 kWh/(m²a) / 343 050 kWh/(m²a) = Prognose / 24 %*

Endenergiebedarf:
- 490 030 kWh/a / 381 242 kWh/a = Prognose / 22 %*

CO_2-Emissionen:
- 31 kg/(m²a) / 24 kg/(m²a) = Prognose / 23 %*

Energiekosten p.a.:
- 29 400 € / 22 400 € = Prognose / 24 %*

*jeweils vorher / nachher / Einsparung

Quelle: Hausverwaltung Harte / Pronoxa Schaden- und Projektmanagement

vergleichbare Lieferlogistik. Im Gegensatz zu Holzpellets gibt es für Hackschnitzel keine Güteklasse oder Zertifizierung.

Wärmepumpe nachrüsten

Wärmepumpen gelten als tragende Säule der Energiewende im Gebäudebereich. Niedrige Betriebskosten, geringe Umweltbelastung, wachsende Unabhängigkeit von fossilen Brennstoffen und umfangreiche Fördermittel – diese Vorteile überzeugen Eigentümer. Rund 1,25 Millionen Wärmepumpen sind derzeit hierzulande in Betrieb, darunter 290 000 Warmwasser- und 955 000 Heizungswärmepumpen. Sie finden sich vor allem in neu errichteten Wohngebäuden. Doch auch die Nachrüstung ist möglich. Dabei lauern allerdings zahlreiche Fallstricke.

Eine Wärmepumpe funktioniert wie ein Kühlschrank, nur in umgekehrter Richtung: Sie entzieht der Umgebung Wärme und gibt diese als Heizenergie an das Gebäude ab. Als Wärmequellen dienen das Erdreich, das Grundwasser oder die Umgebungsluft. In dieses System ist meist ein zusätzlicher elektrischer Heizstab integriert. Er springt ein, wenn im Haus mehr Wärme angefordert wird, als die Wärmepumpe gerade fördern kann.

AUFWENDIGE ERSCHLIESSUNG: WÄRME AUS DEM ERDREICH

Die Geysire im Yellowstone-Nationalpark, auf der Nordinsel Neuseelands und auf Island zeigen eindrucksvoll: Im Innern der Erde schlummern mächtige Energiereserven. Diese natürliche Energiequelle ist erneuerbar und schier unerschöpflich. Im Erdinneren herrschen Temperaturen von 5 000 bis 7 000 Grad Celsius. Diese Hitze gibt die Erde kontinuierlich ins Weltall ab. Durch den sogenannten terrestrischen Wärmestrom werden also die oberflä-

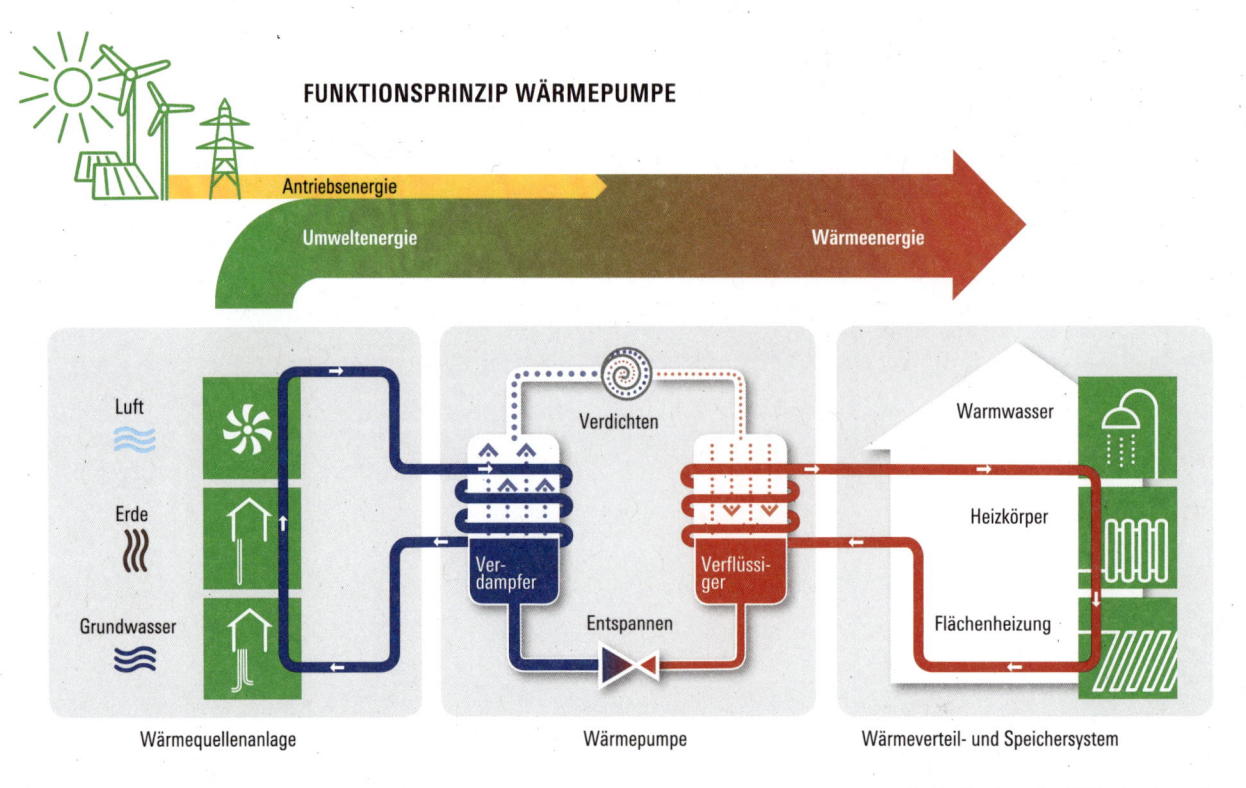

FUNKTIONSPRINZIP WÄRMEPUMPE

Antriebsenergie
Umweltenergie → Wärmeenergie

Luft
Erde
Grundwasser

Verdampfer — Verdichten — Verflüssiger — Entspannen

Warmwasser
Heizkörper
Flächenheizung

Wärmequellenanlage — Wärmepumpe — Wärmeverteil- und Speichersystem

Quelle: Bundesverband Wärmepumpe e.V.

ANLAGENTECHNIK

chennahen Schichten immer neu mit Wärme versorgt. Gleichzeitig speichern sie Sonnenenergie. Ab einer Tiefe von etwa 20 Metern sind klimatisch bedingte Schwankungen und jahreszeitliche Unterschiede nicht mehr feststellbar. Hier beträgt die Temperatur in unseren Breiten konstant um die 10 Grad Celsius. In den tieferen Gesteinsschichten nimmt sie weiter zu – etwa 3 Grad Celsius pro 100 Meter. **ERDWÄRMEPUMPEN**, auch **SOLE/WASSER-WÄRMEPUMPEN** genannt, arbeiten deshalb mit oberflächennahen geothermischen Systemen.

Durch Sonden oder Wärmekollektoren im Erdreich wird in einem geschlossenen Kreislaufsystem eine Wärmeträgerflüssigkeit gepumpt. Über die Rohrwände nimmt sie die Wärme aus dem Boden auf und gibt sie an der Oberfläche an die Wärmepumpe ab. In der Pumpe zirkuliert das sogenannte Kältemittel. Es verdampft bereits bei sehr niedrigen Temperaturen und nimmt dabei die Wärme aus der Flüssigkeit auf. Dieses Gas wird dann mit dem Kompressor der Wärmepumpe unter starkem Druck verdichtet und damit erwärmt. Die Wärme wird in einem Wärmetauscher auf das Wasser des Heizsystems übertragen. Das Trägermittel wird entspannt, kühlt sich ab und verflüssigt wieder.

Erdwärme kann auf unterschiedliche Arten erschlossen werden. **VARIANTE EINS** sind **SONDENSYSTEME**. In vertikale Bohrungen von üblicherweise bis 100 Meter Tiefe werden Rohre eingebaut und der Zwischenraum zwischen Bohrlochwand und den Rohren anschließend mit einem frostbeständigen und gut wärmeleitfähigen Fertigbaustoff verfüllt. Anzahl und Tiefe der **BOHRUNGEN** sind abhängig von der Bodenbeschaffenheit und der benötigten Leistung. Die meisten Bundesländer stellen Leitfäden zur Erstorientierung zur Verfügung. Sie sind online beim Bundesverband Wärmepumpe abrufbar.

Entscheidend ist außerdem der Wärmebedarf des Hauses. Als grobe Faustregel gilt: Um 100 m² Wohnfläche zu beheizen, wird eine Erdwärmesonde mit etwa 100 Metern Bohrtiefe benötigt. Die sogenannte Entzugsleistung beträgt bei trockenen, steinigen Böden etwa 10 Watt pro Meter Sondenlänge, bei feuchten,

> **QUALITÄTSKENNZEICHEN**
>
> Das wichtigste Qualitätszeichen ist das Gütesiegel der **EHPA**, der Europäischen Wärmepumpenvereinigung. Es verlangt vom Hersteller eine zweijährige Vollgarantie, bietet einen 24-Stunden-Service an und garantiert, dass zehn Jahre lang Ersatzteile verfügbar sind. Dieses Siegel wird von Fördermittelgebern als Nachweis der Effizienz anerkannt.

sandigen Böden bis zu 45 Watt pro Meter. Neben klassischen Erdsonden in Doppel-U-Form werden mittlerweile zunehmend koaxiale Speichersonden eingebaut. Sie verfügen über größere Durchmesser und kommen dadurch mit geringeren Bohrtiefen aus. Für größere Heizungsanlagen sind dennoch oft mehrere Sonden notwendig. Anstelle von vertikalen Bohrungen können bei beengten Platzverhältnissen oder bei in der Tiefe begrenzten Bohrmöglichkeiten Schrägbohrungen vorgenommen werden. Dabei werden von einem kleinen Schacht aus mehrere Sonden meist sternförmig schräg gebohrt. Schrägbohrungen sind deutlich teurer als Vertikalbohrungen.

Alle Bohrungen sollten einen Mindestabstand von zwei Metern zu Gebäuden aufweisen, damit deren Standfestigkeit nicht beeinträchtigt wird. Außerdem empfiehlt der Bundesverband Wärmepumpe zwischen zwei Bohrungen einen Abstand von mindestens sechs Metern, um die notwendige Energieausbeute erzielen zu können. Detaillierte Vorgaben zur Bemessung, zum Einbringen und der Montage einer Erdwärmebohrung enthält die VDI-Norm 4640.

In jedem Fall bringen die Bohrungen einen erheblichen Aufwand mit sich: Das Bohrgerät muss auf das Grundstück gebracht werden, wofür die Zufahrt entsprechend breit, eben und befestigt sein und der Bodenbelag einen Lkw über sieben Tonnen verkraften muss. Rund um die geplante Bohrstelle(n) muss ausreichend Platz für einen Lkw mit Hänger, die Aufstellung des Bohrgeräts, eventuell einen Spülteich oder eine Spülwanne und Lagerflä-

HIER GEHT ES WEITER: BUNDESVERBAND WÄRMEPUMPE E.V. → WAERMEPUMPE.DE

> **FORMALIEN BEDENKEN**
>
> Wenn es um Erdwärmepumpen geht, haben auch die Behörden ein Wörtchen mitzureden. Das gilt vor allem für Bohrungen. Je nach Lage des Grundstücks und Bauweise der Wärmepumpe müssen **GENEHMIGUNGEN** bei der Unteren Wasserschutzbehörde, unter Umständen auch bei der Bergbehörde eingeholt werden. Oberflächennahe Kollektoren dürfen in der Regel auch in Grundwasserschutzgebieten ohne Auflagen installiert werden.

che für Material verfügbar sein. Bei dichter Bebauung kann der Schwenkradius des Geräts zum Problem werden. Bei Bohrungen in einem Garten wird dieser erheblich in Mitleidenschaft gezogen. Nebengebäude oder auch die Fassade des Hauses werden am besten gegen Schmutz geschützt. An all diesen Anforderungen kann das Projekt Sondenbohrung schnell scheitern.

VARIANTE ZWEI besteht in der Erschließung der Erdwärme mittels **FLÄCHENKOLLEKTOREN** oder Erdkörben. Das Erdreich wird ein bis zwei Meter tief abgetragen und die Wärmetauschsysteme werden horizontal verlegt, die vorrangig die Sonnen- und Niederschlagswärme nutzen. Damit beeinflussen neben dem Wärmebedarf des Hauses sowie der Wärmeleitung und der Sickerfähigkeit des Bodens auch die Sonnenscheindauer, die Außentemperatur und die Beschattung die Effizienz und damit die Dimensionierung der Anlage. Sie beansprucht in der Regel eine Fläche, die eineinhalb- bis zweimal so groß ist wie die zu beheizende Wohnfläche. Sie darf später nicht bebaut, verdichtet oder versiegelt werden. Auch tiefwurzelnde Bäume haben hier nichts zu suchen.

Die oberflächennahe Verlegung der Kollektoren ist deutlich kostengünstiger als die Erschließung durch Bohrungen. Allerdings gestaltet sich die großflächige Abtragung und Zwischenlagerung des Bodens auf dem Grundstück meist schwierig, vor allem, wenn es sich um einen angelegten Garten handelt. Und: Die Temperatur in den oberen Bodenschichten ist weniger konstant und während eines großen Teils der Heizperiode drei bis fünf Grad kühler als in der Tiefe einer Erdwärmesonde. Dadurch sind Sole-Wärmepumpen dieser Ausführung etwa 10 Prozent weniger effektiv als Sondensysteme, so die Einschätzung des Bundesverbandes Geothermie.

WÄRMEQUELLE GRUNDWASSER

Grundwasser-Wärmpumpen – auch Wasser/Wasser-Wärmepumpen genannt – sind ebenfalls anzeige- und genehmigungspflichtig und erfordern oft außerdem ein Gutachten eines privaten Sachverständigen der Wasserwirtschaft. Auskunft erteilt die Untere Wasserschutzbehörde.

Stimmen die hydrogeologischen Voraussetzungen auf dem Grundstück, kann das Grundwasser konstante Wärme mit ausreichend hohen Temperaturen liefern. Die Erschließung erfolgt mittels eines Förder- und eines Schluckbrunnens: Über den **FÖRDERBRUNNEN** (auch Saugbrunnen genannt) wird Grundwasser an die Erdoberfläche gepumpt. Dort strömt es über den Verdampfer der Wärmepumpe, gibt seine Wärmeenergie ab und wird über den **SCHLUCKBRUNNEN** zurück ins Erdreich geführt. Die beiden Brunnen werden in der Regel mit einem Abstand von etwa 15 Metern zueinander installiert, um sicherzustellen, dass durch die Wärmepumpe abgekühltes Wasser nicht erneut angesaugt wird. Bei der Platzierung muss auch die Fließrichtung des Grundwassers berücksichtigt werden.

Eine Wasser-Wasser-Wärmepumpe erfordert damit immer zwei Bohrungen, deren Aufwand dem der Sondenbohrungen gleicht. Zugleich wird mehr Platz beansprucht. Die Effizienz dieser Wärmepumpen ist in der Regel etwas höher als bei Erdwärmepumpen, allerdings liegen die Investitionskosten deutlich höher und rechnen sich nur bei größeren Anlagen.

Durch den Platzbedarf und den deutlich höheren Wartungsaufwand spielen Grundwasser-Wärmepumpen-Systeme nur eine marginale Rolle unter den Wärmepumpen – insbesondere für den Einsatz in Mehrfamilienhäusern und Eigentumsgemeinschaften.

WÄRMEPUMPE ALS KÜHLSYSTEM

Erd- und Grundwasser-Wärmepumpen eignen sich nicht nur zum Heizen, sie können unter bestimmten Voraussetzungen auch eine herkömmliche **KLIMAANLAGE** ersetzen. Die sogenannte aktive Kühlung funktioniert nur bei Wärmepumpen, deren Kältekreis umkehrbar ist. Außerdem setzt diese reversible Funktionsweise große Heizflächen voraus. Im Sommer nimmt das Kältemittel dann Raumwärme auf. Sie wird außerhalb des Gebäudes an die Umgebungsluft oder das Erdreich abgegeben. Dabei ist nicht die gesamte Wärmepumpe, sondern nur die Umwälzpumpe in Betrieb. Sie führt die überschüssige Wärme aus dem Gebäude in den kühleren Untergrund ab. Im Idealfall kann ein Teil der sommerlichen Wärme im Untergrund gespeichert werden und steht dann im folgenden Winter zum Heizen des Gebäudes zur Verfügung. Die Kühlung funktioniert nur mit Fußboden-, Wand- oder Deckenheizungen. Gängige Heizkörper bekommen beim Kühlen eine zu kalte Oberfläche und fangen an zu „schwitzen". Eine Wärmepumpe mit Kühlungsfunktion verbraucht zwar Strom, ist jedoch effizienter als ein mobiler Monoblock.

FAVORIT IN MEHRFAMILIENHÄUSERN: LUFT/WASSER-WÄRMEPUMPE

Die Installation einer Luft/Wasser-Wärmepumpe ist deutlich weniger aufwendig und kostengünstiger als die Erschließung von Erdwärme oder Grundwasser. Zudem sind behördliche Genehmigungen meist nicht erforderlich. Zusammen mit technologischen Verbesserungen haben diese Vorzüge den Luft/Wasser-Wärmepumpen in den vergangenen Jahren deutlich Auftrieb gegeben. Sie machen mit weitem Abstand den größten Anteil unter den Heizungswärmepumpen aus und sind hauptverantwortlich für die erheblichen Zuwächse der Branche.

Gerade in der Nachrüstung von Bestandsimmobilien sind sie mit Blick auf die Erschließung der Wärmequelle oft die einzige Form der Wärmepumpe, die infrage kommt. Aller-

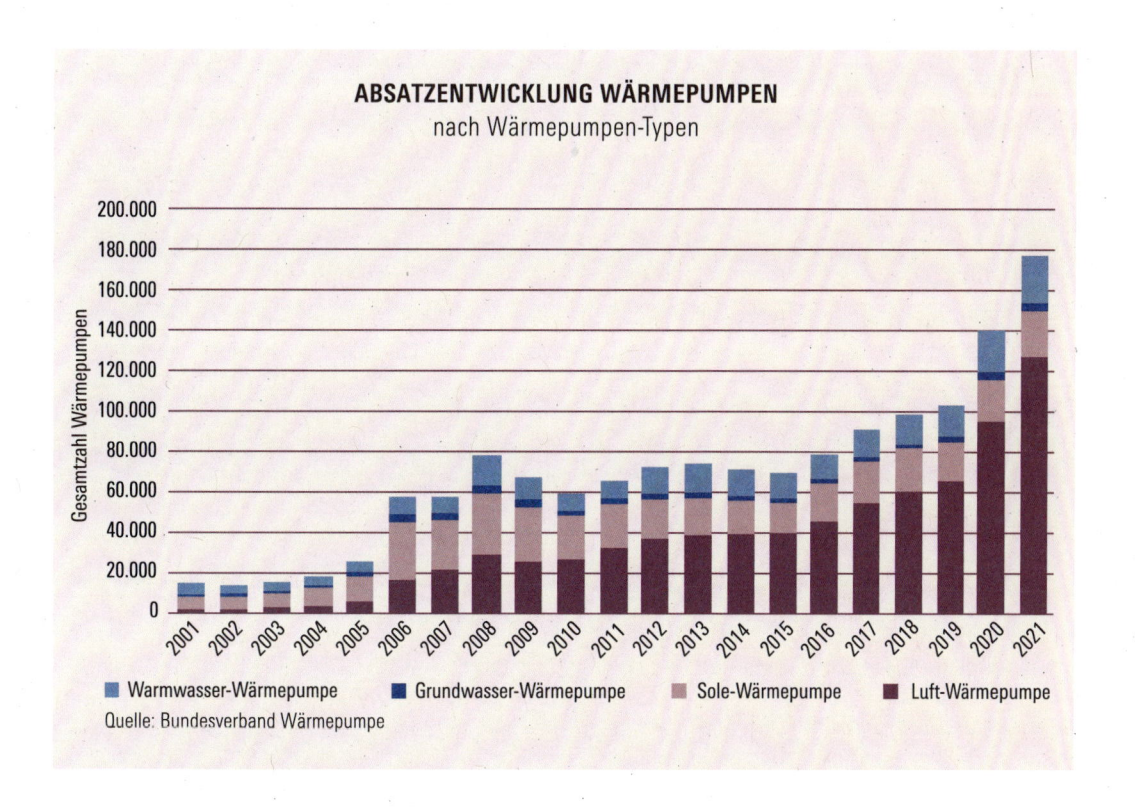

IMMISSIONSRICHTWERTE NACH TA-LÄRM

Art des Gebietes	Lautstärkegrenze ab 6:00 Uhr	Lautstärkegrenze ab 22:00 Uhr
Reine Wohngebiete	50 dB(A)	35 db(A)
Allgemeine Wohngebiete, Kleinsiedlungen	55 dB(A)	40 dB(A)
Kerngebiete, Dorfgebiete, Mischgebiete	60 dB(A)	45 dB(A)
Urbane Gebiete	63 dB(A)	45 dB(A)
Kurgebiete	45 dB(A)	35 dB(A)

Stand: 8/2022

dings ist im Mehrfamilienhaus die Akustik und mögliche Schallbelästigung zu bedenken.

Das Funktionsprinzip ähnelt dem der erdgekoppelten Systeme, nur dass hier die Umgebungsluft die Wärme liefert. Die Luft wird durch einen eingebauten Ventilator angesaugt und an den Verdampfer weitergeleitet. Dort erwärmt sie das Kältemittel, bis dieses seinen Aggregatzustand ändert und verdampft. Der Dampf strömt weiter zum elektrisch angetriebenen Verdichter, wird komprimiert und übergibt seine Wärme über den Verflüssiger an den Heizkreis.

Luft/Wasser-Wärmepumpen gibt es in unterschiedlichen Ausführungen: Bei **MONOBLOCK-GERÄTEN** befinden sich alle für die Wärmegewinnung wichtigen Komponenten inklusive dem Kältemittelkreislauf innerhalb der Wärmepumpe. Wird ein solches Gerät im Freien aufgestellt, wird die Heizwärme in der Regel über gut isolierte, meist unterirdisch verlegte Wasserleitungen an den Wärmespeicher im Gebäudeinneren abgegeben. Bei langen Wegen und Extremtemperaturen birgt das eine gewisse Einfriergefahr. Alternativ kann ein Monoblock-Gerät auch im Gebäude platziert werden. Dafür müssen größere Zu- und Abluftkanäle in der Gebäudehülle geschaffen werden. Die kompakten Monoblock-Modelle sind allerdings durch ihren Luftverdampfer deutlich größer als eine Sole- oder Wasser-Wärmepumpe. Nicht in jedem Gebäude ist ein ausreichend großer Aufstellraum verfügbar. Manchmal verhindern Treppen, schmale Türöffnungen oder Ecken auch, dass die Pumpe an den gewünschten Platz transportiert werden kann. In solchen Fällen bieten sich sogenannte **SPLIT-MODELLE** an: Hier sind die wichtigen Komponenten auf zwei Geräte verteilt. Der Ventilator, der Verdampfer und der Verdichter befinden sich in der Außeneinheit, der Verflüssiger, die hydraulischen Komponenten und natürlich die Regelung in der Inneneinheit. Sie kommt in einen möglichst unbeheizten Raum des Hauses. Die Verbindung zwischen den beiden Teilen mittels Kältemittelleitungen muss durch einen Kältemittelfachmann hergestellt werden. Die Installation eines Split-Geräts ist damit etwas aufwendiger, also auch teurer als die eines Monoblock-Gerätes, bringt jedoch viel Flexibilität in puncto Platzierung, aber auch bei den Leistungsklassen mit sich.

Unabhängig von der Bauweise ist allen Luft/Wasser-Wärmepumpen gemeinsam: Sie nutzen mit der Umgebungsluft eine Wärmequelle, die nicht ganzjährig konstant ist. Im Vergleich zu erdgekoppelten Wärmepumpen arbeiten sie damit weniger effizient. Außerdem verursachen die großen Ventilatoren der Luft/Wasser-Wärmepumpen Geräusche, die von den Bewohnern selbst, aber auch von den Nachbarn als störend empfunden werden können.

LÄRMBELASTUNG BERÜCKSICHTIGEN

Das Thema Schallschutz muss in der Planung sorgfältig berücksichtigt werden, auch und gerade in dicht bebauter Umgebung. Nachträglich lassen sich **LÄRMBELASTUNGEN** nur schwer, manchmal auch gar nicht mehr lösen. Der zulässige Lautstärkepegel ist durch das Bundesimmissionsschutzgesetz, genauer gesagt die Technische Anleitung zum Schutz gegen Lärm (TA Lärm), geregelt. Darin wird nach der Struktur der Bebauung in der Umgebung unterschieden. Der Betreiber der Wärmepumpe muss sicherstellen, dass seine Anlage die gesetzlichen Anforderungen einhält.

Die Strömungs- und Ventilatorengeräusche von Luft/Wasser-Wärmepumpen sind in den vergangenen Jahren immer leiser geworden. Viele von ihnen erzielen die vorgegebenen

Werte ohne zusätzliche Maßnahmen. Allerdings gibt es deutliche Unterschiede zwischen den Geräten – es gibt Modelle, die 30 Dezibel erreichen, andere kommen auf 60 Dezibel. Hinschauen lohnt sich also. Übrigens: Zwischen der Heizleistung und dem Schallleistungspegel gibt es keinen Zusammenhang. Auch leise Geräte heizen effizient.

Auch wenn die gesetzlichen Vorgaben eingehalten werden, können die Geräusche als Beeinträchtigung empfunden werden und schlimmstenfalls zu Beschwerden aus der Nachbarschaft führen. Die Hauptlärmquelle ist der Ventilator. Der Kompressor verursacht zwar weniger Geräusche, doch werden diese aufgrund ihrer tieferen Frequenz gern als besonders störendes Brummen wahrgenommen.

Oft lassen sich die Lärmemissionen und Störwirkungen durch einen geeigneten Aufstellort deutlich verringern. Je weiter entfernt die Luft/Wasser-Wärmepumpe von den Schlafräumen im eigenen Haus und in den Nachbargebäuden steht, umso besser. Wenn es keine Sichtverbindung gibt – noch besser. In innerstädtischer Bebauung heißt das oft, dass die Geräte auf die Straßenseite kommen. Nachteilig wirken sich reflektierende harte Flächen und Wände aus. Eine gepflasterte Ecke im Garagenhof kann den Schall unter Umständen verdoppeln und noch dazu richten. Umgekehrt wirken Rasen und Hecken schalldämpfend. Eine vorausschauende Planung für die Gestaltung der angrenzenden Bereiche kann sich positiv auswirken. Auch die sogenannte Körperschallübertragung gilt es zu vermeiden. Schwingungen des Kompressors, die sich über Boden, Fundament, Wände und Decken ausbreiten, sind in Wohnräumen als sekundärer Schall hörbar. Genau wie bei der Waschmaschine lässt sich das durch eine elastisch-

Zur Optimierung der Heizung sollte nach dem Einbau einer Wärmepumpe ein hydraulischer Abgleich durchgeführt werden. Für die Förderung ist diese Maßnahme Pflicht.

HIER GEHT ES WEITER: ONLINECHECK MIT SIMULATIONSBERECHNUNG → SOLARSERVER.DE

dämpfende Aufstellung unterbinden. Die Hersteller bieten zur Entkopplung zum Boden beispielsweise Gummipuffer an. Schallschutzhauben reduzieren neben den Ventilator- und Kompressorgeräuschen auch die Strömungsgeräusche an den Luftein- und -austritten.

WIE VIEL LÄRM VERURSACHT MEINE WÄRMEPUMPE?

→ In der Rubrik „Schallleistungspegel LWA" auf dem Produktdatenblatt und auf dem Effizienzlabel des Gerätes wird die Lärmbelastung in dB angegeben. Meist wird dieser Wert in einem Abstand von drei Metern zum Gerät ermittelt.

→ Gibt es Herstellerangaben zu den Bedingungen, unter denen die Schallleistung gemessen wurde? Wird im Sommer gemessen, wenn die Anlage weniger arbeiten muss, fällt die gemessene Lautstärke zwangsläufig geringer aus als bei einer Messung an einem eisigen Wintertag.

→ Einige Modelle haben von Werk aus einen besonders leisen Nachtmodus („Silent-Modus"). Die Kehrseite: Die Heizleistung ist in diesem Modus reduziert, sodass die Elektroheizeinsätze einspringen müssen, was den Stromverbrauch in die Höhe treibt.

Bei der Wahl des Standortes für eine Luft/Wasser-Wärmepumpe muss die Lärmbelastung für die Mitglieder der Eigentümergemeinschaft, aber auch für die Nachbarn bedacht werden.

EFFIZIENZ UND VORLAUFTEMPERATUR

Um die Wärme aus dem Boden oder der Luft auf das Temperaturniveau zu heben, das für die Hausheizung benötigt wird, braucht die Wärmepumpe Antriebsenergie. Die meisten Modelle nutzen dafür elektrischen Strom, einige auch Gas. Je weniger Antriebsenergie eingesetzt werden muss, um eine bestimmte Wärmemenge zu erzeugen, umso effizienter ist sie. Für Verbraucher ist das an der **JAHRESARBEITSZAHL (JAZ)** erkennbar. Sie bezeichnet die erzeugte Wärmemenge im Verhältnis zur eingesetzten elektrischen Energie. Die Jahresarbeitszahl wird über das Jahr gerechnet, sodass Temperaturschwankungen berücksichtigt werden. Auch die Antriebsenergie für Nebengeräte wie Ventilatoren fließt mit ein.

Ein Beispiel: Eine Wärmepumpe mit der Jahresarbeitszahl 4 produziert vier Kilowattstunden Wärme aus einer Kilowattstunde Strom und drei Kilowattstunden Erd-, Grundwasser- oder Umgebungsluftwärme. Nur wenn die Jahresarbeitszahl größer ist als 3, ist eine Wärmepumpe derzeit eine sinnvolle Alternative zu anderen Heizungen, so die Empfehlung der Verbraucherzentrale Nordrhein-Westfalen. Voraussetzung für staatliche Fördermittel ist in bestehenden Gebäuden, dass die Wärmepumpe bestimmte Effizienzkriterien – die sogenannte „jahreszeitbedingte Raumeffizienz" – erfüllen muss. Eine Liste der förderfähigen Wärmepumpen mit entsprechendem Prüf-/Effizienznachweis ist auf der Internetseite des Bafa hinterlegt.

Neben der Leistungsfähigkeit der Anlage bestimmt der notwendige **TEMPERATURHUB** die Effizienz der Wärmepumpenanlage. Er lässt sich an beiden Enden beeinflussen: Die Ausgangstemperatur wird durch die Wahl der Wärmequelle und – bei Bohrungen – durch die Tiefe der Sonde oder des Brunnens definiert. Je höher und konstanter die Temperatur der Energiequelle ist, umso besser. Die Endtemperatur, nämlich die Vorlauftemperatur der Heizung, wird durch die baulichen Gegebenheiten bedingt. Ideal ist eine Vorlauftemperatur von 30 bis 40 Grad Celsius. In einem Neubau mit Niedrigenergiestandard, geringen Raumhöhen und Flächenheizungen ist das kein Thema, in

HIER GEHT ES WEITER: FÖRDERFÄHIGE WÄRMEPUMPEN → HTTPS://WWW.BAFA.DE/SHAREDDOCS/DOWNLOADS/DE/ENERGIE/BEG_WAERMEPUMPEN_ANLAGENLISTE.HTML

der Bestandsimmobilie möglicherweise nur durch Veränderungen an den Heizkörpern und/oder der Gebäudehülle machbar.

Den ersten Schritt macht hier die Optimierung der Technik, also die Neuberechnung des Heizungssystems. Wie viel Wärme braucht der Raum? Wie groß sind die Heizkörper? Wenn ich diese Kenngrößen habe, weiß ich, was die Heizung können muss und ob eine Wärmepumpe infrage kommt. Lange wurde die These vertreten, niedrige Vorlauftemperaturen könnten nur mithilfe von Fußbodenheizungen und anderen Flächenheizungen erzielt werden. Aktuelle Studien belegen, dass das so nicht stimmt. So zeigen Untersuchungen des Fraunhofer ISE, dass Luft/Wasser-Wärmepumpen mit einer JAZ zwischen 3 und 4 Vorlauftemperaturen zwischen 50 und 40 Grad sowohl mit Heizkörpern als auch mit Fußbodenheizung oder gemischten Systemen erlangen.

Der zweite Ansatzpunkt neben der Heiztechnik ist die Gebäudehülle. Durch Dämmmaßnahmen werden der Wärmebedarf und damit die Vorlauftemperatur deutlich verringert. Das Institut für Energie- und Umweltforschung Heidelberg (ifeu) hat berechnet, dass der Austausch von einem Drittel der Heizkörper in Kombination mit einer Fassadendämmung und dem Tausch der Fenster und Türen in einem unsanierten Gebäude der Baualtersklasse D (1949 bis 1957) die Vorlauftemperatur von 79 auf 55 Grad reduzieren kann.

Werden darüber hinaus Kellerdecke, -wände und Bodenplatte gedämmt, so verringert sich die Vorlauftemperatur auf 53 Grad. Den Berechnungen zufolge erhöht die Absenkung der Vorlauftemperatur die Jahresarbeitszahl beträchtlich: Jedes Grad steigert die JAZ um etwa 0,1.

TEMPERATUREMPFINDEN ALS MASSSTAB

Der Bundesverband Geothermie schlägt in Sachen Vorlauftemperatur einen ergänzenden Selbsttest vor: In einer kalten Winterwoche werden zunächst alle Heizungen im Gebäude weit aufgedreht und in den folgenden Tagen die Vorlauftemperatur in kleinen Schritten so lange reduziert, bis sich der erste Bewohner unwohl fühlt. Der Test zeigt zum einen, welche Vorlauftemperatur im bestehenden System machbar ist. Zum anderen stellt sich oft heraus, dass es nur einzelne Heizkörper sind, die nicht genug Leistung bringen. Sie können gegen leistungsfähigere Geräte ausgetauscht werden.

VORSICHT, LEGIONELLENGEFAHR!

Für eine Eigentümergemeinschaft ist die Ausrichtung auf eine niedrige Vorlauftemperatur ein Dilemma. Sie muss auch die Anforderungen der Trinkwasserverordnung an hygienisch einwandfreies Trinkwasser erfüllen. Um sicherzustellen, dass das Trinkwasser im Leitungsnetz und im Speicher nicht durch Keime und Bakterien wie etwa Legionellen verunreinigt wird, ist eine Temperatur von 60 Grad Celsius am Speicheraustritt gefordert. **LEGIONELLEN** verursachen beim Menschen unterschiedliche Krankheitsbilder von grippeartigen Beschwerden bis zu schweren Lungenentzündungen. Besonders gut gedeihen Legionellen bei Temperaturen zwischen 25 und 45 Grad und in den Ablagerungen und Belägen künstlicher Wassersysteme, vor allem in Stagnationsbereichen.

DIE EFFIZIENZ DER WÄRMEPUMPE ERHÖHEN

→ An der **DIMENSIONIERUNG** der Wärmequelle – etwa an einzelnen Bohrmetern für eine Erdwärmepumpe – zu knausern, lohnt sich nicht. Ist die Wärmequelle zu klein geplant, muss unnötig oft der elektrische Heizstab einspringen.

→ Eine gute Wahl ist ein Gerät mit **INVERTERTECHNIK**. Solche Geräte laufen bei geringem Heizwärmebedarf mit verringerter Leistung. Das spart Energie und erhöht die Lebensdauer.

→ Mit einem eingebauten **WÄRMEMENGENZÄHLER** lässt sich kontrollieren, wie effizient die Anlage läuft und ob die Jahresarbeitszahl den Erwartungen entspricht. Bei Bedarf muss nachgesteuert werden. Für Fördermittel ist ein Zähler in der Regel Voraussetzung, für das Erreichen eines möglichst klimaschonenden Betriebs ist er absolut unentbehrlich.

Durch ein ausgeklügeltes Zirkulationssystem mit möglichst kurzen Stichleitungen lässt sich das Legionellenrisiko verringern, aber nicht eliminieren.

Die meisten Wärmepumpen verfügen über eine sogenannte LEGIONELLENSCHALTUNG: Mit ihr wird der gesamte Inhalt des Wasserspeichers in regelmäßigen Abständen meistens durch einen Heizstab kurzzeitig auf mehr als 60 Grad Celsius erhitzt, also thermisch desinfiziert. Das Umweltbundesamt sieht darin noch keinen ausreichenden Schutz vor Legionellen. Nur mit einer Erhöhung der Temperatur auf 70 Grad Celsius im gesamten Warmwassersystem könne eine Abtötung vitaler Legionellen sicher erreicht werden. Dies könnten die Schaltsysteme jedoch nicht sicherstellen, da durch eine häufige Erhöhung über 60 Grad Celsius die Installationsmaterialien zu stark in Mitleidenschaft gezogen würden.

Also muss für den Einzelfall eine Lösung gefunden werden. Das können Wärmeübergabestationen, auch Wohnungsstationen genannt, sein, die in den einzelnen Wohnungen installiert werden – beispielsweise anstelle der bisherigen Etagenheizung – und die Trinkwasserbereitung mittels Platten-Wärmeüberträger regeln. Alternativ können dezentrale elektronische Durchlauferhitzer an den Entnahmestellen eingebaut werden. Denkbar ist auch, eine Frischwasserstation an den Heizungspufferspeicher anzuschließen oder das Trinkwasser mit einer Ultrafiltrationsanlage aufzubereiten.

KLIMASCHONENDER BETRIEB

Aus ökologischer Sicht ist die Antriebsenergie die potenzielle Schwachstelle jeder Wärmepumpe. Je ineffizienter die Anlage arbeitet, umso mehr Strom benötigt sie und umso mehr belastet sie damit die Umwelt. Und wenn der Strom von einem konventionellen Anbieter kommt, der mit Kohle- und Atomstrom handelt, verschlechtert sich hierdurch die Ökobilanz des gesamten Systems zusätzlich. Konsequenter ist, die Wärmepumpe mit Strom aus erneuerbaren Energiequellen zu betreiben.

Dazu gibt es unterschiedliche Herangehensweisen: Der Betrieb einer Wärmepumpe muss grundsätzlich beim lokalen Netzbetreiber angemeldet werden. Manche, aber bei Weitem nicht alle Versorger bieten spezielle Tarife für Wärmepumpenstrom, manchmal auch „Heiz-

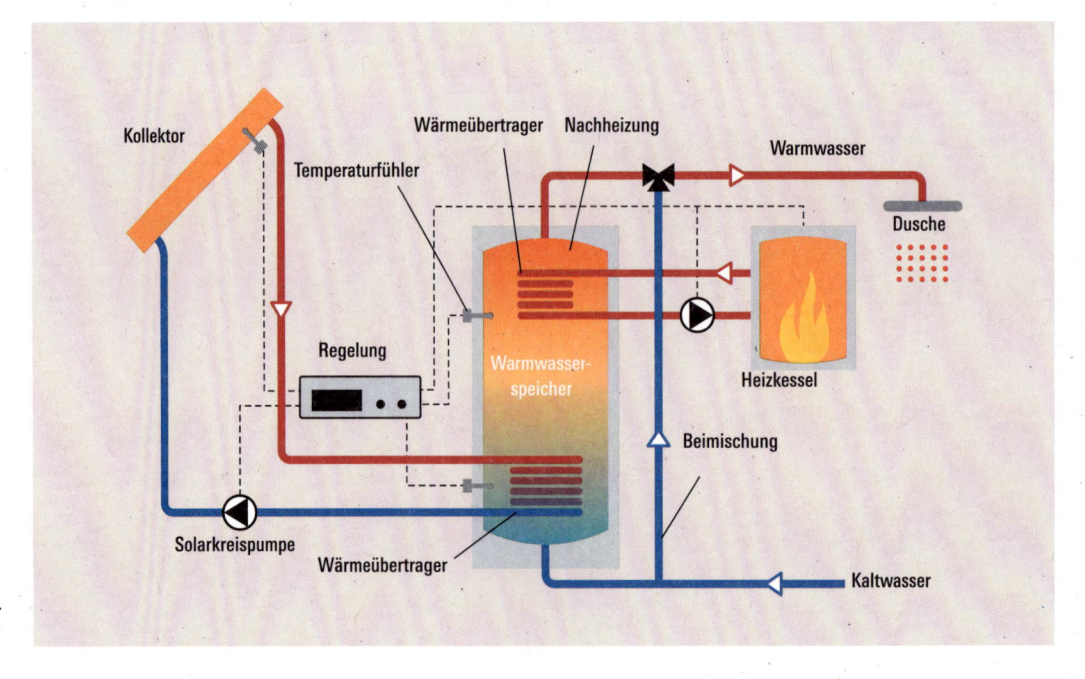

So gelangt die Sonnenenergie vom Kollektor in den Speicher und von dort zu den Verbrauchsstellen in den einzelnen Wohnungen.

stromtarife" genannt, an. Die kann jedoch nur nutzen, wer den Verbrauch der Heizung mit einem getrennten ZÄHLER erfasst, weil mit dem günstigeren Tarif in der Regel Sperrzeiten einhergehen. Der Versorger unterbricht in diesen Spitzenzeiten die Stromlieferung. Das Aggregat nutzt dann Wärme aus einem Pufferspeicher oder es wird eine leichte Abkühlung des Gebäudes in Kauf genommen. Installation und Betrieb des Zählers kann auch ein anderer Messstellenbetreiber als der örtliche Netzbetreiber übernehmen. Werden der Strom für die Heizung und der Allgemeinstrom für das Gebäude nur über einen Zähler mit einem Zählerwerk gemessen, ist die Wahl eines Ökostromanbieters die nachhaltigste Option.

Auch eine PHOTOVOLTAIK-ANLAGE auf dem eigenen Dach kann erneuerbaren Strom für den Antrieb der Wärmepumpe liefern (siehe Seite 116). Auch steigt die Rendite der PV-Anlage durch die Einbindung einer Wärmepumpe. Schließlich ist der Eigenverbrauch lukrativer als die Einspeisung ins Netz. Zur Steuerung des Stromflusses zur Heizung, den Haushaltsgeräten und ins Netz wird ein Energiemanagementsystem eingebunden.

Falls für die Wärmepumpe ein günstigerer Tarif in Anspruch genommen wird, kann es sein, dass der Netzbetreiber Vorgaben zum Zählerkonzept macht. Die müssen dann bei der Anbindung der PV-Anlage berücksichtigt werden, so die Deutsche Gesellschaft für Sonnenenergie (DGS).

Einen weiteren Beitrag zum Klimaschutz bietet die bewusste Wahl des KÄLTEMITTELS. Das kann nämlich im Lauf der Zeit oder bei der Befüllung aus dem System austreten, so die Warnung der Verbraucherzentralen. Einzelne Chemikalien verstärken den Treibhauseffekt in der Atmosphäre, beschleunigen also die Erderwärmung. Auf den technischen Datenblättern müssen die Hersteller das Erderwärmungspotenzial (GWP für „Global Warming Potential") ausweisen. Je geringer dieser Wert, umso geringer die klimaschädliche Wirkung. Eine natürliche Substanz mit geringem GWP-Wert ist Propan. Es gibt jedoch auch künstliche Alternativen.

Solare Wärme

Eine Solarthermieanlage ist für viele Eigentümergemeinschaften, die auf erneuerbare Energien setzen wollen, eine Alternative zur Wärmepumpe und vor allem dann eine Überlegung wert, wenn eine Neueindeckung des Daches ansteht. Nach Angaben des Bundesverbandes der Deutschen Heizungsindustrie sind in Deutschland derzeit rund 2,5 Millionen Solarwärmesysteme in Betrieb (Stand: 2022).

Eine thermische Solaranlage verursacht sehr geringe CO_2-Emissionen und sehr geringe Betriebskosten. Nach der Bauart wird unterschieden zwischen Anlagen zur solaren Warmwasserbereitung (MONOVALENTES SYSTEM) und Solarthermieanlagen, die gleichzeitig Warmwasser erwärmen und die Heizung unterstützen (BIVALENTES SYSTEM). Als alleiniger Wärmelieferant im Gebäude taugt sie in einem Wohnhaus mit üblicher Nutzung jedoch nicht, da die Sonnenenergie gerade in der kalten Jahreszeit rar ist. Möglicher Partner in einer Hybridheizung ist ein Brennwert- oder Pelletkessel (siehe Seite 99 ff.). Technologisch und ökologisch ist auch die Kombination mit einer Wärmepumpe machbar. Aufgrund der hohen Investitionen und der geringen Betriebskostenersparnis ist diese Paarung jedoch finanziell weniger günstig. Der Aufwand für Planung, Dimensionierung und Abstimmung der einzelnen Komponenten einer Hybridanlage und die regelmäßige Funktions- und Ertragskontrolle im Betrieb sind nicht zu unterschätzen.

Voraussetzung für die Montage einer Solarthermieanlage ist, dass die statische Tragfähigkeit gegeben ist. Das Dach muss demnach mindestens eine zusätzliche Belastung von 300 Newton pro Quadratmeter Dachfläche aushalten. Das Prinzip ist denkbar einfach: Die Sonne gibt ihre Energie wie ein Kernfusionsreaktor in Form von elektromagnetischen Wellen ab. Ein Teil davon – die sogenannte Globalstrahlung – kann mit Sonnenkollektoren aufgefangen werden. Dabei werden unterschiedliche Bauweisen unterschieden.

Weit verbreitet sind **FLACHKOLLEKTOREN**, deren Kernstück der Absorber ist. Er sitzt in einem rechteckigen Gehäuse, dessen Rückwand und Seitenflächen aus eloxiertem Aluminium, Edelstahl oder glasfaserverstärktem Kunststoff bestehen. Die Flächen sind zudem mit zumeist mineralischen Dämmstoffen ausgekleidet. Durch diese Konstruktion geht möglichst wenig Wärme an die Umgebung verloren. Die der Sonne zugewandte Abdeckplatte ist transparent und meist aus Glas. Sie soll einen möglichst großen Teil der Sonnenstrahlung durchlassen, Wärmeverluste des Kollektors minimieren und zugleich vor der Witterung schützen. Die Sonneneinstrahlung wird auf eine dunkel beschichtete Fläche aus gut wärmeleitendem Metall – in der Regel Kupfer – geleitet und dort in Wärme umgewandelt. Die Beschichtung maximiert die Absorption der Sonnenstrahlung und minimiert die Abstrahlung von Wärme. Direkt unter dem Absorber sind Rohre mit einer Trägerflüssigkeit – meist Wasser versetzt mit Frostschutzmittel – verlegt. Sie nehmen die Wärme vom Absorber auf und transportieren sie zum Wärmespeicher. Über einen Wärmetauscher kann die Sonnenenergie zur Bereitung von Trinkwarmwasser oder zur Heizungsunterstützung genutzt werden. Vorteile von Flachkollektoren sind das gute Kosten-Nutzen-Verhältnis, die große Bandbreite der Formate und die vielseitigen Montagemöglichkeiten.

Deutlich leistungsfähiger, entsprechend platzsparend und zudem leichter, aber auch etwas teurer als Flachkollektoren sind **RÖHRENKOLLEKTOREN**. Diese sind in unterschiedlichen Bauformen erhältlich und bestehen jeweils aus Vakuumglasröhren, die gleichzeitig als Gehäuse und als transparente Abdeckung für den Absorber dienen. **SPEICHERKOLLEKTOREN**, bei denen neben dem Absorber ein eigenes Speichersystem in einen flüssigkeitsbasierten Flachkollektor integriert ist, spielen in Wohngebäuden in unseren Breiten eine sehr untergeordnete Rolle.

Die Kollektoren können mit Schienen- oder Klammersystemen auf dem oder flächenbündig im Dach eingebaut, vor der Fassade montiert oder in die Fassade integriert werden. Wenn das Gebäude nicht frei steht, sondern durch Brandschutzmauern von den Nebengebäuden getrennt ist, müssen bestimmte, in den **LANDESBAUORDNUNGEN** vorgegebene Abstände zwischen den Brandschutzmauern und den Solarmodulen eingehalten werden. Ansonsten richtet sich die Platzierung nach der vorhandenen Fläche, ästhetischen Gesichtspunkten und den zu erwartenden Wind- und Schneelasten.

Entscheidend für den Ertrag ist die Ausrichtung: Senkrecht montierte Kollektoren können Simulationsrechnungen zufolge 20 bis 30 Prozent weniger Sonnenenergie einfangen als solche auf einer schrägen Dachfläche. Maximale Erträge liefern sie auf einem nach Süd-Westen bis Süd-Osten ausgerichteten Dach mit einer Neigung von 30 bis 35 Grad Celsius. Auf wenig geneigten oder flachen Dächern bietet sich die Montage mittels Aufständerung an. Vakuumröhren können bei horizontaler Montage an der (Süd-)Fassade ebenfalls optimal ausgerichtet werden.

Der Solarkreislauf zwischen Kollektoren und Speicher(n) wird über eine Umwälzpumpe angetrieben. Sie ist meist Bestandteil der sogenannten **SOLARSTATION**, die häufig direkt am Speicher angebracht ist. Die Solarstation ist das Hirn der gesamten Anlage. Sie beinhaltet neben Anzeigen vor allem auch die Steuerungseinheit, die den Wärmefluss regelt und dafür sorgt, dass die Pumpe anspringt, wenn die Temperatur am Kollektor nennenswert höher ist als die im Speicher. Sinkt die Speichertemperatur unter den Sollwert, ohne dass ausreichende Temperaturen am Kollektor erreicht werden, wird der Speicher mit der Heizung nachgeheizt. Die optimale und störungsfreie Einstellung der Solarstation, ein vollständig entlüfteter Solarkreis mit ausreichendem Druck und eine intakte Wärmeträgerflüssigkeit bestimmen die Gesamteffizienz der Anlage.

Bei allen Kollektoren ist der **WIRKUNGSGRAD** entscheidend: Er gibt an, welcher Teil der eingefangenen Sonnenenergie in Wärme umgewandelt und über den Absorber dem Trägermedium zugeführt wird.

Solarthermieanlagen erreichen mittlerweile einen Wirkungsgrad von 50 Prozent, Anlagen mit schlecht gedämmten Kollektoren jedoch auch deutlich weniger. Der Wirkungsgrad wird entweder in relativen Prozentwerten beziffert oder als Verhältnis zwischen nutzbarer und eingesetzter Energie mit einem Wert zwischen 0 und 1 angegeben. 50 Prozent entspricht also dem Wert 0,5. Tückisch ist dabei: Der Wirkungsgrad bezieht sich nicht immer auf die gesamte Anlage, sondern manchmal nur auf einzelne Komponenten. Darüber hinaus gibt es keine einheitlichen Vorgaben bezüglich des Zeitpunktes der Messung. Ein etabliertes Qualitätslabel für solarthermische Produkte ist das Solar Keymark.

Eine weitere wichtige Kenngröße von solarthermischen Anlagen ist der **DECKUNGSGRAD**. Dieser Richtwert gibt an, welcher Anteil des Gesamtenergiebedarfs des Gebäudes durch die Anlage zur Verfügung gestellt wird. Anlagen zur Warmwasserunterstützung erreichen in der Regel einen Deckungsgrad zwischen 40 und 60 Prozent des Warmwasserenergiebedarfes. Letzterer hängt vor allem von der Bewohnerzahl und deren Nutzergewohnheiten ab und nicht vom Gebäude.

Kombianlagen erzielen in der Regel einen deutlich höheren Absolutertrag, weil sie deutlich mehr Kollektorfläche haben. Die Nennung von Deckungsgraden ist hier aber wenig aussagekräftig, da der Zustand der Gebäudehülle und damit der Heizenergiebedarf sehr unterschiedlich sind.

EFFIZIENTE DIMENSIONIERUNG

Für Anlagenbetreiber ist es verlockend, einen hohen Deckungsgrad anzustreben. Doch Vorsicht: Ein solcher wird mit großen **KOLLEKTORFLÄCHEN**, also mit hohen Investitionskosten erkauft, die in Spitzenzeiten weit mehr Sonnenenergie einfangen, als gerade benötigt wird oder im Pufferspeicher zwischengelagert werden kann. Üblicherweise wird für die Warmwasserbereitung durchschnittlich eine Kollektorfläche von 1,2 bis 1,5 m^2 (Flachkollektor) bzw. 0,8 bis 1,0 m^2 (Röhrenkollektor) pro Person veranschlagt. Für das Volumen des Speichers pro Person gilt das Doppelte des täglichen Verbrauchs – also 80 bis 100 Liter – als gängiger Schätzwert. Soll die Solarthermieanlage außerdem die Heizung unterstützen, werden zusätzlich 0,8 bis 1,1 m^2 Flachkollektoren oder 0,5 bis 0,8 m^2 pro 10 m^2 Wohnfläche und ein Speichervolumen von mindestens 50 Litern pro m^2 Kollektorfläche benötigt. Diese Richtgrößen gelten für eine Anlage mit Kurzzeitspeicher, die im Laufe eines Tages mehrfach Energie aufnehmen und wieder abnehmen können, jedoch nur über ein begrenztes Speichervolumen verfügen. Heizungsunterstützende Anlagen mit saisonalem Speicher können größer dimensioniert werden, sind aber absolute Ausnahmen. Die genannten Größen dienen lediglich als Orientierungshilfen. Sie stammen vorrangig aus früheren Förderrichtlinien. Dort hat sich allerdings einiges getan. Da die Effizienz einer Solarthermieanlage zur Heizungsunterstützung maßgeblich von dem Wärmebedarf des Gebäudes abhängt, ist nun auch in den Fördervoraussetzungen die Heizlast des Hauses zu berücksichtigen. Die Solaranlage muss demnach ein Viertel der Gebäudeheizlast decken. Das heißt, eine Heizlastberechnung und eine differenzierte Anlagenplanung durch den Experten sind unverzichtbar.

Hybridsysteme: Partnerwahl

Eine Heizung, die ein übliches Wohnhaus allein mit solarer Wärme beheizt, gibt es auf dem gegenwärtigen Stand der Technik nicht. Auch viele Luft/Wasser-Wärmepumpen bringen nicht immer die benötigte Leistung, um allein

ein Mehrfamilienhaus ganzjährig mit Wärme zu versorgen. Und ein Blockheizkraftwerk liefert zwar viel Strom, aber ebenfalls nicht genug Heizwärme. Diese drei Systeme sind zwar aus ökologischer Sicht oft sinnvoll, benötigen jedoch Partner. Darüber hinaus gibt es diverse bauliche oder technische Konstellationen, bei denen zwei Systeme kombiniert werden müssen. Das kann der Fall sein, wenn nicht genug Platz zur Verfügung steht, um die für eine Erdwärmepumpe notwendige Zahl an Sonden zu bohren oder die Bohrtiefe begrenzt ist. Es kommt auch vor, dass keine ausreichend große Menge an Pellets gelagert werden kann.

HYBRIDHEIZUNGEN, auch bivalente Systeme genannt, arbeiten mit zwei oder mehreren Energiequellen. Das macht die Anlagen insgesamt komplexer und fehleranfälliger und erhöht zudem die Investitionskosten. Im Mehrfamilienhaus sind Hybridheizungen auf dem derzeitigen Stand der Technik jedoch vielfach die einzige Möglichkeit, Heizwärme aus erneuerbaren Energien zu nutzen.

Wenn es um die Partnerwahl geht, bleiben viele Kunden dem alten Energieträger treu. Der Gasanschluss ist da, das Abgassystem ebenfalls. Warum sollte es nicht zur Deckung der Spitzenlast genutzt werden? Die Hersteller bieten Kompaktsysteme, bei denen ein Gas-Brennwertkessel mit einer strombetriebenen Wärmepumpe oder mit Solarthermie in einem Gerät kombiniert ist. Diese Bauform ist besonders platzsparend.

Alternativ können ein eigenständiger neuer oder auch bereits vorhandener Gas-Brennwertkessel und eine ebenfalls eigenständige Wärmepumpe oder eine Solarthermieanlage kombiniert werden. Dann kann der Brennwertkessel im Sommer abgeschaltet werden und die Wärmepumpe oder die Solarthermieanlage übernimmt die Brauchwassererwärmung allein. Das Optimum: wenn beide Komponenten von einem Hersteller stammen. Das gewährleistet eine ideale Steuerung beider Teilsysteme. Die Ergänzungsvariante bietet sich beispielsweise an, wenn in den kommenden Jahren Maßnahmen an der Gebäudehülle geplant sind, durch die dann die Heizlast deutlich reduziert und der Brennwertkessel verzichtbar wird. Jedoch: Seit Juli 2022 werden

MÖGLICHE KOMBINATIONEN IN EINER BIVALENTEN HEIZUNG

Gas-Brennwert	Luft/Wasser-Wärmepumpe für Warmwasser
Luft/Wasser-Wärmepumpe für Warmwasser und Heizung	Gas-Brennwert
Gas-Brennwert	Solarthermie für Warmwasser
Gas-Brennwert	Solarthermie für Warmwasser und Heizung
BHKW oder Brennstoffzelle	Gas-Brennwert
Luft/Wasser-Wärmepumpe für Warmwasser	Pelletheizung
Luft/Wasser-Wärmepumpe für Warmwasser und Heizung	Pelletheizung
Pelletheizung	Solarthermie für Warmwasser
Pelletheizung	Solarthermie für Warmwasser und Heizung
BHKW oder Brennstoffzelle	Pelletheizung
Wärmepumpe	Solarthermie für Warmwasser
Wärmepumpe	Solarthermie für Warmwasser und Heizung

In der Regel tragen die in der linken Spalte genannten Techniken die Grundlast, die in der rechten Spalte decken die Spitzenlast.

Hybridsysteme mit Einbindung von fossilen Energieträgern nicht mehr gefördert.

Die Effizienz einer Hybridheizung steht und fällt mit der gemeinsamen Steuerung der Komponenten. Denkbar sind verschiedene Betriebsweisen: Entweder wird eine Temperaturgrenze festgelegt, unter der eine Wärmequelle – in der Regel die Wärmepumpe – automatisch abgeschaltet und durch eine andere ersetzt wird. Es kann auch festgelegt werden, dass eine Wärmequelle unter einer solchen Temperaturgrenze von der anderen unterstützt wird, beide Teile des Systems also parallel betrieben werden. So geschieht es in der Regel bei Solarthermieanlagen. Der parallele Betrieb kann auch für einen bestimmten Temperaturbereich definiert werden (teilparallele Betriebsweise). Bei vielen Anlagen können die Betreiber einstellen, ob die vollautomatische Steuerung jeweils den gerade finanziell günstigsten Betrieb wählen soll oder den mit dem geringsten CO_2-Ausstoß. Sobald es um die technischen Details geht, braucht der Laie jedoch fachmännische Unterstützung. Jede Hybridheizung ist ein komplexes System, das vom Fachingenieur geplant werden sollte.

Wärme auf Vorrat

Die Sonne liefert vorrangig dann Energie, wenn sie nicht oder nur wenig gebraucht wird, nämlich im Sommer und tagsüber. In ähnlicher Form gilt das auch für Luft/Wasser-Wärmepumpen. In beiden Fällen wäre es ideal, möglichst viel Sommerwärme saisonal für den Winter einzulagern. Das schaffen die heute üblichen Speicher jedoch noch lange nicht. Dennoch kommt der Speicherung in diesen Heizungsanlagen eine große Bedeutung zu. Fossile Brennstoffe und Biomasse werden gelagert und bei Bedarf verbrannt. Die Wärme der Sonne oder der Umgebungsluft wird an ein Speichermedium gebunden und in einem Tank deponiert. Dafür gibt es eine Vielzahl von Speicherbauformen. Wird eine Solaranlage nur zur Warmwasserbereitung eingesetzt, wird sie mit einem bivalenten Trinkwasserspeicher gekoppelt. Unterstützt die Solaranlage auch die Heizung, wird zusätzlich ein **PUFFERSPEICHER** in das Heizsystem eingebunden. Das Speichervolumen muss, abhängig von der Größe des Kollektorfeldes, groß genug sein, um den Ertrag eines guten Sonnentages zu puffern, aber klein genug, dass regelmäßig auch nutzbare Temperaturhöhen erreicht werden. Nutzbar sind sie, wenn sie oberhalb der Rücklauftemperatur des Heizkreises liegen.

Ganz konventionell werden bei einer **SOLARTHERMIEANLAGE**, die auch die Heizung unterstützt, der Trinkwasserspeicher und der Pufferspeicher für das Heizungswasser nebeneinandergestellt. Doch das kostet Platz. Daher haben sich mittlerweile Kombispeicher durchgesetzt. Es gibt unterschiedliche Bauweisen, beispielsweise Tank-in-Tank-Systeme mit innenliegendem Warmwasserspeicher, Schichtladespeicher mit Warmwassererwärmung im Durchlaufprinzip oder auch Pufferspeicher mit einer außenliegenden Frischwasserstation. Über diese wird – wie in einem Durchlauferhitzer – immer nur das gerade benötigte Trinkwarmwasser erwärmt.

Durch die Entkoppelung beider Systeme sind längere Brennerlaufzeiten möglich und weniger Brennerstarts notwendig, sodass der Nutzungsgrad des Brenners erhöht wird. Durch das ständig bewegte Wasser lassen sich Legionellen einfacher vermeiden. Das gilt insbesondere für einen Pufferspeicher mit einer außenliegenden Frischwasserstation.

> **VERSCHIEDENE ARTEN VON PUFFERSPEICHERN**
>
> Besonders energieeffizient sind **SCHICHTLADESPEICHER**. Sie lagern unterschiedlich temperiertes Wasser in verschiedenen Zonen. Dadurch stehen auch bei kurzer Sonnenscheindauer schnell nutzbare Temperaturen zur Verfügung, ohne dass das komplette Speichervolumen erwärmt werden muss.

> **SOLARPFLICHT**
>
> In Sachen PV gibt es aktuell zwar noch keine gesetzlichen Vorgaben auf Bundesebene, doch diese sind seit langem im Gespräch und für die GEG-Überarbeitung angekündigt. Einzelne Länder haben bereits in ihren Landesklimaschutzgesetzen Solarpflichten verankert. Diese betreffen neben Gewerbe- und Neubauten auch Bestandsgebäude. So müssen Hauseigentümer in Baden-Württemberg und in Berlin ab 1.1.2023 und in Hamburg ab 1.1.2025 eine PV-Anlage installieren, wenn sie das Dach ihres Hauses umfassend sanieren (s. Seite 223).

Bei allen Bauformen wird die solar gewonnene Wärme jeweils von der Trägerflüssigkeit über einen Wärmetauscher an das Speichermedium abgegeben. Ein zweiter Wärmetauscher ist an einen konventionellen Wärmeerzeuger angeschlossen. Der heizt bei Bedarf nach. Wichtig: Steht der Speicher im unbeheizten Keller, so ist eine sehr gute Speicherdämmung entscheidend für eine gute Systemeffizienz.

Das klassische Speichermedium ist Wasser. Es ist ausreichend verfügbar, ungiftig, chemisch stabil und hat eine große Wärmekapazität, kann jedoch Wärme nicht langfristig speichern. Selbst in hochgedämmten Wasserspeichern kühlt das Wasser nach wenigen Tagen ab. Es gibt zwar zahlreiche Ansätze, Wasserspeichersysteme auszubauen und auch außerhalb des Gebäudes, etwa im Erdreich, unterzubringen. Doch auch die Forschung nach alternativen Technologien läuft auf Hochtouren. Festkörperspeicher nutzen Steine und andere keramische Materialien, Fußböden und Mauerwerk sowie das Erdreich. Mittlerweile können auch die ersten Hersteller von Latentwärmespeichern mit ausgereiften, allerdings noch sehr kostenintensiven Produkten aufwarten. Sie sind mit sogenanntem Phasenwechselmaterial (PCM für englisch: Phase Change Material), beispielsweise Natriumazetat oder Paraffin, gefüllt. Sobald Wärme zugeführt wird, ändern diese Materialien nicht ihre Temperatur, sondern ihren Aggregatzustand (= Phasenumwandlung), zum Beispiel von fest nach flüssig. Die Energie bleibt als latente Wärme im Speichermedium gebunden. Sie kann durch physikalische Einwirkung auch nach einem längeren Zeitraum wieder freigesetzt werden. Dabei erstarrt der Stoff dann wieder. Das Prinzip ist landläufig von Handwärmern her bekannt. Derartige Speichersysteme sind allerdings noch teuer und wartungsintensiv und gehören daher selten in die Produktauswahl für eine Eigentümergemeinschaft.

Sonnenstrom

Lange war der Klimaschutz im Gebäude nahezu ausschließlich auf Heizungen fokussiert. Das ändert sich zunehmend. Zum einen gewinnt die Koppelung von Wärme und Strom, die sogenannte **SEKTORKOPPLUNG**, auch im einzelnen Gebäude an Bedeutung. Zum anderen sind gerade in Mehrfamilienhäusern die Möglichkeiten, Strom mit erneuerbaren Energien zu erzeugen, oft leichter umsetzbar als die Integration nachhaltiger Brennstoffe und Solarwärme in das Heizungssystem. Die wichtigste Rolle in diesem Konzept übernehmen **PHOTOVOLTAIK-ANLAGEN**, kurz: PV-Anlagen, oft auch schlicht Solarstromanlagen genannt.

Aktuell sind in Deutschland knapp 2,2 Millionen Photovoltaik-Anlagen mit einer Leistung von knapp 59 Gigawatt installiert (Stand: 6/2022). Sie produzieren jährlich rund 50 Terawattstunden und damit etwa 10 Prozent des in Deutschland verbrauchten Stroms. Das ist ein guter Anfang, doch es gibt noch reichlich Luft nach oben. Der Bundesverband Solarwirtschaft schätzt, dass erst 11 Prozent der für PV geeigneten Ein- und Zweifamilienhäuser über eine PV-Anlage verfügen. Zahlen für Mehrfamilienhäuser gibt es nicht. Die Bundesregierung hatte zum Zeitpunkt der Einführung des Mieterstromgesetzes (2017) untersuchen lassen, wie viele Mehrfamilienhäuser für dieses Konzept nutzbar sind. Das waren 18 Prozent. Im Kanon der Klimaschutzmaßnahmen der Bundesregierung spielt der beschleunigte Ausbau von PV-Anlagen, insbesondere von Kleinanlagen bis 10 Kilowatt, eine maßgebliche Rolle.

Es gibt reichlich Argumente, auch und gerade auf einem Mehrfamilienhaus eine PV-Anlage zu installieren: Die Technologie ist mittlerweile ausgereift, die Effizienz der Module wird stetig verbessert, die Materialkosten sind in den vergangenen Jahren zurückgegangen und der wirtschaftliche Betrieb ist problemlos möglich. Der technische Fortschritt und die Kostendegression bei Batteriespeichern, auch getrieben durch die Elektromobilität, tragen dazu bei.

Eine PV-Anlage produziert vor allem dann Strom, wenn im Wohnhaus wenig Strom verbraucht wird – tagsüber und im Sommer. In einer typischen Ein-Parteien-Anlage werden nach Einschätzung der Verbraucherzentralen rund 30 Prozent des erzeugten Stroms selbst verbraucht. Ein Batteriespeicher kann diesen Anteil erhöhen (siehe Seite 128). Der überschüssige selbst produzierte Strom wird ins öffentliche Netz eingespeist und vom Netzbetreiber vergütet. Wird Strom zu Zeiten benötigt, wo kein Eigenstrom zur Verfügung steht, muss teurer Haushaltsstrom vom Netzbetreiber gekauft werden. Unterm Strich ist die Anlage also umso wirtschaftlicher, je mehr eigen produzierter Strom im Haus verbraucht wird und je weniger Strom zugekauft werden muss. Im Mehrfamilienhaus sind die Voraussetzungen dafür besser als im Einfamilienhaus: Bei vielen Abnehmern verteilen sich die Verbrauchszeiten. Das erhöht den Eigenverbrauch. Im Weg stehen jedoch nach wie vor administrative Hürden. Sie sind in der Eigentümergemeinschaft besonders hoch und schrecken viele Eigentümer ab. Je nach Betreibermodell gibt es jedoch auch dafür inzwischen Lösungsmöglichkeiten.

Technisch unterscheiden sich Photovoltaik-Anlagen für Mehrfamilienhäuser kaum von denen für Ein- und Zweifamilienhäuser. Sie sind – dank größerer Dachflächen – lediglich größer dimensioniert. Die Kernelemente einer PV-Anlage sind die **SOLARZELLEN**. Mittlerweile gibt es eine Vielzahl von Ausführungen, die sich in verwendeten Rohstoffen, Herstellung, Kosten und Wirkungsgrad unterscheiden. Das Basismaterial ist in der Regel Silizium. Es hat ursprünglich eine metallisch silberne Farbe, wird aber beschichtet, damit möglichst wenig Sonnenlicht reflektiert wird. Das Resultat sind also dunkle Oberflächen. Auf Wohngebäuden werden in der Regel leicht unregelmäßig wirkende, blau scheinende polykristalline Solarzellen oder schwarze, monokristalline Solarzellen verbaut. Monokristalline Solarzellen zeichnen sich durch ihren hohen Wirkungsgrad aus. Eine weitere große Gruppe sind die amorphen Solarzellen, auch Dünnschichtsolarzellen genannt. Sie werden vorrangig für Spezialanwendungen benötigt, zum Beispiel für flexible Untergründe und biegeweiche Elemente. Die Solarzellen sind je nach Herstellungsverfahren unterschiedlich groß. Ein gängiges Format: 15 mal 15 Zentimeter. In einem Solarmodul werden meist vier mal neun Zellen oder ein Vielfaches davon zusammengefasst und über Lötbändchen miteinander verbunden. Die Zellen kommen in eine Kunststoffschicht, werden von unten mit einer Folie laminiert und von oben mit einer Glasschicht abgedeckt. Häufig sind Module von einem Rahmen umfasst, der zugleich der Befestigung dient. Jede einzelne Solarzelle wandelt die Sonnenstrahlung in Strom um. Durch die Reihenschaltung im Modul entsteht 12- oder 24-Volt-Gleichstrom. Er gelangt über Gleichstromleitungen zum Wechselrichter (Inverter), der den Strom in haushaltsüblichen

---

STATIK PRÜFEN

Abhängig von der Montageart bringt eine PV-Anlage ein zusätzliches Gewicht aufs Dach. Lassen Sie vor der Beauftragung des Fachunternehmens prüfen, ob die Statik dafür ausreicht. Das empfiehlt die Deutsche Gesellschaft für Sonnenenergie besonders für Flachdächer, auf denen Module mittels Aufständerung montiert werden sollen. Die dafür notwendige Unterkonstruktion und die Beschwerung zur Windsicherung bringen erhebliche Lasten aufs Dach.

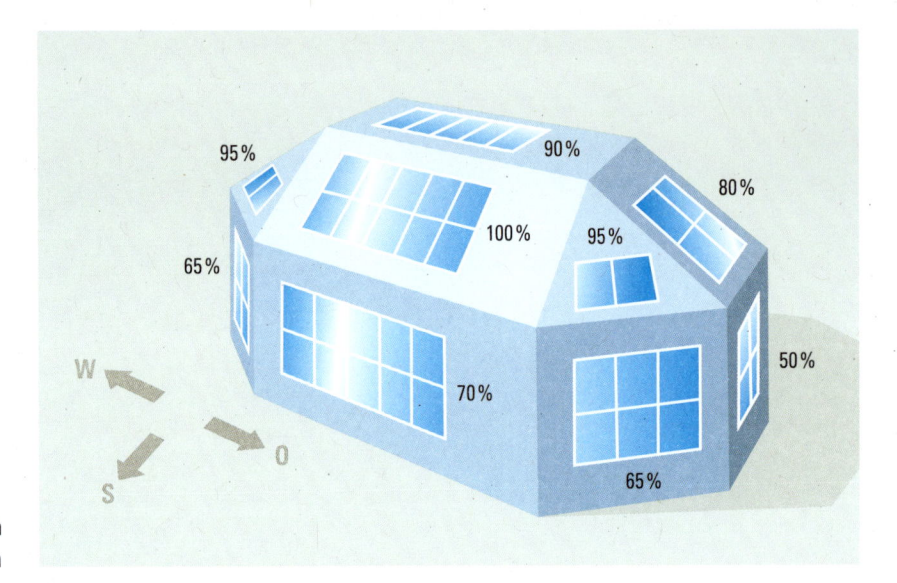

Ertragsquoten bei Nutzung unterschiedlich ausgerichteter Dach- und Fassadenflächen

240-Volt-Wechselstrom umwandelt. Anschließend trennen sich die Wege – für den Eigenverbrauch gelangt der Strom ins Hausnetz, überschüssiger Strom wird über den Einspeisezähler ins öffentliche Stromnetz

Prinzipiell ist die Strahlungsintensität überall in Deutschland groß genug, um eine PV-Anlage zu betreiben. Je nach individuellem Standort kann dabei unterschiedlich viel Energie gewonnen werden. Optimal ist ein Dach mit einer **AUSRICHTUNG** zwischen Süd-Ost und Süd-West und einem Neigungswinkel von 30 bis 35 Grad. Für Flachdächer gibt es Systeme zur Aufständerung. Die Oberfläche der Module darf nicht durch Bäume, Satellitenschüsseln, Schornsteine oder die Bebauung in der Umgebung verschattet werden. Das gilt vor allem im Sommer, wenn der Großteil der Sonnenausbeute eingefangen wird. Die vorhandene Dachneigung kann durch die Neigungswinkel der Module zusätzlich verändert werden. 90 Prozent aller PV-Anlagen werden auf Dächern installiert. In der Nachrüstung kommen sie üblicherweise mit Schienen und Haltesystemen auf die Eindeckung. Wird das Dach zeitgleich neu gedeckt, ist auch die sogenannte **INDACHMONTAGE** eine Überlegung wert. Möglich sind auch Module, die in einzelne Dachziegel integriert sind. Das sieht oft besser aus, aber die Module werden weniger von der Luft gekühlt und verlieren an Wirkungsgrad. Genau wie bei Solarthermieanlagen müssen die in den Landesbauordnungen festgelegten Abstände zu Brandschutzmauern der Nachbargebäude eingehalten werden.

Die Montage auf dem Dach kann an seiner Ausrichtung oder an der Statik scheitern. Bei mehrgeschossigen Gebäuden kommt es immer wieder vor, dass die Fläche nicht ausreicht, um einen signifikanten Anteil des benötigten Stroms selbst zu erzeugen. Zumal nie die gesamte Fläche verplant werden kann, sondern immer der sichere Zugang zu allen Modulen gewährleistet sein muss. Alternativ kann die Montage auch an der Fassade erfolgen. Aufgrund des dann sehr steilen Winkels ist der Ertrag hier jedoch deutlich geringer.

Die **NENNLEISTUNG** von Solarzellen wird in Wattpeak (Wp) auf dem Datenblatt des Moduls angegeben. Diese Spitzenleistung der Zellen wird unter definierten Testbedingungen ermittelt (bei der vergleichsweise hohen Einstrahlung von Licht mit 1 000 W/m²) und ermöglicht damit eine Vergleichbarkeit der Produkte. Im praktischen Einsatz differieren die Leistungswerte stark, sind also als Vorhersage für einen kurzfristigen Solarertrag wenig belastbar. Jahreserträge lassen sich hingegen brauchbar vorhersagen. Häufig ist auch der **WIRKUNGSGRAD** (in Prozent) angegeben. Er beschreibt, welcher Anteil der auftreffenden Sonnenstrahlung in Strom umgewandelt werden kann. Sehr gute Wirkungsgrade liegen momentan bei 15 bis 20 (polykristalline Zellen) beziehungsweise bei 18 bis 24 Prozent (monokristalline Zellen).

Doch Vorsicht: Der Wirkungsgrad der Solarzellen ist das eine, der Wirkungsgrad des Gesamtsystems das andere. Dazu findet man leider wenige Informationen. Wenn Zellen mit einem hohen Wirkungsgrad mit einem Wechselrichter und anderen Komponenten verbaut werden, die einen niedrigen Wirkungsgrad haben, liegt der Wirkungsgrad der gesamten Anlage zwangsläufig weit unter dem der Solarzellen. Die dritte wichtige Kenngröße ist die **DEGRADATION** der Module. Sie beschreibt die Leistungsminderung der Module durch die Alterung der Werkstoffe. Die meisten Hersteller geben heute eine gestaffelte Leistungsgarantie für mindestens 20 Jahre. In der Regel werden für die ersten 10 Jahre 90 Prozent des Wirkungsgrades garantiert, darüber hinaus noch 80 Prozent.

DIMENSIONIERUNG, KOSTEN UND NUTZEN

Wie groß die Anlage und somit der Ertrag ausfallen, ist maßgeblich von der zur Verfügung stehenden Dachfläche abhängig. Anders als bei Einfamilienhäusern gibt es für Mehrfamilienhäuser keine typischen Größen. Hier ist der Dachflächenanteil pro Bewohner deutlich geringer als bei einem Einfamilienhaus. Deshalb empfiehlt die Deutsche Gesellschaft für Sonnenenergie, die komplette zur Verfügung stehende Fläche mit der PV-Anlage zu belegen.

EIN BEISPIEL: Zwischen 950 und 1 200 Kilowattstunden Sonnenenergie strahlen hierzulande jährlich auf einen Quadratmeter. Module mit sehr hohem Wirkungsgrad bringen einen Ertrag von 0,2 kWp/m². In einer Eigentümergemeinschaft mit acht Wohnungen beläuft sich der durchschnittliche Stromverbrauch auf rund 30 000 Kilowattstunden. Um 10 Prozent dieser Strommenge zu produzieren, werden eine PV-Anlage mit einer Leistung von 3 kWp und eine Fläche von 15 bis 20 Quadratmeter benötigt.

Sobald sich nur ein Parameter in dieser Rechnung ändert – die Sonneneinstrahlung, der Wirkungsgrad, der Stromverbrauch oder der Eigenverbrauchsanteil –, stimmt die ganze Rechnung nicht mehr. Alle Ertrags- und damit Wirtschaftlichkeitsberechnungen haben damit immer nur eine sehr begrenzte Aussagekraft.

Genauso schwierig wie die Dimensionierung ist die Betrachtung der Kosten einer PV-Anlage. Die Preise für PV-Module sind zwischen 2010 und 2020 um 90 Prozent gesunken, so die Analyse des Fraunhofer Instituts. Bei den Wechselrichtern fielen die Preisrückgänge deutlich geringer aus, sodass sie derzeit den Löwenanteil der Materialkosten ausmachen. Die Installationskosten sind gestiegen. Unterm Strich heißt das: Es ist empfehlenswert, die vorhandene Fläche zu nutzen, denn ein Modul mehr oder weniger wirkt sich kaum auf den Gesamtpreis aus. Darüber hinaus zeigt sich eine ähnliche Preisstaffelung wie beispielsweise bei Mieten: Große Wohnungen sind zwar teurer als kleine, der Quadratmeterpreis ist jedoch niedriger. Analog dazu sind die Kosten pro Kilowatt bei PV-Anlagen auf Mehrfamilienhäusern günstiger als bei jenen auf Einfamilienhäusern. Hinzu kommt,

---

SO ERZIELT DIE PV-ANLAGE MAXIMALE ERTRÄGE

→ Ausrichtung des Daches oder der Fassade nach Süden, Westen oder Osten

→ Neigungswinkel des Daches/Aufstellwinkel der Module zwischen 30 und 35 Grad

→ keine Verschattung durch Schornsteine, Bäume oder Nachbargebäude

→ Wirkungsgrad von 15 Prozent oder mehr

→ minimale Degradation

→ Leistungsgarantie für mindestens 20 Jahre

EINSPEISEVERGÜTUNG

Das Erneuerbare-Energien-Gesetz (EEG) legt fest, dass die ins öffentliche Netz eingespeiste Energie vergütet wird. Die Einspeisevergütung wird zu dem Zeitpunkt fixiert, an dem die Anlage ans Netz geht. Dann ist sie für 20 Jahre garantiert. Seit der EEG-Novelle 2022 werden zwei Tarife unterschieden: Für **VOLLEINSPEISER**, die den gesamten eigenproduzierten Strom ins öffentliche Netz einspeisen, soll die Einspeisevergütung fast doppelt so hoch sein wie für **TEILEINSPEISER** (siehe Seite 215). Aktuell beträgt die Einspeisevergütung im Falle von Teileinspeisung für kleine Dachanlagen bis 10 kWp 8,6 ct/kWh, für Anlagen zwischen 11 und 40 kWp 7,5 ct/kWh (Stand: Oktober 2022).

---

dass sich diese Kosten auf mehr Parteien verteilen, während der Nutzen allen im Hause zugutekommt. Allerdings kann es notwendig sein, zusätzliche Zähler und auch zusätzliche Wechselrichter zu montieren. Zudem ist die **EINSPEISEVERGÜTUNG** erheblich gesunken – um 82 Prozent seit 2010. Auch hier gilt: Ändert sich nur eine Größe, verschiebt sich die gesamte Rechnung. Um all diese Kosten und Nutzen in ein Verhältnis setzen zu können, ist eine differenzierte Ertragsberechnung unverzichtbar. Viele Fachfirmen liefern diese gleich mit dem Angebot.

ADMINISTRATIVER AUFWAND

Solange das Gebäude nicht unter Denkmalschutz steht, ist eine behördliche Genehmigung für die Installation einer Solaranlage nicht erforderlich, da private Aufdach-Solaranlagen als „bauliche Anlagen" gelten. Sinnvoll ist eine – kostenlose – Bauanzeige bei der kommunalen Baubehörde dennoch. Auf jeden Fall muss die Anlage beim zuständigen Netzbetreiber angemeldet und dort ein Antrag auf Netzanschluss gestellt werden. Der Netzbetreiber hat laut Gesetz bis zu acht Wochen Zeit, eine Netzverträglichkeitsprüfung durchzuführen. Der Antrag sollte daher grundsätzlich vor der Montage der Anlage gestellt werden. Spätestens am Tag der Inbetriebnahme muss die Anlage bei der **BUNDESNETZAGENTUR** über das Onlineportal des Marktstammdatenregisters registriert werden. Die Inbetriebnahme wird durch ein Inbetriebnahmeprotokoll dokumentiert und dieses zusammen mit der Bescheinigung der Bundesnetzagentur an den Netzbetreiber übermittelt. Er ist für die Auszahlung der Einspeisevergütung für den eingespeisten Solarstrom an den Betreiber zuständig. Jede spätere Änderung der Anlage, vor allem hinsichtlich der Leistung, ist meldepflichtig.

BETRIEBSKONZEPTE

Soweit der prinzipielle Rahmen. Doch damit ist es noch lange nicht getan. Gerade in der Eigentümergemeinschaft kann der größte administrative Aufwand im Betrieb entstehen. Inzwischen haben sich diverse Betriebskonzepte für PV-Anlagen etabliert, die sich in der Stromnutzung, im Aufwand für die Eigentümer und/oder Betreiber und in der Wirtschaftlichkeit deutlich unterscheiden.

Mit seiner Einführung 2017 wurde das **MIETERSTROMGESETZ** als große Errungenschaft gepriesen. Mittlerweile wurde es nachgebessert. Im Jahr 2021 wurden bei der Bundesnetzagentur rund 1 200 Anlagen mit einer Leistung von 28,5 Megawatt angemeldet. Gerade für Eigentümergemeinschaften ist das Modell Mieterstrom jedoch kaum umsetzbar.

Die Grundidee: Der Betreiber der PV-Anlage liefert den eigenproduzierten Strom ohne Netzdurchleitung direkt an seinen Mieter im Gebäude. Dafür erhält er vom Mieter den vereinbarten Strompreis und vom Staat den sogenannten **MIETERSTROMZUSCHLAG**. Seine Höhe ist im Erneuerbare-Energien-Gesetz geregelt und von der Größe der Anlage abhängig. Bei einer Anlagenleistung bis einschließlich 10 Kilowatt beträgt der Mieterstromzuschlag 2,82 Cent je produzierter Kilowattstunde (kWh), bei Anlagen bis 40 Kilowatt 2,62 Cent je kWh und bei einer Leistung bis 750 Kilowatt 1,76 Cent je kWh (Oktober 2022). Da das öffentliche Stromnetz nicht genutzt wird, fallen Netznutzungsentgelte, Konzessionsabgaben und Stromsteuer nicht an.

Ein Haken: Anlagenbetreiber und Verbraucher sind bei diesem Modell nicht ein und die-

ANLAGENTECHNIK

AUSGEWÄHLTE BETRIEBSKONZEPTE FÜR PV-ANLAGEN IN EIGENTÜMERGEMEINSCHAFTEN

	Allgemeinstrom-Versorgung	Einzelanlagen	Stecker-Solar	Volleinspeisung	Stromlieferung in die Wohnungen – Mieterstrom
Betreiber der PV-Anlage	Eigentümergemeinschaft	einzelne Eigentümer oder Mieter	einzelner Eigentümer oder Mieter	Eigentümergemeinschaft	Eigentümergemeinschaft oder externer Dienstleister
Eigenverbrauch im Gemeinschaftseigentum	X	–	–	–	–
Eigenverbrauch im Sondereigentum	–	X	X	–	X
Netzeinspeisung	X	X	unüblich	X	X
Aufwand	gering / bei gemeinschaftlicher Wärmepumpennutzung mittel bis hoch	mittel	gering bis mittel	sehr gering	abhängig vom Betreibermodell
Förderung	bei einzelnen Kommunen	bei einzelnen Kommunen	bei einzelnen Kommunen	bei einzelnen Kommunen	bei einzelnen Kommunen + Mieterstromzuschlag (nur bei Anlagen bis 100 kW pro Netzanschlusspunkt)
Wirtschaftlichkeit	gering / bei gemeinschaftlicher Wärmepumpennutzung mittel bis hoch	mittel	gering	gering bis gut	hoch (abhängig von Rahmenbedingungen)
Einmalige Anmeldung Netzanschluss	X	X	–	X	X
Einmalige Anmeldung Marktstammdatenregister	X	X	X	X	X
Einmalige Anmeldung Inbetriebnahme	X	X	X	X	X
Einmalige Anmeldung Finanzamt	X	X	–	X	X
Jährliche Meldung Strommengen	X	X	unüblich	X	X
Steuer	Kleinunternehmerregelung möglich, Prüfung durch Steuerfachkraft notwendig	Kleinunternehmerregelung möglich, Prüfung durch Steuerfachkraft notwendig	i. d. R. keine	i. d. R. Gewinnerzielungsabsicht > Einkünfte sind steuerpflichtig, Kleinunternehmerregelung möglich, Prüfung durch Steuerfachkraft notwendig	Kleinunternehmerregelung möglich, Prüfung durch Steuerfachkraft notwendig

Quelle: Energieagentur Regio Freiburg

FALLBEISPIEL FREIBURG
→ PV-Einzelanlagen

GEBÄUDE
— Baujahr: 2006 / 2007
— Anzahl Wohneinheiten: 8
— Selbstnutzer: 7
— Mieter: 1
— Nutzfläche: 136,59 m² pro Wohnung
— beheizte Wohnfläche: 506,44 m² pro Haus

AUSGANGSSITUATION
— Einer der Verwaltungsbeiräte engagiert sich ehrenamtlich in der Klima AG der Bürgerrunde. Er hat eine Anfrage an die Verwaltung gestellt, welche Möglichkeiten es zur CO_2-Reduzierung auf dem Gemeinschaftsgrundstück gibt. Beinahe zeitgleich hat die Energieagentur Regio Freiburg der Hausverwaltung eine kostenlose Beratung angeboten und in der Folge unterschiedliche Betriebsmodelle vorgestellt. Klimaschutzargumente und finanzielle Vorteile haben die Mehrheit der Eigentümer überzeugt.

MASSNAHMEN
— Aufteilung der Dachflächen in 8 Parzellen, die von den Eigentümern ohne Zahlung von Zins gepachtet werden
— Installation von 5 Einzelanlagen mit jeweils 9,57 bzw. 9,9 kWp Leistung, 147 Modulen verteilt auf die beiden Dachflächen (insgesamt 235,2 m²)
— Einbau von 5 Wechselrichtern

ABLAUF
— Beschluss zur Einholung von PV-Angeboten: Oktober 2020
— Ausführungsbeschluss: Januar 2021
— Bau: Februar 2021
— Inbetriebnahme: 2021

FINANZIERUNG
— Bruttoinvestitionskosten: rund 80 000 Euro, je Eigentümer rund 16 000 Euro
— Förderung: keine

ERGEBNISSE
— erste Bilanz für eine Wohneinheit mit einem Stromverbrauch von 1 274 kWh/a
— Zeitraum: 26.02.2021 (= Tag der Anmeldung der PV-Anlage) bis 28.12.2021
— Stromproduktion PV-Anlage: 7 220 kWh
— Verbrauch 1 071 kWh
— Strombezug aus dem Netz: 756 kWh
— Durchschnittskosten: 215,16 €
— Eigenstromverbrauch (= durch PV-Anlage gedeckt): 315 kWh
— durchschnittlich eingesparte Kosten: 89,59 €
— eingespeister Strom: 6 906 kWh
— durchschnittlich erzielte Einspeisevergütung (bei Einspeisevergütung 0,0804 €/kWh): 555,24 €
— durchschnittlicher Ertrag: 644,83 €

Bei der Aufteilung der Dachfläche wurden Eigentümer, die zunächst keine PV-Anlage installieren wollten, berücksichtigt.

Quellen: Energieagentur Regio Freiburg / Jochen Kreher / ageff GmbH Freiburg

VERSICHERUNG BEDENKEN

Nicht jede Wohngebäudeversicherung schließt automatisch eine PV-Anlage mit ein. Eventuell ist eine Vertragsergänzung notwendig. Eine gute Orientierungshilfe sind unsere Tests zu finden auf test.de unter den Stichworten: PV-Anlage, Versicherung.

---

selbe Person. Also liegt keine Eigenversorgung im Sinne von § 61 EEG vor, weshalb in der Vergangenheit für jede Kilowattstunde Strom die volle EEG-Umlage entrichtet werden musste. Dies hat die neue Bundesregierung zum 1. Juli 2022 abgeschafft. Überschüssigen Strom speichert der Betreiber zwischen oder speist ihn ins öffentliche Netz ein. Wird umgekehrt mehr Strom im Haus benötigt, als die Anlage gerade bereitstellt, wird aus dem öffentlichen Netz zugekauft. Das Modell Mieterstrom ist an zahlreiche Voraussetzungen geknüpft:

→ Die PV-Anlage darf maximal 100 kWp pro Netzanschlusspunkt groß sein.
→ Das Mehrfamilienhaus muss mindestens zu 40 Prozent zu Wohnzwecken genutzt werden.
→ Das Mieterstromangebot muss mindestens 10 Prozent unter dem örtlichen Grundversorgungstarif liegen und die Stromversorgung aus lokalem Solarstrom und Reststrom über das öffentliche Netz beinhalten.
→ Die Mieter sind nicht verpflichtet, das Angebot des Anlagenbetreibers (in der Regel der Vermieter) anzunehmen. Sie haben nach wie vor die freie Anbieterwahl.

Der letztgenannte Punkt ist einer der größten Pferdefüße. Der Anlagenbetreiber trägt damit allein das Risiko, dass seine Mieter den Mieterstrom nicht in Anspruch nehmen oder auch dass sich die Beteiligungsquote ändert. Auf einer solch wackeligen Grundlage lässt sich die Finanzierung der PV-Anlage samt der erforderlichen Messtechnik, eventuell zusätzlichen Zählern etc. kaum verlässlich planen. Hinzu kommt: Der Vermieter übernimmt die Komplettversorgung aller Parteien im Haus, wird zum Elektrizitäts- und Energieversorgungsunternehmen und muss umfangreiche rechtliche und energiewirtschaftliche Anforderungen zum Beispiel bezüglich Vertragsgestaltung, Rechnungsgestaltung, Stromkennzeichnung sowie Registrierungs- und Mitteilungspflichten erfüllen und sich um Betrieb, Wartung und Stromvermarktung kümmern. Das alles setzt viel Know-how voraus und/oder die Bereitschaft, sich mit der Thematik zu beschäftigen.

Schon in Mehrfamilienhäusern, die im alleinigen Eigentum eines Vermieters stehen, sind die Hürden, sich auf dieses Modell einzulassen, somit sehr hoch. In der Eigentümergemeinschaft mit mehreren Akteuren und den unterschiedlichen Interessenlagen von Selbstnutzern, Vermietern und Mietern liegen sie noch einmal höher.

Deutlich einfacher umsetzbar ist das **MIETERSTROM-CONTRACTING**: Die Gemeinschaft verpachtet die Dachfläche an einen externen Dienstleister, meist ein Energiedienstleistungsunternehmen. Dieser Contractor finanziert, installiert und betreibt die Anlage und vermarktet den Strom. Da es dafür keine Förderung gibt, gelten auch die Vorgaben bezüglich Anlagengröße, Gebäudenutzung und Unterbietung des Grundversorgungstarifs nicht. Mieter und Selbstnutzer können lokalen Sonnenstrom nutzen. Die Gemeinschaft erhält zwar keine Mieterstromzuschläge, dafür aber die Pacht. Alternativ kann eine Beteiligung an dem mit der Anlage erzielten Gewinn oder eine vergünstigte Stromversorgung für die Gemeinschaftsabnehmer vereinbart werden.

Seit 2021 ist Mieterstrom auch mit dem **LIEFERKETTENMODELL** möglich: Die Eigentümergemeinschaft ist Besitzer der Anlage und beauftragt einen Contracting-Dienstleister mit einzelnen Leistungen, zum Beispiel dem Messstellenbetrieb oder der Stromlieferung und Rechnungsstellung. Die Gemeinschaft erhält dabei den Mieterstromzuschlag. Sowohl beim Mieterstrom-Contracting als auch beim Lieferkettenmodell schließt der Contractor mit den

Mietern und Selbstnutzern den Mieterstromvertrag.

In der Eigentümergemeinschaft sind darüber hinaus weitere Konzepte machbar:

→ **GEMEINSCHAFTSSTROM**: Die Gemeinschaft errichtet und betreibt die PV-Anlage und verwendet den selbst erzeugten Strom für den Eigengebrauch durch gemeinschaftliche Verbrauchsgeräte wie Aufzug, Treppenhausbeleuchtung und Betriebsstrom der Heizung. Diese bekommen einen Zweirichtungszähler, an den auch die PV-Anlage angeschlossen ist. In der Vergangenheit fiel bei Anlagen mit mehr als 10 Kilowatt Peak für den Eigenverbrauch die reduzierte EEG-Umlage in Höhe von 40 Prozent an. Dieser Posten ist mit der Streichung der EEG-Umlage ab 1. Juli 2022 weggefallen.

→ **VOLLEINSPEISUNG**: Die Eigentümergemeinschaft errichtet und betreibt die PV-Anlage, speist den gesamten, auf dem eigenen Dach produzierten Strom ins öffentliche Netz ein und erhält dafür die nach EEG aktuell gültige Einspeisevergütung. Mit der EEG-Novelle 2022 und der Differenzierung zwischen der Einspeisevergütung für Volleinspeiseanlagen und für Eigenverbrauchsanlagen wurde dieser Anreiz deutlich gestärkt.

→ **EINZELANLAGEN**: Die Dachfläche wird parzelliert und an die einzelnen Eigentümer verpachtet. Sie errichten und betreiben einzelne PV-Anlagen, ausgestattet mit einzelnen Wechselrichtern. So können Selbstnutzer den Eigenstrom verbrauchen und Vermieter ein individuelles Mieterstrommodell aufziehen. Denkbar ist auch, dass die Gemeinschaft auf der parzellierten Dachfläche Einzelanlagen errichtet und diese an Eigentümer oder Mieter vermietet. Oder dass die Eigentümergemeinschaft das Dach an einen Contractor vermietet, der dann einzelne Anlagen installiert und sie weitervermietet. Die Einnahmen aus der Verpachtung können steuerlich wie Mieteinnahmen behandelt werden und kommen der WEG zugute. Wie ein solches Einzelanlagenmodell in der Praxis aussehen kann, zeigt das Beispiel auf Seite 122.

ZUM WEITERLESEN

Eine detaillierte Darstellung gängiger Betreibermodelle ist im Leitfaden „Betriebskonzepte für Photovoltaik auf Mehrfamilienhäusern" zu finden. Er kann kostenlos auf der Internetseite der Energieagentur Regio Freiburg heruntergeladen werden.

Die Deutsche Gesellschaft für Sonnenenergie (DGS), Landesverband Franken hat die Broschüre „Neue Chancen für die Photovoltaik durch Versorgung vor Ort" für Anlagenbetreiber und Projektentwickler veröffentlicht. Er steht – ebenfalls kostenlos – auf der Internetseite dgs-franken.de zum Download zur Verfügung.

Beide Publikationen werden regelmäßig aktualisiert.

SOLARSTROM AUS DER STECKDOSE

Die Gemeinschaft ist noch nicht bereit für die ganz große PV-Lösung? Dann können einzelne Eigentümer mit einem **STECKER-SOLARGERÄT** schon einmal allein loslegen. Ein solches Gerät besteht typischerweise aus ein bis zwei Modulen mit einer Leistung von 250 bis 300 Watt. Anders als die PV-Anlage auf dem Dach können sie von Privatpersonen angebracht, angeschlossen und direkt genutzt werden; auch komplizierte Verkabelungen sind nicht notwendig. Das Modul wird sturmfest an der Brüstung eines nicht verschatteten Süd-, West- oder Ost-Balkons montiert. Mit einem Neigungswinkel von 30 bis 40 Grad erzielt es die höchsten Erträge.

In den Modulen wird die Sonnenenergie in Gleichstrom umgewandelt, im integrierten Wechselrichter zu 240-Volt-Wechselstrom verarbeitet und über eine Steckdose in das eigene elektrische Hausversorgungsnetz eingespeist. Ob dafür eine haushaltsübliche Schuko-Steckdose verwendet werden darf oder eine sogenannte Wieland-Dose notwendig ist, ist in der Fachwelt seit Jahren umstritten. Wer mögliche Diskussionen etwa mit dem Netzbetreiber vermeiden will, lässt vom Elektriker eine spezielle Steckdose installieren.

In der Vergangenheit waren Solarpaneele an der Balkonbrüstung in einer Eigentümergemeinschaft ein heikles Unterfangen: Verände-

HIER GEHT ES WEITER: LEITFADEN BETRIEBSKONZEPTE FÜR PHOTOVOLTAIK AUF MEHRFAMILIENHÄUSER → HTTPS://ENERGIEAGENTUR-REGIO-FREIBURG.EU/SONNENSTROM-MEHRFAMILIENHAEUSER

rungen an der Außenfassade wurden vielfach als bauliche Veränderung gewertet, die nur einstimmig beschlossen werden konnten. Im neuen Wohnungseigentumsgesetz ist ein Individualanspruch verankert. Nun ist durchsetzbar, was den anderen nicht wehtut. Die Eigentümerversammlung muss einzelnen Eigentümern durch einen Mehrheitsbeschluss bauliche Maßnahmen gestatten, wenn diejenigen Wohnungseigentümer, die durch die Veränderung übermäßig beeinträchtigt sind, sich mit der Maßnahme einverstanden zeigen (§ 20 Absatz 3 WEG). So könnte beispielsweise ein Nachbar oder der Eigentümer der darunterliegenden Wohnung beeinträchtigt sein, wenn ein Paneel Schatten wirft.

100 Watt Nennleistung liefern pro Jahr einen durchschnittlichen Ertrag von etwa 70 bis 100 Kilowattstunden. Ein 300-Watt-Solarmodul erzeugt also 200 bis 300 Kilowattstunden im Jahr – etwa so viel wie eine Kühl-Gefrier-Kombination und eine Waschmaschine zusammen verbrauchen. Die sollte dann allerdings künftig auch tagsüber, idealerweise bei Sonnenlicht, laufen, um den selbst erzeugten Strom direkt verbrauchen zu können. Ein Stromspeicher als Puffer lohnt sich für die kleinen Geräte nicht. Was nicht verbraucht wird, kann ins öffentliche Netz eingespeist werden. Gibt es im Haushalt noch einen Wechsel- und Drehstromzähler nach dem Ferraris-Prinzip, der bei Netzeinspeisung zurückzählen würde, muss dieser gegen einen Einrichtungszähler mit Rücklaufsperre (verhindert die Netzeinspeisung) oder gegen einen Zweirichtungszähler (zählt die Netzeinspeisung) ausgetauscht werden. Nur so ist nachvollziehbar, wie viel Strom der Verbraucher aus dem Netz bezogen und wie viel er geliefert hat. Der Austausch erfolgt durch den Messstellenbetreiber.

Die Preise für Stecker-Solargeräte sind in den vergangenen Jahren deutlich gefallen. 300-Watt-Module samt Wechselrichter und Montagematerial sind schon ab 350 Euro erhältlich. Sie werden vorrangig über das Internet vertrieben. Eine Produktnorm für Stecker-Solargeräte ist noch in Arbeit. Die Deutsche Gesellschaft für Sonnenenergie (DGS) hat jedoch einen Sicherheitsstandard entwickelt.

An einem ganztägig unverschatteten Südbalkon lassen sich die höchsten Erträge erzielen.

Ratsam ist eine Bestätigung seitens des Herstellers, dass er diesen einhält. Zahlreiche Kommunen und das Land Schleswig-Holstein fördern den Einsatz von Stecker-Solargeräten mit Zuschüssen. Informationen dazu gibt es beim Umweltamt oder der Energieagentur vor Ort.

Ohne Formalien geht es auch bei Stecker-Solargeräten nicht: Sie müssen vor Inbetriebnahme beim lokalen Netzbetreiber und über das Marktstammdatenregister bei der Bundesnetzagentur angemeldet werden. Üblicherweise dienen die Module auf dem Balkon vorrangig der teilweisen Eigenversorgung. Wenn kein Überschussstrom ins Netz eingespeist wird, ist das Gerät für das Finanzamt nicht relevant. Wird regelmäßig Strom eingespeist und vergütet, muss die umsatzsteuerrechtliche Behandlung geklärt werden. Der einfachste Weg ist die Nutzung der Kleinunternehmerregelung. Wer jedoch eine Gewinnzielung anstrebt oder gar erreicht, muss das Gerät ertragssteuerlich beim Finanzamt melden. Für Anlagen mit einer installierten Leistung von bis zu 10 kWp kommt dafür in bestimmten Einzelfällen ein vereinfachtes Verfahren infrage.

Auf der Internetseite der Deutschen Gesellschaft für Sonnenenergie sind neben einer Produktübersicht alle Details zu Anmeldeverfahren zu finden.

Blockheizkraftwerk

Ein Blockheizkraftwerk (BHKW) funktioniert nach dem Prinzip der **KRAFT-WÄRME-KOPPLUNG**: Über einen motorbetriebenen Generator wird Strom erzeugt. Die dabei anfallende Abwärme des Motors (und eventuell auch des Generators) wird gleich mit verwertet und in das Heizungssystem eingespeist – Sektorkopplung in Reinkultur. Dabei werden Strom und Wärme bedarfsorientiert dort produziert, wo die Energie gebraucht wird. Das reduziert die Energieverluste sowie die CO_2-Emissionen und entlastet zugleich die Netze der Versorger. Durch die Kopplung erreicht ein BHKW sehr hohe Wirkungsgrade: Zwischen 80 und 95 Prozent der eingesetzten Energie werden in Form von Strom und Wärme genutzt. Zum Vergleich: Bei der konventionellen Stromerzeugung gehen 72 Prozent und bei der konventionellen Wärmeerzeugung 6 Prozent – zusammen also 78 Prozent – der ursprünglich aufgewendeten Energie (Primärenergie) verloren, so der Bundesverband Kraft-Wärme-Kopplung.

Überall dort, wo ein kontinuierlich hoher Energiebedarf besteht – beispielsweise in Kliniken, Schwimmbädern oder Heizkraftwerken –, haben sich Blockheizkraftwerke längst bestens bewährt. Sie liefern stetig wachsende Anteile in die Netze der kommunalen Wärmeversorger. In größeren Wohnanlagen mit gemeinsamer Warmwasserbereitung sind sie ebenfalls eine Überlegung wert. Blockheizkraftwerke sind in der Regel wärmegeführt. Sobald im Gebäude geheizt oder der Warmwasserspeicher erwärmt werden muss, springt das Aggregat – in der Regel ein Motor – an. Es treibt einen Stromgenerator an, der mit dem Hausnetz verbunden ist. Die bei der Stromerzeugung entstehende Motorwärme wird über einen Wärmetauscher zur Heizwassererwärmung verwendet; die im Abgas enthaltene Energie dient ebenfalls mittels Wärmetauscher der Trinkwassererwärmung. Und der Strom wird bei Bedarf direkt im Gebäude genutzt. Je höher also der Strombedarf ist, umso effizienter die Anlage. Dass jedoch immer und nur dann Strom gebraucht wird, wenn Wärme abgefordert wird, ist kaum möglich. Überschüssiger Strom wird – genau wie bei der Stromproduktion mittels PV-Modulen – ins öffentliche Netz eingespeist und mit Einspeisevergütungen belohnt. Bei Bedarf wird zusätzlicher Strom aus dem öffentlichen Netz zugekauft. Als Brennstoff für BHKW dienen vor allem Erdgas, aber auch Heizöl, Flüssig- oder Biogas. Vergleichsweise neu auf dem Markt sind mit Pellets betriebene BHKW. Standard sind mittlerweile Geräte mit Brennwertnutzung (siehe Seite 93).

Derzeit sind in Wohngebäuden zwischen 30 000 und 40 000 Blockheizkraftwerke mit einer Stromleistung zwischen 2 und 50 Kilowatt installiert, so die Schätzung des Bundesverbandes Kraft-Wärme-Kopplung. Je nach Situation vor Ort kann ein größeres BHKW eingebaut werden oder mehrere kleinere BHKW werden als sogenannte Kaskade hintereinander geschaltet.

Der Wärmebedarf im Gebäude schwankt sowohl im Tages- als auch im Jahresverlauf erheblich. Eine Anlage so zu dimensionieren, dass sie auch die Spitzenlasten abdeckt, wäre völlig unwirtschaftlich. In der Regel wird ein BHKW deshalb mit einem zusätzlichen Wärmeerzeuger kombiniert, der die Spitzenlasten absichert. Als Faustformel für die Aufteilung auf die beiden Systeme empfehlen die Verbraucherzentralen, die thermische Leistung des BHKW sollte zwischen 10 und 30 Prozent der benötigten Spitzenwärmeleistung betragen. Mögliche Hybridpartner sind Gasbrennwertkessel, Pelletkessel oder Wärmepumpen. Letztere sind laut Bundesverband Kraft-Wärme-Kopplung die Partner der Wahl: Das BHKW liefert den Betriebsstrom und einen Teil der Heizwärme, die Wärmepumpe die restliche Wärme.

Der Verband geht deshalb davon aus, dass künftig jede sechste Wärmepumpe mit einem BHKW kombiniert wird. Unter Umständen lässt sich die Maximalleistung des bisherigen Brennwertkessels drosseln und dieser weiterverwenden. Außerdem sollte das BHKW mit einem Pufferspeicher ausgestattet sein. Darin wird Wärme zwischengelagert, sodass das Gerät nicht in kurzen Intervallen ein- und ausschalten muss.

ANLAGENTECHNIK 127

Die verfügbaren Blockheizkraftwerke unterscheiden sich vor allem in ihrer Antriebstechnologie und ihrer Auslegung. Als Antriebsaggregate werden vorrangig Motoren eingesetzt. Der Klassiker ist der aus dem Kfz-Bereich bekannte Verbrennungsmotor (Otto- oder Dieselmotor). Er wird mit allen flüssigen und gasförmigen Brennstoffen betrieben und punktet mit seinem Wirkungsgrad, muss allerdings je nach Laufzeit und Anlagentyp mehrmals jährlich gewartet werden. Stirlingmotoren sind deutlich leiser und wartungsärmer, haben dabei jedoch einen geringeren elektrischen Wirkungsgrad.

Auch **BRENNSTOFFZELLEN-HEIZUNGEN** funktionieren nach dem Prinzip der Kraft-Wärme-Kopplung. Als Brennstoff wird von außen Erdgas, Wasserstoff oder Methanol zugeführt. Die darin gebundene Energie wird durch die chemische Reaktion zwischen Sauerstoff und Wasserstoff in Strom und Wärme umgewandelt. Die Nutzung von Brennstoffzellen zur dezentralen Energieerzeugung im kleinen Leistungsbereich ist noch eine Seltenheit. Erste Modelle sind am Markt verfügbar.

FORMALE HÜRDEN

Voraussetzung für den effizienten Betrieb eines Blockheizkraftwerkes oder einer Brennstoffzellen-Heizung ist eine genaue Analyse des Strom- und Wärmebedarfs samt aller Kosten und Erlöse beispielsweise aus der Stromeinspeisung. Dabei muss auch eine möglicherwei-

HILFE BEI DER BHKW-ANMELDUNG

Die Arbeitsgemeinschaft für sparsamen und umweltfreundlichen Energieverbrauch hat alle Details zu den Anmeldeverfahren für BHKW in einem Leitfaden zusammengetragen. Er steht auf der Seite www.asue.de in der Rubrik „Blockheizkraftwerke – Broschüren" zum kostenlosen Download bereit.

HIER GEHT ES WEITER: → WWW.BAFA.DE

EINSPEISEVERGÜTUNG BHKW

So setzt sich die Einspeisevergütung für ein mit Erdgas betriebenes BHKW mit einer elektrischen Leistung von maximal 50 kW zusammen:

Üblicher Preis (= durchschnittlicher Preis für Baseload-Strom an der Strombörse EEX)	2,0 bis 10,0 Cent/kWh
KWK-Zuschlag	8,0 Cent/kWh
Vermiedene Netzkosten	0,4 bis 1,5 Cent/kWh
Einspeisevergütung gesamt	10,4 bis 19,5 Cent/kWh

Exemplarisch sind die Preisspanne für den Betrieb in den Monaten Januar bis Juni 2021 dargestellt.

se geplante Wärmedämmung berücksichtigt werden. Ähnlich wie beim Betrieb einer PV-Anlage müssen die Betreiber von BHKW zunächst einige formale Hürden nehmen, um von der Einspeisevergütung nach dem Kraft-Wärme-Kopplungsgesetz (KWKG) oder der Stromvergütung nach dem Erneuerbare-Energien-Gesetz zu profitieren. 18 Anmeldungen müssen laut Bundesverband KWK getätigt werden.

Der erste Schritt besteht in der Zulassung der Anlage durch das Bundesamt für Wirtschaft und Ausfuhrkontrolle. Für fabrikneue Anlagen mit einer elektrischen Leistung bis einschließlich 50 Kilowatt kann sie im Jahr der Aufnahme des Dauerbetriebs oder im darauffolgenden Kalenderjahr durch ein vereinfachtes elektronisches Anzeigeverfahren erlangt werden. Voraussetzung: Das BHKW ist in der Bafa-Typenliste aufgeführt. Außerdem darf am Standort kein Nah- oder Fernwärmenetz vorhanden sein. Alle weiteren Konditionen und Details zum elektronischen Anzeigeverfahren sind in der Rubrik „Energie/Energieeffizienz" auf der Internetseite des Bafa zu finden. Ist eine der Bedingungen für das elektronische Anzeigeverfahren nicht erfüllt, bleibt nur das gebührenpflichtige Antragsverfahren in Papierform.

Anschließend muss das BHKW einmalig beim örtlichen Netzbetreiber angemeldet und ein Vertrag für den Netzanschluss und für die Anschlussnutzung abgeschlossen werden. Mit dem Netzbetreiber wird vereinbart, wie die Ablesung der Stromzähler und die Meldung von Erzeugung, Vollbenutzungsstunden und Einspeisemengen erfolgen sollen. Ebenfalls jährlich steht der Antrag für die Erstattung der Energiesteuer beim Hauptzollamt an. Für die Brennstoffe des BHKW gilt ein ermäßigter Steuersatz. Der Betreiber kann die vollständige Rückerstattung der Energiesteuer verlangen, wenn das BHKW mindestens einen Wirkungsgrad von 70 Prozent hat.

Die Vergütung des erzeugten Stroms ist im **KRAFT-WÄRME-KOPPLUNGSGESETZ** und – bei Nutzung von Biomasse als Brennstoff – im **ERNEUERBARE-ENERGIEN-GESETZ** geregelt. Befindet sich die Anlage in Betrieb, wird jede erzeugte Stunde Strom – sowohl die selbst verbrauchte als auch die eingespeiste – durch den gesetzlich festgeschriebenen **KWK-ZUSCHLAG** gefördert. Für den ins Netz eingespeisten Strom erhält der Erzeuger darüber hinaus den aktuellen Börsenpreis sowie die vermiedenen Netznutzungsentgelte. Unterm Strich ist die Eigennutzung immer finanziell vorteilhafter als die Einspeisung ins Netz und der Zukauf von Strom. Für die Eigennutzung gelten allerdings dieselben Bedingungen wie für die Nutzung von Solarstrom (siehe Seite 120).

Strom aus der Konserve

Eine Photovoltaikanlage lohnt sich umso mehr, je höher der Anteil des Eigenverbrauchs am erzeugten Strom ist. Generell ist die Eigennutzung des Stromes deutlich sinnvoller als die Netzeinspeisung. Nur: Die Sonne scheint dann am meisten, wenn man am wenigsten Strom braucht – mittags, wenn viele Bewohner unterwegs sind, und im Sommer, wenn der Bedarf im Gebäude am niedrigsten ist, weil große Abnehmer wie die Wärmepumpe nicht angetrieben werden müssen. Ähnlich liegt die Situation bei einem wärmegeführten Blockheizkraftwerk: Das springt an, sobald im Gebäude geheizt oder Warmwasser gezapft wird, und produziert dann erheblich mehr Strom als Wärme.

Im Jahr 2020 waren in Deutschland dem Bundesverband Solarwirtschaft e. V. zufolge 272 000 Photovoltaik-Stromspeicher in Betrieb. Der Bestand hat sich damit seit 2016 mehr als verfünffacht. Mit dem Ausbau der E-Mobilität wird die Bedeutung von **STROMSPEICHERUNG** weiter wachsen.

Das Prinzip eines Stromspeichers entspricht im Wesentlichen dem einer größeren Batterie: Wenn der gerade erzeugte Strom nicht benötigt wird, wird der Speicher wie ein Akku aufgeladen. Ist er voll, geht weiterer überschüssiger Strom ins Netz. Wenn kein Strom erzeugt, aber gebraucht wird, kann er aus dem eigenen Speicher bezogen werden, bis dieser leer ist. Danach wird aus dem Netz bezogen. Die Steuerung der Stromflüsse übernimmt ein Energiemanagementsystem (siehe Seite 132).

Stromspeicher bestehen in der Regel aus zahlreichen zusammengeschalteten Batteriezellen. Dabei kommen unterschiedliche Technologien zum Einsatz. In der Industrie und im Fahrzeugbau sind Bleibatterien langjährig erprobt. Zur Speicherung von Solarstrom wurden spezielle Blei-Säure- und Blei-Gel-Akkus entwickelt. Sie spielen nur noch eine stark untergeordnete Rolle. Inzwischen kommen vermehrt die aus Mobiltelefonen und Laptops bekannten Lithium-Ionen-Batterien auf den Markt. Sie haben mit bis zu 95 Prozent einen deutlich höheren Wirkungsgrad, mit 5 000 bis 7 000 Voll-Ladezyklen eine erheblich längere Haltbarkeit und können zudem tiefer entladen werden. Die positiven inneren Werte schlagen sich allerdings im Preis nieder: Stromspeicher auf Lithium-Ionen-Basis sind bislang teurer als die auf Bleibasis. Derzeit laufen die Forschungen an sogenannten Redox-Flow-Batterien auf Hochtouren. Diese Technologie wird bereits bei Großspeichern eingesetzt und könnte in Bälde auch in Wohngebäude Einzug halten. Sie gilt als besonders umweltschonend, sicher und langlebig.

BATTERIESPEICHERSYSTEME für kleinere Mehrfamilienhäuser sind teilweise als Komplettsysteme erhältlich; alternativ kombiniert der Installateur die einzelnen Komponenten. Derzeit werden zwei Installationsarten angeboten.

→ Bei der sogenannten **AC-KOPPELUNG** ist der Speicher mit dem PV-System über das Wechselstromnetz des Gebäudes verbunden. Der Wechselrichter der PV-Anlage wandelt den von der PV-Anlage produzierten Gleichstrom in Wechselstrom um. Ein Speicherwechselrichter wandelt den Wechselstrom für die Zwischenspeicherung zurück in Gleichstrom. Wenn Strom aus dem Speicher entnommen wird, wandelt derselbe Wechselrichter ihn wieder in Wechselstrom. AC-Koppelung ist in der Nachrüstung einer bestehenden PV-Anlage das System der Wahl.

→ Bei der gleichzeitigen Installation von Anlage und Speicher bietet sich die sogenannte **DC-KOPPELUNG** an: Der Stromspeicher sitzt zwischen PV-Anlage und Wechselrichter, sodass der Strom vor der Einspeicherung den Wechselrichter nicht passiert und nicht hin- und hergewandelt werden muss; Umwandlungsverluste entfallen.

Wer in einen Speicher investiert, lässt sich bei der Dimensionierung auf eine Gratwanderung ein: Ein zu kleiner Speicher führt zu teurem Zukauf aus dem Netz, ein zu großer Speicher zum Verzicht auf die mögliche Einspeisung. Als grobe Faustregel gilt: Der Speicher sollte über etwa eine Kilowattstunde Speicherkapazität

---

KRITERIEN FÜR DIE AUSWAHL DES STROMSPEICHERS

→ Größe der PV-Anlage
→ gewünschter Autarkiegrad
→ gewünschter Eigenverbrauchsanteil
→ Speicherkapazität
→ Lithium-Ionen- oder Blei-Batterie
→ Wirkungsgrad
→ Anzahl Voll-Ladezyklen
→ Entladetiefe
→ AC- oder DC-seitige Einbindung
→ Situation im Gebäude (verfügbarer Platz, Montagemöglichkeiten)
→ Bauweise: komplett oder Einzelkomponenten
→ Investitionskosten

pro Kilowattpeak PV-Leistung verfügen. Es gibt zwar unabhängige Onlineberechnungstools etwa seitens der Verbraucherzentralen, der Hochschule für Technik und Wirtschaft Berlin (HTW) oder der DGS Franken, doch diese erlauben nur Berechnungen für Gebäude mit einem Jahresstromverbrauch von maximal 10 000 Kilowattstunden, sind also für Mehrfamilienhäuser nicht anwendbar.

Je nach Anforderungen und Speicherkapazität („Skaleneffekt") belaufen sich die Investitionskosten zwischen 1 000 und 2 000 Euro pro Kilowattstunde Speicherkapazität. Sowohl diese Kosten als auch mögliche Einsparungen müssen in der Wirtschaftlichkeitsbetrachtung berücksichtigt werden.

Wenn viel Überschuss produziert wird, kann ein Stromspeicher Flexibilität in der Stromversorgung schaffen und die Autarkie erhöhen. Oft ist diese deutliche Zusatzinvestition jedoch verzichtbar, so die Einschätzung der Deutschen Gesellschaft für Sonnenenergie. In vielen Mehrfamilienhäusern fällt aufgrund der geringeren Dachfläche pro Haushalt – wenn überhaupt – nur ein geringer Stromüberschuss an. Sinnvoll ist hier, die PV-Anlage zunächst ohne Speicher zu installieren und zu betreiben, sich die Erträge anzuschauen und erst bei Bedarf einen Speicher nachzurüsten. Dafür sollte die PV-Anlage durch einen Wechselrichter mit Hybridtechnik vorbereitet sein.

Lüftung mit Konzept

Abgestandene und unangenehm riechende Raumluft, Innenraumfeuchte, Kohlendioxid und Wohngifte sollen heraus, frische Luft soll herein. Im unsanierten Altbau funktioniert das mit dem Konzept Fensterlüftung plus Fugenlüftung – durch undichte Stellen in der Gebäudehülle wie Tür- und Fensterspalten ist ein minimaler Luftaustausch meist garantiert. Wenn diese jedoch im Zuge einer energetischen Optimierung der Gebäudehülle beispielsweise beim Fenstertausch luftdicht verschlossen werden, reicht das klassische Lüften oft nicht mehr aus, um insbesondere die in Küche und Bad entstehende Feuchte abzutransportieren. Das gilt besonders, wenn Bewohner tagsüber nicht zu Hause sind und nicht wiederholt per Fenster lüften können. Dennoch ist eine höhere Luftdichte positiv zu bewerten: Zugerscheinungen, unkontrollierbare Energieverluste und Bauschäden durch Feuchte irgendwo in der Konstruktion werden minimiert.

Wenn mehr als ein Drittel der Fenster am Gebäude ausgetauscht werden, muss im Vorfeld ein **LÜFTUNGSKONZEPT** nach DIN 1946 – Teil 6 erstellt werden, um langfristig Bauschäden und ungesundes Raumklima zu verhindern. Zuständig ist meist das Planungsbüro, das mit der energetischen Sanierung beauftragt wurde, spätestens aber der ausführende Handwerker, der die neuen Fenster einbaut. Mit dem Konzept wird unter anderem rechnerisch überprüft, ob der erforderliche „Mindestluftwechsel zum Feuchteschutz" durch die noch vorhandenen Undichtheiten in der Gebäudehülle ohne aktives Öffnen der Fenster sichergestellt wird oder ob dies mit technischen Lösungen wie Lüftungselementen in Fensterrahmen und Durchlässen in der Außenwand erreicht werden kann.

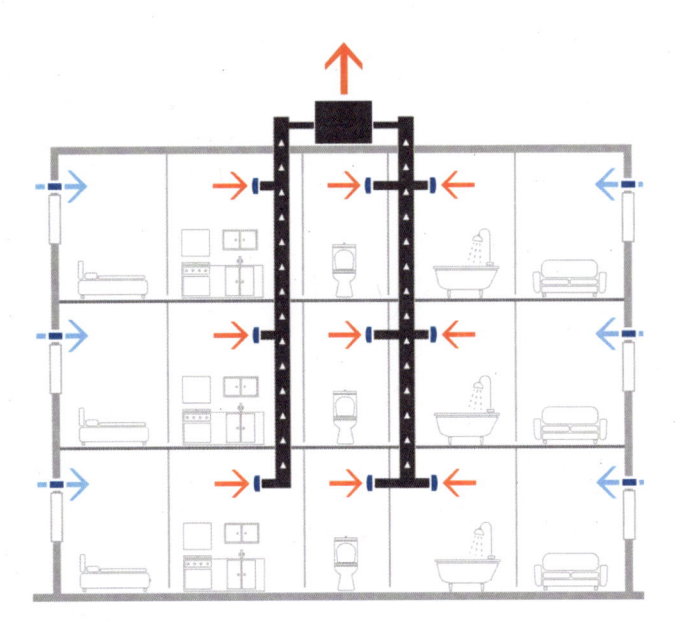

Mit einer Lüftungsanlage werden hohe Wärmeverluste vermieden. Durch Wärmerückgewinnung wird in der Abluft enthaltene Wärmeenergie genutzt.

Innenliegende Bäder oder Küchen sind nach DIN 18017 zu entlüften. Ein Abluftventilator erzeugt einen Unterdruck, durch die Sogwirkung wird Luft aus anderen Räumen über Türschlitze oder Überströmöffnungen zur Abluftanlage gezogen und entweicht dann über einen Filter und ein Wandgerät oder ein Kanalsystem nach außen. Der Filter vermeidet unhygienische Zustände im Gerät bzw. im Kanalsystem. Dafür muss er allerdings regelmäßig gereinigt werden. Gleichzeitig strömt über Zuluftöffnungen in der Fassade oder den Fenstern frische Luft nach. Auch durch die Koppelung an Lichtschalter lässt sich eine einfache Abluftanlage nur sehr begrenzt steuern. Die Wirksamkeit einer solchen Anlage hängt stark von den Jahreszeiten und den Umgebungsbedingungen ab, die zugeführte Frischluft hat immer die Temperatur der Außenluft.

Mit Abluftanlagen, egal ob zentral oder dezentral, wird allerdings noch keine Wärmeenergie gespart. Das gelingt nur mit zudem deutlich komfortableren geregelten Zu- und Abluftanlagen mit **WÄRMERÜCKGEWINNUNG**:

Im Gebäude übernehmen Ventilatoren sowohl das aktive Ansaugen von Frischluft als auch die Abführung von Abluft. Über Sensoren lassen sich die Luftmengen auf unterschiedliche Weise steuern zum Beispiel nach der Temperatur, dem CO_2-Gehalt oder der Raumluftfeuchte.

Bei dezentraler Installation pro Raum können kompakte Einheiten mit Zu- und Abluftöffnung montiert werden. Dazu sind mindestens ein Mauerwerksdurchbruch und ein Stromanschluss erforderlich. Aufwendiger und kostenintensiver ist der Einbau einer zentralen Anlage. Er ist immer mit der Verlegung von Luftkanälen verbunden. Diese haben einen Durchmesser von typischerweise 10 Zentimetern oder mehr, damit keine Strömungsgeräusche entstehen und der Luftwiderstand gering bleibt. Je kompakter die Abluftzonen – also Bäder, Küchen und WCs – im Gebäude angeordnet sind, umso einfacher gestaltet sich das. Im Idealfall verschwinden die Leitungen unsichtbar in einem ungenutzten Schacht. Wenn jedoch zusätzliche Steigleitungen oder aufwendige horizontale Leitungen verlegt werden müssen, erhöht das nicht nur den Material- und Kostenaufwand, sondern auch den Energieverbrauch. Es ist in manch einem Mehrfamilienhaus auch das Aus für die zentrale Bauweise. Hier sind erfahrene Lüftungsplaner gefragt. Wichtig im Mehrfamilienhaus ist das Thema **BRANDSCHUTZ**. Geschossübergänge von Kanälen sind mit wartungsintensiven Brandschutzklappen auszustatten. Bei gebäudedezentralen Anlagen ist es für die Bewohner auch nicht möglich, die Volumenströme bedarfsgerecht zu steuern. Dazu muss jede Wohnung eine eigene **LÜFTUNGSZENTRALE** haben.

Die energetisch effizienteste Lösung ist eine zentrale Zu- und Abluftanlage mit Wärmerückgewinnung. Sie überträgt die in der Abluft enthaltene Wärmeenergie an die einströmende Frischluft. Die ausgeglichenen Verhältnisse zwischen Zu- und Abluft sorgen immer für saubere Luft. Das spart insbesondere im Winter Wärmeenergie und verbessert damit die Gesamtenergiebilanz des Gebäudes. Dazu werden unterschiedliche Techniken eingesetzt: Die Abluft wird durch einen Wärmetauscher geführt, der die Wärme der abgesaugten Luft durch dünne, gut leitende Trennwände führt und sie direkt an die einströmende Außenluft übergibt, also einen Teil der Raumheizwärme ersetzt, die sonst der Wärmeerzeuger aufbringen müsste, um die kalte Zuluft auf Raumtemperatur zu bringen. Die Abluft kann auch mithilfe einer Wärmepumpe abgekühlt und die

---

VORTEILE EINER GEREGELTEN LÜFTUNGSANLAGE

- → gute Luftqualität
- → regelmäßiger und geregelter Abtransport von Innenraumfeuchte und Schadstoffen
- → Unabhängigkeit von persönlicher Anwesenheit
- → Beitrag zur Vermeidung von Schimmelpilzen
- → verringerte Lüftungswärmeverluste
- → verbesserter Lärmschutz
- → Filter halten Schmutz, Staub, Pollen und Insekten fern
- → keine Zugerscheinungen oder Kaltluftströmungen

Wärme zur Warmwassererwärmung genutzt oder ins Heizsystem geleitet werden. Auch die Kombination mit einem Erdwärmetauscher oder Erdreich-Sole-Wärmetauscher ist möglich. Der Wirkungsgrad der Lüftungsanlage sollte generell über 80 Prozent liegen.

Lüftungsanlagen mit Wärmerückgewinnung gibt es sowohl als zentrale Systeme als auch als dezentrale Geräte oder als Kombination beider. In jedem Fall muss die Anlage mit allen Bestandteilen und Kanälen von einem **HAUSTECHNIKINGENIEUR** geplant werden. Dabei müssen der Raumluftbedarf, die Wohnungsgröße, die Bewohnerzahl und deren Anforderungen berücksichtigt werden. Unbedingt zu beachten ist der Schallschutz: Lüftungsanlagen von Qualitätsherstellern arbeiten mit sehr leisen Ventilatoren mit hocheffizienten Elektroantrieben. Luftverteilsysteme mit Schalldämpfern verhindern, dass Geräusche auf umliegende Räume übertragen werden. Voraussetzung für einen störungsfreien Betrieb ist, dass die Lüftungskanäle bereits in der Bauphase optimal vor Staub und Schmutz geschützt sind und im Betrieb gut sauber gehalten und gewartet werden können. Dafür müssen eine ausreichende Zahl erreichbarer Wartungsöffnungen eingeplant und die Luftfilter regelmäßig gereinigt oder ersetzt werden. Die reinen Investitionskosten für eine optimierte Lüftungsanlage mit Wärmerückgewinnung beziffert das Umweltbundesamt mit 3 000 bis 5 000 Euro pro Wohneinheit.

Kostentreiber einer geregelten Lüftungsanlage ist der Betriebsstrom der Ventilatoren. Für Wohnungslüftungsanlagen empfehlen die Verbraucherzentralen die niedrigste Stufe der spezifischen Ventilatorleistung (SFP 1). Je nach Anlage und Größe der Wohneinheit ist mit einem jährlichen Stromverbrauch von circa 200 bis 400 Kilowattstunden zu rechnen.

Smarte Steuerung

Kommunen und Gewerbebetriebe haben vielerorts längst ein festes **ENERGIEMANAGEMENT** für ihre Gebäude eingerichtet. In Wohngebäuden kommt das bislang noch zu kurz. Doch das wird sich wohl ändern. Der erste Schritt ist mit dem seit Anfang 2020 laufenden Roll-out für Smart Meter getan. In drei Stufen werden bis 2032 flächendeckend intelligente Messsysteme, bestehend aus einem digitalen Stromzähler und einer Kommunikationseinheit (Smart Meter Gateway), eingebaut. Stromverbraucher und Stromerzeuger kommunizieren so miteinander, was sowohl dem Lastmanagement in den Stromnetzen als auch der Verbrauchstransparenz und damit der energetischen Optimierung dient.

Im einzelnen Gebäude selbst gibt es jedoch noch viel mehr Möglichkeiten zur energetischen Betriebs- und Verbrauchsverbesserung. Von der Optimierung der Heizkurve, der Anpassung der Vorlauftemperatur und der Pumpenleistung über Einstellarbeiten an der Regelung von Heizungs-, Beleuchtungs-, Lüftungs- und Klimatechnik bis zu Monitoring-Lösungen zum Erfassen und Auswerten von Verbräuchen und der intelligenten Verteilung der Energieströme im Gebäude reicht das Spektrum. So lässt sich beispielsweise in einem Gebäude mit einer PV-Anlage die gesamte Heiztechnik solaroptimiert steuern: Zunächst wird der Solarstrom direkt im Haus genutzt – für die Wärmeerzeugung, die Belüftung oder auch die Beleuchtung – oder die Sonnenenergie in einem Speicher zwischengelagert. Nur wenn kein Abnehmer im Haus Strom benötigt, wird der überschüssige Eigenstrom ins Netz eingespeist. In einem solchen Energiemanagementsystem können alle Komponenten der Energietechnik – Strom, Wärme und Mobilität samt Speichereinheiten – zusammengeführt werden.

Jede Maßnahme zur energetischen Verbesserung an der Anlagentechnik ist ein guter Zeitpunkt, ein Energiemanagementsystem einzuführen. Zumal Digitalisierungsmaßnahmen zur Verbrauchssenkung samt ihrer Integration in die wohnwirtschaftliche Software seit Kurzem erstmals förderfähig sind (siehe Seite 160).

FALLBEISPIEL REGION HANNOVER
→ Komplettsanierung

GEBÄUDE
– Baujahr: 1970
– Anzahl Wohneinheiten: 9
– Selbstnutzer: 1
– Mieter: 8
– Nutzfläche: 685,6 m²
– beheiztes Bruttovolumen: 2 142,4 m²

AUSGANGSSITUATION
Gebäudehülle:
– Massivbauweise mit Fassadenverkleidung (U-Wert 1,76 W/m²K)
– ungedämmtes Flachdach (U-Wert 0,55 W/m²K)
– Isolierglasfenster in PVC-Rahmen (Uw-Wert 3,2 W/m²K)

Anlagentechnik:
– Öl-Zentralheizung, Warmwasserbereitung durch Elektro-Durchlauferhitzer

Probleme:
– Schimmelbildung in den Innenräumen

MASSNAHMEN
– Dämmung Außenwand (EPS-Hartschaum 200 mm, Lambda-Wert 0,032 W/mK, U-Wert 0,146 W/m²K)
– Dämmung Flachdach (EPS-Hartschaum 200 mm, Lambda-Wert 0,035 W/mK + EPS-Hartschaum 60 mm, Lambda-Wert 0,045 W/mK, U-Wert 0,133 W/m²K)
– Dämmung Kellerdecke (EPS-Hartschaum 140 mm, Lambda-Wert 0,035 W/mK, U-Wert 0,20 W/m²K)
– Erneuerung Fenster-, Balkon- und Terrassentüren mit Dreifachverglasung (Uw-Wert 0,92 W/m²K)
– Einbau Gas-Brennwert-Heizung und dezentrales Abluftsystem

ABLAUF
– Juli 2015: Planungsbeschluss
– April 2016: Beschluss Planungsauftrag
– April 2017: Vor-Ort-Energieberatung
– Mai 2017: Grundsatzbeschluss
– 2018/19: Umsetzung

FINANZIERUNG
– Bruttoinvestitionskosten: 435 000 Euro
– Davon Sowieso-Kosten: ca. 170 000 Euro
– Rücklage: 2017 – ca. 25 000 Euro (die WEG entstand erst Mitte 2014, vorher Miethaus in einer Hand)
– Förderung: 375 000 Euro

ERGEBNISSE
Energieverbrauch:
– 2017: 11 394 Liter Heizöl p. a. entspricht 111 661 kWh/a Heizöl
– 2020: 41 645 kWh/a Gas

Einsparung:
– 70 016 kWh/a

Quelle: Klass Hausverwaltung

→ **Prioritäten und Kompromisse:** Auf den vorherigen Seiten ist deutlich geworden: Das Gebäude ist ein Gesamtsystem aus Gebäudehülle und Anlagentechnik. Wird an einem Bauteil etwas geändert, hat das meist Auswirkungen auf ein anderes.

> **VOR DER SANIERUNG ENERGIE SPAREN**
>
> Es gibt zahlreiche kleinere Maßnahmen, mit denen jede Gemeinschaft gleich loslegen kann: Sind die Heizungsrohre im Keller noch nicht gedämmt, lässt sich das umgehend nachholen. Fenster- und Türdichtungen können mit wenig Aufwand verbessert werden. Und die Heizungssteuerung kann vielleicht auch optimiert werden.

Wird die Gebäudehülle verbessert, verringert das den Energiebedarf und die vorhandene Heizung ist überdimensioniert. Die Installation einer Photovoltaik- oder Solarthermieanlage betrifft das Dach. Bautechnisch spricht deshalb alles für den ganz großen Wurf, also für umfassende bauliche Maßnahmen, bei denen Erneuerungen durchgeführt und Bestehendes angepasst werden. Dafür können oft Anlässe wie gesetzliche Anforderungen, ohnehin anstehende Instandsetzungen oder gewünschte barrierefreie Umbauten genutzt werden (siehe Seite 14 ff.). Bei den allermeisten Gebäuden lässt sich durch ein solches Vorhaben ein KfW-Effizienzhaus-Standard (siehe Seite 147) erreichen. Attraktive Förderungen (siehe Seite 157 ff.) belohnen alle Eigentümergemeinschaften, die sich darauf einlassen. Doch in den meisten Wohnanlagen sieht die Umsetzung anders aus, so die Beobachtung von Energieberatern (siehe Interview, Seite 136). Das belegt auch die Fördermittelstatistik.

Die Entscheidung für oder gegen eine Gesamtsanierung hängt von zahlreichen Faktoren ab. In manch einem Gebäude gibt es große Unterschiede im Handlungsbedarf. Die Heizung wurde vor fünf Jahren erst erneuert, beim Dach besteht jedoch dringender Handlungsbedarf. Oft sind **KOMPLETTSANIERUNGEN** schwer umsetzbar, weil lange Bauphasen den Alltag der Bewohner stark beeinträchtigen und dies als hohe Hürde gesehen wird. Vielfach haben Eigentümer deutlich divergierende Auffassungen von der Notwendigkeit der energetischen Optimierung oder ihre Investitionsbereitschaft und ihre finanziellen Möglichkeiten sind unterschiedlich groß, sodass sie sich nur auf einzelne Maßnahmen einigen können. Im Ergebnis muss das nicht schlechter sein.

Auf jeden Fall sind gut ausgeführte Einzelmaßnahmen langfristig wesentlich effizienter als eine halbherzige Komplettsanierung, bei der an allen Ecken und Enden gespart und letztlich nur das Nötigste getan wurde. Durch unbedachte Maßnahmen werden leicht Tatsachen geschaffen, die über die nächsten Jahrzehnte Bestand haben und unter Umständen bestmögliche energetische Effekte verbauen. Experten nennen das Lock-in-Effekte.

Wenn **EINZELMASSNAHMEN** in Angriff genommen werden, sollten sie immer Teil eines Gesamtkonzeptes, etwa eines individuellen Sanierungsfahrplans (siehe Seite 38), sein. Nur so können die Maßnahmen optimal aufeinander aufbauend umgesetzt werden.

Dabei folgen sie idealerweise der Grundregel „Von außen nach innen": Zuerst wird der Energiebedarf reduziert, also werden die Fassade und das Dach gedämmt, Fenster und Türen ausgetauscht. Im zweiten Schritt steht die Erneuerung der Anlagentechnik an – am besten unter Einbeziehung erneuerbarer Energien und optimal an den neuen Gegebenheiten ausgerichtet. Schließlich nützt die effizienteste neue Heizung nichts, wenn ein Großteil der Wärmeenergie durch undichte Fenster oder eine ungedämmte Fassade verloren geht.

Allerdings bildet auch die Gebäudehülle einen großen Brocken, den sich viele Gemeinschaften nur nach und nach vornehmen. Sinnvoll ist dann, sich von oben nach unten vorzuarbeiten: Zunächst wird das Dach gedämmt und neu eingedeckt. Dabei können alle Dachüberstände und -anschlüsse gleich so weit vorgezogen werden, dass eine künftige Fassadendämmung gut Platz findet. Auch der spätere Verlauf der Fallrohre wird jetzt schon mitgedacht.

Sind Fassadendämmung und Fenstertausch nicht gleichzeitig möglich, sollte die Fassade Vorrang haben. Aufgrund der großen Fläche lässt sich eine größere Effizienzverbesserung erreichen. Auch die Gefahr der Schimmelbildung ist bei dieser Reihenfolge geringer. Ein natürlicher Anlass ist gegeben, wenn der Putz rissig oder ein Anstrich fällig ist. Dann bringt die Dämmung neben den Sowieso-Kosten nur geringen Mehraufwand.

Die alten Fenster sollten jedoch vor einer Fassadensanierung immer geprüft werden: Sie sollten so sitzen, dass sie später raumseits ausgebaut werden können, damit die neue Fassadendämmung nicht beschädigt wird. Wenn sich die neuen Fenster dann ebenfalls von innen einbauen lassen, wurden die Kosten für das Gerüst gespart. Die Dämmung der Decke eines ungeheizten Kellers kann übrigens zu jedem beliebigen Zeitpunkt durchgeführt werden und ist obendrein nicht von der Witterung abhängig.

Die Heizungserneuerung wird schnell zu einer sehr komplexen Angelegenheit, wenn erneuerbare Energien integriert werden und darüber hinaus über eine Sektorkopplung nachgedacht wird. Ist die alte Anlage noch funktionstüchtig und nicht von der Austauschpflicht betroffen, dann ermöglicht ein Hybridsystem – beispielsweise die Kombination von Gaskessel und Wärmepumpe in modularer Bauweise – eine schrittweise Herangehensweise, die zudem wenige Eingriffe in die Bausubstanz erfordert.

INTERVIEW

→ **Abwägen und entscheiden:** Ziel der Energieberatung ist es, Eigentümern mögliche Maßnahmen zu erklären und ein sinnvolles Gesamtkonzept vorzustellen. Was umgesetzt wird, steht auf einem anderen Blatt, so die Beobachtung von zwei Energieeffizienz-Experten.

Sebastian Schmidt hat nach seinem Studium zum Wirtschaftsingenieur für Energietechnik die Firma Die Energieingenieure mitbegründet. Er arbeitet seit Jahren eng mit der Klimaschutzagentur Region Hannover zusammen und hat im Rahmen des Projektes „WEG der Zukunft" zahlreiche Eigentümergemeinschaften beraten.

Edgar Mählmann ist als freier Architekt und Energieberater in Ratingen und Umgebung tätig. Er berät unter anderem im Auftrag der Energieberatung der Verbraucherzentralen.

Wie sieht der Erstkontakt zwischen Energieberater und Eigentümergemeinschaft aus?

SEBASTIAN SCHMIDT: Im Idealfall wird ein unabhängiger Energieberater zu einem Zeitpunkt hinzugezogen, wenn es noch keinen akuten Handlungsbedarf und noch keine hitzige Debatte über mögliche Vorgehensweisen gibt. Dann ist zum einen die Offenheit für unterschiedliche Lösungen gegeben, zum anderen gibt es keinen Zeitdruck, der die Entscheidungsmöglichkeiten einschränkt und die Umsetzung erschwert.

EDGAR MÄHLMANN: Leider ist diese Herangehensweise in der Praxis eher selten. Ich werde oft angerufen, weil es einen Defekt oder konkreten Instandhaltungsbedarf gibt, beispielsweise weil die Dacheindeckung erneuert werden muss. Der Verwalter weiß, dass es dafür Fördermittel gibt, und ich werde gebraucht, weil der Fördermittelgeber die Beratung und die Antragstellung durch einen Energieberater vorschreibt. Das Wissen oder gar die Beratung zu einer ganzheitlichen Herangehensweise interessiert nicht in erster Linie. Oft liegt bereits ein Handwerkerangebot vor. Doch den Handwerker interessiert nur sein Metier, gewerkeübergreifendes Denken gibt es da kaum.

Wie gehen Sie in solchen Situationen vor?

EDGAR MÄHLMANN: Dann ist viel Beratung und Überzeugungsarbeit notwendig. Meine Devise ist: Wenn Sie die energetische Optimierung angehen, müssen Sie es richtig machen. Das heißt, dass zuerst die Gebäudehülle als Ganzes dran ist und dann die Anlagentechnik. Einzelmaßnahmen bergen immer die Gefahr, dass zu kurz gedacht wird, dass Fehler an Anschlüssen passieren oder dass spätere Maßnahmen behindert werden. Das sind immer Fehlinvestitionen. Wenn neue Fenster eingebaut werden, aber keine Lüftung, sind Bauschäden und Schimmel vorprogrammiert. Wenn die

Fenster getauscht werden, aber die Fassade nicht zeitgleich, sondern später gedämmt wird, sitzen die Fenster an der falschen Stelle. Sie müssen mit viel Aufwand umgesetzt werden. Solche Dinge haben die Eigentümer nicht im Blick. Sie brauchen die Beratung, um die Zusammenhänge zu erkennen.

Ist dabei der individuelle Sanierungsfahrplan nützlich?
  SEBASTIAN SCHMIDT: Ich halte ihn für ein wichtiges Instrument. Er erklärt auf einfache Weise das Gebäude, ist auch für Laien verständlich und führt vor allem einen Zielzustand – das Gebäude der Zukunft – vor Augen. Die Maßnahmen bis dahin können ganz frühzeitig und langfristig geplant und 1:1 in die Finanzplanung der Eigentümergemeinschaft übernommen werden. Außerdem gibt es den finanziellen Anreiz. Immerhin wird der iSFP in vielen Fällen mit 5 Prozent zusätzlicher Förderung belohnt.
  EDGAR MÄHLMANN: Die Förderung ist allerdings oft der einzige Grund, warum ein Sanierungsfahrplan gemacht wird. Aus meiner Sicht erschwert dieses Instrument vielfach die Beratung. Es wurde zu stark auf die übersichtliche, laienverständliche Darstellung ausgerichtet. Das geht zulasten der Beratungstiefe. Restriktive Vorgaben zum Beispiel bezüglich der vorgesehenen Erklärtexte verhindern Erläuterungen, die notwendig wären. Und die Darstellung einer PV-Anlage ist gar nicht erst enthalten. Sie ist jedoch gerade in Mehrfamilienhäusern eine enorm wichtige Maßnahme, die unbedingt einbezogen werden muss. Als alleiniges Beratungsinstrument reicht der iSFP keinesfalls aus. Wichtig sind ergänzende Berechnungen und Erklärungen, sowohl was die Technik als auch was die Wirtschaftlichkeit angeht.

Selbst wenn mit einem Sanierungsfahrplan oder in anderer Form ein ganzheitliches Konzept vorliegt – Entscheidungen in der Eigentümergemeinschaft sind immer Kompromisse. Welche Maßnahmen fallen Ihrer Beobachtung nach oft hinten über? Welche werden eher angegangen?
  EDGAR MÄHLMANN: Was so gut wie nie gemacht wird, ist ein Lüftungskonzept. Dabei ist das beim Fenstertausch und bei der Dachdämmung vorgeschrieben. Die Sanierung der Gebäudehülle findet außerhalb des Hauses statt. Die Lüftungsanlage würde drinnen eingebaut, dort viel Dreck machen und die Bewohner beeinträchtigen. Das ist eine Schwelle, die Bauherren sehr ungern überschreiten. Hinzu kommt, dass Lüftungsanlagen in den Medien sehr ungünstig dargestellt werden. Natürlich kann man sich vornehmen, dass man per Hand lüftet. Dies reicht rechtlich aber nicht und birgt für Vermieter ein erhebliches Risiko. Es geht nur so lange gut, wie regelmäßig gelüftet und die Luftfeuchtigkeit gemessen wird. Wenn ein Bewohner mehrere Wochen unterwegs ist, länger krank ist oder die Beweglichkeit der Bewohner im Alter nachlässt, dann leidet die Lüftung. Und dann ist ganz schnell der Schimmel da.
  SEBASTIAN SCHMIDT: Auch Fassaden- und Dachdämmungen sind sehr unbeliebt, am ehesten werden mal die Fenster getauscht. Das ganz große Thema ist dagegen seit zwei Jahren die Heizungserneuerung. Die umfangreichen Förderungen, die gesetzlichen Vorgaben und jetzt auch die CO_2-Abgabe – das alles schlägt in dieselbe Kerbe. Dennoch ist noch lange nicht jedem Eigentümer bewusst, dass es mit einem einfachen Gerätetausch nicht mehr getan ist. Wir brauchen zwingend die Transformation weg von

→ Als alleiniges Beratungsinstrument reicht der iSFP keinesfalls aus. Wichtig sind ergänzende Berechnungen und Erklärungen, sowohl was die Technik als auch was die Wirtschaftlichkeit angeht.

→ Nur die fehlende Investitionsbereitschaft steht den erneuerbaren Technologien meistens im Weg.

Gas oder Öl hin zu erneuerbaren Energien. Die Frage ist nicht mehr „ob", sondern „wann" und „wie".

Wie bewerten Sie die Möglichkeiten zur Nachrüstung bei Mehrfamilienhäusern?
SEBASTIAN SCHMIDT: Der verfügbare Platz auf dem Grundstück ist oft begrenzt, vor allem in innerstädtischen Bereichen. Zugleich sorgt der schlechte Dämmstandard dafür, dass hohe Leistungen benötigt werden. Diese Kombination verhindert vielfach reine Wärmepumpenlösungen. Wo Fernwärme anliegt, rate ich immer dazu. Die Leistung ist kein Problem, die Temperaturen sichern die Trinkwasserhygiene, und bauseits sind kaum Veränderungen nötig. Fernwärme ist allerdings häufig nur in Großstädten verfügbar. Auf dem Land muss man nach anderen Lösungen suchen. Dort hat man meistens ausreichend Platz und einen so hohen Verbrauch, dass sich alle Technologien rechnen können. Nur die fehlende Investitionsbereitschaft steht den erneuerbaren Technologien meistens im Weg. Die Installationskosten sind nämlich deutlich höher als die einer reinen Gas- oder Ölheizung.

EDGAR MÄHLMANN: Meine Erfahrung ist auch, dass oft mit dem Heizungstausch angefangen wird. Wird dann später die Gebäudehülle optimiert, ist die gerade eingebaute Heizung allerdings völlig überdimensioniert. Das ist nicht nur zu viel investiertes Geld, es kann sich auch auf die Effizienz der Heizung auswirken. Bei einer Pelletheizung, wo in Mehrfamilienhäusern ohnehin meist mehrere Kessel hintereinander geschaltet werden (Kaskade), ist das nicht so dramatisch. Dann springen die Kessel eben seltener an. Eine Wärmepumpe hingegen arbeitet nur dann effizient, wenn sie auf den Heizbedarf ausgelegt ist.

SEBASTIAN SCHMIDT: Spannend sind auch alle Varianten der Sektorkopplung, also die Einbindung einer PV-Anlage oder eines Blockheizkraftwerkes. Damit ist man wenigstens stromseits autark. Solche Kombinationen machen die Anlagentechnik natürlich komplexer und damit teurer. Hier macht es sich bezahlt, wenn in einer WEG eine solide Rücklage vorhanden ist. Das senkt die Hürde, einen entsprechenden Beschluss zu fassen.

Die Beteiligung vieler Gewerke kann ein Projekt insgesamt ins Stocken bringen oder gar verhindern. Welche Vorgehensweise empfehlen Sie?
EDGAR MÄHLMANN: Die Abwicklung ist umso leichter, je mehr aus einer Hand kommt. Es ist durchaus möglich, eine Komplettsanierung mit drei Firmen zu bestreiten – Installateur, Fensterbauer und Dachdecker. Viele Dachdecker sind inzwischen so breit aufgestellt, dass sie neben der Dacheindeckung alle Dämmmaßnahmen und oft auch Maler- und Putzarbeiten erledigen.

FALLBEISPIEL BREMERHAVEN
→ Komplettsanierung

GEBÄUDE
- Baujahr: 1900
- diverse Umbauten: 1978
- Anzahl Wohneinheiten: 24
- Selbstnutzer: 13
- Mieter: 11
- beheizte Wohnfläche: 2 600 m²

AUSGANGSSITUATION
Gebäudehülle:
- Außenwände aus zweischaligem Mauerwerk mit 6 cm ruhender Luftschicht, beidseitig verputzt, ohne Wärmedämmung (U-Wert: 1,12)
- Fenster teils Wärmeschutzverglasung, teils Doppelverglasung; Hauseingangstür mit 2-Scheiben-Wärmeschutzverglasung (Uw-Wert >1,60)
- Sparrendach mit Ziegel gedeckt, über Betonabschlussdecke ungedämmt
- oberste Geschossdecke mit Mineralfaserdämmstoff gedämmt
- Kellerdecke aus Ortbeton (18 cm dick)

Anlagentechnik:
- Ölzentralheizung, Brennwertkessel Baujahr 1995, 158 kW, keine geregelte Pumpe, schlechte Dämmung

MASSNAHMEN
- Flachdachdämmung ≤ 0,14 W/m²K
- Fassadendämmung
- Heizungserneuerung: Einbau einer Pelletheizung, einer Gasbrennwerttherme als Spitzenlastkessel und einer solarthermischen Großanlage zur Warmwasserbereitung mit Heizungsunterstützung

ABLAUF
- Vorbereitungsbeschluss zur Beauftragung Energieberatung: Mitte 2013
- Energieberatung: 12.09.2013
- Ausführungsbeschluss: 7.11.2013
- Baubeginn: April 2015
- Bauabnahme: Oktober 2015

FINANZIERUNG
- Bruttoinvestitionskosten: 778 000 €
- Davon Sowieso-Kosten: ca. 200 000 €
- Förderung: ca. 60 000 €
- Rücklage: rund 40 000 €
- Monatliche Erhöhung des Hausgeldes um 60 €

ERGEBNISSE
Heizenergieverbrauch:
- 2013: 295 406 kWH/a
- 2018: 199 186 kWH/a
- 2019: 201 736 kWH/a
- 2020: 166 672 kWH/a

Primärenergiebedarf:
- 136 kW/m²a / 60,3 kW/m²a

CO_2-Emissionen:
- 126 954 kg/a / Prognose: 20 000 kg/a

Quelle: Polzin ImmoService Bremerhaven

FINANZIERUNG

4 Rechnet sich das Ganze? Und: Wie finanzieren wir das? Diese beiden Fragen werden in Eigentümerversammlungen zum Thema energetische Sanierung ganz früh und immer wieder gestellt. Einfache Antworten darauf gibt es nicht, erst recht keine, die allgemeingültig wären.

142 → Kosten abschätzen
157 → Finanzierung planen
184 → Interview: Clever kombinieren

→ **Kosten abschätzen:** Jedes Sanierungskonzept enthält erste Angaben zu den Kosten der unterschiedlichen möglichen Maßnahmen. Im Zuge der Planungen werden die Angaben dann üblicherweise immer präziser.

WAS ERFAHRE ICH?

143 → Bestandteile der Wirtschaftlichkeitsbetrachtung

143 → Investitionskosten ermitteln, Förderung berücksichtigen

147 → Mögliche Ersparnisse und Einnahmen

148 → Künftige Betriebskosten veranschlagen

154 → Gesamtkosten: Summe der Unwägbarkeiten

Die **WIRTSCHAFTLICHKEIT**, also ein günstiges Kosten-Nutzen-Verhältnis, ist für alle Wohnungseigentümer ein wichtiges Entscheidungskriterium für oder gegen eine Maßnahme oder ein Maßnahmenpaket. Für viele ist es sogar das allentscheidende Argument. Voraussetzung dafür, dass das gemeinsame Projekt gelingt, sind daher ein sorgfältiger Umgang mit jedem einzelnen Sanierungsposten und möglichst transparenter Umgang mit allen Preisen. Von denjenigen Eigentümern, die aus Überzeugung etwas für den Klimaschutz tun wollen und sich das möglicherweise auch leisten können, verlangt das unter Umständen viel Geduld. Diejenigen, für die die Kosten zentral für die Meinungsbildung sind, können durch konstruktive Fragen wichtige Beiträge zur Meinungsbildung der Gemeinschaft leisten. Verwaltung, Verwaltungsbeirat und Bauausschuss sowie Energieberater und Planer erleichtern den Überblick durch gut strukturierte Darstellungen. Das gemeinsame Ziel: ein Konzept zu erarbeiten, das alle tragen können.

Das Gebäudeenergiegesetz (GEG) schreibt vor, die gesetzlichen Anforderungen und Pflichten „müssen nach dem Stand der Technik erfüllbar sowie für Gebäude gleicher Art und Nutzung und für Anlagen oder Einrichtungen wirtschaftlich vertretbar sein. Anforderungen und Pflichten gelten als wirtschaftlich vertretbar, wenn generell die erforderlichen Aufwendungen innerhalb der üblichen Nutzungsdauer durch die eintretenden Einsparungen erwirtschaftet werden können." (§ 5) Nach dieser Vorgabe lässt sich trefflich darüber streiten, was „wirtschaftlich" ist. Je nach eigenen Möglichkeiten und Gewichtungen werden die Wohnungseigentümer sehr unterschiedliche Maßstäbe anlegen. Im Endeffekt läuft es oft auf den kleinsten gemeinsamen Nenner hinaus. Auch der Bundesgerichtshof hat klargestellt: Bei der Instandhaltung des gemeinschaftlichen Eigentums gibt es zwar einen gewissen Gestaltungsspielraum, jedoch muss das Gebot der Wirtschaftlichkeit beachtet und auf die finanzielle Leistungsfähigkeit der einzelnen Eigentümer Rücksicht genommen werden. Die Gemeinschaft ist also angehalten, Kosten und Nutzen einer Maßnahme gegeneinander abzuwägen und einen Kompromiss zu finden (BGH, V ZR 9/14).

Bestandteile der Wirtschaftlichkeitsbetrachtung

In der Praxis ist es genau dieser Abwägungsprozess, der erhebliche Probleme bereitet. Immerhin geht es hier um einen Abgleich sämtlicher Investitionskosten mit möglichen Ersparnissen und Einnahmen (siehe Übersicht, Seite 156). Schwer kalkulierbare Bau-, kaum prognostizierbare Brennstoffkosten, sich verändernde Fördermittel, ein ansteigender CO_2-Preis, die Inflationsentwicklung und eine nicht ganz sichere Modernisierungsmieterhöhung finden Eingang in die Rechnung. Der tatsächliche künftige Energieverbrauch ist nicht mehr als eine Hochrechnung, der Ertrag der PV-Anlage ebenfalls und der Deckungsgrad einer Solarthermieanlage oder einer Wärmepumpe in einem Hybridsystem obendrein. Im Klartext heißt das: Auch die gründlichste Wirtschaftlichkeitsberechnung ist keine Garantie.

Mit dieser Tatsache muss sich die Gemeinschaft frühzeitig auseinandersetzen. Gemeinsam ist allen das elementare Interesse an einer realistischen Wirtschaftlichkeitsbetrachtung oder besser gesagt an einer Betrachtung, die sie als realistisch wahrnehmen.

Ein grundlegender Beitrag dazu ist eine differenzierte **KOSTENANALYSE**. Denn eine allzu pauschale Betrachtung birgt das Risiko beträchtlicher Fehler in der einen oder in der anderen Richtung. Sind die angedachten Kosten zu hoch, kann dies ein frühzeitiges Aus für die gesamte Sanierung bedeuten. Wenn jedoch von zu niedrigen Kosten ausgegangen wird, fällt zwar die Zustimmung leichter, doch der Nachbesserungsbedarf bei der Finanzierung ist hoch, mit Aufwand verbunden und mit der Gefahr, dass während der Sanierung Posten aus Kostengründen gestrichen werden müssen. Beides gilt es zu vermeiden.

Im Zuge der schrittweisen Entscheidungsfindung werden zwangsläufig Planungen geändert, Ideen verworfen, Ergänzungen vorgenommen. Wichtig ist, dass alle Eigentümer während dieses Prozesses immer auch den dem Planungsstand entsprechenden aktuellen **KOSTENSTAND** kennen.

Die einzelnen Wohnungseigentümer haben nicht nur unterschiedliche finanzielle Möglichkeiten, sondern auch ein sehr unterschiedliches Sicherheitsbedürfnis. Das muss bei der Kostenbetrachtung berücksichtigt werden. Hier sind für die beteiligten Experten – Energieberater, Planer, Finanzberater, Verwaltung – Vorgaben seitens der Eigentümer hilfreich: Welcher Zeitraum soll ins Auge gefasst werden? Sollen konservative oder progressive Preisprognosen zugrunde gelegt oder gar zwei Szenarien verglichen werden? Wird ein maximaler Kostenrahmen vorgegeben – für die Investitionskosten oder auch die Gesamtkosten nach einem Zeitraum x? Der Vorteil solcher Vorgaben besteht darin, dass sich die Eigentümer in den Berechnungen wiederfinden und sie eher akzeptieren können. Darüber hinaus können Eigentümergemeinschaften im Prozessmanagement und in der Gestaltung von Verträgen einiges dafür tun, Unsicherheiten zu verringern (siehe Seite 19 ff).

Investitionskosten ermitteln, Förderung berücksichtigen

Für Einfamilienhäuser präsentieren Branchenverbände und Anlagenhersteller, Fertighaushersteller und Energieberatungen gern und in großer Vielzahl Modellrechnungen für unterschiedliche Sanierungen. Dabei wird üblicherweise von vier Bewohnern, einer Wohnfläche von plus/minus 120 Quadratmetern, einem Heizwärmebedarf von 180 bis 250 Kilowattstunden pro Quadratmeter und einem jährlichen Stromverbrauch von 4200 Kilowattstunden ausgegangen.

Vergleichbare Darstellungen gibt es für Eigentümergemeinschaften nicht. Sie wären auch fahrlässig. Zu weit klafft das Spektrum der Gebäude und ihrer Bewohner in jeder Hinsicht (Größe, Alter, Bauweise, Energiebedarf,

Kostenspannen für die energetische Modernisierung eines Mehrfamilienhauses

❶ Dämmung Dach
inkl. neuer Eindeckung

Flachdach
🏠 150 – 210 €/m²
🏠 200 – 260 €/m²

Steildach
🏠 240 – 295 €/m²
🏠 260 – 315 €/m²

❷ Dämmung oberste Geschossdecke

begehbar
🏠 55 – 75 €/m²
🏠 80 – 105 €/m²

nicht begehbar
🏠 15 – 20 €/m²
🏠 25 – 30 €/m²

❸ Dämmung Außenwand
Wärmedämmverbundsystem

🏠 130 – 180 €/m²
🏠 160 – 210 €/m²

❹ Fenster
inkl. Ausbau und Entsorgung alter Fenster (Kunststofffenster)

🏠 400 – 600 €/m²
🏠 450 – 650 €/m²

❺ Dämmung der Kellerdecke

von oben, inkl. neuem Fußbodenaufbau
🏠 80 – 100 €/m²
🏠 90 – 110 €/m²

unterseitig
🏠 40 – 50 €/m²
🏠 50 – 60 €/m²

❻ Photovoltaik-Anlage
Anlage mit ca. 50 kW
55.000 – 65.000 €

❼ Solarthermie-Anlage
Anlage mit ca. 20 m²
15.000 – 23.000 €

❽ Lüftungsanlage

wohnungszentral mit Wärmerückgewinnung
7.500 – 8.500 €/Wohnung

raumweise mit Wärmerückgewinnung
5.300 – 6.300 €/Wohnung

❾ Luftdichtheitstest
850 – 1.500 €/Wohnung

❿ Heizungsanlage

Gas-Brennwertkessel
aus Klimaschutzsicht nicht empfehlenswert
🔥 27.000 – 32.000 €   🌿 19.000 – 24.000 €

Pelletkessel
inkl. Brennstofflager und Pufferspeicher
🔥 50.000 – 65.000 €   🌿 35.000 – 45.000 €

Luft-Wärmepumpe
🔥 im Einzelfall prüfen   🌿 27.000 – 33.000 €

Sole-Wärmepumpe
Flächenkollektoren
🔥 im Einzelfall prüfen   🌿 im Einzelfall prüfen
🌿 40.000 – 47.000 €

Erdsonden
🌿 50.000 – 60.000 €

🏠 Mindeststandard nach aktuellem Gebäudeenergiegesetz

🌿 optimaler Dämmstandard bzw. benötigte Heizleistung: ca. 28 kW mit Passivhauskomponenten

🔥 Gebäudestandard ohne Modernisierung (benötigte Heizleistung: 80 kW)

Durchschnittliche Kosten für ein Mehrfamilienhaus mit 10 Wohneinheiten (je 90 m² Wohnfläche), Bruttopreise inkl. Montage.
Kosten ohne Nutzung verfügbarer Fördermittel.

Weitere Informationen zu Datenquelle und Methodik:
www.wegderzukunft.de/methodik

Quelle: CO2-online Stand: 05/2021 | Region: bundesweit | Grafik: www.wegderzukunft.de

Umgebungsbebauung ...) auseinander. Jede Kosten-Nutzen-Betrachtung muss genauso individuell erfolgen wie die Maßnahmenplanung. Das geht nur mit fachkundiger Hilfe.

ANNÄHERUNG AN DIE INVESTITIONSKOSTEN

Die gemeinnützige Klimaschutzagentur Energiekonsens aus Bremen hat im Jahr 2021 gemeinsam mit ihren Partnern im Projekt „WEG der Zukunft" für die beteiligten Projektregionen Preisspannen für die reinen Investitionskosten unterschiedlicher Sanierungsmaßnahmen erhoben und einen Bundesdurchschnitt ermittelt (siehe Grafik links). Das Modell-Mehrfamilienhaus bestand aus zehn Wohneinheiten mit einer Fläche von jeweils 90 Quadratmetern. Bei den Preisen handelt es sich lediglich um grobe Richtwerte. Die konkreten Kosten hängen immer von Gebäudestandard, Größe, Anzahl der im Haus lebenden Parteien und den baulichen Anforderungen ab. Bei der Preisübersicht wurden die Kosten für eine „Basisqualität" nach gesetzlichen Vorgaben einem besonders hohen Effizienzstandard jeweils gegenübergestellt. Die mögliche Nutzung von Fördermitteln wurde dabei genauso wenig berücksichtigt wie langfristige Ersparnisse durch geringeren Energieverbrauch und/oder günstigere Energieträger.

Die Übersicht bietet eine erste Richtschnur am Beginn der Sanierungsüberlegungen. Eine zweite Möglichkeit ist der Sanierungskonfigurator des Bundeswirtschaftsministeriums (sanierungskonfigurator.de). Mithilfe detaillierter Angaben zum Gebäude und den geplanten Maßnahmen wird eine Kostenabschätzung vorgenommen. Dazu gibt es eine Berechnung des Endenergiebedarfs und der CO_2-Emissionen. Beide genannten Annäherungsmethoden haben einen systematischen Nachteil: Sowieso-Kosten, die unabhängig von Energieeffizienzmaßnahmen für notwendige Instandhaltungen entstehen, werden nicht berücksichtigt. Das ist beim individuellen Sanierungsfahrplan (siehe Seite 38) anders. Hier werden Sowieso-Kosten in die Betrachtung einbezogen, die Kostendarstellung ist insgesamt deutlich differenzierter, beinhaltet jedoch elementare Posten wie eine PV-Anlage nicht.

Im nächsten Schritt muss der Planer ran. Die Ermittlung der Kosten gehört zu seinen zentralen Leistungen. Die Kosten werden im Planungsprozess fortgeschrieben und präzisiert. So ist beispielsweise die Festlegung eines Kostenrahmens gemäß Honorarordnung für Architekten und Ingenieure (HOAI) Teil der Leistungsphase 1 – „Grundlagenermittlung", die Kostenschätzung Teil der Leistungsphase 2 – „Vorplanung" und die Kostenberechnung Teil der Leistungsphase 3 – „Entwurfsplanung". Was die einzelnen Stufen der Kostenermittlung beinhalten, ist in DIN 276 geregelt.

KLIMAPOLITIK MIT FÖRDERMITTELN

Nur wenn sämtliche Fördermittel (siehe Seite 157) in die Betrachtung der Investitionskosten einbezogen wurden, ist die Analyse tragfähig. Die neue Bundesförderung für effiziente Gebäude (BEG) hat ganz klar die Funktion, Investitionen politisch zu steuern. Vereinfacht gesagt: Besonders effiziente und besonders klimafreundliche Maßnahmen werden besonders umfangreich gefördert. Eine Maßnahme, die beim Blick auf die Investitionskosten als besonders günstig besticht, jedoch vergleichsweise wenig energieeffizient ist, landet nach Berücksichtigung der Förderung im Vergleich mit anderen Maßnahmen schon einmal auf einem der hinteren Plätze. Dieser Effekt kommt vor allem dann zum Tragen, wenn Anlagentechnik erneuert wird.

BEISPIEL 1: So stand in einer Eigentümergemeinschaft in der Nähe von Hannover (siehe Tabelle, Seite 146) mit einem jährlichen Endenergiebedarf von 155 000 Kilowattstunden die Erneuerung des 20 Jahre alten, reparaturanfälligen Gas-Niedertemperaturkessels an. Nach Bruttoinvestitionskosten war eine Hybridanlage aus einer Wärmepumpe und einem Gas-Brennwertkessel die günstigste Variante. Unter Berücksichtigung der Förderung landete der Pellet-Brennwertkessel – nach Bruttoinvestitionskosten nur die drittbeste Variante – auf Platz eins.

BEISPIEL 1: VARIANTENVERGLEICH HEIZUNGSERNEUERUNG
Mehrfamilienhaus bei Hannover, Ist-Zustand: Gas-NT-Heizung, Endenergiebedarf: 155 000 kWh/a

	Gas-Brennwert (80 %) + Solarthermie (20 %) + hydraulischer Abgleich	Gas-Brennwert (70 %) + Luft/Wasser-Wärmepumpe (30 %) + hydraulischer Abgleich	Pellet-Brennwert + hydraulischer Abgleich	Pellet-Brennwert (80 %) + Solarthermie (20 %) + hydraulischer Abgleich
Bruttoinvestitionskosten (Euro)	88 076	87 391	92 629	146 295
Fördermittel (Euro)	26 422 [1]	26 217	32 420	61 203 [1]
Gesamtinvestitionskosten nach Abzug der Förderungmittel (Euro)	62 653	61 174	60 209	95 092

[1] Für diese beiden Varianten könnte die WEG zusätzlich zur Förderung des Bundes eine Sonderförderung der Stadt Hannover für die Einbindung von Solarenergie in Höhe von 1 000 EUR in Anspruch nehmen. Quelle: Sebastian Schmidt/Matthias Woelk, Die Energieingenieure, 5/2021

BEISPIEL 2: Ähnlich sieht das Ergebnis für eine WEG in Berlin mit 21 Wohneinheiten und einem Endenergiebedarf von rund 150 000 Kilowattstunden pro Jahr aus (siehe Tabelle auf dieser Seite unten). Auch hier sollte die Gaszentralheizung mit Niedertemperaturkessel erneuert werden. Eine Pelletheizung kam nicht infrage, also wurden vier Varianten verglichen, die alle einen Gas-Brennwertkessel zumindest zur Sicherung der Spitzenlast beinhalteten. Nach Bruttoinvestitionskosten war die reine Gasheizung mit deutlichem Abstand der günstigste Weg. Doch für die gab es keine Fördergelder. Nach Abzug der Förderung war die Hybridanlage mit Gas-Brennwert und Luft/Wasser-Wärmepumpe günstiger.

BEISPIEL 2: VARIANTENVERGLEICH HEIZUNGSERNEUERUNG
Mehrfamilienhaus Berlin, 21 WE, Bj. 1938, Gebäudenutzfläche: 1 455 m², Endenergiebedarf 150 088 kWh/a

	Variante 1: Gas-Brennwert	Variante 2: Gas-Brennwert (97 %) + Solarthermie zur Unterstützung bei Warmwasser (3 %)	Variante 3: Gas-Brennwert (90 %) + Solarthermie zur Unterstützung bei Heizung + Warmwasser (10 %)	Variante 4: Gas-Brennwert (40 %) + Luft/Wasser-Wärmepumpe (60 %)
Bruttoinvestitionskosten (Euro)	38 556	53 431	56 406	53 556
BEG-Fördermittel (Euro)	0	15 672	16 565	17 406
Gesamtinvestitionskosten nach Abzug der Fördermittel (Euro)	38 556	37 759	39 841	36 150

Quelle: Pronoxa/Energie-Spar-Quelle, 6/2021

In beiden Beispielen wurden zunächst die prognostizierten Betriebskosten außen vor gelassen. Werden sie berücksichtigt, so fällt die Abwägung noch einmal anders aus. Dann schneiden die Systeme in der Regel umso schlechter ab, je mehr fossile Brennstoffe genutzt werden.

Was an den Beispielen der Heizungserneuerung als Einzelmaßnahme sichtbar wurde, schlägt sich auch in allen komplexeren Vorhaben nieder. Beispielsweise wenn es darum geht, ein Gebäude komplett zu sanieren und dabei den Standard eines KfW-Effizienzhauses zu erreichen.

Die KfW definiert: „Ein **EFFIZIENZHAUS** ist ein energetischer Standard für Wohngebäude. Er setzt sich aus zwei Kriterien zusammen: Wie hoch ist der Gesamtenergiebedarf der Immobilie, und wie gut ist die Wärmedämmung der Gebäudehülle? Das wird mit den Werten Primärenergiebedarf und Transmissionswärmeverlust angegeben." Das KfW-Effizienzhaus 100 entspricht den Vorgaben des Gebäudeenergiegesetzes und dient als Referenzgebäude für die Höhe der staatlichen Förderung. Die unterschiedlichen KfW-Effizienzhaus-Standards werden in Bezug zu diesem Referenzgebäude definiert. Je kleiner die Zahl, umso energieeffizienter das Gebäude und umso höher fällt die Förderung aus. Ein Effizienzhaus 70 benötigt beispielsweise nur 70 Prozent der Energie des Referenzgebäudes. In der Altbau-Sanierung gibt es Fördermittel für die Standards 85, 70, 55 und 40.

BEISPIEL 3: Das hat derzeit eine mit 135 Wohneinheiten besonders große Eigentümergemeinschaft in Heidelberg vor. Beim Blick auf die Bruttoinvestitionskosten ist zunächst der am wenigsten effiziente vorgeschlagene Standard (BEG 85 EE) besonders günstig. Nach Abzug der Förderung ist der bessere Standard (BEG 55 EE) für weniger Geld erreichbar.

Mögliche Ersparnisse und Einnahmen

Direkte Einnahmen kann nicht jede Gemeinschaft bzw. nicht jeder Eigentümer nach einer Sanierung verzeichnen. Je nach Betriebsmodell wird durch eine PV-Anlage oder ein BHKW Einspeisevergütung erzielt (siehe Seite 215). Ein möglicher Posten sind Pachteinnahmen, falls die Dachfläche an einen Contractor vermietet wurde (siehe Seite 123). Vermietende

BEISPIEL 3: VARIANTENVERGLEICH SANIERUNG ZUM EFFIZIENZHAUS IN UNTERSCHIEDLICHEN STUFEN
WEG in Heidelberg, 135 WE, Bj. 1976, beheizte Wohnfläche 11 756 m², Endenergiebedarf 1 681 108 kWh/a

	Ist-Zustand	BEG 85 EE	BEG 70 EE	BEG 55 EE	BEG 40 EE
Bruttoinvestitionskosten (Euro)	–	7 805 154	8 138 733	8 307 093	9 776 421
Anrechenbare Kosten für BEG WG (Euro)	–	7 187 873	7 521 452	7 689 812	9 159 140
BEG-Förderung inkl. iSFP-Bonus	–	40 %	45 %	50 %	50 %
Fördermittel (Euro)	–	2 875 149	3 384 653	3 844 906	4 579 570
Gesamtinvestitionskosten nach Abzug der Förderung (Euro)	–	4 930 005	4 754 080	4 462 187	5 196 851
Primärenergiebedarf (kWh/m²a)	48	36	31	27	19
Endenergiebedarf (kWh/m²a)	144	91	88	79	51
CO_2-Emissionen (kg/m²a)	27	18	17	15	10

Quelle: Pronoxa / FRANK Ecozwei, 8/2021

Eigentümer können durch eine Modernisierungsmieterhöhung höhere Mieten verlangen. Allerdings sollte dieser Posten nicht in der Gesamtbilanz der WEG, sondern in einer separaten Rechnung dargestellt werden, da Selbstnutzer gar nicht und Vermieter in unterschiedlichem Maße profitieren können. Den größten Batzen unter den Einnahmen machen die Ersparnisse bei den Betriebskosten aus.

Künftige Betriebskosten veranschlagen

Sie werden künftig in aller Regel niedriger ausfallen als in der Vergangenheit. Schließlich wird nach der Sanierung weniger Energie verbraucht, weil die Heizlast nach der Dämmung der Gebäudehülle geringer ausfällt und/oder die Anlagentechnik effizienter arbeitet. Hinzu kommt, dass sich mit dem kompletten oder teilweisen Umstieg auf erneuerbare Energien der CO_2-Preis verringert. Nur: Wie groß ist die Differenz zwischen alten und neuen Betriebskosten, also die Ersparnis, die dann als Einnahme in die Gesamtkostenrechnung einfließt? Und wie fallen die Betriebskosten etwa bei unterschiedlichen Heizungsvarianten aus?

Zur Betrachtung der Betriebskosten gehören vor allem die zu erwartenden Kosten für den Wärmeerzeuger. Je nach Energielieferant setzen sich diese aus unterschiedlichen Posten zusammen: verbrauchte Brennstoffe (Gas, Öl, Pellets, Biomasse) – Grundkosten und Verbrauchsanteil, Kosten für die Lieferung des Brennstoffs, zum Betrieb benötigter Strom, Kosten für Wartung, Prüfung, Anlagenreinigung, Emissionsmessungen, Geräte zur Verbrauchsmessung.

Die großen Kostentreiber sind dabei die Brennstoffe und der Strom. Wie viel Brennstoff und wie viel Strom werden zu welchem Verbrauchspreis erworben und wie viel wird verbraucht? Diese Frage birgt Sprengstoff.

Im Beispiel zur Heizungserneuerung bei Hannover (siehe **BEISPIEL 4** rechts) entstand die Wirtschaftlichkeitsberechnung im Mai 2021. Darin wurden folgende Arbeitspreise angenommen: für Erdgas E 4,94 ct/kWh zuzüglich CO_2-Preis, für Pellets 4,2 ct/kWh und für Wärmepumpen-Strom 21,4 ct/kWh. Das Ergebnis: Die Betriebskosten für 20 Jahre sind

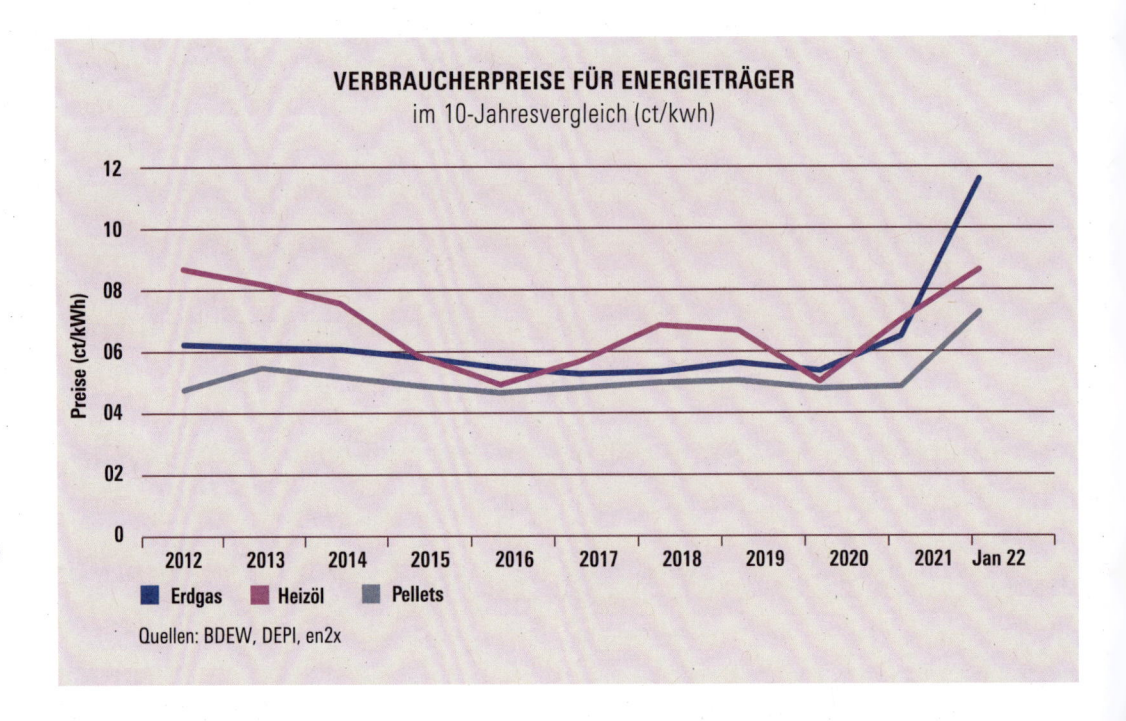

VERBRAUCHERPREISE FÜR ENERGIETRÄGER
im 10-Jahresvergleich (ct/kwh)

Quellen: BDEW, DEPI, en2x

Der Krieg in der Ukraine lässt die Preise vor allem für fossile Energieträger stark ansteigen.

KOSTEN ABSCHÄTZEN 149

BEISPIEL 4: VARIANTENVERGLEICH HEIZUNGSERNEUERUNG MIT BETRIEBSKOSTEN
Ist-Zustand: Gas-NT-Heizung, Endenergiebedarf: 155 000 kWh

	Gas-Brennwert (80 %) + Solarthermie (20 %) + hydraulischer Abgleich	Gas-Brennwert (70 %) + Luft/Wasser-Wärmepumpe (30 %) + hydraulischer Abgleich	Pellet-Brennwert + hydraulischer Abgleich	Pellet-Brennwert (80 %) + Solarthermie (20 %) + hydraulischer Abgleich
Investitionskosten brutto (Euro)	88 076	87 391	92 629	146 295
Fördermittel (Euro)	26 422	26 217	32 420	61 203
Gesamtinvestitionskosten nach Abzug der Fördermittel (Euro)	62 653	61 173	60 209	95 092
Betriebskosten 20 Jahre (Euro) darin enthalten:	269 293	351 928	279 749	207 194
Verbrauch Brennstoffe (Gas bzw. Pellets in kWh)	124 000	108 500	31 000 kg	24 800 kg
Verbrauch WP-Strom (kWh)	–	15 500	–	–
Gesamtinvestitionskosten nach Abzug von Förderung und Betriebskosten für 20 Jahre Betrieb (EUR)	330 946	413 102	339 959	302 287

Annahmen: Erdgas E Arbeitspreis 4,94 ct/kWh, zuzüglich CO_2-Preis, Grundpreis 287 €/a, Preissteigerung 4 % pa Pellets Arbeitspreis 4,20 ct/kWh, Grundpreis 35,31 €/a, Preissteigerung 4 % pa Strom Wärmepumpe: Arbeitspreis 21,4 ct/kWh, Grundpreis 112,80 €/a, Preissteigerung 4 % pa
Quelle: Sebastian Schmidt/Matthias Woelk, Die Energieingenieure, 5/2021

für die nach Investitionskosten teuerste Variante – Pellet und Solarthermie – mit Abstand am niedrigsten. Auch in der Betrachtung der Gesamtkosten nach 20 Jahren liegt diese Variante deutlich vor den anderen.

Die Wirtschaftlichkeitsbetrachtung eines weiteren Beispiels zur Heizungserneuerung in Berlin (siehe **BEISPIEL 5** Seite 150) geht von ähnlichen Grundannahmen aus: Arbeitspreis für Erdgas E 6,66 ct/kWh, für Strom 31 ct/kWh und für Wärmepumpen-Strom 22 ct/kWh. Die Gesamtheizkosten pro Jahr fallen für das Hybridsystem mit einem Gas-Brennwertkessel und einer Solarthermieanlage zur Unterstützung bei Warmwasser und Heizung – also für die Variante, die sowohl auf Grundlage der Brutto-Investitionskosten als auch nach Abzug der Fördermittel das Schlusslicht bildete – am günstigsten aus. Nach zehn Jahren Betrieb ist diese Variante in der Summe aus Investitions- und Betriebskosten günstiger als die anderen.

Wenn mehr als eine Maßnahme angedacht und eine Gegenüberstellung von Paketen mit unterschiedlichen Elementen vorgenommen wird, sind die Zusammenhänge komplexer. Aber auch dann verschiebt sich das anfängliche Kostenranking der Varianten nach Investitionskosten deutlich, sobald die Förderung abgezogen wird. Und auch hier fällt das Ranking nach Betriebskosten komplett anders aus als das nach Investitionskosten.

Im Juni 2021 wurde von einem Energieberater ein umfangreicher Variantenvergleich unterschiedlicher Maßnahmenpakete für eine Eigentümergemeinschaft mit 17 Einheiten am südlichen Rand des Ruhrgebiets durchgeführt (siehe **BEISPIEL 6** Seite 152). Er legte einen Strompreis von 30 ct/kWh und einen Erdgas-

BEISPIEL 5: VARIANTENVERGLEICH HEIZUNGSERNEUERUNG

MFH Berlin, 21 WE, Bj. 1938, Gebäudenutzfläche: 1 455 m², Endenergiebedarf 150 088 kWh/a

	Ist-Zustand: Gas-Zentralheizung mit NT-Kessel	Variante 1: Gas-Brennwert (100 %)	Variante 2: Gas-Brennwert (97 %) + Solarthermie zur Unterstützung bei Warmwasser (3 %)	Variante 3: Gas-Brennwert (90 %) + Solarthermie zur Unterstützung bei Heizung + Warmwasser (10 %)	Variante 4: Gas-Brennwert (40 %) + Luft/Wasser-Wärmepumpe (60 %)
Bruttoinvestitionskosten (Euro)	–	38 556	53 431	56 406	53 556
Fördermittel BEG (Euro)	–	0	15.672	16.565	17.406
Gesamtinvestitionskosten nach Abzug der Förderung (Euro)	–	38 556	37 759	39 841	36 150
Endenergiebedarf (kWh/a)	150 088	119 264	115 367	105 873	44 270
Einsparung Endenergiebedarf	–	21 %	23 %	29 %	71 %
CO_2-Emissionen (kg/a)	36 921	29 546	28 655	26 384	24 198
Einsparung CO_2-Emissionen	–	20 %	22 %	29 %	34 %
Brennstoffkosten (Euro/a)	10 365	8 988	9 093	9 107	7 664
Einsparung Brennstoffkosten	–	13 %	12 %	12 %	26 %
Gesamtheizkosten (Euro/a)	12 203	9 986	9 914	9 231	10 439
Einsparung Gesamtheizkosten	–	18 %	19 %	24 %	14 %
Gesamtinvestitionskosten nach Abzug von Förderung und Kosten für 10 Jahre Betrieb (Euro)	120.203	138.416	136.899	132.151	142.149

Annahmen: Erdgas E Arbeitspreis 69,4 ct/Einheit, 6,66 ct/kWh, Grundpreis 182 €/a; Strom: Arbeitspreis 31 ct/kWh, Grundpreis 50 €/a; Strom Wärmepumpe: Arbeitspreis 22 ct/kWh, Grundpreis 50 €/a; Quelle: Pronoxa/Energie-Spar-Quelle, 6/2021

preis von 8 ct/kWh zugrunde und berücksichtigte darüber hinaus eine jährliche Steigerung von beiden Preisen um 1,3 Prozent. Wenig verwunderlich hier: Die Stromeinsparungen und -einspeisungen durch die PV-Anlage in den Varianten 1 und 7 sorgt für Gewinne bei den Energiekosten. Und: Schon bei der Betrachtung der Energiekosten nur eines Jahres klafft die Schere bei den Maßnahmenpaketen weit auseinander. Dieser Effekt ist natürlich erheblich größer, wenn die 15-, 20- oder 25-jährige Lebensdauer der Bauteile betrachtet wird.

Diese Beispiele mit weitgehend übereinstimmenden Annahmen spiegeln die im Mai/Juni 2021 üblichen Preise. Zum Zeitpunkt der Entstehung dieses Buches, im Januar 2022, also ein halbes Jahr nach Berechnung dieser Varianten und ihrer Kosten, betrug der durchschnittliche Erdgaspreis für Haushalte im Mehrfamilienhaus nach Angaben des BDEW 11,84 ct/kWh (anteiliger Grundpreis enthalten). Für Normalstrom lag er für Bestandskunden bei 36 ct/kWh und für Wärmepumpenstrom bei 27 ct/kWh, für Neukunden erheblich höher. Ein halbes Jahr ist ein Zeitrahmen, der zwischen der Entstehung eines Sanierungsfahrplans und der Beschlussfassung schnell vergeht. Nun sind die in diesem konkreten Zeitraum entstandenen Preissteigerungen zwischen 20 und 60 Prozent innerhalb eines solch kurzen Zeitraumes nicht an der Tagesordnung. Aber der Ukrainekrieg hat äußerst eindrücklich gezeigt, dass sie nicht nur möglich sind, sondern auch, dass sie noch gravierender ausfallen können. Das heißt im Klartext: Allein die Annahmen über Energiekosten bzw. Abweichungen von getroffenen Annahmen können die Wirtschaftlichkeitsbetrachtung komplett kippen.

BEISPIELRECHNUNG WÄRMEPUMPE

Der exemplarische Vergleich von Wärmepumpenvarianten macht deutlich, wie sich kleine Veränderungen in den Verbrauchspreisen auswirken können (siehe Tabelle 154). Dazu wurde ein Gebäude gewählt, dessen Parameter einer Studie der TU Dortmund und des Energiedienstleisters Ista zufolge das typische Mehrfamilienhaus beschreiben: Baujahr 1978, 521 Quadratmeter beheizte Fläche, sieben Wohneinheiten, 70 000 kWh/a bzw. 134 kWh/m²a Heizwärmebedarf und 10 950 kWh/a Warmwasserbedarf.

Das Beispiel Wärmepumpe bietet sich aus mehreren Gründen an: Wärmepumpen werden einen Löwenanteil unter den Heizungserneuerungen der kommenden Jahre ausmachen, betreffen also die meisten Eigentümergemeinschaften. Dabei kommen vor allem zwei Bauweisen infrage – Luft/Wasser-Wärmepumpe oder Sole/Wasser-Wärmepumpe (siehe Seite 102 ff.).

Diese beiden Systeme sind in der Tabelle im Vergleich dargestellt. Außerdem wurde berücksichtigt, dass eine Wärmepumpe im Bestand unter Umständen mit einer höheren Vorlauftemperatur betrieben werden muss, was auch den Stromverbrauch erhöht. Die Basisdaten – Schätzung der Investitionskostenspannen und Stromverbräuche bezogen auf das Modellgebäude – stammen vom Bundesverband Wärmepumpe e. V. Die Wärmepumpentarife sind – genau wie die übrigen Stromtarife – in den vergangenen Jahren gestiegen. Exemplarisch wurden die 10-Jahres-Stromkosten mit folgenden Werten berechnet:

→ 21,65 ct/kWh (= durchschnittlicher Tarif im Berichtszeitraum 2017 des Monitoringberichts von Bundesnetzagentur und Bundeskartellamt),
→ 23,8 ct/kWh (durchschnittlicher Wärmepumpentarif im Berichtszeitraum 2021) und
→ 26 ct/kWh (= fiktive Fortschreibung).

Auf diese Zahlen wurde zurückgegriffen, um eine realistische Vergleichsbasis für unterschiedliche Preisentwicklungsszenarien zu haben. Diese Darstellung ist ausdrücklich nicht als vollständige Wirtschaftlichkeitsbetrachtung zu verstehen, sondern als Bewertungshilfe für den Vergleich unterschiedlicher Wärmepumpensysteme.

Fazit: Ein um 2,15 Cent/kWh höherer Strompreis bedeutet in diesem Beispiel, dass die Stromkosten – je nach Bauweise und Vorlauftemperatur – in zehn Jahren zwischen 4 721 und 6 130 Euro höher liegen als bei dem günstigeren Strompreis. Vorsicht also mit ver-

BEISPIEL 6: VARIANTENVERGLEICH SANIERUNG ZUM EFFIZIENZHAUS ODER EINZELMASSNAHMEN
freistehendes MFH mit 17 WE in Ratingen, Baujahr 1974, beheizte Wohnfläche 1 757,1 m²

		Ist-Zustand	Variante 1 Effizienzhaus 70 BEG WG	Variante 2 BEG EM	Variante 3 BEG EM
MASSNAHMEN	Dämmung		Fassade & Kellerdecke		Fassade
	Fenster-/Haustürtausch		x		x
	Pelletkessel		Brennwert 2*32 KW	Brennwert 2*55 KW	
	Solarthermie zur Heizungsunterstützung		x	x	
	Pufferspeicher (3 500 l)		x	x	
	Stromtankstelle		x		
	Lüftung		Anlage		Konzept & Anlage
	PV-Anlage mit Stromspeicher		x		
	Baubegleitung		x	x	x
KOSTEN	Bruttoinvestitionskosten (Euro)		921 786	154 440	484 200
	Sowieso-Kosten (Euro)		7 542	0	0
	Energiebedingte Mehrkosten (Euro)		914 245	154 440	484 200
	Förderrelevante Kosten (Euro)		856 266	154 100	482 201
	Förderung (Euro)		412 253	77 345	98 840
	Anteil Förderung an Gesamtinvestitionskosten		44,7 %	50,1 %	20,4 %
	Verbleibende energiebedingte Mehrkosten (Euro)		501.992	77 095	385 360
VERBRAUCH/UMWELT	Energiebedarf (kWh/a)	207 618	17 750	110 988	160 462
	Einsparung Energiebedarf		91,5 %	46,5 %	22,7 %
	Energiekosten (Euro/a)	14 533	−6.813	5 374	11 232
	Einsparung Energiekosten		146,9 %	63,0 %	22,7 %
	CO_2-Emissionen (kg/a)	64 362	355	2 790	49 743
	CO_2-Einsparung		99,4 %	95,7 %	22,7 %

Quelle: Edgar Mählmann

KOSTEN ABSCHÄTZEN 153

	Variante 4 BEG EM	Variante 5 BEG EM	Variante 6 BEG EM	Variante 7 BEG EM
	Flachdach	Kellerdecke		Kellerdecke
			x	x
				Brennwert 2*32 KW
				x
				x
				x
	Konzept & Anlage		Anlage	Anlage
				x
	x	x	x	x
	115 118	46 866	399 239	646 166
	0	0	0	0
	115 118	46 866	399 239	646 166
	113 118	46 866	399 240	580 646
	25 024	11 773	118 312	286 699
	21,7 %	25,1 %	29,6 %	45,9 %
	90 095	**35 093**	**280 928**	**359 466**
	198 213	177 908	132 384	36 677
	4,5 %	14,3 %	36,2 %	82,3 %
	13 875	12 454	9 327	−5 925
	4,5 %	14,3 %	35,8 %	140,8 %
	61 446	55 151	41 105	734
	4,5 %	14,3 %	36,1 %	98,9 %

meintlich geringen Preisunterschieden! Je höher der Strompreis, umso mehr schlägt bei beiden Bauweisen die höhere Vorlauftemperatur zu Buche. Und: Je höher der Strompreis, umso deutlicher macht sich in der Haushaltskasse bemerkbar, dass die Luft/Wasser-Wärmepumpe deutlich mehr Strom verbraucht als die Sole/Wasser-Wärmepumpe. Beide Effekte sind umso ausgeprägter, je größer die Heizungsanlage und damit ihr Stromverbrauch sind.

Gesamtkosten: Summe der Unwägbarkeiten

In diesem Wärmepumpen-Beispiel lagen die reinen Investitionskosten der beiden Bauformen weit auseinander. Im günstigen Preissegment betrug der Abstand rund 28 000 Euro, im teuren 36 000 Euro. Mit der Einbeziehung der Förderung reduzierte sich der Preisabstand bereits deutlich auf 14 000 bzw. 18 000 Euro.

10-JAHRESBETRACHTUNG VON ZWEI WÄRMEPUMPEN-SYSTEMEN

für ein MFH mit einer beheizten Fläche von 521 m², einem Heizwärmebedarf 70 000 kWh/a entspricht 134 kWh/m²*a, Warmwasserbedarf 10 950 kWh/a, Heizleistung 32 bis 36 kW

	Luft/Wasser-Wärmepumpe				Sole/Wasser-Wärmepumpe			
Vorlauftemperatur Heizkörper	55 °C		65 °C		55 °C		65 °C	
Preissegement Modell (Investitionskosten brutto)	günstig (65 000 €)	teuer (72 000 €)	günstig (65 000 €)	teuer (72 000 €)	günstig (93 000 €)	teuer (108 000 €)	günstig (93 000 €)	teuer (108 000 €)
Investitionskosten (Euro) bei Förderung 50 %	32 500	36 000	32 500	36 000	46 500	54 000	46 500	54 000
Gesamtverbrauch Strom (kWh/a)	27 252	27 252	28 512	28 512	21 958	21 958	22 318	22 318
Stromkosten/10 Jahre bei 21,65 ct/kWh (Euro)	59 001	59 001	61 728	61 728	47 539	47 539	48 318	48 318
Investitionskosten + Stromkosten/10 Jahre bei 21,65 ct/kWh (Euro)	91 501	95 001	94 228	97 728	94 039	101 539	94 818	102 318
Stromkosten/10 Jahre bei 23,8 ct/kWh (Euro)	64 860	64 860	67 859	67 859	52 260	52 260	53 117	53 117
Investitionskosten + Stromkosten/10 Jahre bei 23,8 ct/kWh (Euro)	97 360	100 860	100 359	103 859	98 760	106 260	99 617	107 117
Stromkosten/10 Jahre bei 26 ct/kWh (Euro)	70 855	70 855	74 131	74 131	57 091	57 091	58 027	58 027
Investitionskosten + Stromkosten/10 Jahre bei 26 ct/kWh (Euro)	103 355	106 855	106 631	110 131	103 591	111 091	104 527	112 027

Die Beispielrechnung ist im Frühjahr 2022 entstanden. Seit Juli 2022 wird in der Förderung differenziert – für Luft-Wasser-Wärmepumpen beträgt der Basis-Fördersatz 25 Prozent, für Sole-Wasser-Wärmepumpen 30 Prozent. Diese in der Rechnung noch nicht berücksichtigte Differenzierung lässt Sole-Wasser-Wärmepumpen im Zehn-Jahres-Vergleich noch besser dastehen. Quelle: eigene Berechnung, Daten-Basis: Bundesverband Wärmepumpe e. V.; vereinfachte Darstellung ohne Einbeziehung von Preiserhöhungen

Wurden außerdem die 10-Jahres-Stromkosten berücksichtigt, dann schrumpfte die Differenz der Gesamtkosten weiter auf 2 500 bzw. 600 Euro bei günstigen und 6 500 bzw. 4 600 Euro bei teureren Geräten. Das gilt umso mehr, je höher der Strompreis ist bzw. angenommen wird. In dem Beispiel mit 26 ct/kWh lagen die 10-Jahres-Gesamtkosten einer Sole/Wasser-Wärmepumpe mit Vorlauftemperatur 55 Grad Celsius bei einer günstigen Anlage nur noch gut 235 Euro höher und bei einer teuren Anlage gut 4 235 Euro höher als bei einer Luft/Wasser-Wärmepumpe. Wird die Heizung mit einer Vorlauftemperatur von 65 Grad Celsius betrieben, so ist eine Sole/Wasser-Wärmepumpe der günstigen Preisklasse rund 2 100 Euro billiger und ein Gerät der teuren Preisklasse knapp 1 900 Euro teurer als die jeweilige Luft/Wasser-Wärmepumpe. Je höher der Wärmepumpenstromtarif und je länger die Nutzungsdauer der Anlage sind, umso stärker schlägt zu Buche, dass Sole-Systeme effizienter arbeiten und dadurch weniger Antriebsenergie benötigen als Luft/Wasser-Wärmepumpen. Das gleicht in vielen Fällen die höheren Investitionskosten nach wenigen Jahren aus.

Die Zahlen aus diesen Beispielrechnungen sind nicht auf andere Gebäude übertragbar, die Systematik jedoch schon. In dem plakativen Beispiel waren vergleichsweise wenige Variable enthalten – die Preiskategorien der Geräte, der Stromverbrauch und der Preis pro Kilowattstunde. Sobald auch nur ein Kostenfaktor geändert wurde, und sei es nur minimal, hatte es erhebliche Auswirkungen auf die gesamte Wirtschaftlichkeitsbetrachtung.

Wenn nun eine Wärmepumpe in Kombination mit einer Gasheizung oder einem Pelletkessel betrieben wird, kommen ein zweites Gerät sowie ein zweiter Brennstoff mit einer zweiten Verbrauchsmenge und ein zweiter Preis hinzu. Das Haus wird zusätzlich gedämmt? Somit erhöhen sich nicht nur die Investitionskosten, es hat auch Auswirkungen auf die Förderung. Eventuell kann ein Effizienzhausstandard erreicht werden. Vor allem aber ändert sich der Wärmeverbrauch des Gebäudes. Eine PV-Anlage soll den Strom liefern? Dann muss die gesamte Stromkostenrechnung

Bei der Wirtschaftlichkeitsbetrachtung empfiehlt sich ein Blick in die zugrunde liegenden Parameter.

neu aufgerollt werden, eventuell unter Berücksichtigung unterschiedlicher Betriebsmodelle. Je komplexer die geplanten Maßnahmen, umso mehr Kostenfaktoren kommen ins Spiel. Die allermeisten davon basieren auf Prognosen und sind mit entsprechenden Unsicherheiten behaftet. Eine WEG, die für ein und dasselbe Maßnahmenpaket von drei Planern Kostenkalkulationen erstellen lässt, wird drei sehr unterschiedliche Ergebnisse erhalten. Es kann durchaus passieren, dass diese um mehrere Zehntausend Euro auseinanderliegen.

Dies ist kein Plädoyer gegen Kostenkalkulationen, im Gegenteil. Es ist die Warnung, ganz genau hinzuschauen, wenn der beauftragte Planer – vermutlich gemeinsam mit der Verwaltung – Wirtschaftlichkeitsberechnungen vorlegt. Welche Kosten- und Einsparungsposten sind berücksichtigt? Welche Nebenkosten? Wie hoch wurde die Inflationsrate angenommen? Welche Annahmen liegen den Prognosen künftiger Rohstoff- und CO_2-Preise, Wartungskosten und Zinsen zugrunde? Sind die Berechnungen auf einen Zeitraum von zehn oder zwanzig Jahren ausgelegt? Wie wurde die Abnutzung und eventuell notwendige Erneuerung von Anlagentechnik bemessen? Findet ei-

> **MÖGLICHE POSITIONEN IN DER KOSTENDARSTELLUNG**
>
> **Ausgaben**
> → Investitionskosten: Sowieso-Kosten, energiebedingte Mehrkosten
> → Dienstleister: Energieberater, Planer, Bauleitung, Gutachter
> → Zinsen
> → Mietminderungen wegen Beeinträchtigungen
> → künftige Energiekosten: Lieferung/Grundpreis, Brennstoffkosten, CO_2-Preis, befristete Gasumlage
> → künftige Stromkosten
> → künftige Wartungskosten
> → zusätzliche Verträge: Versicherungen Bauzeit, zusätzliche künftige Versicherungen oder Änderungen von Bedingungen (z. B. Photovoltaik, Anbau, Wertsteigerung), Contractor, Baukontrolle, Sachverständiger zur Prüfung von Baumängeln
> → zusätzliche Vergütung Verwaltung
>
> **Einnahmen und Ersparnisse**
> → nicht rückzahlbare Zuschüsse / Tilgungszuschüsse
> → erhöhte Miete nach der Sanierung
> → Einsparungen bei Energiekosten
> → Einsparungen bei Stromkosten
> → Einspeisevergütung
> → Einsparungen bei Wartungskosten (z. B. kein Schornsteinfeger bei Wärmepumpe)
> → Pacht durch Contractor

ne Werterhöhung des Gebäudes Eingang in die Betrachtung?

Nicht sämtliche dieser Posten betreffen alle Wohnungseigentümer gleichermaßen. Selbstnutzer profitieren stärker von geringerem Energieverbrauch und von einem Wechsel zu erneuerbaren Energieträgern mit geringem oder gar keinem CO_2-Preis-Anteil. Vermietende Eigentümer können einen Teil der Kosten durch eine Modernisierungsmieterhöhung abdecken und sind von allen Betriebskosten kaum betroffen. Eine gemeinsame, für alle Eigentümer gültige Kosten-Nutzen-Rechnung gibt es nicht. Im Idealfall werden für beide Nutzergruppen Modellrechnungen präsentiert. Für eine gemeinsame Entscheidung können dann die verschiedenen Bestandteile der Wirtschaftlichkeitsbetrachtung gewichtet werden, beispielsweise mittels festgelegter Faktoren. Diese sind auch ein gutes Mittel, um Kriterien abzubilden, die sich nicht in Euro bemessen lassen, zum Beispiel die unterschiedliche Umweltbilanz von infrage kommenden Maßnahmenpaketen oder auch ihr Komfortgewinn.

FINANZIELLE UNSICHERHEITEN REDUZIEREN

→ Zeitabstand zwischen Planung und Umsetzung der Maßnahmen möglichst kurz halten, um Preissteigerungen zu vermeiden
→ bei größerem Abstand die ursprüngliche Kostenplanung überprüfen und gegebenenfalls das Finanzierungskonzept anpassen
→ hinterfragen, welche Annahmen der Wirtschaftlichkeitsbetrachtung des Energieberaters/Architekten/Ingenieurs zugrunde liegen
→ Best-case- und Worst-case-Szenarien betrachten, etwa beim Vergleich von Energiekostenentwicklungen
→ Rebound-Effekte beim Energieverbrauch einkalkulieren
→ das Risiko von unvorhergesehenen Leistungen und Nachträgen einplanen
→ zeitliche Puffer vorsehen
→ Preisbindungen bei Auftragsvergabe vereinbaren bzw. keine Klausel, wonach das unternehmerische Risiko des Auftragnehmers für Preiserhöhungen ganz oder teilweise auf die WEG abgewälzt wird
→ Abschlagszahlungen nach Baufortschritt festlegen
→ von der ersten vereinbarten Rate fünf Prozent Erfüllungssicherheit einbehalten (§ 632a Abs. 3 BGB)
→ Gewährleistungssicherheit vereinbaren

→ **Finanzierung planen:** Wenn die Kostenrechnung vorliegt, folgt der Kassensturz. Die Finanzierung kann aus diversen Quellen stammen. Die gilt es, sinnvoll zu gewichten und zu kombinieren.

WAS ERFAHRE ICH?

- 157 → Zuschüsse und Förderkredite
- 164 → Rücklagen
- 166 → Sonderumlagen
- 168 → Kreditaufnahme durch einzelne Eigentümer oder die Gemeinschaft
- 176 → Mögliche Auswirkungen auf Mietverhältnisse
- 178 → Steuerliche Möglichkeiten
- 183 → Finanzierungskonzept

Die Fördermittellandschaft ist schwer zu überblicken und zudem ständig im Fluss. So wurde die erst 2021 eingeführte Systematik bereits kurz vor Drucklegung 2022 grundlegend überarbeitet.

Neue Programme kommen hinzu, bestehende werden verändert. Es lohnt sich jedoch, genau hinzuschauen. Gelder vom Staat sind nicht nur ein großer Baustein im Finanzierungskonzept, sie können auch den Ausschlag für oder gegen eine bestimmte Maßnahme geben. Oft stellt sich nämlich heraus, dass eine auf den ersten Blick teure Variante unter Einbeziehung der Fördermittel deutlich günstiger ist als eine nach reinen Investitionskosten günstigere Variante (siehe die Beispiele ab Seite 145). Der Grund liegt dann in der Regel darin, dass energetisch effiziente Maßnahmen besonders umfangreich gefördert werden.

Zuschüsse und Förderkredite

Zum 1. Januar 2021 hat der Bund die Förderung von Energieeffizienz und erneuerbaren Energien im Gebäudebereich in der sogenannten **BUNDESFÖRDERUNG FÜR EFFIZIENTE GEBÄUDE (BEG)** gebündelt. Sie besteht aus drei Teilprogrammen:
→ **BEG EM** (Sanierung mit Einzelmaßnahmen an Wohn- und Nichtwohngebäuden)
→ **BEG WG** (Neubau und Komplettsanierung von Wohngebäuden zum Effizienzhaus)
→ **BEG NWG** (Neubau und Komplettsanierung von Nichtwohngebäuden zum Effizienzgebäude)

Für Wohnungseigentümer sind nur die Rubriken BEG EM und BEG WG von Belang. Die Programme werden teils vom Bundesamt für Wirtschaft und Ausfuhrkontrolle (Bafa) und teils von der Kreditanstalt für Wiederaufbau (KfW) abgewickelt. Die Förderrichtlinien zur BEG inklusive technischer Mindestanforderun-

FÖRDERPRODUKTE FÜR EIGENTÜMERGEMEINSCHAFTEN

Maßnahme	Investitionszuschuss	zinsvergünstigter Kredit mit Tilgungszuschuss
Beratung / Erstellung individueller Sanierungsfahrplan	Bafa	–
Einzelmaßnahme	Bafa	–
Heizungsoptimierung	Bafa	–
Fachplanung / Baubegleitung	Bafa	–
Komplettsanierung	–	KfW

Stand: 8/2022

gen wurden erstmals im Herbst 2020 veröffentlicht und mittlerweile mehrfach überarbeitet, unter anderem im Juli 2022.

EINZELMASSNAHMEN AM GEMEINSCHAFTSEIGENTUM

Im Teilprogramm **BEG EM** werden Einzelmaßnahmen an der Gebäudehülle, der Anlagentechnik, der Heizungstechnik und der Heizungsoptimierung sowie Fachplanung und Baubegleitung gefördert. Diese Form der Förderung ist immer dann interessant, wenn durch die Sanierung keine Effizienzhausstufe (siehe Seite 147) erreicht wird.

Das förderfähige Mindestinvestitionsvolumen beträgt 2 000 Euro (brutto), bei der Heizungsoptimierung 300 Euro. Die maximal förderfähigen Kosten für Einzelmaßnahmen sind auf 60 000 Euro pro Wohneinheit gedeckelt, für die Baubegleitung auf 2 000 Euro pro Wohneinheit und insgesamt 20 000 pro Zuwendungsbescheid. Förderfähig sind nur Maßnahmen, die bestimmte technische Mindestanforderungen (gemäß Förderrichtlinie) erfüllen und die zum Zeitpunkt der Antragstellung noch nicht begonnen wurden.

In der Vergangenheit mussten Antragsteller zwischen einer Zuschuss- und einer Kreditförderung entscheiden. Die Kreditvariante wurde jedoch zum 15. August 2022 gestrichen. Seither stehen Sanierungswilligen für Einzelmaßnahmen ausschließlich nicht rückzahlbare Investitionszuschüsse zur Verfügung. Für die Abwicklung ist das Bundesamt für Wirtschaft und Ausfuhrkontrolle (Bafa) zuständig.

FÖRDERUNG VON GESAMTKONZEPTEN

Wenn es um das Teilprogramm **BEG WG** geht – also um Neubau und Komplettsanierungen von Wohngebäuden zum Effizienzhaus (siehe Seite 162) –, ist die KfW allein zuständig. Die Förderung systemischer Maßnahmen, mit denen eine dieser Effizienzhausstufen erreicht wird, gibt es ausschließlich als Kredit („KfW-Programm 261"). Neu ist seit Ende Juli 2022: Die Kreditförderung setzt sich aus zwei Komponenten zusammen – einem festen Tilgungszuschuss und einer Zinsvergünstigung, die für die erste Zinsbindungsdauer gewährt wird. Diese Verbilligung kann unter anderem in Abhängigkeit vom Marktzinsniveau schwanken. Kreditnehmer haben die Wahl zwischen zwei Formen der Finanzierung: Beim Annitätendarlehen mit einer Laufzeit zwischen vier und 30 Jahren zahlen sie in den ersten Jahren nur Zinsen, danach gleich hohe monatliche Annuitäten. Die tilgungsfreie Anlaufzeit kann auf ein bis fünf Jahre festgelegt werden. Alternativ kann ein endfälliges Darlehen mit einer Laufzeit von vier bis zehn Jahren vereinbart werden. Hier werden während der gesamten Laufzeit nur die Zinsen und am Ende der komplette Kreditbetrag in einer Summe zurückgezahlt. Die Höhe der förderfähigen Kosten ist nach den Effizienzstufen gestaffelt und beträgt maximal 150 000 Euro je Wohneinheit.

Auch bei einer Komplettsanierung wird durch Zuschläge belohnt, wer besonders effizient saniert. Ergänzend zu den Effizienzhausstufen wurde die Erneuerbare-Energien-Klasse eingeführt. Sie gilt für Gebäude, bei denen nach der Sanierung erneuerbare Energien einen Anteil von mindestens 55 Prozent des für die Wärme- und Kälteversorgung notwendigen Energiebedarfs erbringen. Voraussetzung für die Einstufung in eine „Effizienzhaus EE"-Klasse ist, dass der auf erneuerbaren Energien basierende Wärme- oder Kälteerzeuger erst im Rahmen der Sanierung installiert wurde. Die förderfähigen Höchstbeträge betragen in den EE-Klassen jeweils 30 000 Euro und die Zu-

---

HIER GEHT ES WEITER: FÖRDERUNG ENERGIEBERATUNG → BAFA.DE/DE/ENERGIE/ENERGIEBERATUNG/ENERGIEBERATUNG_WOHNGEBAEUDE/BERATENE/BERATENE_NODE.HTML

schüsse liegen fünf Prozentpunkte höher als in der zugehörigen Effizienzhausstufe. Der iSFP-Bonus für die Umsetzung von Maßnahmen, die in einem individuellen Sanierungsfahrplan vorgeschlagen waren, wurde abgeschafft. Die sogenannte Nachhaltigkeitsklasse (NH) gibt es nur für Neubauten.

ZUSCHUSS ODER KREDIT?

Ein Komplettsanierung kann mithilfe von mehreren Zuschüssen für Einzelmaßnahmen oder auch – falls eine Effizienzhausstufe erreicht wird – mit einem Kredit finanziert werden.

Nicht rückzahlbare Investitionskostenzuschüsse sind das Mittel der Wahl, wenn durch die Kombination aus Rücklagen und Sonderumlagen genug Eigenmittel in der WEG zur Verfügung stehen, um die Sanierung zu bezahlen. Zuschüsse werden erst nach Durchführung der Maßnahme und Vorlage entsprechender Verwendungsnachweise ausgezahlt.

Wird hingegen eine Finanzierung benötigt, kann sie mit einem Förderkredit mit günstigen Zinskonditionen und Tilgungszuschuss gesichert werden. Denkbar ist auch eine Mischfinanzierung aus Eigenmitteln, Zuschuss und einem Darlehen beispielsweise der Hausbank.

VERWALTUNGSKOSTEN FÖRDERN LASSEN

Im Rahmen von BEG EM und BEG WG werden vom Bafa bzw. der KfW sogenannte **UMFELDMASSNAHMEN** (Baunebenkosten) als förderfähig anerkannt. Dabei können auch die zusätzlichen Kosten der WEG-Verwaltung für die Beschlussfassung einer förderfähigen energetischen Sanierung (Modernisierung), die Antrag-

---

ZUGABEN FÜR BESONDERE EFFIZIENZ

→ **ENERGIEBERATUNG MIT INDIVIDUELLEM SANIERUNGSFAHRPLAN:** Die Erstellung eines iSFP (siehe Seite 38) wird vom Bafa mit einem Zuschuss in Höhe von 80 Prozent des zuwendungsfähigen Beratungshonorars, maximal 1 700 Euro bei Wohnhäusern mit mindestens drei Wohneinheiten gefördert. Für die zusätzliche Erläuterung eines Energieberatungsberichts in Wohnungseigentümerversammlung oder Beiratssitzung gibt es einen weiteren Zuschuss in Höhe von maximal 500 Euro. Diese Zuschüsse werden an den Energieberater ausgezahlt. Er muss sie mit seinem Beratungshonorar zu verrechnen.

→ **ISFP-BONUS:** Wird eine Maßnahme, die Teil eines individuellen Sanierungsfahrplanes war, innerhalb von 15 Jahren nach Vorlage des iSFP umgesetzt, dann erhöht sich der vorgesehene Fördersatz nach BEG EM um 5 Prozent. Der Bonus wird nur gewährt, wenn eine Sanierung Schritt für Schritt erfolgt, nicht jedoch, wenn alle dargestellten Maßnahmen in einem Zuge umgesetzt werden. Für die Heizungserneuerung gibt es keinen iSFP-Bonus, für die Komplettsanierung genauso wenig.

→ **EFFIZIENTE WÄRMEPUMPEN:** Wird als Wärmequelle Grundwasser, Abwasser oder das Erdreich erschlossen, wird ein Bonus von 5 Prozent gewährt.

→ **INNOVATIONSBONUS:** Wenn die Biomasseheizung einen Emissionsgrenzwert für Feinstaub von maximal 2,5 mg/m³ einhält, gibt es 5 Prozent Förderung extra, also 40 Prozent.

→ **EFFICIENCY SMART HOME:** Im Rahmen der BEG ist auch der Einbau von digitalen Systemen, die den Energieverbrauch optimieren oder technische Anlagen smart steuerbar machen, förderfähig.

→ **AUSTAUSCH-BONUS:** Wird eine funktionsfähige alte Öl-, Kohle- oder Nachtspeicherheizung oder eine funktionsfähige, mindestens 20 Jahre alte Gasheizung durch eine neue Anlage ersetzt, erhöht sich der Fördersatz um 10 Prozentpunkte. Für Gasetagenheizungen gilt keine Altersgrenze. Das Gebäude darf nach dem Austausch nicht mehr mit fossilen Brennstoffen beheizt werden.

→ **WORST PERFORMING BUILDINGS:** Gehört ein Gebäude im Ausgangszustand zu den energetisch schlechtesten 25 Prozent des Gebäudebestandes („Worst Performing Building") und erreicht es durch eine Komplettsanierung den Effizienzhausstandard 55 oder 40, wird das mit einem fünfprozentigen Bonus belohnt.
(Stand: 8/2022)

FÖRDERUNG VON EINZELMASSNAHMEN (BEG EM)

Maßnahme		Basisfördersatz	Fördersatz mit Austausch Öl-/Gasheizung	iSFP-Bonus
Gebäudehülle	Dämmung von Außenwänden, Dach, Geschossdecken, Bodenflächen	15 %	–	5 %
	Austausch von Fenstern/Außentüren	15 %	–	5 %
	Sommerlicher Wärmeschutz	15 %	–	5 %
Anlagentechnik	Einbau/Austausch/Optimierung von Lüftungsanlagen	15 %	–	5 %
	Einbau Efficiency Smart Home	15 %	–	5 %
Heizungsanlagen	Solarthermieanlagen	25 %	35 %	–
	Wärmepumpe	25 %	35 %	–
	Effiziente Wärmepumpe (Erdwärme, Abwasser, Grundwasser)	30 %	40 %	–
	Biomasseanlage[1]	10 %	20 %	–
	Innovative Heizungsanlagen auf EE-Basis	25 %	35 %	–
	EE-Hybridheizungen ohne Biomasseheizung	25 %	35 %	–
	EE-Hybridheizung mit Biomasseheizung	20 %	30 %	–
	Anschluss an Gebäude-/Wärmenetz	25 %	–	–
Heizungsoptimierung		15 %	–	5 %
Fachplanung/Baubegleitung		50 %	–	–

1) Zusätzlich ist ein Innovationsbonus von 5 % möglich.
Quelle: Richtlinie für die Bundesförderung für effiziente Gebäude – Einzelmaßnahmen vom 16.9.2021 und Änderungen vom 21.7.2022

stellung und die Abwicklung einer Förderzusage als Umfeldmaßnahmen (Baunebenkosten) berücksichtigt werden.

ZUSCHUSSANTRAG BEIM BAFA

Um einen Zuschuss beim Bafa beantragen zu können, muss bei allen Einzelmaßnahmen an der Gebäudehülle und der Anlagentechnik ein Energieeffizienzexperte eingebunden sein. Er erstellt in einem elektronischen Formular des Bafa eine sogenannte **TECHNISCHE PROJEKTBESCHREIBUNG (TPB)** und erläutert darin die zu beantragende Maßnahme. Im Anschluss erhält er eine TPB-ID, die er an die Eigentümergemeinschaft weiterreicht. Mit dieser Identifikation (ID) stellt die WEG ebenfalls über ein elektronisches Formular einen gemeinschaftlichen Antrag auf Grundlage der Beschlüsse zur Sanierung und Antragstellung. Für den Einbau von Heizungstechnik und für Heizungsoptimierungen ist die Antragstellung ohne Energieeffizienzexperten möglich.

Üblicherweise übernimmt der Verwalter oder eine andere vertretungsberechtigte Per-

HIER GEHT ES WEITER: FÖRDERANTRÄGE DES BAFA UND DER KFW → BAFA.DE/DE/ENERGIE/EFFIZIENTE_GEBAEUDE/INFORMATIONEN_FUER_ANTRAG STELLENDE/INFORMATIONEN_FUER_ANTRAGSTELLENDE_NODE.HTML • PUBLIC.KFW.DE/ZUSCHUSSPORTAL-WEB/

son als bevollmächtigte Person der WEG die Beantragung des Zuschusses. Sie muss dafür einen entsprechenden aktuellen Nachweis hochladen, zum Beispiel eine Vollmacht der Eigentümer, eine Verwalterbestellung samt Angabe eines aktuell gültigen Bestellungszeitraums oder einen Beschluss der Eigentümerversammlung zur Vertreterbestellung oder zur geplanten Maßnahme. Kostenvoranschläge müssen nicht hochgeladen werden, sie sollten jedoch in der WEG bereits vorliegen. Nur so gibt es eine verlässliche Grundlage für die Angabe von Kosten im Förderantrag. Die dort genannte Summe ist die Grundlage für die Zuwendungsentscheidung und kann später nicht mehr nach oben korrigiert werden. Eine Zuschussförderung wird nur befristet zugesagt. Der Bewilligungszeitraum beträgt grundsätzlich 24 Monate und beginnt mit dem Zugang des Bescheids. Auf begründeten Antrag kann die Befristung in Ausnahmefällen um maximal 24 weitere Monate verlängert werden. Spätestens sechs Monate nach Ablauf der Bewilligungsfrist müssen alle Nachweise für die erfolgte Umsetzung der Maßnahme nachgewiesen, eingereicht und die Rechnungen bezahlt sein (siehe Seite 194).

FÖRDERANTRAG BEI DER KFW

Voraussetzung für eine Förderung durch die KfW ist ebenfalls die Beauftragung eines Energieeffizienzexperten. Er erstellt eine **BESTÄTIGUNG ZUM ANTRAG (BZA)** und erhält eine persönliche Kennnummer (BzA-ID).

Die Beantragung eines KfW-Förderkredites ist etwas aufwendiger als der Zuschussantrag beim Bafa. Da die KfW keine eigenen Filialen unterhält, braucht die Eigentümergemeinschaft einen sogenannten durchleitenden Finanzierungspartner – also eine Bank, Sparkasse oder Versicherung –, mit der sie einen Kreditvertrag abschließt. Im einfachsten Fall ist das die Bank, bei der das WEG-Geschäftskonto und die Umlagekonten geführt werden. Nur: Bei Weitem nicht jede Bank vergibt als sogenanntes durchleitendes Finanzinstitut KfW-Kredite. In einem Praxistest von Finanztest (3/2021) lehnten alle 16 befragten Banken und Bausparkassen dies ab. Gründe sind unter anderem der hohe Aufwand und die niedrige Provision. Einige Banken verlangen einen Grundbucheintrag als Sicherheit. Dann wird es kompliziert und kostspielig. Auf jeden Fall ist die Förderbank des jeweiligen Bundeslandes eine Anfrage wert, da die meisten dieser Institute KfW-Darlehen durchleiten. Einige arbeiten mit Landesbürgschaften als Sicherheit (siehe Tabelle Seite 170). Der KfW-Kredit kann als Gesamtsumme oder in Teilbeträgen ausgezahlt werden, und zwar innerhalb von 12 Monaten ab Kreditzusage. Eine Verlängerung des Bewilligungszeitraumes auf bis zu 48 Monate kann beantragt werden. Ab dem 13. Monat werden allerdings Bereitstellungskosten fällig.

WER STELLT DEN ANTRAG?

Da Vorhaben am Gemeinschaftseigentum nur durch eine WEG gemeinschaftlich durchgeführt werden können, muss die Antragstellung durch die WEG erfolgen. Das gilt auch, wenn einzelne Eigentümer von der Kostentragungspflicht ausgenommen sind.

SONDERFALL PV-ANLAGE

Wenn auf dem Wohngebäude eine PV-Anlage geplant ist, gestaltet sich die Wirtschaftlichkeitsrechnung besonders komplex, auch und besonders wenn es um den Punkt Förderung geht. Im Rahmen von BEG EM gibt es keine Fördermöglichkeit für eine PV-Anlage als Einzelmaßnahme. Anders sieht es in der BEG WG aus: Bei der Förderung von Effizienzhäusern über einen Förderkredit kann eine stromerzeugende Solaranlage sehr wohl Teil des Gesamtpakets sein. Sie wird dann auch mitgefördert. Der Haken ist nur: Wer diese Förderung in Anspruch nimmt, muss auf die Förderung durch die Einspeisevergütung verzichten. Vor Beantragung der Förderung muss diese Grundsatzentscheidung getroffen werden. Die Gretchenfrage ist also, ob die Förderung einen höheren finanziellen Vorteil verspricht als die zu erwartende EEG-Vergütung. Eine valide Grundlage können Modellrechnungen des Energieberaters oder Fachplaners sein.

Ausgangspunkt ist das Betriebsmodell der PV-Anlage: Wenn ohnehin der gesamte eigenerzeugte Strom eingespeist werden soll, ist die

HIER GEHT ES WEITER: SUCHMASCHINE ZU KFW-FINANZIERUNGSPARTNERN → KFW.DE/INLANDSFOERDERUNG/PRIVATPERSONEN/BESTANDSIMMOBILIEN

FÖRDERUNG VON KOMPLETTSANIERUNGEN (BEG WG)

Effizienzhaus-Standard	Maximale förderfähige Kosten je sanierte Wohneinheit	Standardförderung		Boni		Maximum	
		Tilgungs-zuschuss	Zinsvergünsti-gung maximal	EE	Bonus Worst Performing Building	Maximaler Fördersatz	Maximaler Betrag je Wohneinheit
40	120 000 Euro/ 150 000 Euro	20 %	15 %	5 %	5 %	45 %	67 500 Euro
55	120 000 Euro/ 150 000 Euro	15 %	15 %	5 %	5 %	40 %	60 000 Euro
70	120 000 Euro/ 150 000 Euro	10 %	15 %	5 %	–	30 %	45 000 Euro
85	120 000 Euro/ 150 000 Euro	5 %	15 %	5 %	–	25 %	37 500 Euro
Denkmal	120 000 Euro/ 150 000 Euro	5 %	15 %	5 %	–	25 %	37 500 Euro
Baubegleitung	4 000 Euro, bis zu 40 000 Euro je Vorhaben, bei dem eine neue Effizienzhausstufe erreicht wird	50 %	–	–	–	50 %	2 000 Euro

Stand: Richtlinie für die Bundesförderung für effiziente Gebäude vom 21. September 2021 / Änderungen vom 21. Juli 2022

Einspeisevergütung vermutlich der lukrativere Weg, zumal die für reine Einspeiseanlagen seit Neuestem erheblich höher ausfallen als für Eigenverbrauchsanlagen. Das lohnt sich umso mehr, je größer die Anlage ist. Steht umgekehrt – wie meist im Mehrfamilienhaus – eine im Verhältnis zur Bewohnerzahl geringe Dachfläche zur Verfügung und soll die PV-Anlage nach einem Betriebskonzept arbeiten, das möglichst viel Eigenstromnutzung vorsieht, dann wird wahrscheinlich ohnehin nur der kleinste Teil des eigenerzeugten Stromes ins Netz eingespeist. In diesem Fall ist die KfW-Förderung wohl interessanter als die Einspeisevergütung. Auch die angestrebte Effizienzhausstufe spielt eine Rolle: Je höher diese liegt, desto umfangreicher fällt die BEG-Förderung aus und umso spannender ist sie im Vergleich zur Einspeisevergütung. Allerdings ist die BEG-Förderung der Photovoltaikanlage nur verfügbar, wenn die förderbare Kostenobergrenze nicht schon durch die anderen Sanierungsmaßnahmen ausgeschöpft wurde.

Die Installation einer PV-Anlage ist weder notwendig noch ursächlich für das Erreichen des fünfprozentigen EE-Bonus. Sie kann zwar beispielsweise den Strom für eine Wärmepumpe liefern, die dann zur Eingruppierung in die EE-Klasse führt; doch die Wärmepumpe erfüllt in aller Regel auch ohne PV-Anlage die Voraussetzung dazu.

Neben den zuvor umfangreich dargestellten KfW-Programmen in der BEG gibt es das KfW-Programm 270 „Erneuerbare Energien nutzen". Mit diesem Kredit können bis zu 100 Prozent der Kosten für Errichtung, Erweiterung und Erwerb von Anlagen zur Nutzung erneuerbarer Energien einschließlich der zugehörigen Kosten für Planung, Projektierung und Installation finanziert werden, maximal 50 Millionen Euro pro Vorhaben – mit günstigen Zinsen, aber ohne Tilgungszuschüsse. In diesem Programm ist die Vergütung für den eingespeisten Strom nicht ausgeschlossen. Wenn beispielsweise der Höchstbetrag eines der Förderprogramme durch andere Maßnahmen bereits ausgeschöpft ist, kann eine Splittung der Finanzierung infrage kommen. Auch eine Dachsanierung kann in diesem Programm mitfinanziert werden.

DACHGESCHOSSAUSBAU: ENERGIEEFFIZIENZ + WOHNRAUM

Die Dämmung von Dachflächen samt der Erneuerung der Dachflächenfenster sind typische Maßnahmen, die im Programm BEG EM als Einzelmaßnahmen oder im Programm BEG WG als Bestandteile einer Komplettsanierung gefördert werden, sobald die technischen Mindestanforderungen erfüllt werden. Doch was ist, wenn im neu ausgebauten Dach neuer Wohnraum geschaffen wird? Diese Einheiten werden dann nicht zusätzlich zu den bestehenden Wohneinheiten in die Bemessung der Höchstgrenze der förderfähigen Kosten einbezogen. Sie können jedoch separat als Effizienzhaus im Neubau gefördert werden. Dafür lassen sich die neuen beheizten Flächen des Dachgeschosses getrennt bilanzieren. Für die Förderung werden dann zwei Anträge gestellt – einer für die Maßnahmen am Bestandsgebäude mit allen bisherigen Wohneinheiten und einer für die neuen Wohneinheiten im Dachgeschoss.

REGIONALE FÖRDERMÖGLICHKEITEN

Auch auf Landesebene, bei Kommunen und privaten Energieversorgern gibt es Fördermittel für bauliche oder technische Maßnahmen, durch die die Energieeffizienz von Wohngebäuden verbessert wird. Oft, aber nicht immer können unterschiedliche Förderungen mit der BEG oder auch untereinander kombiniert werden. In Baden-Württemberg gibt es für Sanierungen zum Effizienzhaus 40 zusätzlich zur BEG eine Klimaprämie, in Niedersachsen besonders zinsgünstige Kredite für Familien mit Kindern und in Schleswig-Holstein einen Zuschuss für Photovoltaik-Balkonanlagen. In Nordrhein-Westfalen wird das Programm progres.nrw regelmäßig überarbeitet. Das 10 000-Häuser-Programm in Bayern bezuschusst die Installation von PV-Speichern. Und in Berlin können Eigentümer für die Heizungserneuerung zusätzlich zu BEG EM von Bafa oder KfW von der Investitionsbank Berlin (IBB) einen Förderzuschuss erhalten. In den Ländern und Kommunen ist die Fördermittellandschaft genauso in Bewegung wie im Bund. Frühzeitige Recherche, aber auch Kontrolle der verfügbaren Programme spätestens vor Auftragsvergabe ist deshalb wichtig. Zwar gibt es zahlreiche Datenbanken mit Suchmöglichkeiten, doch nicht alle sind immer auf dem aktuellsten Stand. Vor Ort gut informiert sind in der Regel Klimaschutzagenturen oder die entsprechenden Ämter in den Kommunen.

DIE RICHTIGE REIHENFOLGE

Förderanträge müssen bei Bafa und KfW und in der Regel auch bei regionalen Programmen vor Vorhabenbeginn gestellt werden. Maßgebend ist dabei das Datum des Antragseingangs. Als Vorhabenbeginn gilt der „Abschluss eines der Ausführung zuzurechnenden Lieferungs- oder Leistungsvertrags". Die Eigentü-

---

WEITERE KFW-FÖRDERUNGEN, DIE IN BETRACHT KOMMEN KÖNNEN:

→ Ladestationen für Elektroautos – Wohngebäude – Zuschuss (440)
→ Altersgerecht Umbauen – Kredit (159)
→ Barrierereduzierung – Investitionszuschuss (455-B)
→ Einbruchschutz – Zuschuss (455-E)
→ Energieeffizient Bauen und Sanieren – Zuschuss Brennstoffzelle (433)

(Stand: 8/2022)

INSTANDHALTUNGSKOSTENPAUSCHALEN NACH II. BERECHNUNGSVERORDNUNG

Alter des Gebäudes	Höhe der jährlichen Rücklage
älter als 32 Jahre	14,92 €/m²
älter als 22 Jahre	11,68 €/m²
jünger als 22 Jahre	9,21 €/m²

Quelle: II. BV, § 28 Absatz 2 / Aktualisierung der Pauschalen zum 01.01.2020

mergemeinschaft darf also noch keinen Vertrag mit einer Fachfirma unterschreiben und noch kein Material bestellen. Planungs- und Beratungsleistungen dürfen allerdings vor Antragstellung erbracht werden. Auch vorbereitende Maßnahmen auf dem Grundstück sind meist erlaubt. Dazu gehören beispielsweise die Erkundung vorhandener Bausubstanz, die Prüfung der Statik oder eine Schadstoffsanierung. Auf eigenes finanzielles Risiko kann die Gemeinschaft mit der Umsetzung der eigentlichen Baumaßnahme nach der Antragstellung natürlich beginnen.

Rücklagen

Wenn die Heizung kurzfristig aussteigt oder ein Wasserrohr bricht, ist schnelles Handeln angesagt. Für solche Fälle gibt es in jeder Eigentümergemeinschaft einen finanziellen Puffer: Zur ordnungsmäßigen Verwaltung gehört nach dem Wohnungseigentumsgesetz die „Ansammlung einer angemessenen Erhaltungsrücklage" (§ 19 Abs. 2 WEG). Früher hieß diese Rücklage Instandhaltungsrücklage. Die Umformulierung hat die inhaltliche Bedeutung jedoch nicht geändert. Diese Rücklage wird angespart, um kleine oder unvorhergesehene Wartungs- und Reparaturmaßnahmen ohne großen bürokratischen Aufwand begleichen zu können. Wie hoch die Erhaltungsrücklage im Einzelfall sein und welcher Betrag nach einer Teilentnahme auf dem Konto verbleiben muss, dazu macht das Gesetz keine Vorgabe. Jede Eigentümergemeinschaft entscheidet individuell darüber, wie viel sie pro Jahr zurücklegen will. Das ist eine Gradwanderung: Wird zu wenig angespart, dann kann eine Sonderumlage notwendig werden. Gerade bei unvorhergesehenen Reparaturen erschwert das die Umsetzung. Umgekehrt ist eine hohe Rücklage in Niedrigzinszeiten betriebswirtschaftlich wenig sinnvoll. Welche Rücklage angemessen ist, hängt vom Einzelfall ab und richtet sich nach Alter, Bauweise und -substanz, Zustand und Größe des Gebäudes, seiner Reparaturanfälligkeit und Ausstattung (zum Beispiel Aufzug, Tiefgarage, Zentralheizung). Auch die Lage des Objektes und nicht zuletzt die finanziellen Möglichkeiten der Eigentümer spielen eine Rolle. Zur konkreten Berechnung der Erhaltungsrücklage gibt es unterschiedliche Möglichkeiten.

ERHALTUNGSRÜCKLAGE RICHTIG KALKULIEREN

Häufig wird die Zweite Berechnungsverordnung (§ 28) als Anhaltspunkt herangezogen. Sie ist für den öffentlich geförderten Wohnungsbau vorgeschrieben und stellt auf die Bezugsfertigkeit, also das Alter der Immobilie, ab. Der jeweilige Betrag erhöht sich um jährlich 1,30 Euro pro Quadratmeter, wenn ein Aufzug im Haus vorhanden ist. Die Pauschalen werden alle drei Jahre anhand der Entwicklung des Verbraucherpreisindexes angepasst.

Eine weitere Methode zur Berechnung der Erhaltungsrücklage ist die Peters'sche Formel. Sie geht von der Annahme aus, dass innerhalb von 80 Jahren der 1,5-fache Wert der Baukosten für die Erhaltung des Gebäudes anfällt. Bei einem in Wohnungseigentum geteilten Gebäude entfällt nach Peters ein Anteil zwischen 65 und 70 Prozent der gesamten Erhaltungskosten auf das Gemeinschaftseigentum, der Rest auf das Sondereigentum der individuellen Eigentümer. Die Formel für die Höhe der jährlichen Rücklagen lautet dann: Baukosten pro m² x 1,5 : 80 Jahre x 0,7 x Fläche in m².

Voraussetzung für die Anwendung der Peters'schen Formel ist, dass die Herstellungskosten bekannt sind. Bei Altbauten ist genau das häufig nicht der Fall.

Die dritte Berechnungsmethode ist die Hauff'sche Formel. Sie geht von den aktuellen

Marktpreisen pro Quadratmeter aus und unterstellt, dass das Gemeinschaftseigentum etwa ein Viertel des Kaufpreises ausmacht. Zudem wird angenommen, dass das gemeinschaftliche Eigentum alle 50 Jahre einmal komplett erneuert werden muss. Die jährliche Erhaltungsrücklage pro Quadratmeter wird danach also folgendermaßen ermittelt: Marktpreis in Euro pro m² x 0,25 : 50.

EIN BEISPIEL: Für eine Wohnung mit einer Fläche von 65 Quadratmetern, die einen Marktwert von 285 000 Euro hat und sich in einem Gebäude Baujahr 1978 befindet, beträgt die jährliche Erhaltungsrücklage pro Quadratmeter

→ nach II. BV: 14,92 €/m²
→ nach Hauff'scher Formel: 285 000 € : 65 m² x 0,25 : 50 = 21,92 €

Egal, wie die Erhaltungsrücklage berechnet wird – eine diesen Beträgen entsprechende Rücklage sollte immer für kurz- und mittelfristig notwendig werdende Wartungs- oder Reparaturmaßnahmen verfügbar sein.

MEHR SPIELRAUM DURCH WEITERE RÜCKLAGEN

Neben der Erhaltungsrücklage kann die Gemeinschaft per Beschluss weitere Rücklagen einführen. Sie kann beispielsweise eine **LIQUIDITÄTSRÜCKLAGE** bilden, aus der Liquiditätslücken etwa aufgrund von Hausgeldrückständen überbrückt werden. Der Verwalter wird dann ermächtigt, im Fall von Engpässen auf die Liquiditätsrücklage zuzugreifen. Sobald das Girokonto der Gemeinschaft wieder ausreichend gedeckt ist, sind die aus der Rücklage entnom-

---

ANLAGE, VERWENDUNG UND AUFLÖSUNG VON RÜCKLAGEN

→ Die Beitragsleistung der Wohnungseigentümer zur Erhaltungsrücklage und jeder weiteren durch Beschluss vorgesehenen Rücklage muss im jährlichen Wirtschaftsplan als eigene Einnahme- und Ausgabeposition aufgeführt und von der Eigentümergemeinschaft mehrheitlich beschlossen werden.

→ Die Rücklagen müssen im jährlichen Vermögensbericht durch den Verwalter entsprechend aufgeführt werden.

→ Anhand des Wirtschaftsplans erstellt der Verwalter eine Liste der Hausgeldvorschüsse. Sie setzen sich aus den Beiträgen zur Bewirtschaftung und Verwaltung sowie den Beiträgen zu den Rücklagen zusammen. Die Festsetzung der Hausgeldvorschüsse muss von der Eigentümerversammlung beschlossen werden.

→ Rücklagen müssen getrennt vom WEG-Geschäftskonto auf separaten Bankkonten verwaltet werden. In der Regel werden sie als Tagesgeld, als Festgeld oder auf einem Sparkonto angelegt. Es kann jedoch auch ein Bausparvertrag abgeschlossen werden.

→ Rücklagen sind immer zweckgebunden. Die Erhaltungsrücklage beispielsweise darf ausschließlich für Wartungen und Reparaturen verwendet werden, die nicht in den laufenden Kosten enthalten sind. Sie darf nicht ohne Weiteres zur Finanzierung baulicher Maßnahmen herangezogen werden. Die Eigentümergemeinschaft kann jedoch die Auflösung eines Teils der Erhaltungsrücklage und die Verwendung der Mittel für die Baumaßnahme beschließen. Ein angemessener Betrag (siehe Seite 164) muss jedoch auf dem Rücklagenkonto verbleiben.

→ Eine Entnahme (Rücküberweisung auf das WEG-Geschäftskonto) bedarf der Zustimmung des Verwaltungsbeirats, bei dessen Veto ein Beschluss der Eigentümergemeinschaft einzuholen ist.

→ Eine nach Miteigentumsanteilen angesparte Rücklage darf nicht für eine Maßnahme verwendet werden, die beispielsweise nach dem Schlüssel Wohneinheiten finanziert oder gar nicht auf alle Miteigentümer umgelegt wird.

menen Gelder dieser wieder zuzuführen. Vorstellbar ist auch, eine zweckgebundene Sonderrücklage einzuführen. Das ist eine sehr sinnvolle Herangehensweise, wenn es um umfangreiche Baumaßnahmen geht.

EIN BEISPIEL: Ein individueller Sanierungsfahrplan oder ein anderes umfangreiches Konzept wurde erstellt. Das soll nun Schritt für Schritt im Lauf der kommenden Jahre abgearbeitet werden. Mit dem Konzept liegt eine fundierte Grundlage für die Finanzplanung vor, vorausschauend wird nun eine entsprechende Sanierungsrücklage angespart. Dieses Vorgehen hat gleich mehrere Vorteile: Alle Eigentümer können ihre individuelle Finanzplanung langfristig darauf einstellen. Viele kleine Happen tun weniger weh als ein großer. Und: Investitionsentscheidungen fallen leichter, wenn sie aus einer bereits vorhandenen Rücklage bezahlt werden können. Mit der Einführung einer Liquiditäts- oder zweckgebundenen Sonderrücklage muss neben deren Jahresbetrag auch der Verteilungsschlüssel beschlossen werden. Üblich ist, dass nach Miteigentumsanteilen angespart wird.

BAUSPAREN ALS EIN BAUSTEIN

Ein Bausparvertrag spielt eine eher untergeordnete Rolle im Kanon der Finanzierungmodelle, soll jedoch als ein Baustein im Gesamtkonzept nicht unerwähnt bleiben.

Die WEG schließt einen Vertrag über eine Summe X ab. Während der sogenannten Ansparphase zahlt sie regelmäßig auf das Bausparkonto ein, auch Extrazahlungen sind möglich. Sobald die vereinbarte Mindestsparzeit und das Mindestguthaben – in der Regel 30 bis 50 Prozent der vereinbarten Bausparsumme – erreicht und eine ausreichende Bewertungszahl gegeben ist, ist der Vertrag zuteilungsreif. Je nach Tarifvariante ist das mal nach fünf und mal erst nach neun oder zehn Jahren der Fall. Jetzt kann sich die WEG von der Bausparkasse die Bausparsumme auszahlen lassen. Sie setzt sich zusammen aus den verzinsten Ersparnissen und dem Bauspardarlehen über die restlichen Prozent des bei Vertragsabschluss vereinbarten Gesamtbetrags. Während der folgenden Darlehensphase zahlt die WEG das Bauspardarlehen in festen Tilgungs- und Zinsraten zurück.

Dieses auf mehrere Jahre angelegte Modell ist zugegebenermaßen ungeeignet, wenn es darum geht, die Finanzierung einer eben beschlossenen Komplettsanierung zu sichern. Etwas anderes ist es, wenn eine WEG heute einen individuellen Sanierungsfahrplan vor sich liegen hat und sich Gedanken macht, wie dieser Schritt für Schritt in den kommenden Jahren umgesetzt wird. Dann kann beispielsweise ein Rücklagenkonto als Bausparvertrag angelegt werden.

Im **BAUSPARVERTRAG** sind die Zinsen über die gesamte Laufzeit garantiert; die WEG hat Planungssicherheit. Ob sich die Darlehensphase lohnt, hängt maßgeblich davon ab, wie sich die Darlehenszinsen in den kommenden Jahren entwickeln. Das kann verlässlich niemand vorhersagen. Allerdings bringen Bausparverträge eine Handvoll praktische Vorteile: Bausparkassen verzichten bei kleineren Darlehenssummen oft ganz auf die Grundschuld und lassen sich dank Extrazahlungen und meist auch Sondertilgungen recht flexibel handhaben. Darüber hinaus bieten sie sich an, um kleinere Finanzierungslücken schließen. Schließlich tun sich viele Banken schwer damit, Kredite unter 50 000 Euro zu bewilligen. Beim Bausparvertrag spielt die Kredithöhe jedoch keine Rolle.

BESCHLUSSFASSUNG

Die Eigentümerversammlung muss den Abschluss eines Bausparvertrages mehrheitlich beschließen. Im Beschluss muss neben der Bausparsumme und den Modalitäten der Ratenzahlung auch festgelegt werden, nach welchem Schlüssel das Gesamtdarlehen später auf die einzelnen Wohnungseigentümer aufgeteilt werden soll. Zudem muss der Verwalter zum Vertragsabschluss beauftragt und bevollmächtigt werden.

Sonderumlagen

Eine weitere Komponente im Finanzierungskonzept sind Sonderumlagen, also Einmal- oder Ratenzahlungen, welche die Eigentümer zusätzlich zum Hausgeld erbringen. Explizite

HIER GEHT ES WEITER: BAUSPARVERTRÄGE IM VERGLEICH → TEST.DE/BAUSPARVERTRAG-VERGLEICH-5757018-0/

> ### FORMULIERUNGSHILFE: BESCHLUSSFASSUNG
>
> Die Wohnungseigentümer der Wohnungseigentümergemeinschaft .... beschließen hinsichtlich der aufgeführten Finanzierungsmittel eine Sonderumlage in Höhe von .... (Euro).
>
> Die auf die einzelnen Wohnungseigentümer entfallenden Teilbeträge sind nach Miteigentumsanteilen zu berechnen. Die jeweilige Höhe ergibt sich aus der beigefügten Tabelle. Diese ist Bestandteil dieses Beschlusses.
>
> Die Sonderumlage ist bis zum .... *(Datum)* fällig und anteilig von den Wohnungseigentümern auf das Konto der Gemeinschaft .... *(Name des Kreditinstituts)*, ... *(IBAN, BIC)* einzuzahlen.
>
> (Quelle: Verband der Immobilienverwalter Deutschland)

Regelungen dazu enthält das Wohnungseigentumsgesetz nicht. Sie werden aus § 16 Absatz 2 und § 28 Absatz 2 WEG abgeleitet: Danach hat jeder Wohnungseigentümer die Kosten der Gemeinschaft entsprechend seinem Anteil zu tragen. Außerdem beschließen die Wohnungseigentümer über den Wirtschaftsplan, die Abrechnung sowie Rechnungslegung des Hausverwalters – also auch über eine (eventuelle) Sonderumlage. Die Modalitäten richten sich nach dem Zweck der Umlage und den zu deckenden Kosten sowie nach der finanziellen Situation der Gemeinschaft und der einzelnen Mitglieder, der Eilbedürftigkeit der Maßnahme und den Zahlungsbedingungen der zu beauftragenden Firmen. Über alle maßgeblichen Details muss die Eigentümerversammlung beschließen.

Nicht immer sind alle Wohnungseigentümer mit einer Sonderumlage oder auch mit der zu finanzierenden Maßnahme einverstanden. Sie können dann gegen den entsprechenden Beschluss stimmen. Zahlen müssen sie nach § 21 Abs. 2 S. 1 WEG dennoch, wenn entweder der Beschluss mit qualifizierter Mehrheit gefasst wurde und die Kosten nicht unverhältnismäßig hoch sind oder wenn sich die Kosten innerhalb eines angemessenen Zeitraumes amortisieren (siehe Seite 212).

LÖSUNGEN FÜR HÄRTEFÄLLE

Die Sonderumlage muss auf jeden Fall so kalkuliert sein, dass der zusätzliche Finanzbedarf auch tatsächlich gedeckt ist. Ob die einzelnen Eigentümer ihren Anteil aus Ersparnissen bedienen oder per Kredit stemmen, bleibt jedem Einzelnen überlassen. Nur: Die finanziellen Verhältnisse sind oft sehr unterschiedlich. Natürlich gibt es immer Eigentümer, die nur geringe Ersparnisse haben oder keinen Kredit mehr bekommen, beispielsweise weil sie zu alt sind. Doch nicht jeder hängt seine Vermögenssituation an die große Glocke. Bei der Diskussion über die Höhe einer Sonderumlage ist daher Fingerspitzengefühl gefragt.

Äußert ein Eigentümer Zweifel, ob diese notwendig ist? Dann ist allen Eigentümern damit gedient, wenn klar formuliert wird, dass sich hinter Zweifeln möglicherweise Zahlungsschwierigkeiten verbergen. Im Interesse eines sozialen Verfahrens und des nachbarschaftlichen Miteinanders gilt es dann, nach Lösungen zu suchen. Die Umlage lässt sich vielleicht auf Raten verteilen und damit über einen längeren Zeitraum strecken. Dabei sind auch individuelle Modalitäten denkbar. Oder es wird ein anderer Verteilungsschlüssel beschlossen. Selbstnutzende Eigentümer haben unter Umständen Anspruch auf Wohngeld in Form des Lastenzuschusses. Im Ausnahmefall kann die Gemeinschaft einen Teil einer Rücklage auflösen und einem vorübergehend zahlungsunfähigen Miteigentümer einen Kredit gewähren. Der einfachste Weg ist oft, eine Ausfallzulage einzuplanen. Ist etwa ein Eigentümer bei der Hausgeldzahlung säumig, so besteht die Gefahr, dass er die Umlage nicht bedienen wird. Sie kann sicherheitshalber so bemessen sein, dass der Finanzierungsbedarf auch ohne Zahlung eines mutmaßlich nicht zahlenden WEG-Mitgliedes gedeckt ist.

WAS TUN, WENN EINER NICHT ZAHLT?
Ist die im Sonderumlagenbeschluss gesetzte ZAHLUNGSFRIST überschritten, kommt ein säumiger Miteigentümer ohne weitere Mahnung in Verzug. Er muss die gesetzlich bestimmten Verzugszinsen in Höhe von 5 Prozent über dem Basiszinssatz (§ 288 Abs. 1 BGB) oder einen davon abweichenden, in der Teilungserklärung festgelegten Zinssatz an die Gemeinschaft zahlen. Wurde versäumt, eine Frist zu beschließen, dann muss die Verwaltung eine Frist setzen und mahnen.

Im schlimmsten Fall müssen die Forderungen gerichtlich durchgesetzt werden. In der Regel wird der Verwalter namens und im Auftrag der Gemeinschaft tätig, wozu er jedoch ermächtigt sein muss. Wurde eine entsprechende Ermächtigung nicht bereits zusammen mit dem Verwaltervertrag ausgestellt, so muss dies mit dem Sonderumlagenbeschluss geschehen. Der Klageweg ist nicht nur für alle Beteiligten unangenehm, sondern auch langwierig. In der Zwischenzeit wird die Sonderumlage für das geplante Projekt auf jeden Fall benötigt. Dann müssen die Miteigentümer die Lücke im Verhältnis ihrer Miteigentumsanteile decken. Notfalls muss dafür eine zweite Sonderumlage beschlossen werden.

Kreditaufnahme durch einzelne Eigentümer oder die Gemeinschaft

Es gibt zahlreiche Gründe, die neben den anderen Finanzierungsbausteinen eine Kreditaufnahme notwendig machen können: Die Rücklagen reichen nicht aus. Die Ansparung der notwendigen Gelder würde zu lange dauern. Ein Teil der geplanten Maßnahmen ist dringlich, die schrittweise, eine über Jahre gestreckte Umsetzung der übrigen jedoch unwirtschaftlich. Das Höchstvolumen des Förderkredites wird überschritten. Je nachdem, welche Lücke geschlossen werden muss, kommen unterschiedliche Formen der Kreditaufnahme infrage.

Wenn ein einzelner Eigentümer die auf ihn entfallende Sonderumlage oder auch zeitgleich geplanten Maßnahmen im Sondereigentum nicht aus Eigenkapital, sondern mit einem Darlehen finanzieren möchte, kann er einen individuellen Kredit aufnehmen. Das ist dann seine Privatangelegenheit. Er allein entscheidet darüber, bei welchem Institut und zu welchen Konditionen er den Kredit aufnimmt, er allein haftet. Einzelne Banken verlangen für die Kreditaufnahmen Unterlagen über den Darlehenszweck. Vielfach werden diese den Eigentümern bereits durch die vorangegangenen Eigentümerversammlungen vorliegen. Ist dies nicht der Fall, ist die Verwaltung verpflichtet, dem einzelnen Eigentümer die erforderlichen Informationen zu geben.

Sind mehrere Eigentümer in der Situation, dass sie einen Kredit aufnehmen wollen oder müssen, so können sie natürlich bei unterschiedlichen Instituten individuelle Kredite beantragen. Selbst wenn der Antrag zeitgleich erfolgt, heißt das noch lange nicht, dass alle Kredite zeitgleich bewilligt und ausgezahlt werden. Die Bearbeitungszeiten sind unterschiedlich lang, eventuell lehnt eine Bank einen Eigentümer ab und er muss von vorn anfangen. Soll mit diesen Darlehen eine Sonderumlage beglichen werden, ist dieses individualisierte Verfahren nicht ratsam. Einzelne Verzögerungen können den gesamten Finanzierungszeitplan der WEG sprengen. Und: Üblicherweise wurde den einzelnen Eigentümern im Beschluss über die Sonderumlage eine Zahlungsfrist gesetzt. Wer sie nicht halten kann, riskiert Zahlungs- und Vollstreckungsmaßnahmen der WEG.

In solchen Konstellationen ist eine gebündelte Kreditaufnahme eine gute Alternative: Die Verwaltung trifft – am besten gemeinsam mit dem Verwaltungsbeirat oder dem Bauausschuss – eine Vorentscheidung, welche Bank in Betracht kommt und lädt einen Vertreter in die Eigentümerversammlung ein. Im Anschluss bündelt die Verwaltung die notwendigen Unterlagen, die Bank prüft diese nur einmal, hat also einen deutlich reduzierten Arbeitsaufwand und durch die Summierung ein garantiertes größeres Kreditvolumen. Im Anschluss wird jedoch mit jedem interessierten Eigentümer ein eigener Vertrag mit individuellen Konditionen geschlossen. Dieses sogenannte vereinfachte Verfahren für Einzeldarlehen bieten allerdings nicht alle Institute an. Schon bei der Vorauswahl kann dies ein Entscheidungskriterium sein. Das Verfahren ist bei einem Verbandskredit ähnlich – die Bank informiert, der Verwalter organisiert. Der Unterschied ist jedoch: Die Eigentümergemeinschaft als eigene Rechtspersönlichkeit schließt den Kreditvertrag. Das sieht § 9a des Wohnungseigentumsgesetzes ausdrücklich vor.

Von der gesetzlichen Vertretungsmacht des Verwalters wurden im Rahmen der WEG-Novelle Grundstückskauf- und Darlehensverträge explizit ausgenommen (§ 9b Satz 1 WEG). Der Verwalter kann einen Vertrag über einen WEG-Kredit für eine bauliche Maßnahme also nur schließen, wenn er per Beschluss von der Gemeinschaft dazu ermächtigt wurde. Im Rahmen der Vertragsabwicklung kann der Verwalter mittels seiner gesetzlichen Vertretungsmacht weitere Erklärungen abgeben. Auf der ganz sicheren Seite sind alle Beteiligten, wenn auch dies Inhalt des Beschlusses ist (siehe Kasten Seite 65).

Die Gesetzesbegründung sieht vor, dass eine WEG ihren Verwalter per Beschluss in bestimmten Grenzen oder umfassend zum Abschluss von Kreditverträgen ermächtigt. Eine solche Regelung ist beispielsweise aufgrund eines jahrelangen Vertrauensverhältnisses vorstellbar. Falls in einer WEG ein solcher pauschaler Beschluss gefasst wurde, muss mit dem infrage kommenden Kreditinstitut geklärt werden, ob diese Grundlage ausreicht. Einzelne Banken verlangen neben der Vorlage der Vollmacht auch die eines auf das Vorhaben bezogenen Beschlusses.

Bei Weitem nicht alle Banken bieten Verbandsdarlehen und Sanierungskredite für Wohnungseigentümergemeinschaften an. Die Tabelle ab Seite 170 bietet eine detaillierte Übersicht über die Förderbanken der Bundesländer sowie einzelne bundesweit tätige Banken.

KNACKPUNKT HAFTUNG

Das zentrale Problem bei der Kreditaufnahme ist die Haftung: Zwar haftet gemäß § 9a, Satz 4 WEG zunächst einmal jeder Eigentümer gegenüber der Bank nur für seinen Anteil:

„Jeder Wohnungseigentümer haftet einem Gläubiger nach dem Verhältnis seines Miteigentumsanteils (§ 16 Absatz 1 Satz 2) für Verbindlichkeiten der Gemeinschaft der Wohnungseigentümer, die während seiner Zugehörigkeit entstanden oder während dieses Zeitraums fällig geworden sind [...]." Eine gesamtschuldnerische Haftung der Wohnungseigentümer für die gesamte Kreditsumme gibt es demnach nicht. Wenn ein Miteigentümer nicht zahlt, kann das Kreditinstitut also nicht einmal eben von einem anderen Eigentümer die ausstehenden Raten einfordern. Im Falle eines Eigentümerwechsels tritt der neue Eigentümer in die Verbindlichkeit ein, und der alte tritt aus.

Soweit die Außenhaftung. Im Binnenverhältnis der Wohnungseigentümer sieht es jedoch anders aus. Hier gibt es eine solidarische Ausfallhaftung. Wenn ein Einzelner seine Anteile an der oder den Kreditraten nicht begleicht, muss die WEG die Ausfälle aufbringen. Diese **NACHSCHUSSPFLICHT** ist in der Höhe unbegrenzt. Sie gilt auch für Eigentümer, die möglicherweise von der Tilgung und Zinszahlung ausgenommen sind, weil sie ihre Sonderumlage aus Eigenkapital und eben nicht aus dem Kredit tragen. Diese Problematik hat in der Vergangenheit immer wieder die Gerichte

DARLEHEN FÜR EIGENTÜMERGEMEINSCHAFTEN

Einzelne bundesweit agierende Banken und viele Landesbanken bieten Produkte für Wohnungseigentümer an. Sie orientieren sich vielfach an den Förderkrediten des Bundes. Zum Zeitpunkt der Drucklegung stand noch nicht fest, wie die Banken auf die Neustrukturierung der BEG reagieren. Die jeweils aktuellen Bedingungen müssen also bei den Banken erfragt werden (Kontaktdaten siehe Seite 229).

Bank	Produktname	Darlehenstyp oder Zuschuss	Einzeldarlehen: vereinfachtes Verfahren	Kredithöhe	Zweckbindung
Bundesweite Angebote					
BfW Bank für Wohnungswirtschaft	WEG-Kredit	Verbandsdarlehen		Grundlage 35 000 je Wohneinheit	an die beschlossenen Maßnahmen
DKB	WEG-Zukunftsdarlehen	Verbandsdarlehen		bis 50 000 EUR je Eigentümer	innovative, klimafreundliche oder altersgerechte Projekte am Gemeinschaftseigentum; alle weiteren Investitionen am Gemeinschaftseigentum können in Form einer klassischen WEG-Finanzierung beantragt werden
Hausbank München	WEG-Darlehen	Verbandsdarlehen		25 000 bis 5 Mio. Euro	laut vorgegebener Maßnahmen
TEN31 Bank Real Estate	WEG Baugeld	Verbandsdarlehen		k. A.	alle Maßnahmen am Gemeinschaftseigentum
Förderbanken der Bundesländer					
Landeskreditbank Baden-Württemberg	Programme für Wohnungseigentümergemeinschaften werden derzeit umfassend überarbeitet. Neuauflage ist ab 1/2023 geplant. Informationen finden sich auf der Internetseite.				
Bayerische Landesbodenkreditanstalt	WEG Modernisierungsprogramm	Verbandsdarlehen		entweder mind. 5 000 EUR pro WE oder förderfähige Kosten der Gesamtmaßnahme mind. 100 000 Euro. Darlehen beträgt bis zu 85 % der förderfähigen Kosten.	

Laufzeit	Eigenmittel	Sicherheiten	Besonderheiten	Durchleiten von KfW-Programmen
3, 5, 10 oder 15 Jahre		keine Sicherheiten, auch keine Schufa-Anfragen	4 Einheiten / 4 Eigentümer, Hausgeldkonto muss nicht bei der BfW geführt werden, Rücklagenverwendung ist i. d. R. nicht erforderlich	nein
bis zu 15 Jahre	20 % des Investitionsvolumens aus Eigenmitteln	keine	bestandskräftiger Mehrheitsbeschluss der WEG über die Kreditaufnahme muss vorliegen	Kombination mit Zuschussprogrammen möglich
bis zu 10 Jahre	keine	keine		ja
1 bis 10 Jahre, längere Laufzeiten nach Rücksprache	keine	keine		nein
Volltilgerdarlehen mit 10 Jahren Laufzeit	15 % der förderfähigen Kosten (Sonderumlage oder Rücklage etc. möglich)	Verzicht auf dingliche Sicherung	keine	nein

Bank	Produktname	Darlehenstyp oder Zuschuss	Einzeldarlehen: vereinfachtes Verfahren	Kredithöhe	Zweckbindung
Investitionsbank Berlin	IBB Wohnraum Modernisieren	Einzeldarlehen[1]	X	bis 100 000 € je Wohneinheit	alle Modernisierungsmaßnahmen am Gemeinschaftseigentum
Investitionsbank des Landes Brandenburg	keine Programme für Wohnungseigentümer oder Wohnungseigentümergemeinschaften, jedoch unter bestimmten Voraussetzungen Förderung von selbstnutzenden Eigentümern bei Sanierungen im Sondereigentum				
Bremer Aufbau-Bank	Kredit für Wohnungseigentümergemeinschaften, u. a. Programmbausteine „Energieeffizient Sanieren" (KfW) und „Wasser nach Plan"	Verbandsdarlehen: Programm „Rund ums Haus"; für Selbstnutzer und private Kleinvermieter ausschließlich für Maßnahmen am Sondereigentum		bis zu 50 000 € je Wohneinheit / bis zu 750 000 € insgesamt	an die Maßnahmen der Themenfelder der Programmbausteine
Hamburgische Investitions- und Förderbank	IFB-Modernisierungsdarlehen Standard / Energie	Einzeldarlehen[1]	X	5 000 € bis 25 000 / 35 000 € je Wohneinheit	ja
	Wärmeschutz im Gebäudebestand	Zuschuss[1]	X	keine	keine
	Erneuerbare Wärme	Zuschuss[1]	X	keine	keine
WIBank	Energetische Modernisierung bei WEG = Bundesförderung Energetische Gebäude mit speziellen Bedingungen	Verbandsdarlehen		pro WEG Einzelmaßnahmen bis zu 60 000 € je WE, Effizienzhaus bis zu 150 000 € je WE	
Landesförderinstitut Mecklenburg-Vorpommern	keine Programme für Wohnungseigentümer oder Wohnungseigentümergemeinschaften				

Laufzeit	Eigenmittel	Sicherheiten	Besonderheiten	Durchleiten von KfW-Programmen
bis 30 Jahre	7,5 % Eigenkapital; bankübliche Sicherheiten; Form und Umfang der Besicherung werden individuell nach Bonität und Bewertung der Immobilie vorgenommen		Auszahlungen erfolgen ausschließlich auf ein Gemeinschaftskonto der WEG; Einbindung eines EEE-Experten nicht erforderlich	ja
4 bis 10 Jahre	10 % der Investitionskosten aus Eigenmitteln	keine	bestandskräftiger Mehrheitsbeschluss der WEG über die Maßnahme und die Finanzierung muss vorliegen; Verwalter muss zum Zeitpunkt der Darlehensgewährung noch mind. zwei Jahre bestellt sein	ja; Kombination mit anderen Förderprogrammen möglich
1, 10 oder 30 Jahre	0 bis 15 % der Kosten, abhängig vom Investitionsvolumen	Blanko (höhere Darlehen mit banküblichen Sicherheiten)	Modernisierung und Instandsetzung von Wohneigentum	Kombination mit BEG-Programmen möglich
keine	keine	keine	Modernisierung der Gebäudehülle und hydraulischer Abgleich (Pflicht)	Kombination mit BEG-Programmen möglich
keine	keine	keine	Heizungsmodernisierung und Solaranlagen	Kombination mit BEG-Programmen möglich
10 Jahre	mindestens 10 % des Investitionsvolumens z. B. Rücklage oder Sonderumlage	Bürgschaft des Landes Hessen	Darlehenshöchstbeträge und Konditionen entsprechen den KfW-Programmen, abweichend davon 10 % Eigenkapital und keine grundbuchliche Sicherung	ja

Bank	Produktname	Darlehenstyp oder Zuschuss	Einzeldarlehen: vereinfachtes Verfahren	Kredithöhe	Zweckbindung
Nbank	Landesbürgschaft WEG	keine Darlehensförderung für WEG			
NRW.BANK	NRW.BANK.Gebäudesanierung	Einzeldarlehen nur für Selbstnutzer; Vergabe über die Hausbank an den jeweiligen Eigentümer		2 500 bis 75 000 EUR pro Vorhaben	Verbesserung Energieeffizienz, Erneuerung Heizungsanlage, Barrierereduzierung, Behebung baulicher Mängel, Verringerung Ressourcenverbrauch, bauliche Maßnahmen zum Hochwasserschutz
Investitions- und Strukturbank Rheinland-Pfalz (ISB)	ISB-Darlehen Modernisierung Mietwohnungen; ISB-Darlehen Modernisierung selbst genutztes Wohneigentum	Einzeldarlehen		Vermieter: bis zu 110 000 € pro Wohnung; Selbstnutzer: 60 000 € bei bis zu vier Personen, für jede weitere Person 5 000 €	Vermieter: Belegungs-und Mietpreisbindung; Selbstnutzer: Einhaltung Einkommensgrenzen (§ 13 Abs. 2 LWoFG + 60%)
Saarländische Investitionskreditbank SIKB (Saarland)	WEG-Finanzierung	Verbandsdarlehen		keine Grenze	Maßnahmen am Gemeinschaftseigentum
Sächsische Aufbaubank	keine Programme für Wohnungseigentümer oder Wohnungseigentümergemeinschaften				
Investitionsbank Sachsen-Anhalt	Sachsen-Anhalt Modern	Verbandsdarlehen; Einzeldarlehen nur für jeweiliges Sondereigentum		VD: maximal 50 000 €; ED: gemäß VGG (50 000 € je Baustein je Wohnung)	keine
Investitionsbank Schleswig-Holstein	IB.SH – WEGfinanz	Einzeldarlehen[1]	X	5 000 bis 25 000 € je Wohneinheit	
Thüringer Aufbaubank	keine Programme für Wohnungseigentümer oder Wohnungseigentümergemeinschaften				

FINANZIERUNG PLANEN 175

Laufzeit	Eigenmittel	Sicherheiten	Besonderheiten	Durchleiten von KfW-Programmen
			zur Sicherung von Darlehen bei einem anderen Kreditinstitut	
10, 15 oder 20 Jahre bei gleichlanger Zinsbindung	keine Vorgabe	bankübliche Sicherheiten, Abstimmung zwischen Kreditnehmer und Hausbank	nur für Selbstnutzer	ja
Vermieter: 15 oder 20 Jahre Zinsfestschreibung, danach marktübliche Konditionen Selbstnutzer: 10, 15 oder 20 Jahre Zinsfestschreibung, danach marktübliche Konditionen	keine	nachrangige Grundschuld, sofort vollstreckbar	kein eigenes Programm für WEG, abhängig davon ob der Eigentümer Vermieter oder Selbstnutzer ist, gelten die Bedingungen des jeweiligen Modernisierungsprogrammes	nein
i. d. R. 10 Jahre, Ausnahme 15 Jahre		Sicherheit 10 % des Darlehensbetrages vom Rücklagekonto verpfändet, Abtretung der Hausgeldforderung	Verwalterbestellung muss noch mindestens zwei Jahre fortbestehen	ja
10 / 20 / 30 Jahre	keine Vorgabe	VD: keine, ED: (immer) stille Gehaltsabtretung (bei Darlehen > 50 000 €) Grundschuld, ggf. nachrangig		nein
keine Volltilger mit fester Laufzeit, Zinsbindung für 10 oder 15 Jahre möglich	0 bis 15 % der Kosten, abhängig vom Darlehensbetrag	Kreditprüfung durch Schufa-Auskunft, keine Hausgeldrückstände der Kreditnehmer in den letzten drei Jahren	Es werden Beratungskosten i. H. v. 2,38 % der Investitionskosten je WEG fällig.	ja

beschäftigt. Mit Urteil vom 25.9.2015 (Az. V ZR 244/14) hat der Bundesgerichtshof entschieden: Die Aufnahme eines langfristigen, hohen Kredits durch die WEG kann ordnungsmäßiger Verwaltung entsprechen. Voraussetzung ist jedoch, dass das Risiko einer Nachschusspflicht im Rahmen der Beschlussfassung erörtert und dies auch ausdrücklich im Versammlungsprotokoll dokumentiert wurde. Abschließend weist der BGH darauf hin, dass auch die Beschlussfassung über die Aufnahme eines Darlehens gewissen Anforderungen genügen müsse. So habe der Beschluss Angaben über die zu finanzierende Maßnahme, die Höhe des Darlehens, dessen Laufzeit, die Höhe des Zinssatzes bzw. des nicht zu überschreitenden Zinssatzes zu enthalten und müsse erkennen lassen, ob die Tilgungsraten so angelegt sind, dass der Kredit am Ende der Laufzeit getilgt ist. Unterm Strich ist die Angst vor der Haftung eines der größten Hindernisse bei der Kreditaufnahme und damit bei der Finanzierung.

Mögliche Auswirkungen auf Mietverhältnisse

Für vermietende Eigentümer spielen die unmittelbar durchsetzbaren Mieterhöhungsmöglichkeiten eine zentrale Rolle bei der Refinanzierung der Investitionskosten. Bei Staffel- und Indexmieten sind Mieterhöhungen nicht zulässig. Ansonsten sind zwei unterschiedliche Wege möglich:

→ die **MIETERHÖHUNG** bis zur ortsüblichen Vergleichsmiete nach § 558 BGB und
→ die Mieterhöhung nach Modernisierung gemäß § 559 BGB

Der erste Weg steht nur denjenigen Vermietern offen, deren aktuelle Vertragsmiete unterhalb der ortsüblichen Vergleichsmiete liegt. Wenn das der Fall ist, darf der Wohnungseigentümer die Miete innerhalb von drei Jahren um 20 Prozent anheben. Diese sogenannte **KAPPUNGSGRENZE** kann die Landesregierung in angespannten Wohnungsmärkten per Rechtsverordnung für fünf Jahre auf maximal 15 Prozent begrenzen. Darüber hinaus muss eine Sperrfrist eingehalten werden: Das Mieterhöhungsverlangen darf frühestens zwölf Monate nach der letzten Mieterhöhung geltend gemacht werden und die Mieterhöhung frühestens nach 15 Monaten in Kraft treten (§ 558 Abs. 1 BGB). Die Mieterhöhung muss schriftlich erfolgen und begründet werden, beispielsweise mit einem Mietspiegel oder durch Benennung von drei Vergleichswohnungen (siehe Kasten unten). Wirksam wird die Mieterhöhung erst, wenn der Mieter zustimmt. Vermieter haben einen Anspruch auf Zustimmung, wenn die Mieterhöhung ordnungsgemäß ist. Allerdings wird dem Mieter eine mindestens zweimonatige sogenannte Überlegensfrist eingeräumt – vom Zugang des Mieterhöhungsschreibens bis zum Ablauf des übernächsten Monats. In dieser Zeit hat der Mieter ein Sonderkündigungsrecht und darf den Mietvertrag mit einer Frist von nur zwei Monaten kündigen (§ 561 BGB).

Bei der **MODERNISIERUNGSMIETERHÖHUNG** nach § 559 BGB darf der Vermieter nach dem Ende der Sanierungsarbeiten die jährliche Miete um 8 Prozent der für die Wohnung aufgewendeten Kosten erhöhen. Der erste Schritt dazu ist die rechtssichere Ankündigung: Spätestens drei Monate vor Beginn der Baumaßnahmen müssen vermietende Eigentümer ihren Mietern diese in Textform ankündigen. Der Gesetzgeber macht dazu detaillierte Vorgaben: Die Art und der voraussichtliche Umfang der

---

> **ORTSÜBLICHE VERGLEICHSMIETE**
>
> Sie gibt an, welche Mietpreise in der Gemeinde oder in einer vergleichbaren Kommune innerhalb der vergangenen sechs Jahre verlangt wurden. Die Details sind in § 558 Abs. 2 BGB geregelt. Zur Ermittlung der ortsüblichen Vergleichsmiete für eine konkrete Wohnung werden Wohnungen herangezogen, die in Art, Größe, Ausstattung, Beschaffenheit, Lage und energetischen Voraussetzungen vergleichbar sind. Die ortsübliche Vergleichsmiete wird über den Mietspiegel, über drei Vergleichswohnungen, über ein Sachverständigengutachten oder über die Auskunft einer Mietdatenbank bestimmt.

Maßnahme müssen in wesentlichen Zügen dargestellt werden. Der voraussichtliche Beginn und die voraussichtliche Dauer sind zu nennen. Und die zu erwartenden Mieterhöhung sowie die voraussichtlichen künftigen Betriebskosten müssen beziffert werden. Wollen Vermieter vom sogenannten vereinfachten Verfahren (siehe Seite 220) Gebrauch machen, müssen sie auch dies mitteilen. Und schließlich ist auf die Form und die Frist eines Härteeinwandes hinzuweisen. Macht der Mieter geltend, dass die Sanierung und die damit einhergehenden Beeinträchtigungen für ihn, seine Familie oder einen Angehörigen seines Haushaltes eine unzumutbare Härte bedeuten – etwa aufgrund einer Krankheit –, so kann er der Durchführung der Baumaßnahme widersprechen und muss sie nicht dulden. Außerdem steht ihm ein Sonderkündigungsrecht zu: Er kann nach Zugang der Modernisierungsankündigung das Mietverhältnis außerordentlich zum Ablauf des übernächsten Monats kündigen. Ein Härtefall zulasten des Mieters kann auch vorliegen, wenn ihn die angekündigte Mieterhöhung wirtschaftlich unangemessen belasten würde. Auch diesen Härtefall muss der Mieter bereits anlässlich der Modernisierungsankündigung vortragen. Er hat zunächst keine Auswirkungen auf die Duldung der Bauarbeiten, sondern kommt erst nach deren Abschluss zum Tragen.

Die Berechnung der Modernisierungsmieterhöhung ist nicht ganz einfach und birgt Streitpotenzial an der Vermieter-/Mieter-Front. Der vermietende Eigentümer muss von seinen Gesamtinvestitionskosten die gesparten Instandsetzungskosten abziehen und die Aufteilung gegenüber dem Mieter transparent machen (BGH Az. VIII ZR 149/03 und Az. VIII ZR 151/03). Das kann durch Angabe von Beträgen oder in Form von Quoten geschehen. Enorm hilfreich ist, wenn Verwaltungen und beauftragte Planer diesen Aspekt von Anfang an im Blick haben und bei jeder einzelnen Rechnung die Posten getrennt ausweisen. Für kleinere Maßnahmen, bei denen die geltend gemachten Kosten 10 000 Euro nicht übersteigen, können Vermieter die Aufteilung nach einem sogenannten **VEREINFACHTEN VERFAHREN**

> **STOLPERSTEINE BEI SANIERUNGEN UND MIETERHÖHUNGEN**
>
> → Die Durchführung der energetischen Sanierung verzögert sich. >>> Dauert sie länger als drei Monate, ist der Mieter berechtigt, die Miete aufgrund der Beeinträchtigungen durch den Bau zu mindern.
> → Der Vermieter hat nicht bedacht, dass Erhaltungskosten bei einer Modernisierungsmieterhöhung nicht berücksichtigt werden dürfen. >>> Es gibt Ärger mit dem Mieter, und am Ende fällt die Mieterhöhung geringer aus, als in der Finanzplanung kalkuliert.
> → Der Vermieter hat die Modernisierung nicht oder nicht richtig angekündigt. >>> Die Frist, ab der der Mieter die höhere Miete zahlen muss, verlängert sich um sechs Monate, gerechnet vom normalen Eintritt.
> → Die Miete macht nach der Modernisierungsmieterhöhung mehr als 30 bis 40 Prozent des Haushaltsnettoeinkommens des Mieters aus. >>> Er kann sich auf eine unzumutbare Härte berufen und sich gegen die Erhöhung wehren. Vor Gericht wird der Einzelfall geprüft.

berechnen und pauschal 30 Prozent der Kosten für Erhaltungsmaßnahmen abziehen (§ 559c BGB). Außerdem sind Fördermittel, Drittmittel und Zuschüsse auf die angefallenen Kosten anzurechnen. Bei entsprechend bereinigten Modernisierungskosten von beispielsweise 10 500 Euro beträgt die maximal mögliche Mieterhöhung 70 Euro pro Monat (10 500 € x 8 % : 12 Monate). Auch hier gilt eine Kappungsgrenze: Innerhalb von sechs Jahren darf die monatliche Miete nicht mehr als um 3 Euro je Quadratmeter erhöht werden. Betrug die Miete vorher weniger als 7 Euro pro Quadratmeter Wohnfläche, darf sie nicht um mehr als 2 Euro je Quadratmeter steigen.

Die Mieterhöhung ist übrigens auch dann zulässig, wenn sie die eingesparten Heizkosten deutlich übersteigt, so der Bundesgerichtshof (Az. VIII ZR 149/03). Die Zustimmung des Mieters ist bei dieser Form der Mieterhöhung nicht erforderlich. Eine Modernisierungsmieterhöhung ist somit einfacher umsetzbar als eine reguläre Mieterhöhung bis zur ortsüblichen Vergleichsmiete. Auch in angespannten Wohnungsmärkten, wo die Länder gemäß §§ 556d ff. BGB durch Rechtsverordnung die sogenannte Mietpreisbremse eingeführt haben, können Vermieter die Kosten einer energetischen Sanierung unvermindert auf die Miete umlegen. Voraussetzung ist, dass die Maßnahme nicht länger als drei Jahre zurückliegt. Bei der ersten Vermietung nach einer umfassenden Sanierung ist der Vermieter gänzlich von den Beschränkungen der Mietpreisbremse befreit.

Die beiden Formen der Mieterhöhung gemäß § 558 und § 559 dürfen nicht zugleich angewendet werden, so ein Urteil des Landgerichts Berlin (Az. 65 S 240/15). Je nach Höhe der bisherigen Vertragsmiete in Relation zur Vergleichsmiete können sie jedoch in kurzen Abständen genutzt werden. Beispielsweise kann zunächst die Erhöhung auf die ortsübliche Vergleichsmiete basierend auf dem nicht modernisierten Zustand der Wohnung erfolgen. In einem zweiten Schritt folgt die Modernisierungsmieterhöhung. Die Begründung der Mieterhöhungen müssen vermietende Eigentümer getrennt darlegen.

Die rechtlichen Möglichkeiten sind das eine, ihre Umsetzung das andere. Bevor Vermieter die Finanzierung der energetischen Sanierung auf eine geplante Mieterhöhung aufbauen, sollten sie deshalb alle Unwägbarkeiten prüfen (siehe Kasten, Seite 177). Im frühzeitigen Gespräch mit dem Mieter lässt sich Verständnis für Beeinträchtigungen durch Baumaßnahmen schaffen, aber auch deren Nutzen herausstellen. Außerdem hat er damit eine Chance, seinerseits Fragen anzubringen oder – schlimmstenfalls – über drohende Härten zu sprechen.

Steuerliche Möglichkeiten

Selbstnutzende und vermietende Eigentümer haben grundlegend unterschiedliche Möglichkeiten, energieeffiziente Baumaßnahmen am Wohneigentum steuerlich geltend zu machen. Nur in sehr wenigen Gemeinschaften setzen sich alle Eigentümer aus der einen oder der anderen Gruppe zusammen. Entsprechend ist es kaum möglich, das gemeinsame Finanzierungskonzept so auszurichten, dass ein für alle Miteigentümer gleichermaßen steuerlich günstiger Weg gefunden wird. Für die einzelnen Eigentümer ist dennoch wichtig, ihre individuellen Steueraspekte im Blick zu haben.

Schließlich muss jeder Einzelne beurteilen, ob und in welcher Höhe er eine Sonderumlage verkraftet oder welche Belastung er oder sie durch eine Kreditrate monatlich meistern kann. Bei vielen Steuerersparnissen handelt es sich um eher kleine Beträge. Doch auch solche summieren sich zu einem Baustein in der Finanzierung.

STEUERLICHE FÖRDERUNG NUR FÜR SELBSTNUTZER

Eigentümer, die ihre Immobilie selbst bewohnen, können alternativ zu den Förderprogrammen des Bundes eine steuerliche Förderung für energieeffiziente Einzelmaßnahmen erhalten. Details dazu sind in § 35c Einkommensteuergesetz (EStG) festgeschrieben:

→ Die **STEUERFÖRDERUNG** gibt es für Maßnahmen, die nach dem 31.12.2019 begonnen wurden und vor dem 1. Januar 2030 abgeschlossen sind.

→ Das Gebäude muss bei Beginn der Sanierung mindestens **ZEHN JAHRE** alt sein. Maßgeblich ist der Tag, an dem der Bauantrag gestellt oder die Bauunterlagen eingereicht wurden.

→ Das Finanzamt erstattet **20 PROZENT** der Kosten für Wärmedämmung von Wänden, Dachflächen, Geschossflächen, Erneuerung der Fenster oder Außentüren, Erneuerung oder Einbau einer Lüftungsanlage, Erneuerung der Heizungsanlage, Einbau von digitalen Systemen zur energetischen Betriebs- und Verbrauchsoptimierung sowie Optimierung bestehender Heizungsanlagen.

→ Die Arbeiten müssen von einem **FACHUNTERNEHMEN** ausgeführt werden, zu dessen Arbeitsbereich die durchgeführten Maßnahmen gehören. Ein Dachdecker darf das Dach eindecken und isolieren, nicht jedoch die Fassadendämmung übernehmen. Das Fachunternehmen muss bestimmte Anforderungen erfüllen, die das Bundesministerium der Finanzen in der **ENERGETISCHEN SANIERUNGSMASSNAHMEN-VERORDNUNG** (ESanMV) geregelt hat.

→ Der Einsatz eines **ENERGIEBERATERS** ist nicht vorgeschrieben; wird jedoch ein beim Bafa gelisteter Energie-Effizienz-Experte beauftragt, dann sind 50 Prozent der Kosten dafür im ersten Jahr vollständig absetzbar.

→ Das Fachunternehmen oder ein eventuell beauftragter Energieeffizienzexperte muss bescheinigen, dass die Sanierungsmaßnahmen den gesetzlichen Mindestanforderungen genügen. Das Bundesministerium der Finanzen stellt Vorlagen für **BESCHEINIGUNGEN** online zur Verfügung.

→ Die **HÖCHSTGRENZE** der förderfähigen Sanierungskosten liegt mit 200 000 Euro pro Objekt weit über den Förderhöchstgrenzen der Bafa- und KfW-Förderungen. Pro Objekt können zu unterschiedlichen Zeitpunkten mehrere Maßnahmen durchgeführt und die Kosten so lange von der Steuer abgezogen werden, bis die Erstattungsgrenze erreicht ist. Wer mehrere Immobilien sein Eigen nennt und zu Wohnzwecken nutzt – zum Beispiel eine Erst- und eine Zweitwohnung – kann für jede Immobilie jeweils bis zu 40 000 Euro erstattet bekommen.

→ Die Abrechnung für alle Maßnahmen außer der Energieberatung erfolgt über einen Zeitraum von **DREI JAHREN**. Für das Jahr, in dem die Maßnahmen abgeschlossen wurden, und für das Folgejahr werden jeweils 7 Prozent von der Steuerschuld abgezogen, im dritten Jahr die restlichen 6 Prozent.

Die Steuerförderung muss nicht im Vorfeld beantragt werden. Sie wird mit der Einkommensteuererklärung für das Jahr, in dem die Maßnahmen abgeschlossen wurden, geltend gemacht. Dazu müssen die einseitige Anlage „Energetische Maßnahmen" ausgefüllt und die Fachunternehmerbescheinigungen beigefügt werden. Einzelne Finanzämter wollen außerdem die korrekten Rechnungen samt Überweisungsbelegen sehen.

Das Prozedere insgesamt ist wesentlich unkomplizierter als die Beantragung von Fördermitteln vor Beginn der Baumaßnahmen. Es hat

> **BAFA-/KFW-FÖRDERUNG ODER STEUERFÖRDERUNG?**
>
> → Bei einzelnen Maßnahmen – z. B. der Heizungserneuerung – sind die Fördersätze im Rahmen der BEG EM teilweise höher als die 20-prozentige Steuerersparnis.
> → Werden mehrere umfangreiche Einzelmaßnahmen kombiniert, ist der Förderdeckel der BEG schneller überschritten als bei der Steuerförderung.
> → Die bei Bafa und KfW notwendige Beantragung im Vorfeld kann für Verzögerungen sorgen.
> → Die nachträgliche Abwicklung über das Finanzamt birgt ein Restrisiko und lässt eine Finanzierungslücke entstehen.

jedoch mehrere große Nachteile: Das Restrisiko, dass das Finanzamt die Steuererstattung verwehrt, lässt sich nicht ganz ausschließen. Im schlimmsten Fall geht der Antragsteller am Ende ganz leer aus. Zudem erfolgt die Erstattung deutlich später, als die Kosten ins Haus stehen und erstreckt sich noch dazu über drei Jahre. Es muss also eine Finanzlücke überbrückt werden. Es können nur diejenigen die komplette Ermäßigung nutzen, die genügend Steuern bezahlen, von denen dann ein Teil erstattet werden kann. Vor- und Rückträge in andere Jahre sind nicht möglich. In der Eigentümergemeinschaft kommt ein wichtiger Aspekt hinzu: Steuerermäßigungen und staatliche Förderung lassen sich nicht kombinieren. Vorstellbar ist, dass einige Eigentümer Bafa-Zuschüsse beantragen und andere die Steuerförderung wählen. Entscheidet jedoch die WEG, im Rahmen der BEG einen Verbandskredit aufzunehmen, kann kein einzelner Selbstnutzer die Steuerförderung in Anspruch nehmen.

WEITERE STEUERLICHE MÖGLICHKEITEN FÜR SELBSTNUTZER

Selbstnutzer können alljährlich Kosten für Handwerkerleistungen und für **HAUSHALTSNAHE DIENSTLEISTUNGEN** absetzen (§ 35a EStG) und damit ihre zu zahlende Einkommensteuer

HIER GEHT ES WEITER: DETAILS ZUM EINKOMMENSTEUERGESETZ → GESETZE-IM-INTERNET.DE/ESANMV/ • FORMULARE → BUNDESFINANZMINISTERIUM.DE, STICHWORTE: „STEUERLICHE FÖRDERUNG ENERGETISCHER MASSNAHMEN AN ZU EIGENEN WOHNZWECKEN GENUTZTEN GEBÄUDEN"

direkt verringern. Die Höhe des persönlichen Steuersatzes spielt dabei keine Rolle.

Bezüglich der Handwerkerleistungen gilt: Maximal 6 000 Euro im Jahr sind absetzbar, 20 Prozent davon wirken sich steuermindernd aus. Selbstnutzende Eigentümer sparen also bis zu 1 200 Euro pro Jahr und Haushalt, zuzüglich erspartem Solidaritätszuschlag und eventuell ersparter Kirchensteuer. Angerechnet werden nur Arbeits-, Fahrt- und Maschinenkosten, nicht jedoch Materialkosten. Natürlich dürfen die einzelnen Eigentümer die Handwerkerkosten nur anteilig gemäß ihrer Miteigentumsanteile geltend machen. Für haushaltsnahe Dienstleistungen beträgt die Höchstgrenze 20 000 Euro im Jahr. Auch hier lassen sich 20 Prozent steuermindernd geltend machen, sodass sich die Steuerlast um bis zu 4 000 Euro reduziert. In diese Kategorie fallen unter anderem die Arbeit eines Hausmeisterdienstes oder eine Reinigungskraft.

Beide Optionen dürfen ausschließlich in Anspruch genommen werden für Kosten, die nicht bereits bei einer staatlichen Förderung oder bei der auf Seite 178 dargestellten steuerlichen Förderung energetischer Sanierungsmaßnahmen berücksichtigt wurden. Sie sind jedoch spannend zum einen für die Differenz zwischen den tatsächlichen Investitionskosten und den förderfähigen Kosten. Wichtig ist deshalb, dass die Hausverwaltung in der Abrechnung der Sanierungskosten alle Posten gesondert jeweils anteilig für die Eigentümer ausweist. Zum anderen bringt eine energetische Sanierung unter Umständen umfangreiche Anschlussarbeiten im Sondereigentum mit sich: Ein Raum, in dem die Fenster ausgetauscht wurden, wird komplett gestrichen. Im Anschluss an die Sanierung wird eine Reinigungsfirma mit dem Großputz beauftragt. Solche Arbeiten wird der Selbstnutzer ohne Beteiligung der Gemeinschaft veranlassen und allein zahlen. Hier gilt also das übliche Verfahren: Die Rechnung und der Überweisungsbeleg dienen bei Nachfrage des Finanzamtes als Nachweise.

Selbstnutzer, die in der Eigentumswohnung ein häusliches **ARBEITSZIMMER** eingerichtet haben, können die Sanierungskosten anteilig im Verhältnis der Raumgröße zur Wohnungsgröße als Betriebskosten absetzen. Ist dieses Zimmer der Mittelpunkt der gesamten betrieblichen und beruflichen Tätigkeit, so gibt es keine Obergrenze. Liegt der Tätigkeitsmittelpunkt hingegen an einem anderen Ort, so ist ein Abzug von maximal 1 250 Euro möglich.

Und auch eine **ABSCHREIBUNG (AFA)** gibt es für Selbstnutzer: Eigentümer, die eine Wohnung in einem denkmalgeschützten Gebäude selbst nutzen, können die Kosten für eine Sanierung zehn Jahre lang mit jeweils 9 Prozent vom zu versteuernden Einkommen absetzen. Der **DENKMALSCHUTZ** muss bereits vor Beginn der Arbeiten bestehen und die Maßnahmen müssen mit der Denkmalschutzbehörde abgesprochen sein.

SO KÖNNEN VERMIETER STEUERN SPAREN

Vermieter haben andere und umfangreichere Möglichkeiten als Selbstnutzer, ihre Eigentumswohnung steuerlich abzusetzen. Das liegt daran, dass das Finanzamt eine vermietete Eigentumswohnung als Investitionsobjekt betrachtet und den Vermieter dafür belohnt. Voraussetzung ist allerdings, dass er eine Gewinnerzielungsabsicht nachweisen kann.

In der jährlichen Steuererklärung werden die Bruttoeinnahmen aus Vermietung und Verpachtung – also die Nettokaltmiete zuzüglich Vorauszahlungen auf Betriebskosten (Umlagen, verrechnet mit Erstattungen) – den Ausgaben gegenübergestellt. Die daraus resultierende Restsumme ist zu versteuern. Übersteigen die Werbungskosten die Mieteinnahmen, so kommt es zu einem steuerlichen Verlust. Der wird dann mit anderen positiven Einnahmen wie etwa dem Arbeitslohn verrechnet. In diesem Fall wird somit gemäß der individuellen Steuerprogression eine Ersparnis erzielt.

Mit einer energetischen Sanierung ändern sich meist beide Größen in dieser Rechnung: Durch eine Mieterhöhung (siehe Seite 176) steigen die jährlichen Einnahmen, durch die Sanierung selbst fallen höhere Werbungskosten an. Die **WERBUNGSKOSTEN** setzen sich aus einer ganzen Reihe von Posten zusammen, von denen gleich mehrere durch eine energetische

Sanierung betroffen sein können. Sie werden in der folgenden Auflistung entsprechend der Reihenfolge in der Steuererklärung (Anlage V, Rückseite) erläutert.

Zu den Werbungskosten zählen folgende Posten:

→ **ABSETZUNG FÜR ABNUTZUNG** (AfA) von Gebäuden: Die Anschaffungs- oder Herstellungskosten für eine Immobilie werden verteilt über mehrere Jahrzehnte linear abgeschrieben. Für eine Wohnung in einem Gebäude, das vor 1925 errichtet wurde, kann der Vermieter über einen Zeitraum von 40 Jahren jährlich 2,5 Prozent absetzen. Bei einer nach 1925 erbauten Immobilie sind es 2 Prozent, die über 50 Jahre abgeschrieben werden. Bei der AfA wird jedoch nur der Wert des Gebäudes berücksichtigt. Vermieter müssen also die Werte von Grundstück und Gebäude getrennt ermitteln, diese Werte ins Verhältnis setzen und daraus die Anschaffungskosten berechnen, so eine Entscheidung des Bundesfinanzhofs (Az. IX R 86/97).

→ Die anteiligen Nebenkosten wie Grunderwerbssteuer, Gerichtskosten sowie Notar- und Maklerkosten erhöhen als Erwerbsnebenkosten die Abschreibung. Bei „jungen" Eigentümern kann die Sanierung die Bemessungsgrundlage für diese Abschreibung erhöhen: Baumaßnahmen, die innerhalb von drei Jahren nach Erwerb der Immobilie durchgeführt werden und ohne Umsatzsteuer mehr als 15 Prozent der Erwerbskosten ausmachen, gelten als anschaffungsnahe Herstellungskosten (§ 9 Abs. 5 Satz 2 EStG und § 6 Abs. 1 Nr. 1a EStG). Steht die Immobilie unter Denkmalschutz, so gelten abweichende Abschreibe-Regelungen: Im ersten bis achten Jahr dürfen jeweils 9 Prozent und im neunten bis zwölften Jahr je 7 Prozent der Sanierungskosten abgeschrieben werden.

→ **SCHULDZINSEN** (ohne Tilgungsbeträge) zählen in voller Höhe.

→ Bei sogenannten **ERHALTUNGSAUFWENDUNGEN** (§§ 11a, 11b EStG, § 82b EStDV) – also den Handwerkerleistungen – haben vermietende Eigentümer die Wahl: Sie können die Kosten sofort komplett absetzen. Das hat allerdings den Nachteil, dass sie nicht mit den erhöhten Mieteinnahmen verrechnet werden. Alternativ dürfen größere Aufwendungen auf einen Zeitraum von maximal fünf Jahren verteilt werden. Kosten, die das Sondereigentum betreffen, können in voller Höhe abgesetzt werden, Kosten der Wohneigentümergemeinschaft nur in der Höhe, die sich auf den Miteigentumsanteil beziehen.

→ Die Umlagen der Mieter gelten als Einnahmen (Vorderseite Anlage V); als Ausgaben werden die tatsächlich bezahlten **BETRIEBSKOSTEN** gerechnet.

→ **VERWALTUNGSKOSTEN** sind nicht umlagefähig, können aber in voller Höhe als Werbungskosten geltend gemacht werden.

Sonderumlagen und Raten für Rücklagen können erst dann als Werbungskosten abgesetzt werden, wenn die Verwaltung die Rechnung für die entsprechende Maßnahme beglichen hat, so ein Beschluss des Bundesfinanzhofs (Az. IX B 144/05). Das Jahr

---

DER DOPPELTE BODEN IN DER FINANZPLANUNG

→ Je höher der Eigenanteil an der Finanzierung, umso geringer die Risiken.

→ Um die vorhandenen Fördermöglichkeiten vollumfänglich ausschöpfen zu können, müssen Vergleichsrechnungen mit den unterschiedlichen Möglichkeiten angestellt werden.

→ Ein realistischer Rahmen für die Gesamtinvestition kann das Förderhöchstvolumen sein.

→ Bei der Festlegung des Gesamtvolumens der Sonderumlage(n) empfiehlt es sich, Raten von möglicherweise zahlungsunfähigen Miteigentümern zu berücksichtigen, damit die Gemeinschaft im Notfall handlungsfähig ist und nicht unter Druck gerät, eine weitere Umlage beschließen zu müssen.

FALLBEISPIEL GROSS-GERAU
→ Saniertes KfW-Effizienzhaus 70

GEBÄUDE
- Baujahr: 1965, Aufstockung 1990/1
- Anzahl Wohneinheiten: 4
- Selbstnutzer: 2
- Mieter: 2
- Gebäudenutzfläche: 313 m²
- beheiztes Bruttovolumen: 979 m³

AUSGANGSSITUATION
- Dach 1990 gedämmt, aber ungenügend und ohne Beachtung der Luftdichtheit
- 24er Hohlblockmauerwerk
- Giebel verschiefert
- Isolierglasfenster aus 1985, Glasbausteine im Treppenhaus
- sehr kleiner Erker im Dachgeschoss
- Kellerdecke ungedämmt
- ungünstig geschnittene Balkone
- NT-Kessel Erdgas E (Wirkungsgrad bei Volllast: 90,8 %)

MASSNAHMEN
Gebäudehülle:
- Dach: Neueindeckung, Einbringung luftdichter Abschluss zwischen Sparren, dabei Auftrennung der Schalung auf dem Mauerwerk, 20 cm Kombinationsdämmung aus 10 cm Resol-Hartschaum (Wärmeschutz) und 10 cm Holzfaserplatten (sommerlicher Hitzeschutz/Schallschutz)
- Fassade: Außendämmung mit 16 cm Mineralwollplatten, Balkonrück- und -neubau, Einbau von Fenstern mit Dreifachwärmeschutzverglasung (0,83W/m²K) und neuer Hauseingangstür, Rückbau der Glasbausteine im Treppenhaus, Dämmung der Rollladenkästen; Perimeterdämmung, Dämmung Kellerdecke und Flankendämmung Kellerwände
- Blower-Door Tests

Anlagentechnik:
- Heizungserneuerung (Gas-Brennwert + Solarthermie), Austausch mehrerer Heizkörper, hydraulischer Abgleich, Einbau dezentraler Lüftungsanlagen mit Wärmerückgewinnung

ABLAUF
- Beginn der Planungen: 2015
- Vor-Ort-Beratungsbericht: 2. August 2016
- Beschlussfassung: Oktober 2017
- Zeitraum der Umsetzung: August bis Dezember 2019, Kellerdämmung und Balkonanbau 2020

FINANZIERUNG
- Bruttoinvestitionskosten: 380 000 €, davon Sowieso-Kosten: ca. 50 %
- Rücklage: 8 000 Euro
- Förderung: KfW-Effizienzhaus 70 (151, 431), Gesamtvolumen: 360 000 Euro

ERGEBNISSE
Heizenergieverbrauch:
- 144,9 kWh/m²a / 43,7 kWh/m²a / 70 %*

Primärenergiebedarf:
- 210,6 / 46,9 / 78 %*

Endenergieverbrauch:
- 189,5 / 41,5 / 78 %*

CO_2-Emissionen:
- 39,38 / 9,03 / 77 %*

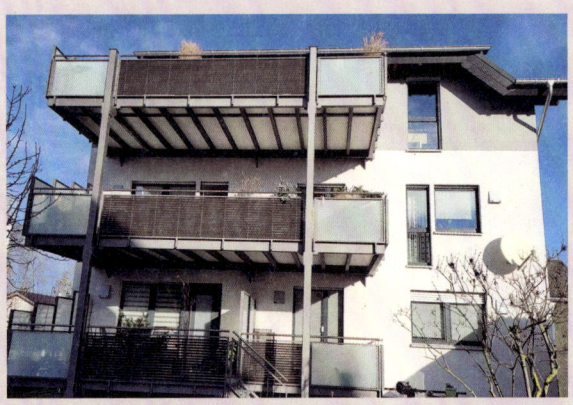

* jeweils vorher / nachher / Einsparung

Quelle: Hans Dieter Scherer-Gerbig, www.energieberatung-sg.de

der Beschlussfassung oder auch der Ratenzahlung ist völlig unerheblich.

ACHTUNG: DOPPELFÖRDERUNG GEHT NICHT
Wer als Selbstnutzer Handwerkerkosten geltend macht, kann keine steuerliche Förderung, keinen Förderkredit und keinen Zuschuss für diese Handwerkerrechnung in Anspruch nehmen. Und wer als Vermieter Sanierungskosten als Erhaltungsaufwand geltend macht, darf für die konkrete Maßnahme keine Förderung erhalten haben. Es spricht nichts dagegen, alle Töpfe auszuschöpfen und für alle Kosten, die nicht förderfähig sind, andere Vergünstigungen zu suchen. Doch die Gefahr, im Zahlendschungel durcheinanderzugeraten, ist groß. Es ist daher ratsam, einen fachkundigen Steuer- oder Finanzberater hinzuzuziehen.

Finanzierungskonzept

Genauso wenig wie es eine Sanierung von der Stange gibt, besteht ein für alle Eigentümergemeinschaften passendes Finanzierungskonzept. Jede Gemeinschaft muss sich dieses individuell aus den vorgestellten Bausteinen erarbeiten.

Liegen die Sanierungsplanung und das Finanzkonzept auf dem Tisch, steht die Beschlussfassung an. Dabei gibt es unterschiedliche Herangehensweisen: Die Maßnahmen können jeweils einzeln oder im Gesamtpaket beschlossen werden. Außerdem können die durchzuführende Maßnahme, die Verteilung ihrer Kosten und deren Finanzierung zusammen oder auch getrennt beschlossen werden.

EIN BEISPIEL: Eine Gemeinschaft will drei Maßnahmen durchführen – Fassadendämmung, Fenstertausch und Kellerdeckendämmung.

→ **VARIANTE 1**: Ein Beschluss über alle drei Maßnahmen samt allen Kosten und der Finanzierung.

→ **VARIANTE 2**: Drei Beschlüsse – einer über Fassadendämmung, deren Kosten und Finanzierung, einer über Fenstertausch, dessen Kosten und Finanzierung, einer über Kellerdeckendämmung, deren Kosten und Finanzierung.

→ **VARIANTE 3**: Neun Beschlüsse – je einer über die drei Maßnahmen, je einer über die drei Kostenpunkte, je einer über die drei Finanzierungskonzepte.

In der Handhabung ist ein allumfassender Beschluss natürlich am einfachsten. Auch werden in der Regel kaum für mehrere Maßnahmen mehrere Finanzierungskonzepte erstellt werden. Ist allerdings im Planungsprozess bereits erkennbar, dass einzelne Maßnahmen besonders konfliktträchtig sind, so kann die Splittung in getrennte Beschlüsse sinnvoll sein, damit jeder einzelne rechtskräftig ist, auch wenn ein anderer angefochten wird.

Weicht man von der gesetzlichen Kostenverteilung nach Miteigentumsanteilen ab, muss dies eindeutig beschlossen werden. Außerdem muss klar festgelegt sein, welche Teilbeträge aus den unterschiedlichen Bausteinen der Finanzierung kommen sollen. Werden Eigenmittel aus Rücklagen aufgebracht? Falls ja – von welchem Konto? Wird eine Sonderumlage erforderlich? Bis wann müssen die Eigentümer welche Raten auf welches Konto zahlen? Welche Fördermittel werden beantragt? Wird ein WEG-Verbandskredit abgeschlossen? Im Falle von Fördermitteln und Darlehen sollte der Beschluss Bezug nehmen auf konkrete Angebote oder Konditionen. Außerdem muss die Verwaltung zur Beantragung bzw. zum Vertragsabschluss und zur Vorlage aller notwendigen Unterlagen beim Fördermittelgeber oder der Bank ermächtigt erden.

INTERVIEW

→ **Clever kombinieren:** Eine umfangreiche Sanierung können die meisten Gemeinschaften nur mit einem Darlehen finanzieren. Tim Gaber berät Wohnungseigentümer zu möglichen Finanzierungsvarianten.

Tim Gaber ist gelernter Bankkaufmann. Als selbstständiger Vermögens- und Finanzierungsberater hat er sich auf bankenunabhängige Immobilienfinanzierung und auf Wohnungseigentümergemeinschaften spezialisiert.

Wie sieht das ideale Finanzierungskonzept für eine umfangreiche Baumaßnahme in einer Eigentümergemeinschaft aus?

Grundsätzlich stehen der WEG mehrere Finanzierungsinstrumente zur Verfügung, insbesondere: die Finanzierung aus der Erhaltungsrücklage, die Ansparung einer Sonderrücklage über einen längeren Zeitraum, die Sonderumlage und der WEG-Kredit. Der Königsweg ist aus meiner Sicht eine Kombination aus allen vier Möglichkeiten. Dabei sollte die Kreditverpflichtung so gering wie möglich gehalten werden. Das klappt jedoch nur bei kleinen Vorhaben oder wenn das Hausgeldkonto gut bestückt ist. Genau da hapert es jedoch in den allermeisten Gemeinschaften.

Welche Rolle spielen KfW-Darlehen im Finanzierungskonzept?

Für die Spezialbanken ist es sehr mühsam, die Auflagen der KfW zu erfüllen. Manche von ihnen bieten deshalb gar keine KfW-Kredite an. Dafür haben viele Banken eigene Produkte gerade für Wohnungseigentümer mit teils sogar günstigeren Konditionen.

Heißt das, Eigentümergemeinschaften sollten die Bundesförderung gar nicht nutzen?

Durchaus nicht. Sie sollten natürlich alle Optionen prüfen. Ein spannendes Konzept kann eine Zuschussförderung in Kombination mit einem zweigeteilten Kredit sein. Der besteht aus einem Verbandsdarlehen und einem zweiten tilgungsfreien Darlehen, vergleichbar einem Privatkredit, zu gleichen Konditionen. Dieser zweite Kredit ist ein Kontokorrentkredit, der nur zur Überbrückung des Zeitraumes zwischen Baubeginn und Auszahlung der Förderzuschüsse benötigt wird. Er wird mit den Zuschüssen abbezahlt. Als Sicherheiten können eine Bestätigung des Energieberaters über die Beantragung der Fördermittel und die Kostenvoranschläge der beteiligten Unternehmen dienen. Am besten werden außerdem Sondertilgungsmöglichkeiten für den WEG-Kredit eingeräumt, beispielsweise in Höhe von 5 oder 10 Prozent. Sollten dann die Baukosten und damit auch die Zuschüsse höher ausfallen als geplant und für den Kontokorrentkredit benötigt, dann kann der Überschuss als Sondertilgung genutzt werden.

Sie haben Sonderumlagen noch nicht erwähnt …

Theoretisch ist denkbar, dass die Kosten ganz oder teilweise über eine Sonderumlage finanziert werden, die jeder Eigentümer dann nach Gusto bedient, also aus Ersparnissen oder auch mit einem Einzeldarlehen. In kleinen Anlagen kann das ein Weg sein. In größeren Einheiten wird es schwierig. Bis alle einzelnen Finanzierungszusagen vorliegen und die Mittel ausgezahlt werden, dauert es einfach zu lange.

Viele Wohnungseigentümer tun sich schwer damit, einen Kredit aufzunehmen. Woran liegt das?

Das Hauptproblem ist die gemeinsame Haftung nach außen. Wenn ich einen Privatkredit aufnehme und ihn nicht bedienen kann, bin ich persönlich dafür haftbar. Dieses Risiko kann jeder einschätzen. Das Risiko, ob meine Miteigentümer ihrer Zahlungsverpflichtung nachkommen, ist für den Einzelnen jedoch unkalkulierbar. Das verunsichert sehr. Denn wenn einer nicht zahlt, wird der Fehlbetrag erstmal auf die anderen umgelegt. Natürlich hat die Hausverwaltung die Aufgabe, die Minderleistungen einzufordern, notfalls bis zur Zwangsversteigerung. Doch bis dahin kann es viel Ärger geben, den manch ein Eigentümer dann lieber von vornherein vermeiden möchte. Was tatsächlich vielen nicht bewusst ist: Dieses System der gemeinsamen Außenhaftung gilt nicht nur bei einer Kreditaufnahme. Auch wenn eine Erhaltungsmaßnahme ausschließlich durch Sonderumlage finanziert wird, trifft alle Eigentümer im Innenverhältnis eine Nachschusspflicht, wenn die Zahlungen an die Handwerker nicht aufgebracht werden können. Und alle haften anteilig im Außenverhältnis gegenüber dem Handwerker.

Wägt man die beiden Konstellationen Kreditaufnahme und Sonderumlage bei umfangreichen Baumaßnahmen gegeneinander ab, spricht für eine Kreditaufnahme, dass der Ausfall einzelner Eigentümer nur ratierlich anfällt und die Eigentümergemeinschaft hierauf durch eine zeitnahe Zwangsversteigerung reagieren kann. Darin wird die WEG mit Forderungen der letzten zwei Jahre vorrangig vor allen anderen Gläubigern in Höhe von 5 Prozent des Verkehrswertes befriedigt. Beim Ausfall einer Sonderumlage tritt der Ausfall sofort in voller Höhe ein und überschreitet oft das 5-Prozent-Privileg.

→ Ein spannendes Konzept kann eine Zuschussförderung in Kombination mit einem zweigeteilten Kredit sein.

DURCHFÜHRUNG DER SANIERUNG

5 Die Gemeinschaft hat anhand von Sanierungsfahrplan, Ausführungsplanung des leitenden Planers und Handwerkerangeboten beschlossen, wer mit welchen Maßnahmen beauftragt und wie die Finanzierung gesichert werden soll. Jetzt geht es an die Umsetzung.

188 → Auftragsvergabe und Bauverträge
191 → Bevor es losgeht
194 → Qualitätssicherung durch Baubegleitung
197 → Abnahmen und Abrechnungen
201 → Nachbereitung

→ Auftragsvergabe und Bauverträge:

Mit der Beschlussfassung haben die Eigentümer ihre wichtigste Aufgabe erfüllt. Für die Durchführung der Sanierung sind primär Verwaltung und leitender Planer zuständig.

> **WAS ERFAHRE ICH?**
> 188 → Unterschiedliche Vertragsformen
> 190 → Sicherheiten in Verträgen
> 190 → Bauzeitenplan

Der Verwaltungsbeirat, der Bauausschuss oder auch diejenigen, die eine Sanierung angeschoben haben, sollten jedoch die wesentlichen Abläufe kennen. Auf Grundlage der Sanierungsbeschlüsse beantragt die Verwaltung zunächst die infrage kommenden Fördermittel und – falls notwendig – einen ergänzenden WEG-Kredit. Falls für die Sanierung ein eigenes Umlagekonto eingerichtet werden soll, veranlasst sie dies. Jeder Eigentümer ist dann in der Pflicht, dafür zu sorgen, dass vereinbarte Ratenzahlungen oder Sonderumlagen rechtzeitig auf dem Konto eingehen.

Außerdem müssen die Belange der vermietenden Eigentümer bedacht werden. Sie haben gemäß §§ 559 ff. BGB umfangreiche Informationspflichten gegenüber ihren Mietern (siehe Seite 220) und müssen bauliche Maßnahmen rechtzeitig und mit Angaben zu Beginn, voraussichtlicher Dauer und sich voraussichtlich ergebender Veränderung von Miete und Betriebskosten ankündigen. Die erforderlichen Fristen können sie nur einhalten, wenn diese in den zeitlichen Abläufen der Gemeinschaft berücksichtigt werden.

Denkbar ist beispielsweise, einen Beschluss zu fassen, wonach die Verwaltung die ausführenden Betriebe erst beauftragen darf, wenn die Vermieter über alle notwendigen Informationen verfügen und ihre Mieter fristgerecht informieren konnten.

Unterschiedliche Vertragsformen

Solange die Zuwendungsbescheide und/oder Kreditbewilligungen noch nicht vorliegen, darf mit dem eigentlichen Vorhaben noch nicht begonnen werden, so die Richtlinien von KfW und Bafa. Planungs- und Beratungsleistungen sowie alle nicht förderfähigen Maßnahmen gelten jedoch nicht als Vorhabensbeginn. Eine Statikprüfung für die neue Solaranlage auf dem Dach kann also jetzt schon beauftragt werden und erfolgen, die Erkundung vorhandener Bausubstanz oder die verkehrsmäßige Erschließung der Wohnanlage ebenfalls. Die technische Erschließung hingegen stellt den Baubeginn dar.

Sobald die Zusagen der Geldgeber da sind, beauftragt die Verwaltung die ausführenden Firmen. Dafür stehen verschiedene Vertragsmuster zur Disposition. Die Vertragsbedingungen können gemäß der „Vergabe- und Vertragsordnung für Bauleistungen – Teil B: Allgemeine Vertragsbedingungen für die Ausführung von Bauleistungen" (VOB/B) oder gemäß Bürgerlichem Gesetzbuch (BGB) vereinbart werden.

Die beiden Regelwerke unterscheiden sich beispielsweise in den Vorgaben zu Bauabnahmen und in der Dauer der Gewährleistung (VOB/B: 4 Jahre, BGB: 5 Jahre). Manche Handwerker verwenden auch selbst entwickelte Allgemeine Geschäftsbedingungen (AGB). Diese unterliegen der Inhaltskontrolle nach den Vorschriften des BGB. Klauseln, die den Bauherrn im Vergleich zum BGB benachteiligen, sind also unwirksam. Das BGB wiederum unterscheidet seit der Reform des Bauvertragsrechts 2018 zwischen Bauvertrag, Verbraucherbauvertrag und Werkvertrag. Welche dieser Vertragsformen zur Anwendung kommt, richtet sich nach der konkreten Maßnahme. Allerdings wird im Gesetz keine eindeutige Abgrenzung vorgenommen.

Gerade bei umfangreichen Aufträgen ist generell die Prüfung durch einen Fachanwalt für Baurecht empfehlenswert.

NACHTRÄGLICHE ÄNDERUNGEN DER LEISTUNGEN

Mit der Einführung des neuen Bauvertragsrechts wurde 2018 erstmals und für alle genannten Vertragsformen die Möglichkeit geschaffen, den vereinbarten Leistungsumfang nachträglich durch einseitige Anordnung zu ändern (§ 650b BGB). Das ist beispielsweise sinnvoll und notwendig, wenn sich im Lauf der Durchführung herausstellt, dass sich die Eigentümer einen Aspekt der Gestaltung anders als in der Planungsphase vorgesehen vorstellen, oder wenn beim Ausbau der alten Heizungsanlage Mängel an den Leitungen erkannt werden, die vorher nicht sichtbar waren. Dann stellt sich die Frage der Vergütung. Der Auftragnehmer sollte ein Angebot über etwaige Mehr- oder Mindervergütungen stellen. Das kann dann die Grundlage für eine Ergänzung des Vertrages sein. Voraussetzung dafür ist allerdings ein Beschluss der Eigentümerversammlung. Dabei gilt es auch zu bedenken: Nachträgliche Änderungen im Leistungsumfang haben oft finanzielle Auswirkungen. Wenn während der Bauarbeiten Leistungen hinzukommen, die im Förderantrag nicht ent-

---

SYSTEMATIK DES BAURECHTS IM BGB

→ **BAUVERTRAG:** Erteilt die Eigentümergemeinschaft einem Unternehmen den Auftrag, das Gebäude oder Teile davon so umzubauen, dass es für den Bestand oder den Gebrauch des Gebäudes von „wesentlicher Bedeutung" ist, dann handelt es sich um einen Bauvertrag (§§ 650a ff.). Bei größeren Sanierungen und wesentlichen Instandsetzungen dürfte diese Vertragsform der häufigste Fall sein.

→ **VERBRAUCHERBAUVERTRAG:** Wird ein Unternehmen mit „erheblichen Umbaumaßnahmen" im Bestand beauftragt, so wird ein Verbraucherbauvertrag (§§ 650i ff.) daraus. Das ist der Fall, wenn ein großes Gewerk für das Bauwerk bedeutsame Eingriffe in die Bausubstanz vornimmt. Bei diesen Verträgen wird der Verbraucher – also die Eigentümergemeinschaft – besonders geschützt, etwa durch die gesetzlichen Vorgaben zur Erstellung einer Baubeschreibung, zu Abschlagszahlungen und zum Widerrufsrecht.

→ **WERKVERTRAG:** Für Einzelleistungen von Unternehmen wie etwa den Tausch eines Heizungskessels oder auch für Wartungsarbeiten greift das allgemeine Werkvertragsrecht. Dabei handelt es sich um allgemeine privatrechtliche Vorschriften, die nicht spezifisch auf Baumaßnahmen ausgelegt sind. Der Auftragnehmer schuldet die vertragsgemäße Herstellung des versprochenen Werkes gegen Zahlung einer Vergütung.

> **BAUANZEIGE NICHT VERGESSEN!**
>
> Viele Maßnahmen erfordern eine Anzeige bei der zuständigen Baurechtsbehörde. Diese muss spätestens eine Woche vor Baubeginn erfolgen. Dabei muss auch ein verantwortlicher Bauleiter benannt werden.

halten waren, können diese nicht nachträglich gefördert werden. Sie müssen bei der Verwendungsnachweisprüfung nicht berücksichtigt werden.

Sicherheiten in Verträgen

Das Risiko, dass Firmen mangelhafte Leistungen erbringen, dann Insolvenz anmelden und die Bauherren finanziell Schaden nehmen, lässt sich nicht vollständig ausschließen. Aber es kann durch die Vereinbarung von Sicherheitsleistungen verringert werden. Bei **VERBRAUCHERBAUVERTRÄGEN** sind Bauherren nach § 650m BGB gleich zweifach geschützt: Der Bauunternehmer darf maximal 90 Prozent der vereinbarten Gesamtvergütung in Form von Abschlägen verlangen. Und er muss bei Zahlung des ersten Abschlags eine Sicherheit von 5 Prozent der Gesamtvergütung leisten (**ERFÜLLUNGSSICHERHEIT**). Diesen Betrag dürfen Bauherren gleich von der ersten Rate abziehen und einbehalten, bis der Bau fertig ist – also bis zur Bauabnahme. Alternativ kann die Firma eine Garantie stellen oder ein Zahlungsversprechen einer Bank oder eines Kreditversicherers abgeben, zum Beispiel eine Bankbürgschaft. Die 5 Prozent können im Ernstfall sehr knapp bemessen sein, sind aber immerhin eine Abfederung des Schadens, der durch Bauverzögerungen oder Insolvenz des Anbieters entstehen kann. Für andere Vertragsformen gibt es keine vergleichbaren gesetzlichen Vorgaben. Es spricht jedoch nichts dagegen, solche Regelungen in den Vertrag aufzunehmen.

Erfüllungssicherheiten greifen bis zur Fertigstellung der vereinbarten Leistung. Doch auch während der Gewährleistungszeit von fünf Jahren (BGB) oder vier Jahren (VOB) kann es Ärger geben, wenn sich Mängel am Haus zeigen und die Firma sich weigert, diese zu beseitigen, oder das Unternehmen insolvent ist und gar nicht mehr existiert. Empfehlenswert ist deshalb, im Vertrag eine Gewährleistungsbürgschaft oder einen Sicherheitseinbehalt (**GEWÄHRLEISTUNGSSICHERHEIT**) von zum Beispiel 3 oder 5 Prozent der Netto-Schlussrechnungssumme zu vereinbaren. Dieser Betrag wird dann erst nach Ablauf der Gewährleistungsfrist gezahlt.

Bauzeitenplan

Bei einer größeren Sanierung sind meist mehrere Firmen beteiligt. Dann ist ein präziser Bauzeitenplan unverzichtbar. Er gibt allen Beteiligten Planungssicherheit und verhindert Chaos, Verzögerungen und unnötige Kosten. Die Erstellung eines Bauzeitenplans kann – je nach Aufgabenteilung – der leitende Planer oder auch die Verwaltung übernehmen. Grundlage sind die Absprachen mit den einzelnen Gewerken. Mindestens der Beginn der jeweiligen Arbeiten vor Ort und der Zeitpunkt der Fertigstellung oder die Dauer der Bauausführung muss in jedem Vertrag festgehalten werden. Im Bauzeitenplan werden die **ARBEITSZEITRÄUME** der Gewerke und deren Überlappungen in übersichtlicher Form dargestellt. Im Idealfall werden auch Bestellfristen für bestimmte Bauteile oder Materialien, Liefertermine und Abnahmetermine sowie Zeitspannen, in denen die Baustelle nicht betreten werden darf, und Bauferien aufgenommen oder im Verlauf der Maßnahmen ergänzt. Wird ein zusätzlicher Dienstleister mit der Baukontrolle beauftragt (siehe Seite 194), dann ist der Bauzeitenplan ein gutes Instrument, um Baustellenbegehungen zu planen.

→ **Bevor es losgeht:** Nach der Auftragsvergabe bereiten die Baufirmen die Baustelle vor. Bis es losgeht, vergehen meist einige Wochen. Derweil können in der Gemeinschaft letzte Details geklärt werden.

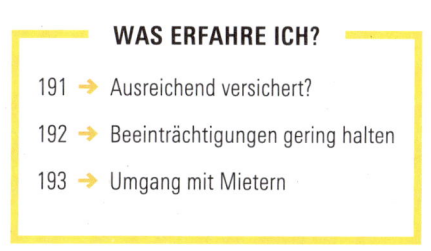

WAS ERFAHRE ICH?

- 191 → Ausreichend versichert?
- 192 → Beeinträchtigungen gering halten
- 193 → Umgang mit Mietern

Jede größere Baustelle bringt Unfallgefahren und Haftungsrisiken mit sich. Ihr Sanierungsvorhaben ist ein guter Zeitpunkt, um zu prüfen, ob der Versicherungsschutz ausreicht. Und um für die Bauzeit nachzubessern.

Ausreichend versichert?

Wichtig ist vor allem eine **BAUHERRENHAFTPFLICHTVERSICHERUNG**. Eine gesetzliche Verpflichtung zum Abschluss dieser Versicherung besteht nicht. Allerdings haftet der Bauherr – in diesem Fall die Eigentümergemeinschaft – für alle Sach-, Personen-, Umwelt- und Vermögensschäden, die durch die Baumaßnahmen verursacht werden. Vor allem wenn auf der Baustelle Personen verunfallen und Behandlungskosten, Verdienstausfälle, Schmerzensgeld oder gar lebenslange Renten bezahlt werden müssen, sind die finanziellen Folgen erheblich. Die **HAUS- UND GRUNDBESITZERHAFTPFLICHT**, die jede Eigentümergemeinschaft gemäß § 19 Abs. 2 Satz 3 WEG haben muss, leistet zwar auch bei Bauvorhaben, jedoch in der Regel nur bis zu einer bestimmten Deckungs- oder Bausumme. Für umfangreiche Sanierungsarbeiten reicht sie in der Regel nicht aus.

Dann ist für die Bauzeit eine ergänzende Bauherrenhaftpflichtversicherung empfehlenswert. Üblich sind Verträge für eine Dauer von 24 Monaten. Der Versicherungsschutz endet automatisch mit dem Ende der Bauarbeiten. Die Beiträge für diese Police gehen weit auseinander und richten sich nach der Bausumme. Darin müssen alle Kosten von der Einrichtung der Baustelle bis zur Fertigstellung enthalten sein. Als Richtwert für die Versicherungssumme gilt: Sie sollte etwa ein Prozent der Bausumme betragen. Der Beitrag wird mit Versicherungsbeginn fällig. Wird die vereinbarte Bauzeit oder auch die versicherte Bausumme überschritten, muss eine entsprechende Vertragsanpassung vorgenommen werden. Als Orientierung bei der Auswahl des Versicherungsunternehmens können die Tests dienen, die wir regelmäßig zu Bauherrenhaftpflichtversicherungen – allerdings nicht speziell für Eigentümergemeinschaften – durchführen.

Die Gemeinschaft ist jedoch nicht allein in der Pflicht. Auch die von ihr beauftragten **DIENSTLEISTER** – Energieberater, Architekten

HIER GEHT ES WEITER: HAFTPFLICHTVERSICHERUNGEN IM TEST → TEST.DE/VERGLEICH-HAFTPFLICHTVERSICHERUNG-4775777-0/

> **SINNVOLLE BESCHLÜSSE**
>
> Um eventuell notwendige Ergänzungen der Versicherungen der Gemeinschaft müssen sich Eigentümer nicht selbst kümmern. Aber sie müssen sicherstellen, dass ihre Verwaltung dies tut. Dafür sind entsprechende Beschlüsse notwendig. Die Verwaltung sollte frühzeitig per Beschluss beauftragt werden, die Bedingungen der bestehenden **HAUS- UND GRUNDBESITZERHAFTPFLICHTVERSICHERUNGEN** zu prüfen und bei Bedarf eine ergänzende **BAUHERRENHAFTPFLICHTVERSICHERUNG** abzuschließen. Dabei kann die Eigentümergemeinschaft die Bausumme vorgeben. Der Aufwand mehrerer Angebote und eines anschließenden zweiten Beschlusses lässt sich reduzieren, indem der Verwalter im ersten Beschluss ermächtigt wird, eine Versicherung bis zu einer maximalen Beitragshöhe abzuschließen. Darüber hinaus sollte der Verwalter mit der Prüfung der Versicherungsnachweise der Dienstleister beauftragt werden.

oder Ingenieure – sollten über eine **HAFTPFLICHTVERSICHERUNG** verfügen und diese bei Vertragsschluss auch nachweisen. Ihre Versicherungssumme sollte mindestens 30 Prozent des Bauvolumens abdecken und außerdem dreifach maximiert zur Verfügung stehen, was bedeutet, dass der Planer dreimal im Jahr die volle Versicherungssumme in Anspruch nehmen kann. Wichtig ist auch, dass die Versicherung für Schäden aus genau den Leistungen aufkommt, welche der Dienstleister im Auftrag der Gemeinschaft erbringt. Für Schäden, die eine Handwerksfirma verursacht, haftet diese. Bei Vertragsabschluss sollten sie den Nachweis einer **BETRIEBSHAFTPFLICHTVERSICHERUNG** erbringen.

Beeinträchtigungen gering halten

Alle Bewohner des Hauses – Selbstnutzer und Mieter – müssen bei größeren Baumaßnahmen deutliche Nachteile hinnehmen: Die alten Ziegel poltern tagelang durch die Bauschuttrutsche und krachen in den Container. Baumaschinen sorgen für konstante Lärmbelästigung. Ein Gerüst und abgeklebte Fenster verringern den Tageslichteinfall und erschweren das Lüften. Im Treppenhaus wächst die Staubschicht. Und vor dem Eingang müssen sich die Bewohner und ihre Gäste mühsam einen Weg durch zwischengelagerte Materialien bahnen.

Ein versierter Planer kann durch eine gut strukturierte Einrichtung der Baustelle die Beeinträchtigungen und damit auch das Konfliktpotenzial deutlich verringern. Dabei müssen die Bedürfnisse der einzelnen Gewerke berücksichtigt und zeitliche Abläufe bedacht werden. Die Vorbereitung der Baustelle sollte frühzeitig Thema in einer Eigentümerversammlung sein, bei der der Planer anwesend ist. Nur wenn er die Bedürfnisse und Empfindlichkeiten der Bewohner kennt, kann er nach Wegen suchen, mit denen alle gut leben können. Kritisch ist oft die Organisation der Nutzung der Gemeinschaftsflächen: Fahrräder oder Mülltonnen brauchen möglicherweise einen Übergangsstellplatz, der für alle Bewohner gut nutzbar ist. Eventuell wird das Nebengebäude als Tagesunterkunft für die am Bau beteiligten Personen benötigt und das Gartenmobiliar muss vorübergehend auf Kellerräume verteilt werden. Die Wohnungseigentümer können gemeinsam überlegen, ob während der Bauzeit eine häufigere Reinigung des Treppenhauses und nach Abschluss der Arbeiten eine Fensterputzaktion notwendig sind, und den Verwalter beauftragen, diese zu veranlassen.

Die handelnden Personen – Bauleitung, Verwaltung und in geringerem Maße auch Verwaltungsbeirat und/oder Bauausschuss – sind ebenso gefragt, wenn es darum geht, während der Bauzeit einen kontinuierlichen Informationsfluss aufrechtzuerhalten. Bewohner, die gewarnt sind, dass das große Poltern am Montag um 6:30 Uhr beginnt, ärgern sich weniger darüber, als wenn sie vom Lärm geweckt werden. Im Idealfall wissen alle Bescheid, wenn einzelne Maßnahmen anstehen, die mit besonderen Beeinträchtigungen einhergehen, insbesondere wenn gemeinschaftliche Flächen nicht wie gewohnt genutzt werden können. Das kann beispielsweise der Fall sein, wenn durch Materialanlieferungen Wege blockiert sind, vor dem Gebäude eine Parkverbotszone eingerichtet wird oder die Heizung oder auch das Wasser im Zuge von Umbaumaßnahmen abgeschaltet werden muss. Darüber müssen alle rechtzeitig informiert sein, beispielsweise durch Aushänge oder Rundbriefe.

Umgang mit Mietern

Genauso wie Selbstnutzer wollen auch Mieter über den Fortgang der Sanierung auf dem Laufenden gehalten werden. Sie stehen jedoch im Kommunikationsprozess in der zweiten Reihe und werden leicht vergessen. Dabei können sie die Durchführung der Arbeiten erheblich behindern. Aber genau das gilt es zu verhindern. Vermietende Eigentümer sind deshalb darauf angewiesen, dass sie selbst frühzeitig informiert sind und noch ausreichend Zeit haben, alle für die Bewohner relevanten Informationen immer zeitnah an ihre Mieter weiterzureichen und damit Verständnis für Beeinträchtigungen schaffen.

Wenn ein vermietender Eigentümer die Sanierung fristgerecht angekündigt hat und die Mieter keine Härteeinwände geltend gemacht haben, ist auf dieser Ebene die größte Hürde genommen. Die Mieter müssen die Maßnahme grundsätzlich dulden, das heißt: Sie müssen die Handwerker in die Wohnung lassen, sind jedoch nicht verpflichtet, Baufreiheit zu schaffen, also beispielsweise die Möbel von den auszutauschenden Fenstern wegzurücken oder – schlimmstenfalls – zulässigerweise installierte Einbauten zu entfernen. Dafür sind Sie als Vermieter zuständig. Sie können zwar die Kosten später im Rahmen der Modernisierungsmieterhöhung umlegen, doch zunächst einmal müssen Sie sich kümmern. Unter Umständen sind in der Wohnung der Mieter größere Vorbereitungen notwendig, die in der Zeitplanung entsprechend berücksichtigt werden müssen. Je früher solche Fragen mit den Mietern einerseits und mit den Handwerkern andererseits geklärt sind, umso besser für den Gesamtablauf. Dabei können vermietende Eigentümer auch gleich besprechen, wie die Arbeiten in der Wohnung beaufsichtigt werden und wie sich ganz praktisch der Zugang im Laufe der Baumaßnahme regeln lässt.

Wenn die Mieter die ordnungsgemäß angekündigte Maßnahme ablehnen und den Zugang zur Wohnung verweigern, sollte der Vermieter zunächst das Gespräch suchen. Gelingt es nicht, die Mieter von der Notwendigkeit der Maßnahme zu überzeugen, kann er sie in einem ersten Schritt abmahnen und darauf hinweisen, dass die unberechtigte Weigerung zur fristlosen Kündigung berechtigt. Das hat der Bundesgerichtshof entschieden (Az. VIII ZR 281/13). Im Extremfall bleibt jedoch nur die Möglichkeit, die Mieter auf Duldung zu verklagen. Beim Fenstertausch oder der Heizungserneuerung ist es unvermeidbar, dass Handwerker die Räumlichkeiten der Mieter betreten. Unter Umständen müssen im Lauf der Sanierung auch Absprachen, beispielsweise über Termine, getroffen werden. Dafür benötigt die ausführende Firma die Kontaktdaten der Mieter. Vermieter dürfen Namen und Adresse der Mieter gegenüber Dritten generell nur weitergeben, wenn sie sich auf eine Rechtsgrundlage stützen können. Im Fall der Sanierung besteht in der Regel ein „berechtigtes Interesse" gemäß Artikel 6 Absatz 1f der Datenschutzgrundverordnung (DSGVO), sodass die Weitergabe zulässig ist. Darüber müssen Eigentümer ihre Mieter jedoch informieren. Benötigt die Firma auch eine Telefonnummer der Mieter, so müssen diese ihr Einverständnis geben. Auf der sicheren Seite sind Vermieter, wenn sie dies schriftlich dokumentieren.

Besonders relevant ist das Thema **DATENSCHUTZ** im Zusammenhang mit dem Einbau intelligenter Zähler. Sie sind ab 2032 für alle Stromkunden Pflicht und können bereits heute eingebaut werden. Mithilfe der Zähler wird der Verbrauch zeitnah und exakt gemessen. Das ist gewollt. Die Kehrseite ist jedoch, dass die Zähler auch Rückschlüsse auf die Anzahl der Bewohner, ihr Verhalten und ihre Lebensgewohnheiten ermöglichen. Das ist datenschutzrechtlich ein Problem. Beim Einbau digitaler Zähler muss sichergestellt sein, dass nur diejenigen Daten verarbeitet werden, die zur Erstellung der jeweiligen Abrechnung erforderlich sind (Art. 6 Abs. 1f DSGVO). Darüber hinausgehende Funktionen dürfen nicht freigeschaltet werden.

→ Qualitätssicherung durch Baubegleitung:
Während des eigentlichen Baus müssen die technische Umsetzung und die Entwicklung der Kosten laufend überwacht werden. Das übernehmen am besten Experten.

WAS ERFAHRE ICH?

194 → Unabhängige Begleitung
195 → Technische Kontrolle
196 → Kostenkontrolle

Baumängel sollten so früh wie möglich entdeckt werden, damit sie dann ohne Zeitverzug vergleichsweise einfach beseitigt werden können. Ist die Baumaßnahme erst einmal beendet, lassen sich Fehler nur mit erheblichem Aufwand und oft auch mit technischen Kompromissen korrigieren. Qualitätssicherung findet also im Idealfall nicht am Ende der Baumaßnahmen, sondern begleitend dazu statt. Laien können dies jedoch nicht leisten, sie sind mit den technischen Details der Ausführungen in aller Regel überfordert. Eine fachlich fundierte, kontinuierliche **BAUKONTROLLE** ist deshalb bei allen größeren Vorhaben unverzichtbar.

Leitet ein Architekt oder Ingenieur die Sanierung, gehört die Überwachung der Baumaßnahmen zu seinen Aufgaben. Er ist im Rahmen der Leistungsphase 8 der HOAI verpflichtet, durch ordnungsgemäße Überwachung zu gewährleisten, dass die Errichtung des Bauwerks mit der Baugenehmigung, der Planung, den Leistungsbeschreibungen und den anerkannten Regeln der Technik übereinstimmt. Sicherheitshalber wird die Bauüberwachung im Beschluss über die Beauftragung des leitenden Planers explizit genannt. Die professionelle Baukontrolle kann jedoch auch von einem anderen externen Dienstleister übernommen werden – wofür dann ein separater Beschluss notwendig ist.

Unabhängige Begleitung

Vordringliche Voraussetzung bei der Auswahl des Experten: Er muss unabhängig, also firmen- und produktneutral sein. Wenn eine ausführende Firma ihren eigenen Bauleiter anpreist, ist den Wohnungseigentümern damit nicht geholfen. Schließlich wollen sie ihr Interesse im Zweifel genau gegen diese Firma durchsetzen.

Verbraucherschutzverbände wie der Bauherren-Schutzbund (bsb-ev.de), der Verband Privater Bauherren (vpb.de) und Wohnen im Eigentum (wohnen-im-eigentum.de) organisieren für ihre Mitglieder Vor-Ort-Bauberatungen. Diese können als Einzeltermine oder auch als Pakete vereinbart werden. Die Abrechnungsmodalitäten sind sehr unterschiedlich. Nicht-Mitglieder können sich im Vorfeld der Sanierung in den nächstgelegenen Geschäftsstellen informieren und vergleichen. Darüber hinaus bieten die Industrie- und Handelskammern, der Tüv und Dekra Bauüberwachungen an. Wichtig hierbei: Der gewählte Baukontrolleur sollte im Bedarfsfall auch kurzfristig hinzukommen können – die geografische Entfernung darf also nicht zu groß sein.

Egal, ob leitender Architekt, Planer oder externer Experte – die Aufgaben der Bauüberwachung müssen detailliert besprochen und am besten vertraglich fixiert werden. Dabei gilt es auch die **SCHNITTSTELLEN** zu den weiteren Akteuren auf dem Bau zu bedenken und zu regeln:

→ Ist der Dienstleister ausschließlich für die Überwachung und Prüfung der technischen Aspekte zuständig?
→ Oder ist er beauftragt, auch die Kostenentwicklung und/oder den Bauzeitenplan im Blick zu haben?
→ Wie viele Vor-Ort-Termine sollen stattfinden?
→ Wie wird mit eventuell notwendigen Änderungen umgegangen?
→ Wie wird im Falle eines externen Dienstleisters die Kommunikation zu den ausführenden Firmen gestaltet?
→ Wie funktioniert der Rücklauf der Informationen in die Eigentümergemeinschaft?
→ Was geschieht, wenn der Fachmann Fehler erkennt?
→ Welche Handlungsbefugnisse hat er?
→ An welchen Stellen kommt der Verwalter ins Spiel? Wann werden Verwaltungsbeirat und/oder Bauausschuss einbezogen?

Technische Kontrolle

Für die Überwachung der Arbeiten sind Termine auf der Baustelle das A und O. Der beauftragte Baubegleiter kann und muss zwar nicht ständig vor Ort sein, er muss jedoch spätestens am Ende wesentlicher Arbeitsabschnitte prüfen, ob die vertraglich zugesicherte Leistung erbracht wurde. Gerade bei komplexen Vorhaben wird die Leistung eines Gewerks schnell durch den eigenen Baufortschritt und/oder durch die Leistung eines anderen Gewerks überdeckt. Dann wird es schwierig mit der Kontrolle. Wenn die Dacheindeckung geschlossen und das Stirnbrett montiert wurde, kann auch der beste Baukontrolleur nicht mehr erkennen, ob die Fächer zwischen den Dachbalken vollständig und gleichmäßig mit Dämmmaterial gefüllt wurden. Und wenn die neuen Fenster eingesetzt sind und das Mauerwerk bereits verputzt oder verkleidet ist, lässt sich kaum noch feststellen, ob die Fenster luftdicht eingebaut wurden. Entscheidend für die Aussagekraft der Kontrolle ist ihr Zeitpunkt.

BLOWER-DOOR-TEST

Durch Ritzen und Fugen an Anschlüssen von Fenstern und Türen, durch unsauber ausgeführte Übergänge von den Wänden zum Dach oder durch Fehler bei der Verlegung der Dampfsperre kann Wärme entweichen und/oder Kondensat in die Konstruktion gelangen und dort zum Nährboden für Schimmel werden. Solche Undichtigkeiten erkennen Experten mithilfe eines Blower-Door-Tests.

Mit diesem **DIFFERENZDRUCKMESSVERFAHREN** wird die Luftdichtheit eines komplett geschlossenen Hauses überprüft. Um eventuelle Leckagen besser orten zu können, wird manchmal auch künstlicher Rauch eingesetzt oder das Verfahren mit einer **THERMOGRAFIE** kombiniert. Wird der Einbau einer Lüftungsanlage staatlich gefördert, so ist ein qualifizierter Blower-Door-Test Bedingung.

Den richtigen Moment kann der Kontrolleur nur erwischen, wenn er entweder von der Bauleitung oder von der ausführenden Firma rechtzeitig informiert wird und seinerseits einen gegebenenfalls auch kurzfristigen Baustellentermin wahrnehmen kann.

MÄNGELANZEIGE ODER MÄNGELRÜGE

Erkennt der Kontrolleur bei der Begehung einen Fehler, so sollte er ihn zunächst mit Fotos dokumentieren. Jetzt ist schnelles Handeln angesagt: Je nach Aufgabenteilung und Ermächtigung muss der Baukontrolleur, der leitende Planer oder die Verwaltung den festgestellten Mangel unverzüglich anzeigen (bei einem VOB-Vertrag) bzw. rügen (bei einem BGB-Vertrag) und die ausführende Firma schriftlich auffordern, den Mangel innerhalb einer angemessenen Frist zu beheben. Üblich ist eine Frist von 14 Tagen. Hat das Unternehmen den Fehler behoben, ist eine anschließende erneute Kontrolle zwingend erforderlich.

BAUABNAHMEN

Hat eine Firma die vereinbarte Leistung erbracht, so hat sie gegen den Auftraggeber – also die Eigentümergemeinschaft – den Anspruch auf Abnahme der Bauleistung. Bei einer größeren Sanierung mit mehreren Gewerken sind also zahlreiche Abnahmen erforderlich. Diese sollten sinnvollerweise immer direkt nach Beendigung der jeweiligen Leistung erfolgen. Die Vorbereitung und Begleitung der Abnahme(n) und die anschließende Ausübung der Gewährleistungsrechte ist zentraler Bestandteil der **QUALITÄTSSICHERUNG**. Sie sollte im Vertrag mit dem Baukontrolleuer explizit genannt werden. Weitere Details zu Bauabnahmen sind im folgenden Abschnitt ab der nächsten Seite dargestellt.

Kostenkontrolle

Zur Baukontrolle gehört es auch, kontinuierlich den Überblick über die Kosten zu haben. Bei den allermeisten größeren Bauvorhaben entstehen im Bauverlauf **ABWEICHUNGEN** zu den ursprünglichen Planungen. Werden zusätzliche Leistungen notwendig oder stellt sich heraus, dass die Ausführung deutlich mehr Aufwand mit sich bringt oder auch mehr Material eingesetzt werden muss, können hierdurch die Kosten deutlich ansteigen. Steht das im Raum, muss der Baukontrolleur Alarm schlagen und die Verwaltung die Wohnungseigentümer ins Bild setzen. Sie müssen über das weitere Vorgehen entscheiden. Damit nicht eine außerordentliche Eigentümerversammlung einberufen werden muss, bietet sich für solche Fälle an, bereits im Rahmen der Beschlussfassung vor Baubeginn das Umlaufverfahren festzulegen (siehe Seite 50).

Im Verlauf der Baumaßnahmen werden die ausführenden Firmen Abschlagsrechnungen stellen, worauf am Ende die Schlussrechnung folgt. Alle Rechnungen muss der Baukontrolleur gemeinsam mit dem leitenden Architekten oder Ingenieur und der Verwaltung, kontrolliert durch den Verwaltungsbeirat, prüfen.

Eigentümer, die sich besonders für die Sanierung eingesetzt haben, können auch in den Abnahmeprozess einbezogen werden.

→ Abnahmen und Abrechnungen:

Die Abnahmen der Leistungen der einzelnen Gewerke gehören zu den wichtigsten Terminen im gesamten Sanierungsprozess. Sie haben weitreichende rechtliche und finanzielle Folgen.

> **WAS ERFAHRE ICH?**
> 198 → Einbeziehung der Eigentümer
> 199 → Vorbereitung und Durchführung der förmlichen Abnahme
> 200 → Prüfung der Schlussrechnungen
> 200 → Behördliche Abnahme

Hat die Eigentümergemeinschaft eine Bauleistung beschlossen und ausführen lassen, steht dem Handwerker ein Anspruch auf die Abnahme gegen seinen Auftraggeber, also die Wohnungseigentümergemeinschaft, zu (§ 640 BGB und § 12 VOB/B). Die Form der Abnahme sowie die Teilnehmer seitens der Gemeinschaft und ihre jeweiligen Befugnisse werden am besten bereits bei der Beschlussfassung über die Beauftragung der baulichen Maßnahmen geklärt. Alle Abnahmen müssen gründlich vorbereitet und durchgeführt werden.

Unbedingt empfehlenswert ist eine **FÖRMLICHE ABNAHME**. Sie läuft nach bestimmten Spielregeln ab: Es findet ein gemeinsamer Vor-Ort-Termin mit dem Bauunternehmen statt. Dazu wird ein gemeinsames Protokoll erstellt, das von allen Parteien unterzeichnet werden muss (siehe Seite 199). Beide Seiten haben das Recht, Sachverständige einzuladen und Dritte mitzubringen. Es ist ratsam, die förmliche Abnahme bereits im Vertrag mit den ausführenden Unternehmen und gegebenenfalls auch mit den leitenden Planern und dem Baukontrolleur zu verankern.

Denkbar sind zwar auch andere Formen der Abnahme, doch diese sind für die Eigentümergemeinschaft mit enormen Risiken behaftet. Bei einer **AUSDRÜCKLICHEN ABNAHME** erklärt der Bauherr mündlich oder schriftlich ohne Beachtung besonderer Förmlichkeiten, dass er die Leistung als vertragsgemäß billigt. Eine **KONKLUDENTE** (auch stillschweigende) **ABNAHME** erfolgt durch das Verhalten der Auftraggeber. Wenn im Gebäude eine neue Heizung eingebaut wurde, diese in Betrieb genommen und längere Zeit ohne Widerspruch oder Mängelrüge genutzt wird, darf der Installateur daraus schließen, dass die Leistung auch ohne ausdrückliche Willenserklärung akzeptiert wurde. Beide Varianten bergen erhebliches Konfliktpotenzial.

Noch tückischer ist jedoch die **FIKTIVE ABNAHME**: Eine Bauleistung gilt als abgenommen, wenn der Unternehmer der WEG nach Fertigstellung der Arbeiten eine angemessene Frist zur Abnahme gesetzt hat und die Eigentümergemeinschaft die Abnahme nicht fristgemäß unter Angabe mindestens eines Mangels verweigert hat (§ 640 Abs. 2 BGB). Im VOB/B wird die fiktive Abnahme noch weiter ausgeführt: Wenn der Auftragnehmer schriftlich mitteilt, dass die Arbeiten fertiggestellt sind, und die Eigentümergemeinschaft nicht reagiert, dann gilt die Leistung mit Ablauf von 12 Werktagen als abgenommen (§ 12 Abs. 1 und Abs. 5 S. 1 VOB/B).

Jede Abnahme hat weitreichende Bedeutung:
→ Mit der Abnahme der Bauleistung erklärt der Bauherr, also die Eigentümergemeinschaft, dass die Firma den gemeinsamen Vertrag erfüllt hat und ihre Leistung im Wesentlichen dem entspricht, was vertraglich vereinbart wurde.
→ Die Schlussrechnung wird fällig.
→ Ohne Vorbehalt verliert der Auftraggeber den Anspruch auf Beseitigung der bekannten Mängel.
→ Die Beweislast für Mängel bei der Leistungserbringung geht vom Auftragnehmer auf die Wohnungseigentümergemeinschaft über (BGH, Az. VII ZR 383/99).
→ Die Verjährungsfristen beginnen.
→ Alle Verantwortlichkeiten, Gefahren und Risiken für Schäden an den Bauleistungen gehen auf den Bauherrn über.

Einbeziehung der Eigentümer

Alle Wohnungseigentümer bzw. die Eigentümergemeinschaft insgesamt ist zur Bauabnahme berechtigt und verpflichtet. In der Regel führen die Eigentümer die Abnahme nicht persönlich durch. Sie müssen jedoch entscheiden, wer dies unter welchen Bedingungen in ihrem Auftrag tut.

Die Gemeinschaft kann beispielsweise die Verwaltung oder auch einen Experten – üblicherweise den leitenden Architekten, Ingenieur oder den Baukontrolleur – per Beschluss zur Abnahme ermächtigen. Vor allem in großen Gemeinschaften ist das der praktikabelste Weg. Allerdings verfügen die wenigsten Verwalter über eine Ausbildung, die sie für eine architektenähnliche Bauüberwachung qualifiziert. Schon allein aus **HAFTUNGSGRÜNDEN** wird kaum eine Verwaltung die Qualität der Bauarbeiten allein beurteilen wollen. Der Bauleiter hingegen haftet auch für „übersehene" Mängel, wenn sie bei gründlicher Abnahme erkennbar waren, und ist durch seine Haftpflichtversicherung entsprechend geschützt. Bewährt hat sich eine Kombination der beiden Akteure: Die Eigentümerversammlung beschließt, dass der Bauleiter oder -überwacher nach Fertigstellung der Arbeiten eine Empfehlung abgeben soll. Der Verwalter wird ermächtigt und beauftragt, auf Grundlage dieser Empfehlung die Abnahme zu erklären.

Insbesondere wenn einzelne Eigentümer sich maßgeblich für die Sanierung eingesetzt oder sie beispielsweise in einem **BAUAUSSCHUSS** begleitet haben, ist möglicherweise eine stärkere Einbeziehung der Eigentümer gewünscht. Denkbar ist, dass direkt nach Fertigstellung der Arbeiten eine Eigentümerversammlung vor Ort stattfindet. Vorbereitend wird die Empfehlung des Bauleiters oder Baukontrolleurs eingeholt. Er kann auch in die Versammlung eingeladen werden. Im Rahmen der Versammlung können die Eigentümer über die Abnahme abstimmen und die Verwaltung ermächtigen, sie zu erklären. Dieses Verfahren setzt zum einen voraus, dass der Bauleiter oder -kontrolleur zuvor eine detaillierte Begehung vorgenommen hat. Zum anderen stößt es an Grenzen, wenn mehrere Gewerke die Abnahme zu unterschiedlichen Zeitpunkten verlangen.

Unabhängig davon, wen die Eigentümergemeinschaft zur Erklärung der Abnahme ermächtigt –, die Verwaltung sollte auf jeden Fall alle Eigentümer über jeden bevorstehenden **ABNAHMETERMIN** informieren. So haben alle die Chance, den Verantwortlichen Anregungen, Änderungswünsche oder auch Informationen zu von ihnen bemerkten Mängeln mit auf den Weg zu geben. Darüber hinaus sollten besonders betroffene Eigentümer – beispielsweise die Mitglieder des Verwaltungsbeirats oder des Bauausschusses – die Möglichkeit erhalten und wahrnehmen, an der Abnahme teilzunehmen.

Vorbereitung und Durchführung der förmlichen Abnahme

Damit bei der förmlichen Abnahme nichts vergessen oder übersehen wird, sollten die Verwaltung und der leitende Planer oder Baukontrolleur im Vorfeld in aller Ruhe eine gemeinsame Begehung durchführen und Punkt für Punkt besprechen, ob die Ausführung der Leistungsbeschreibung entspricht. Wichtige Hilfsmittel sind Wasserwaage, Zollstock, eine Kamera sowie Stift und Papier. Alle von der Baumaßnahme betroffenen Bauteile sollten gründlich begutachtet und bei der Anlagentechnik sämtliche Funktionen getestet werden. Unter Umständen ist dabei die Mithilfe der Bewohner erforderlich: Funktioniert die neue Heizung in allen Räumen und die Warmwasserbereitung an allen Entnahmestellen?

Abweichungen vom Vertrag und erkennbare Mängel, aber auch Fragen kommen auf eine Liste. Hier sollten sich auch die Rückmeldungen der Eigentümer, idealerweise auch die der Mieter, wiederfinden. In einer kleinen Eigentümergemeinschaft lässt sich das Stimmungsbild über Flurgespräche einfangen. In einer großen Wohnanlage ist der Verwaltungsbeirat in seiner Vermittlungsfunktion gefragt. Die Verwaltung kann in einem Rundschreiben über die anstehende Abnahme informieren. Darin bittet sie um Feedback direkt an die Verwaltung oder den Verwaltungsbeirat bis zum Termin der Vorbegehung.

Bei der Abnahme selbst begutachten die dazu von der Gemeinschaft bestimmten Personen gemeinsam mit dem Bauunternehmer die Leistungen. Dabei gilt das besondere Augenmerk den zuvor festgestellten Mängeln. Von ihrem Umfang hängt ab, ob die Leistung abgenommen oder (zunächst) verweigert wird (siehe rechts). Die eigentliche Abnahme erfolgt durch eine entsprechende schriftliche Erklärung der von der Gemeinschaft ermächtigten Person gegenüber dem Auftragnehmer. Entscheidend ist dabei das gemeinsame schriftliche **PROTOKOLL** des Termins. Wenn jede Vertragsseite ihr eigenes Protokoll schreibt und sich dieses von der anderen Seite gegenzeichnen lässt, ist im Streitfall nicht klar, welche Version verbindlich vereinbart wurde. Das Protokoll muss folgende Angaben enthalten:

→ Datum und Uhrzeit des Abnahmetermins
→ vollständige Namen und Funktionen aller anwesenden Personen
→ exakte Auflistung und Bezeichnung sämtlicher Mängel, bei größeren Mängeln mit Verweis auf eine beizufügende Fotodokumentation
→ Frist, bis zu der die Mängel zu beseitigen sind
→ Abnahmeerklärung unter dem Vorbehalt der Beseitigung der im Protokoll festgehaltenen Mängel
→ Abnahmezeitpunkt = Beginn der Gewährleistungsfrist
→ Unterschrift beider Vertragspartner

Müssen Mängel behoben werden, ist es ratsam, gleich einen zweiten Abnahmetermin zu vereinbaren. Vom Abnahmeprotokoll und der Abnahmeerklärung erhalten alle Parteien eine Durchschrift. Das Exemplar der Eigentümergemeinschaft gehört zu den Verwaltungsakten.

ABNAHME VERWEIGERN
Die Eigentümergemeinschaft kann die Abnahme verweigern, wenn die Leistung in wesentlichen Teilen vom Auftrag abweicht, sie nicht vollständig erbracht wurde oder erhebliche Mängel bestehen (§ 640 Abs. 1 BGB und § 12 VOB/B). Das ist beispielsweise dann der Fall, wenn die Gebrauchstauglichkeit beeinträchtigt ist oder wenn Personen gefährdet werden.

MÄNGEL RICHTIG AUFLISTEN

→ genaue Beschreibung der Mängel
→ exakte Angabe, wo sie sich befinden
→ bei großen Mängeln: ergänzende Fotodokumentation als Anlage zum Abnahmeprotokoll
→ zur Illustration Fotos mit Zollstock anfertigen (z. B. bei Rissen)
→ auch Mängel auflisten, die vor der Abnahme bereits angezeigt/gerügt worden sind

Wegen unwesentlicher Mängel darf die Abnahme hingegen nicht verweigert werden. Bei einer Abnahmeverweigerung hat der Auftragnehmer das Recht, eine **ZUSTANDSFESTSTELLUNG** zu verlangen, um Beweisschwierigkeiten bezüglich der geltend gemachten Mängel zu vermeiden. An dieser Zustandsfeststellung muss der Auftraggeber zwar nicht mitwirken, doch wenn er den vereinbarten oder vorgeschlagenen Termin nicht wahrnimmt, kann das Bauunternehmen eine einseitige Zustandsfeststellung treffen. Bei allen Mängeln, die darin nicht aufgeführt sind, kann davon ausgegangen werden, dass sie nachträglich entstanden und daher vom Auftraggeber zu verantworten sind. Eine solche Situation wird eine schnelle Beseitigung der Mängel wohl kaum befördern. Die WEG ist also gut beraten, an der Zustandsfeststellung mitzuwirken.

BEWEISLASTUMKEHR UND GEWÄHRLEISTUNGSRECHT

Mit der Abnahme kehrt sich die Beweislast um. Treten während der nun beginnenden **GEWÄHRLEISTUNG** Mängel auf, so muss die Eigentümergemeinschaft diese nachweisen. Das ist zwar mühsam, sollte jedoch keinesfalls daran hindern, die Gewährleistungsrechte in Anspruch zu nehmen. Auf jeden Fall sollte der Bauleiter oder Baukontrolleur vor dem Ende der Gewährleistungszeit noch einmal vorbeikommen und prüfen, dass keine Mängel aufgetreten sind.

Prüfung der Schlussrechnungen

Nach der Abnahme darf die beauftragte Firma ihre Schlussrechnung stellen. Diese muss laut Gesetz „prüffähig" sein und eine übersichtliche Aufstellung der erbrachten Leistungen enthalten (§ 650g Abs. 4 BGB). Die Prüfung übernimmt die Verwaltung zusammen mit dem Verwaltungsbeirat und idealerweise mit Unterstützung des leitenden Architekten oder Ingenieurs:

→ Sind alle aufgeführten Leistungen erbracht?
→ Wurden frühere Abschlagsrechnungen berücksichtigt?
→ Entsprechen die Positionen dem Angebot?
→ Stimmen Aufmaß und Mengen?
→ Wurde eine ggf. erforderliche Aufteilung der Posten auf einzelne Gebäudeteile vorgenommen?
→ Wurden Arbeits- und Materialkosten getrennt ausgewiesen?
→ Wurden Mängelvorbehalte und Geldeinbehalte geltend gemacht?
→ Wie wurden Kosten für Baustrom und Bauwasser berücksichtigt?
→ Stimmen Multiplikationen und Summenbildungen, besonders auch bei Überträgen von einer Seite zur nächsten?
→ Wurde ein Skonto vereinbart und auch gewährt?

Die Bezahlung der Rechnungen gehört zur ordnungsmäßigen Verwaltung.

ZURÜCKBEHALTUNGSRECHT

Es kommt nicht selten vor, dass die Bauleistung im Wesentlichen erbracht wurde, jedoch noch große oder zahlreiche kleine Mängel vorliegen, die behoben werden müssen. Dann dürfen Bauherren bis zur Beseitigung der Mängel das Doppelte des für die Nachbesserung notwendigen Betrages als sogenannten Druckzuschlag von der Rechnung einbehalten (§ 641 Abs. 3 BGB).

Behördliche Abnahme

Neben den privaten Abnahmen mit den ausführenden Unternehmen stehen je nach Baumaßnahme noch behördliche Abnahmen an: Das Bauordnungsamt, das Denkmalamt oder weitere involvierte Behörden kontrollieren vor Ort, ob die Arbeiten in Übereinstimmung mit den öffentlichen Normen und Verordnungen sowie eventuell erteilten Auflagen durchgeführt wurden. Manchmal werden nach Ende der Maßnahmen auch nur Bescheinigungen seitens der Bauleitung verlangt. Genau wie für die Abnahme der Handwerkerleistungen gilt: Die Eigentümerversammlung sollte im Rahmen der Sanierungsbeschlüsse festlegen, wie die behördlichen Abnahmen vonstattengehen sollen.

→ **Nachbereitung:** Es ist geschafft! Die Baustelle ist geräumt, die letzte Abnahme gemeistert und die neue Anlagentechnik wurde in Betrieb genommen. Nun stehen noch einige Nacharbeiten an.

> **WAS ERFAHRE ICH?**
> 201 → Gemeinsame Auswertung
> 203 → Dokumentation der Sanierung
> 204 → Monitoring
> 205 → Gewährleistungsrechte

Terminliche Eckpunkte für die Nachbereitung sind die nächste Eigentümerversammlung, die erste Jahresabrechnung und das Ende der Gewährleistungsfrist. Die Eigentümerversammlung sollte zeitnah nach Abschluss der Baumaßnahmen einberufen werden. Dabei geht es vor allem um einen Abgleich zwischen den Planungen und dem Sanierungsbeschluss einerseits und der Umsetzung andererseits. Außerdem müssen in der Regel weitere Beschlüsse gefasst werden. Wie im gesamten Sanierungsprozess sind an dieser Stelle Transparenz und gute Kommunikation von allen Seiten gefragt.

Gemeinsame Auswertung

Die Verwaltung kann gemeinsam mit dem leitenden Architekten oder Ingenieur und mit Unterstützung des Verwaltungsbeirates oder Bauausschusses neben der Abrechnung eine Gesamtübersicht vorbereiten:
→ Wurden die Leistungen nach Plan erbracht?
→ An welchen Stellen gab es notwendige Abweichungen in der technischen Umsetzung?
→ Wurden bei der Abnahme Mängel festgestellt?
→ Wurde der Zeitplan eingehalten? Und die Kostenplanung?
→ Wann endet die Gewährleistung?

In der Versammlung sollte jede einzelne Firma Thema sein. Nicht alle, aber viele ausführende Betriebe legen Wert auf Rückmeldungen. Das gilt auch für die anderen am Bau beteiligten Personen. Für die Verwaltung, den Verwaltungsbeirat, den Bauausschuss und den Bauleiter war die Sanierung eine Belastungsprobe, die sie gemeinsam bewerkstelligt haben. Die Anerkennung dafür sollte nicht zu kurz kommen – und das Feiern auch nicht. Dafür ist eine Eigentümerversammlung zwar eher ungeeignet, hier kann jedoch der Plan für eine Feier entstehen.

Ein **HAUS- ODER HOFFEST** ist ein guter Rahmen, um das Wir-Gefühl und die Identifikation mit dem Gemeinschaftseigentum zu stärken und sich über die Erfahrungen auszutauschen. Bei einem solchen Termin kann einer der am

ENTSCHEIDUNGSMACHT DER VERWALTUNG BESCHLIESSEN

Der Abschluss von Versorgungs-, Wartungs- und Versicherungsverträgen sowie die Beauftragung von Sachverständigen zur Ergründung von Mängeln – all das entspricht den Interessen aller Eigentümer. Sie können selbstverständlich immer über jeden einzelnen Vertrag beschließen. Alternativ können sie bestimmen, dass die Verwaltung gemäß § 27 Abs. 2 WEG diese Maßnahmen ordnungsgemäßer Verwaltung ohne vorherigen Beschluss der Eigentümerversammlung treffen darf. Ein solcher Beschluss kann auch Einschränkungen enthalten. Die Eigentümer können beispielsweise festlegen, dass die Verwaltung nur bis zu einer bestimmten Kostengrenze oder auch begrenzten Vertragslaufzeit ohne Beschluss Verträge abschließen darf. Vorteil dieser Herangehensweise bei einem Sanierungsvorhaben: Die Verwaltung kann jeweils direkt tätig werden, sobald die entsprechenden Voraussetzungen vorliegen. Wenn die PV-Anlage installiert ist, kann sie beispielsweise alle Anmeldeformalitäten erledigen und die notwendige Versicherung abschließen, auch wenn in anderen Bereichen noch gearbeitet wird. Eventuelle Fristen sind damit problemlos haltbar.

Bau Beteiligten einen Rundgang für interessierte Eigentümer und Mieter anbieten und beispielsweise Details der neuen Heizung, Lüftung oder Solaranlage erklären. Unter Umständen besteht auch Bedarf an einer Einweisung? Die sollte dann ein Fachmann übernehmen.

WEITERE BESCHLUSSFASSUNGEN

Anhängig von den Bedürfnissen in der Gemeinschaft werden diverse Belege erforderlich. Damit er die Abrechnung der Fördermittel mit KfW oder Bafa veranlassen kann, braucht der Verwalter Bestätigungen und Verwendungsmittelnachweise vom leitenden Architekten, Ingenieur oder dem begleitenden Energieberater.

Die Fördermittelgeber machen zu Form und Inhalt der erforderlichen Belege detaillierte Vorgaben. Entsprechende Bescheinigungen benötigen auch diejenigen Eigentümer, die individuell Zuschüsse beantragt haben. Dabei müssen die exakten Kosten für die Miteigentumsanteile dargestellt sein.

Jene Eigentümer, die die steuerliche Förderung nutzen möchten, müssen beim Finanzamt ebenfalls Bescheinigungen oder alternativ Fachunternehmererklärungen vorlegen. Und vermietende Eigentümer, die eine Modernisierungsmieterhöhung (siehe Seite 176) durchsetzen wollen, müssen gegenüber den Mietern die Grundlage dafür dokumentieren, also eine Aufstellung ihrer Gesamtinvestitionskosten abzüglich der gesparten Instandsetzungskosten an die Hand bekommen.

Je nach **FINANZIERUNGSMIX** und Zusammensetzung der Gemeinschaft ist die Organisation bzw. Erstellung dieser Papiere eine komplexe Aufgabe für die Verwaltung. Sehr hilfreich ist eine gemeinsame Liste, in der alle Eigentümer eintragen, welche Bescheinigungen sie benötigen.

Umfangreiche Sanierungen setzen in der Regel detaillierte Berechnungen zum Energiebedarf voraus. Dann muss nach Abschluss der Maßnahmen ein neuer **ENERGIEAUSWEIS** ausgestellt werden. Die Eigentümer müssen also den Verwalter per Beschluss ermächtigen, einen Energieberater mit der Ausstellung eines aktuellen Energieausweises zu beauftragen.

Mit einer Heizungserneuerung erfolgt in den allermeisten Fällen eine Veränderung des Energieträgers. Das erfordert Kündigungen, Anpassungen oder auch Neuabschlüsse von Verträgen mit Lieferanten. Wird beispielsweise aus der bisherigen Gasheizung ein bivalentes System mit einer Solarthermieanlage, dann verringert sich der Gasverbrauch und es kommt möglicherweise ein anderer Tarif infrage. Ersetzt eine Pelletheizung den alten Ölkessel, gilt es, einen Pelletlieferanten zu finden. Hierum muss sich die Verwaltung kümmern.

Zugleich wirkt sich die Sanierung auf die monatlichen Energiekosten aus. Die Eigentümergemeinschaft muss also die Hausgeldzahlungen neu beschließen. Vermieter können die Nebenkostenvorauszahlungen entsprechend anpassen. Als Grundlage können die Berechnungen des Energieberaters dienen, bevor dann im Zuge der nächsten Jahresabrechnungen feinjustiert wird.

Auch die Themen Versicherung und Wartung gehören auf die Tagesordnung dieser Eigentümerversammlung. Die Verwaltung wird per Beschluss beauftragt, bisherige Versicherungen zu prüfen, notfalls anzupassen oder gar neue Versicherungen abzuschließen. Besonders die **WOHNGEBÄUDEVERSICHERUNG** muss hinterfragt werden. Hier kommt die Werterhöhung des Gebäudes ins Spiel. Eine Besonderheit stellt die Nachrüstung einer PV-Anlage dar: Sie ist nicht automatisch in der Gebäudeversicherung mitversichert (siehe Kapitel „Sonnenstrom", Seite 123).

FORMALIEN RUND UM DIE HAUSTECHNIK

Für neu eingebaute Anlagentechnik ist ein **WARTUNGSVERTRAG** notwendig, den der installierende Betrieb oft anbietet. Das hat den Vorteil, dass er bereits über alle Unterlagen verfügt und die Anlage kennt. Doch stimmen die Konditionen? Und: Welchen Eindruck hatte der Bauleiter von der Firma? Gab es Reibungen und Unzufriedenheit, sollte die Verwaltung auf die Suche nach einer alternativen, mit der konkreten Technologie vertrauten Firma gehen.

Die neu installierte Wärmepumpe muss beim lokalen Netzbetreiber angemeldet werden. Vielerorts gibt es spezielle Heizstromtarife. Für eine PV-Anlage oder ein BHKW ist der administrative Aufwand noch deutlich höher (siehe Seite 120). Die Verwaltung wird per Beschluss beauftragt, die notwendigen Anträge zu stellen und **ANMELDUNGEN** vorzunehmen. Außerdem muss der künftige Betrieb einer solchen Anlage geregelt werden. Je nach Vertrag mit dem Netzbetreiber kann es beispielsweise notwendig sein, dass der Verwalter den Zähler abliest und Erzeugung, Vollbenutzungsstunden und Einspeisemengen meldet. Unter Umständen müssen Meldungen beim Finanzamt oder dem Hauptzollamt gemacht werden.

Dokumentation der Sanierung

Die übersichtliche und vollständige Ablage aller wichtigen Dokumente gehört zwar in den Zuständigkeitsbereich der Verwaltung, doch jeder Verwaltungsbeirat, der sich mit ersten Problemen rund um die Solarthermieanlage befassen muss, und jeder Eigentümer, der für den anstehenden Verkauf seiner Wohnung die wertsteigernden Investitionen belegen möchte, ist dankbar, wenn die wichtigsten Unterlagen geordnet zusammengefasst und greifbar zur Verfügung stehen. Bewährt hat sich daher, dass der Verwaltungsbeirat gemeinsam mit der Verwaltung in einem dafür anberaumten Termin alle **SANIERUNGSUNTERLAGEN** durchgeht.

Eine energetische Sanierung verändert die baulichen Gegebenheiten oft so grundlegend, dass das Nutzerverhalten angepasst werden muss. Bestes Beispiel ist der luftdichte Einbau neuer Fenster. Entweder geht dieser mit einem Lüftungskonzept für das Gebäude oder mit der Installation einer Lüftungsanlage einher.

In jedem Fall bedeutet es eine Umstellung für die Bewohner: Sie brauchen eine Einweisung und müssen entweder mehrfach täglich stoßlüften oder die Lüftungsanlage einsetzen. Tun sie das nicht, ist Schimmel vorprogrammiert. Ein anderes Beispiel: Die intelligenteste

---

DIE VOLLSTÄNDIGEN SANIERUNGSUNTERLAGEN:

→ Liste aller Dienstleister, beauftragten Unternehmen, Hersteller und Lieferanten samt Ansprechpartnern besonders für Gewährleistungsfragen und Havariefälle
→ Bauanzeigen und -anträge
→ Bau- und sonstige Genehmigungen
→ Vermessungspläne und Berechnungen
→ Bescheinigung des Schornsteinfegers
→ eventuell entstandene Fotodokumentationen z. B. eines Blower-Door-Tests oder einer Thermografieuntersuchung
→ Abnahmeprotokolle
→ Fachunternehmererklärungen
→ Bürgschaften/Gewährleistungssicherheiten
→ Produktbeschreibungen, Unbedenklichkeitserklärungen, Zulassungen/Prüfzeugnisse, Lieferscheine
→ Revisionspläne der Haustechnik
→ Bedienungsanleitungen, Wartungs-/Pflegehinweise und Garantieunterlagen aller technischen Komponenten

Ein Fest zum Abschluss der Sanierung bietet allen Bewohnern Gelegenheit, sich über den Ablauf der Arbeiten sowie über das Ergebnis auszutauschen.

Heizungsanlage bringt wenig, wenn die Bewohner nicht wissen, wie sie die Raumtemperatur regeln und daher die Fenster weit aufreißen oder zusätzlich einen ineffizienten Heizstrahler verwenden. In solchen Fällen brauchen die Bewohner eine **GEBRAUCHSANWEISUNG** für ihr neues Haus. Die Unterlagen von Bauleitern, Firmen oder Herstellern sind meist auf fachkundige Nutzer ausgerichtet und für Laien eher ungeeignet. Optimal ist daher, wenn ein Mitglied des Bauausschusses oder die Verwaltung die wichtigsten Neuerungen und Verhaltenstipps in verständlicher Form in einem **INFOBRIEF** zusammenträgt. Das sollte dann in allen Briefkästen verteilt, auf der Internetseite bereitgestellt und in den Verwalterunterlagen beispielsweise bei der Hausordnung abgelegt werden.

Monitoring

Mit einer einmaligen Nachbesprechung ist es jedoch nicht getan. In den ersten zwei bis drei Jahren nach der Sanierung sollte ein systematisches Monitoring stattfinden. Regelmäßige Anlässe können die **JAHRESABRECHNUNGEN** sein, denn das besondere Augenmerk gilt den Energieverbräuchen der Gemeinschaft und der einzelnen Eigentümer.

In der Planungsphase waren in der Regel künftige Verbräuche errechnet worden. Dass diese Werte – und damit die errechneten Einsparungen und Wirtschaftlichkeitseffekte – im Jahr der Sanierung und im ersten Jahr danach erreicht werden, ist eher die Ausnahme. Dafür gibt es eine ganze Reihe von Gründen und Erklärungen. Zum einen belegen Vergleichsstudien, dass der tatsächliche Energieverbrauch von Bewohnern in Gebäuden mit schlechter Energieeffizienz deutlich geringer ist als der nach dem Energiekennwert des Gebäudes errechnete Verbrauch. Dieser sogenannte **PREBOUND-EFFEKT** ist umso ausgeprägter, je schlechter der Energiekennwert ist. Bewohner eines Hauses mit schlechter Energieeffizienz sparen beim Heizen. Doch was nie verbraucht wurde, kann auch nicht eingespart werden. Wichtig ist deshalb, in der Planungsphase bei der Berechnung möglicher Einsparungen die realen Verbrauchszahlen zugrunde zu legen. Während der Baumaßnahmen können dann Baustrom und die Beheizung von Unterkünften für Bauarbeiter den Verbrauch vorübergehend zusätzlich erhöhen. Und nach Abschluss der Sanierung befindet sich aufgrund von Maurer- und Putzarbeiten noch Restfeuchte in den Räumen, die über einige Monate hinweg trocken geheizt wird.

Hinzu kommen sogenannte **REBOUND-EFFEKTE**: Anders als in allen Berechnungen angenommen, bleibt das Nutzerverhalten nach einer Dämmung oder dem Einbau einer effizienten Heizung nicht immer konstant. Manch ein Bewohner hat jetzt das Gefühl, nicht mehr (so viel) sparen zu müssen. Wer die Raumbeleuchtung auf LEDs umstellt, installiert gern mehr Lampen als zuvor, die zudem häufiger genutzt werden. Wer eine energieeffiziente Heizung installiert hat, die mit erneuerbaren Energien gespeist wird, achtet weniger akribisch auf die Temperaturführung oder beheizt nun auch Räume, die zuvor wenig beheizt wurden. Diesem Rebound-Effekt kann jeder einzelne Bewohner gezielt entgegenwirken – vorausgesetzt, er ist ihm bewusst. Hier können **SMART METER** und die zeitnahe Rückmeldung von Energieverbrauchswerten an die Nutzer der Wohnungen eine wichtige Steuerungsfunktion übernehmen. Ergänzend kann die Verwaltung jeweils mit den Jahresabrechnungen den Vergleich der Verbrauchsdaten vor der Sanierung, den Prognosen für danach und den tatsächlichen Verbräuchen danach darstellen.

Besonders hohe Verbräuche können natürlich immer auch Warnzeichen sein und auf Bauschäden oder Defekte in der Anlagentechnik hindeuten. Die gilt es, so schnell wie möglich zu erkennen und zu beheben. Hilfreich ist es daher, wenn die Wohnungseigentümer die Verwaltung zeitnah über alles, was nicht oder schlecht funktioniert, und über alles, was ihnen auffällt, informieren: Dauert es beispielsweise lange, bis in der Wohnung warmes Wasser ankommt? Reagieren einzelne Heizkörper anders als andere? Gibt es Räume, die nicht ausreichend warm werden?

Nur durch Rückmeldungen wie diese lassen sich die Regelung verbessern und an das Nutzerverhalten anpassen sowie der eine oder andere Fehler im System beheben.

Gewährleistungsrechte

Bis zum Ablauf der **GEWÄHRLEISTUNGSFRISTEN** (5 Jahre nach BGB, 4 Jahre nach VOB/B) muss der Bauunternehmer alle Mängel an den Baumaßnahmen, die bei der Abnahme nicht gesehen wurden, aber auf Ausführungsfehlern beruhen, auf seine Kosten beheben. Wurde im Zuge der Durchführungsbeschlüsse das Thema Mängelrechte noch nicht abschließend bearbeitet, so muss dies jetzt geschehen. Üblicherweise ermächtigt die Eigentümerversammlung den Verwalter per Beschluss, sich um Mängelbeseitigungen und die Abwicklung der Gewährleistungsansprüche gegenüber den Baufirmen zu kümmern.

Rechtzeitig vor Ablauf der Frist muss geprüft werden, ob noch Restmängel bestehen. Dafür ist eine **OBJEKTBEGEHUNG** der Verwaltung und gegebenenfalls des Verwaltungsbeirates mit einem Experten unverzichtbar. Die Idealbesetzung ist der Bauüberwacher oder Bauleiter des Sanierungsvorhabens. Auch dafür braucht es einen Beschluss. Am besten notieren Verwaltung und Verwaltungsbeirat dieses Thema zur Wiedervorlage im Kalender und setzen es für eine Eigentümerversammlung mit ausreichend zeitlichem Abstand zum Ende der Gewährleistungsfrist auf die Tagesordnung. Dort können die Eigentümer die Beauftragung eines Experten zur Nachkontrolle beschließen und die Verwaltung mit der Durchführung beauftragen. Werden bei diesem Ortstermin Mängel dokumentiert, so muss die Verwaltung die Baufirma auffordern, diese zu beseitigen. Zeichnen sich Schwierigkeiten ab, ist es sinnvoll, frühzeitig einen Fachanwalt für Bau- und Architektenrecht hinzuzuziehen.

DER RECHTLICHE RAHMEN

6 Bei der energetischen Sanierung in der Eigentümergemeinschaft sind Gesetze und Verordnungen der unterschiedlichen föderalen Ebenen zu berücksichtigen. Das folgende Kapitel hilft bei der Orientierung.

208 → Vorgaben des Bundes
222 → Vorgaben der Länder und Kommunen

→ Vorgaben des Bundes: Der Klimaschutzgedanke hat enorm an Bedeutung gewonnen. Vorgaben und Anreize zu energieeffizienten Maßnahmen auch im Wohngebäudebereich wurden in vielen Gesetzen verankert.

> **WAS ERFAHRE ICH?**
> 208 → Das Wohnungseigentumsgesetz
> 213 → Das Gebäudeenergiegesetz
> 215 → Das Erneuerbare-Energien-Gesetz
> 219 → Das Bürgerliche Gesetzbuch
> 221 → Weitere relevante bundesweit gültige Gesetze und Verordnungen

Mit Ausnahme des Wohnungseigentumsgesetzes haben die in den unterschiedlichen Bundesgesetzen enthaltenen Vorschriften zunächst für alle Wohnformen und Eigentumsverhältnisse Gültigkeit. Die Vorgaben zur Nutzung erneuerbarer Energien, die Anforderungen an den baulichen Wärmeschutz, die Regelungen zu selbst erzeugtem Strom oder das Mietrecht müssen Wohnungsunternehmen, Genossenschaften, private Eigentümer von Mehr- und/oder Einfamilienhäusern genauso beachten wie Wohnungseigentümer. Doch nicht alle Vorgaben betreffen alle Eigentümergruppen oder alle Gebäudegrößen in gleichem Umfang. An manchen Stellen hat der Gesetzgeber explizit zwischen Ein- und Zweifamilienhäusern einerseits und Mehrfamilienhäusern andererseits differenziert. Und in vielen Bereichen wird zwischen Neubau und Bestandsimmobilien unterschieden. Alle Regelungen darzustellen, würde den Rahmen dieses Buches sprengen. Es konzentriert sich deshalb auf alle rechtlichen Aspekte in den wichtigsten Gesetzen, die Mehrfamilienhäuser im Bestand betreffen und damit für energetische Sanierungen in Eigentümergemeinschaften relevant sind.

Das Wohnungseigentumsgesetz

Als das „Gesetz über das Wohnungseigentum und das Dauerwohnrecht" (Wohnungseigentumsgesetz – WEG) im Jahr 1951 erlassen wurde, bestand das Ziel darin, den gesetzlichen Rahmen für den bis dato nicht möglichen Erwerb von eigenheimähnlichen Teilen eines größeren Gebäudes zu schaffen. Das Gesetz umfasst Bestimmungen zur Entstehung von Wohneigentum, Verwaltung, Aufteilung in Sonder- und Gemeinschaftseigentum sowie Eigentümerversammlung und Beschlussfassung.

Im Koalitionsvertrag 2018 vereinbarten Union und SPD eine grundlegende Reform des Gesetzes, „um die Vorbereitung und Durchführung von Beschlüssen der Wohnungseigentümer über bauliche Maßnahmen insbesondere in den Bereichen Barrierefreiheit, energetische Sanierung, Förderung von Elektromobilität und Einbruchschutz zu erleichtern". Es folgte ein monatelanges Tauziehen. Zum 1. Dezember 2020 trat die Gesetzesnovelle in Kraft. Von energetischen Sanierungen ist darin keine Rede mehr. Doch die Anforderungen an die Beschlussfassung über bauliche Veränderungen wurden so verringert, dass dies nun auch allen energetischen Sanierungen zugutekommt.

ABGRENZUNG SONDER-, TEIL- UND GEMEINSCHAFTSEIGENTUM

→ § 1 – Wohnungseigentum ist das **SONDEREIGENTUM** an einer Wohnung in Verbindung mit den **MITEIGENTUMSANTEILEN** am gemeinschaftlichen Eigentum. Zum Wohnungseigentum gehören Zwischenwände der Wohnung, Zimmertüren, Bodenbeläge oder Sanitäranlagen. **TEILEIGENTUM** ist das Sondereigentum an Räumen, die nicht zu Wohnzwecken genutzt werden (z. B. Lager- oder Büroräume). Das Grundstück (soweit es nicht als Teil des Sondereigentums zu Sondereigentum erklärt wurde) und die Teile des Gebäudes, die nicht im Sonder- oder Teileigentum stehen, bilden das gemeinschaftliche Eigentum.

→ § 5 S. 2 – Alle Teile des Gebäudes, die für seinen Bestand und seine Sicherheit erforderlich sind – beispielsweise Fenster oder Außenwände –, und alle Anlagen und Einrichtungen, die dem gemeinschaftlichen Gebrauch dienen – beispielsweise Versorgungsleitungen, die durch eine Wohnung laufen, Waschräume oder die Zufahrt –, sind zwingend **GEMEINSCHAFTSEIGENTUM**. Das gilt auch, wenn sie räumlich im Bereich des Sondereigentums liegen. Sie können nicht zu Sondereigentum erklärt werden.

RECHTE UND PFLICHTEN DER EINZELNEN EIGENTÜMER

→ § 9a Abs. 4 – Für Verbindlichkeiten der Gemeinschaft, also zum Beispiel für die Zahlung von Handwerkerrechnungen oder Kreditraten, haftet jeder Wohnungseigentümer gegenüber dem Gläubiger im Verhältnis seines Miteigentumsanteils.

→ § 13 – Jeder Wohnungseigentümer kann über die Nutzung seines Sondereigentums allein bestimmen. Er darf dieses bewohnen, vermieten oder verpachten. Um eine bauliche Maßnahme im Sondereigentum durchzuführen, benötigt er nicht die Erlaubnis der anderen Wohnungseigentümer, solange diese durch die Maßnahme nicht über Gebühr beeinträchtigt werden. Er darf also die Kacheln in der Küche austauschen, nicht jedoch eine tragende Wand einreißen. Vorsicht: Auch andauernder Baulärm kann eine übermäßige Beeinträchtigung darstellen.

RECHTE UND PFLICHTEN DER GEMEINSCHAFT

→ § 9a Abs. 1 – Seit der WEG-Reform ist die Gemeinschaft der Eigentümer, vergleichbar einer OHG oder einer GmbH, unbeschränkt rechtsfähig. Sie handelt also als eigene Rechtspersönlichkeit sowohl gegenüber Dritten als auch nach innen gegenüber Mitgliedern, erwirbt Rechte und geht Verbindlichkeiten ein, klagt vor Gericht und kann verklagt werden. Die WEG als Verband kann Handwerker beauftragen, Anträge bei Behörden stellen, einen Kredit in Anspruch nehmen. Und wenn ein Miteigentümer mit seinen Hausgeldzahlungen oder Beiträgen zu beschlossenen Sonderumlagen im Rückstand ist, muss nicht jeder einzelne Miteigentümer tätig werden. Die Gemeinschaft kann einheitlich gegen den jeweiligen Schuldner gerichtlich vorgehen.

→ § 9a Abs. 3 – Der rechtsfähigen WEG gehört das Gemeinschaftsvermögen.

→ § 18 und 19 – Die Gemeinschaft der Eigentümer ist für die **ORDNUNGSMÄSSIGE VERWALTUNG** des gemeinschaftlichen Eigentums zuständig und beschließt darüber mit einfacher Mehrheit. Zur ordnungsmäßigen Verwaltung gehören unter anderem die Aufstellung einer Hausordnung, die ordnungsmäßige Erhaltung (früher: Instandhaltung und Instandsetzung) und angemessene Versicherung des gemeinschaftlichen Eigentums, die Ansammlung einer angemessenen Erhaltungsrücklage und die Bestellung eines zertifizierten Verwalters.

EIGENTÜMERVERSAMMLUNG ALS ZENTRALES ORGAN

→ § 23 bis 25 – Mit der Gesetzesreform wurde die Eigentümerversammlung als Entscheidungsorgan der Eigentümergemeinschaft deutlich gestärkt. Sie ist unabhängig von der Zahl der Anwesenden immer beschlussfähig und kann alle Beschlüsse mit einfacher Mehrheit der erschienenen oder vertretenen Eigentümer fällen. Eigentümerversammlungen müssen grundsätzlich in Präsenz stattfinden. Die Gemeinschaft kann jedoch beschließen, dass Eigentümer online teilnehmen dürfen. Wer nicht teilnehmen kann, darf eine andere Person bevollmächtigen, in ihrem Namen abzustimmen. Eine solche **VOLLMACHT** muss in Textform erfolgen. Es reicht also beispielsweise die Übermittlung per E-Mail oder SMS. Eilige Beschlüsse können im Umlaufverfahren getroffen werden (siehe Seite 50). Auch hier ist die Textform ausreichend, eine eigenhändige Unterschrift auf Papier also nicht notwendig. Der Haken: Einem **UMLAUFBESCHLUSS** müssen alle Eigentümer zustimmen. Im Einzelfall, für einen bestimmten Gegenstand, können die Eigentümer beschließen, einen Umlaufbeschluss mit einfacher Mehrheit zu ermöglichen.

BAULICHE VERÄNDERUNGEN

→ § 20 Abs. 1 – Als bauliche Veränderungen werden alle Maßnahmen eingestuft, die über die ordnungsmäßige Erhaltung (früher: Instandhaltung und Instandsetzung) des gemeinschaftlichen Eigentums hinausgehen. In diese Rubrik gehören neben energetischen Sanierungen auch An- und Umbauten. Sie können mit einfacher Mehrheit der bei einer Versammlung anwesenden oder durch Vollmacht vertretenen Eigentümer beschlossen oder einem Wohnungseigentümer durch Beschluss gestattet werden. Diese Regelung ist eine erhebliche Vereinfachung: Es müssen nicht mehr alle (betroffenen) Eigentümer zustimmen. Das hohe Beschlussquorum (doppelt qualifizierte Mehrheit aus drei Viertel der stimmberechtigten Eigentümer und mehr als die Hälfte aller Miteigentumsanteile, siehe Seite 51 ff.) ist vom Tisch.

Bauliche Maßnahmen, die der Barrierefreiheit dienen, gelten als privilegiert. Jeder Eigentümer kann sie verlangen.

→ § 20 Abs. 2 – Jeder Eigentümer kann bestimmte **PRIVILEGIERTE MASSNAHMEN** verlangen. Dabei handelt es sich um bauliche Veränderungen, die der Barrierefreiheit, dem Laden elektrisch betriebener Fahrzeuge, dem Einbruchschutz oder dem Anschluss an ein Telekommunikationsnetz mit sehr hoher Kapazität (Glasfaser) dienen. Die Art und Weise der Durchführung beschließt die Eigentümerversammlung. Energetische Sanierungsmaßnahmen zählen nicht zu den privilegierten Maßnahmen. Auch der **MIETER** hat gegenüber dem Vermieter den Anspruch auf die Vornahme dieser Maßnahmen. Das ist in § 554 BGB festgeschrieben.

→ § 20 Abs. 3 – Jeder Wohnungseigentümer hat darüber hinaus einen **INDIVIDUALANSPRUCH** auf bauliche Veränderungen. Wenn alle Miteigentümer, die durch die von ihm geplante Maßnahme über Gebühr beeinträchtigt werden, einverstanden sind, muss die Gemeinschaft die Maßnahme gestatten. Ein erstes Urteil zu einem entsprechenden Fall gibt es bereits: Das Landgericht Frankfurt am Main hat entschieden, dass die Montage einer Klimaanlage auf dem Dach einer Zweiergemeinschaft eine benachteiligende bauliche Veränderung ist, die der Zustimmung des Miteigentümers bedurft hätte (Az. 2–13 S 133/20).

→ § 20 Abs. 4 – Nur zwei Formen baulicher Veränderungen dürfen weder beschlossen noch durch Beschluss gestattet werden. Das betrifft zum einen grundlegende Umgestaltungen der Wohnanlage. Was darunter zu verstehen ist, werden die Gerichte wohl vielfach im Einzelfall entscheiden. Nach dem alten Gesetz durften bauliche Veränderungen nur mit Zustimmung aller (betroffenen) Eigentümer beschlossen werden, wenn die „Eigenart der Wohnanlage" verändert werden sollte. Das war nach gängiger Rechtsprechung in der Vergangenheit schon beim Anstrich der Fassade der Fall. Mit der neuen Formulierung hängt der Gesetzgeber die Veränderungssperre deutlich höher und vergrößert damit den Gestaltungsspielraum der Gemeinschaft erheblich. Eine grundlegende Umgestaltung soll nur im Ausnahmefall anzunehmen sein, so die Gesetzesbegründung. Darüber hinaus darf keine bauliche Veränderung beschlossen oder gestattet werden, durch die ein Wohnungseigentümer ohne sein Einverständnis gegenüber anderen unbillig benachteiligt wird. Dies könnte beispielsweise der Fall sein, wenn eine neue Luft/Wasser-Wärmepumpe direkt unter dem Schlafzimmerfenster eines Eigentümers installiert und dieser durch den Lärm mehr als alle anderen gestört wird. Eine gerichtliche Entscheidung zu einem solchen Fall gibt es bislang nicht.

KOSTENTRAGUNG UND NUTZUNG

→ § 16 – Die Einnahmen der Gemeinschaft – zum Beispiel Erträge aus der Einspeisung von PV-Strom ins öffentliche Netz – und die Kosten der Gemeinschaft – beispielsweise Verwaltung, Gemeinschaftsstrom, Winterdienst – werden entsprechend dem Verhältnis der Miteigentumsanteile verteilt. Abweichende Verteilungsschlüssel können beschlossen werden.

→ § 21 – Die Regelungen zur Kostentragung bei baulichen Veränderungen sind komplex und koppeln die Kostentragungspflicht mit dem Abstimmungsverhalten. Der einfachste Fall: Wenn ein Eigentümer eine privilegierte Maßnahme verlangt, welche die Gemeinschaft gestatten muss, trägt er allein die Kosten und darf z. B. den Fahrstuhl oder die Ladestation dann auch allein nutzen. Bei allen anderen baulichen Veränderungen zahlen zunächst nur diejenigen Eigentümer, die dafür gestimmt haben, und zwar entsprechend ihrer Miteigentumsanteile. Nur sie sind dann zur Nutzung berechtigt. Nur: Wenn ein Dach neu eingedeckt oder eine Heizungsanlage erneuert wird, dann lassen sich Miteigentümer, die nicht dafür gestimmt haben, kaum von der Nutzung ausschließen. Damit nicht einige zahlen und andere gezielt nicht zustimmen, um nicht zu zahlen, dann aber von der Veränderung profitieren, hat der Gesetzgeber eine weitere Regelung eingeführt: Alle müssen im Verhältnis der Miteigentumsanteile zahlen, wenn eine bauliche Veränderung entweder mit mehr als zwei Dritteln der abgegebenen Stimmen und der Hälfte der Miteigentumsanteile beschlossen wird oder wenn sich die Kosten innerhalb einer angemessenen Zeit amortisieren. Um Streit über die Kostentragung zu vermeiden, sollten umfangreiche Sanierungsmaßnahmen daher mit dieser (größeren) Mehrheit beschlossen werden. Auch für die Kosten von baulichen Veränderungen gilt: Die Versammlung kann einen von der Verteilung nach Miteigentumsanteilen abweichenden Schlüssel beschließen.

RECHTE UND PFLICHTEN DER VERWALTUNG

→ § 9 b Abs. 1 – Der Verwalter ist der gesetzliche Vertreter der Gemeinschaft nach außen. Auch ohne gesonderten Beschluss kann er Verträge mit Energieversorgern abschließen, den Winterdienst kündigen oder einen Versicherungsvertrag auflösen. Einen Grundstückskauf- oder einen Darlehensvertrag darf er nur auf Grundlage eines Beschlusses der Gemeinschaft schließen.

→ § 24 – Die Verwaltung hat mindestens eine Eigentümerversammlung im Jahr vorzubereiten und diese in Textform einzuberufen. Sie leitet die Versammlung, fertigt das Sitzungsprotokoll und führt eine Beschlusssammlung.

→ § 27 – Geringfügige Maßnahmen einer ordnungsmäßigen Verwaltung erledigt sie ohne Eigentümerbeschluss. Auch bei dringenden Maßnahmen beispielsweise im Falle einer Havarie oder wenn Fristen bei rechtlichen Streitigkeiten gewahrt werden müssen, kann sie ohne Beschluss handeln.

→ § 28 – Zu den Aufgaben der Verwaltung gehört die jährliche Erstellung von Wirtschaftsplan, Jahresabrechnung und Vermögensbericht.

RECHTE UND PFLICHTEN DES VERWALTUNGSBEIRATES

→ § 29 – Auch dieses nach wie vor freiwillige Organ wurde gestärkt: Der Verwaltungsbeirat soll die Verwaltung nicht mehr nur unterstützen, sondern künftig auch überwachen. Gerade bei komplexen Vorhaben wie einer energetischen Sanierung kommt dieser Funktion eine hohe Bedeutung zu.

→ Die Regelungen zur Kostentragung bei baulichen Veränderungen sind komplex und koppeln die Kostentragungspflicht mit dem Abstimmungsverhalten.

RECHTE UND PFLICHTEN VON MIETERN

→ § 15 – Mieter müssen bauliche Maßnahmen am gemeinschaftlichen Eigentum und am Sondereigentum dulden. Der Eigentümer muss die Bauarbeiten jedoch rechtzeitig ankündigen. Für Form und Fristen der Ankündigung gelten die Vorgaben des BGB (§§ 555).

Das Gebäudeenergiegesetz

Das „Gesetz zur Einsparung von Energie und zur Nutzung erneuerbarer Energien zur Wärme- und Kälteerzeugung in Gebäuden", kurz: Gebäudeenergiegesetz (GEG), ist seit dem 1. November 2020 in Kraft. Damit wurden Energieeinsparverordnung (EnEV), das Erneuerbare-Energien-Wärme-Gesetz (EEWärmeG) und das Energieeinspargesetz (EnEG) in ein Regelwerk zusammengeführt. Im GEG sind energetische Anforderung an neu zu errichtende und bestehende Gebäude sowie Vorgaben für Modernisierungen und Umbauten festgeschrieben. Derzeit wird dieses Gesetz in mehreren Schritten überarbeitet.

HIER GEHT ES WEITER: WOHNUNGSEIGENTUMSGESETZ → GESETZE-IM-INTERNET.DE/WOEIGG/

NACHRÜSTPFLICHTEN

→ § 47 – Wenn eine zugängliche oberste Geschossdecke einen unbeheizten Dachraum gegen darunterliegende Räume abgrenzt, die jährlich mindestens vier Monate auf eine Innentemperatur von mindestens 19 Grad Celsius beheizt werden, und der Mindestwärmeschutz nach DIN 4108-2: 2013-02 nicht erfüllt ist, muss die Geschossdecke gedämmt werden. Der U-Wert darf dabei 0,24 Watt/(m²K) nicht überschreiten. Anstelle der obersten Geschossdecke kann auch das darüberliegende, bisher ungedämmte Dach eine Dämmung erhalten.

→ § 71 – Bisher ungedämmte, zugängliche Wärmeverteilungs- und Warmwasserleitungen, die sich nicht in beheizten Räumen befinden, müssen nachträglich gedämmt werden. Die Mindestdicke des Dämmmaterials ist in Abhängigkeit vom Leitungsdurchmesser in Anlage 8 zum GEG definiert.

→ § 72 – **HEIZKESSEL**, die mit einem flüssigen oder gasförmigen Brennstoff beschickt werden und ab dem 1. Januar 1991 eingebaut oder aufgestellt worden sind, dürfen nach Ablauf von 30 Jahren nach Einbau oder Aufstellung nicht mehr betrieben werden. Die Austauschpflicht gilt nicht für Brennwert- und Niedertemperaturkessel. Beim Austausch der Heizung dürfen reine **ÖLHEIZUNGEN** ab 2026 nicht mehr eingebaut werden. Hybridheizungen, etwa aus Ölheizung und Solarthermie, sind weiterhin erlaubt. Außerdem gelten Ausnahmen: Wenn weder ein Gas- noch ein Fernwärmeanschluss hergestellt werden kann, wenn die anteilige Deckung des Energiebedarfs durch erneuerbare Energien technisch unmöglich ist oder wenn dies zu einer unbilligen Härte führt, darf eine reine Ölheizung eingebaut werden.

ENERGETISCHER STANDARD

→ § 48 – Werden durch eine Baumaßnahme an der **GEBÄUDEHÜLLE** mehr als 10 Prozent der gesamten Fläche der jeweiligen Bauteilgruppe des Gebäudes erneuert, ersetzt oder erstmalig eingebaut, so müssen die gesetzlichen Mindestanforderungen eingehalten werden (Anlage 7 zu § 48). Diese wurden mit der Einführung des GEG für Bestandsgebäude nicht erhöht, sondern sogar gelockert. Sie sollen allerdings 2023 erneut auf den Prüfstand kommen.

→ § 51 – Falls im Zuge einer Sanierung das Gebäude um beheizte oder gekühlte Räume erweitert wird, dürfen die Außenbauteile der neu hinzukommenden Räume das 1,2-Fache des entsprechenden Wertes des sogenannten Referenzgebäudes nicht überschreiten. Das Referenzgebäude ist ein virtuelles Hilfsgebäude mit vorgegebenen Standards zur Beheizung, Warmwasserbereitung, Lüftung und zu den Bauteilen. Die konkreten Werte sind in Anlage 1 zum GEG zu finden.

→ § 63 – Wird eine heizungstechnische Anlage mit Wasser als Wärmeträger in ein Gebäude eingebaut, so muss die Temperatur in jedem Raum individuell regulierbar sein. Ausgenommen sind Fußbodenheizungen in Räumen von weniger als sechs Quadratmetern Nutzfläche.

ENERGIEAUSWEIS

→ § 79 – Ein Energieausweis dient der Information über die energetischen Eigenschaften des Gebäudes. Er kann als Energiebedarfsausweis oder als Energieverbrauchsausweis ausgestellt werden und ist zehn Jahre lang gültig.

→ §§ 84, 85 – Zentral sind die Bezifferung des **PRIMÄRENERGIEBEDARFS** oder -verbrauchs und die darauf basierende Einordnung des Gebäudes in eine Energieeffizienzklasse. Zur Berechnung enthält das Gesetz genaue Vorschriften. Neben umfangreichen Angaben zum Gebäude müssen nun auch der Stand der Sanierung, die Treibhausgasemissionen und inspektionspflichtige Klimaanlagen mit Fälligkeitsdatum der nächsten Inspektion im Energieausweis aufgeführt und Modernisierungsempfehlungen gegeben werden.

→ §§ 80 bis 88 – Die Erstellung eines **ENERGIEAUSWEISES** ist Pflicht bei Verkauf und Neuvermietung sowie bei umfangreichen Änderungen an einem bestehenden Gebäude. Das Gesetz schränkt den Personenkreis der berechtigten Aussteller stark ein. Der Aussteller muss das

---

HIER GEHT ES WEITER: ANLAGE ZU § 48 → HTTPS://WWW.GESETZE-IM-INTERNET.DE/GEG/ANLAGE_7.HTML

Gebäude entweder vor Ort begehen oder die Bewertung anhand von Bildaufnahmen vornehmen. Wenn ein Eigentümer die Daten für die Erstellung des Ausweises bereitstellt, ist er für deren Richtigkeit verantwortlich. Der Aussteller muss die Daten jedoch überprüfen und darf den Energieausweis nicht ausstellen, wenn er Zweifel an der Richtigkeit hat.

ENERGIEBERATUNG

→ § 48 – Eigentümer von Wohngebäuden mit nicht mehr als zwei Wohnungen, die umfangreiche Änderungen an den Außenbauteilen vornehmen wollen, müssen vor der Beauftragung von Planungsleistungen eine kostenlose Energieberatung in Anspruch nehmen. Für Mehrfamilienhäuser gibt es diese Pflicht nicht.

Das Erneuerbare-Energien-Gesetz

Das Erneuerbare-Energien-Gesetz (EEG) ist erstmals am 1. April 2000 in Kraft getreten und seither mehrfach überarbeitet worden. Dabei wurde unter anderem das gesetzliche Ziel verankert, dass der gesamte in Deutschland erzeugte und verbrauchte Strom bis 2050 treibhausgasneutral ist. Regelungen aus dem EEG betreffen vor allem Eigentümergemeinschaften mit einer PV-Anlage.

EINSPEISEVERGÜTUNG UND MIETERSTROMZUSCHLAG

→ § 21 – Eigentümer, die Strom selbst erzeugen und diesen entweder ins öffentliche Netz einspeisen oder ihren Mietern zur Verfügung stellen, erhalten dafür eine Einspeisevergütung bzw. einen Mieterstromzuschlag. Um diese Form der Förderung nach dem EEG zu erhalten, müssen mehrere Bedingungen erfüllt wer-

> **BEISPIEL ZUR EINSPEISEVERGÜTUNG**
>
> Eine WEG hat eine PV-Anlage mit einer Leistung von 20 kWh installiert. Die Einspeisevergütung setzt sich damit aus gleichen Teilen aus den beiden erstgenannten Kategorien - bis 10 kWh und bis 40 kWh – zusammen. Im Falle der Volleinspeisung erhält die WEG eine Vergütung in Höhe von (13,4 + 11,3) ct/kWh : 2 = 12,35 ct/kWh – 0,4 ct/kWh = 11,95 ct/kWh.

ANZULEGENDE WERTE FÜR DIE EINSPEISEVERGÜTUNG GEMÄSS § 100 ABS. 14 UND § 48 ABS. 2 UND 2A EEG 2023

Die Einspeisevergütung hängt zunächst davon ab, ob eine Teileinspeisung oder eine Volleinspeisung des generierten Stroms vorgenommen wird. Es gibt unterschiedliche Vergütungskategorien, die sich nach der Höher der installierten Leistung richten.

Teileinspeisung		Volleinspeisung	
Vergütungskategorie	Vergütung in Cents/kWh	Vergütungskategorie	Vergütung in Cents/kWh
Installierte Leistung bis 10 kWh	8,6	Installierte Leistung bis 10 kWh	13,4
Installierte Leistung bis 40 kWh	7,5	Installierte Leistung bis 40 kWh	11,3
Installierte Leistung bis 750 KWh	6,2	Installierte Leistung bis 100 kWh	11,3
		Installierte Leistung bis 300 MWh	9,4

Die individuelle Einspeisevergütung wird errechnet, in dem von dem jeweils gültigen Wert laut Tabelle 0,4 Cents/kWh abgezogen werden (§ 53 Abs. 1 Satz 2). Wenn eine Anlage mehrere Vergütungskategorien überschreitet, wird die Einspeisevergütung anteilig aus beiden Kategorien ermittelt.

HIER GEHT ES WEITER: GEBÄUDEENERGIEGESETZ → GESETZE-IM-INTERNET.DE/GEG/

den: Die installierte Leistung darf maximal 100 Kilowatt betragen. Der Strom muss innerhalb des Gebäudes oder in Wohngebäuden oder Nebenanlagen in demselben Quartier, in dem sich die PV-Anlage befindet, und ohne Durchleitung durch ein Netz verbraucht werden.

→ § 23c Abs. 2 – Die Zahl der Anlagen, die mit einer Mieterstromzulage gefördert werden, ist gedeckelt: Insgesamt wird die Förderung auf Neuanlagen mit höchstens 500 Megawatt installierter Leistung pro Kalenderjahr gewährt. Überschreitet die installierte Leistung der registrierten PV-Anlagen dieses Volumen, erhalten die Betreiber von PV-Anlagen, die ab dem Folgemonat in Betrieb genommen werden, im laufenden Kalenderjahr keinen Mieterstromzuschlag mehr.

→ § 25 – Der Anspruch auf Zahlung der Einspeisevergütung bzw. des Mieterstromzuschlages beginnt mit der Inbetriebnahme der Anlage. Die Förderung wird für 20 Jahre sowie für das Jahr der Inbetriebnahme gewährt.

EIGENTÜMER VON KWK-ANLAGEN AUFGEPASST

Der im eigenen BHKW erzeugte Strom kann genauso wie der Strom aus einer PV-Anlage zur Eigenversorgung dienen, den Mietern zur Verfügung gestellt werden und/oder ins öffentliche Netz eingespeist werden. Auch KWK-Strom wird gefördert. Für jede innerhalb der eigenen Anlage gelieferte bzw. selbst verbrauchte Kilowattstunde gibt es gemäß § 7 Abs. 2 Kraft-Wärme-Kopplungsgesetz (KWKG) einen Zuschlag von 8 Cent. Die Vergütung des eingespeisten Stroms setzt sich zusammen aus dem im KWK-Index festgelegten üblichen Strompreis plus einem Zuschlag in Höhe von 16 ct/kWh (§ 4, § 7 KWKG). Der Zuschlag wird für neue KWK-Anlagen bis zu 50 kW für 30 000 Vollbenutzungsstunden ab Aufnahme des Dauerbetriebs der Anlage gezahlt (§ 8 KWKG). Wird das BHKW mit Biomethan betrieben, dann gilt bislang die EEG-Einspeisevergütung. Ab 2024 ist der Einsatz von Biomethan in KWK-Anlagen nicht mehr förderfähig.

→ §§ 48, 48 a, § 49 Abs. 1 S. 1 – Sowohl die Einspeisevergütung als auch der Mieterstromzuschlag sind keine festen Beträge. Sie hängen zum einen von der Größe der Anlage und zum anderen vom Zeitpunkt der Inbetriebnahme ab. Die Sätze verändern sich in Abhängigkeit von der Solarstromleistung, die ans Netz geht. Die Bundesnetzagentur ermittelt aus der Hochrechnung der aktuellen Zubauzahlen und den EEG-Vorgaben für den Anpassungsmechanismus die Degression. Im Zuge des Ausbaus der erneuerbaren Energien und der Solarstromproduktion ist die Vergütung für neue Anlagen also niedriger als für bestehende. Die Anpassungen an der Kürzungshöhe wurden in der Vergangenheit jeweils zu Beginn des Quartals vorgenommen. Sie wird nach der jüngsten EEG-Überarbeitung nun bis Anfang 2024 ausgesetzt und erfolgt dann halbjährlich. Maßgeblich für den konkreten Fall ist der zum Zeitpunkt der Inbetriebnahme gültige Vergütungssatz. Er gilt für die gesamte Förderdauer.

Der Mieterstromzuschlag betrug laut Bundesnetzagentur im Oktober 2022 für Anlagen mit einer installiertenLeistung von bis zu 10 kW 2,82 C/kWh, für Anlagen bis 40kW 2,62 Cent/kWh und für Anlagen bis 100 kW 1,76 Cent/kWh. Der Zuschlag ist also deutlich niedriger als die Einspeisevergütung. Damit wurde berücksichtigt, dass der Stromanbieter neben dem Zuschlag auch die Erlöse aus dem Verkauf des Mieterstroms erhält.

→ § 23b – Wenn eine Solaranlage nach 20 Jahren aus der Förderung fällt („ausgefördert" ist), hat sie oft noch nicht das Ende ihrer Lebensdauer erreicht. Sie darf weiter betrieben werden und weiter Strom ins öffentliche Netz speisen. Bis 2027 ist der Netzbetreiber verpflichtet, diesen Strom abzunehmen und ihn nach Marktwert zu vergüten. Im Jahr 2022 zahlen die Netzbetreiber 7,552 Cent/kWh.

EEG-UMLAGE

→ §§ 60 ff – Die Übertragungsnetzbetreiber müssen nach dem EEG den Strom, den Erneuerbare-Energien-Anlagen ins öffentliche Netz einspeisen, zu einer festen Vergütung abnehmen, und zwar zum gesetzlich festgelegten

GESETZE UND VERORDNUNGEN IM ÜBERBLICK

Regelwerk	Zu welchem Zeitpunkt ist es wichtig?	Für wen ist es besonders wichtig?	Worum geht es?	Wo ist der Text im Wortlaut zu finden?
HOAI	Vorbereitungsphase	Eigentümergemeinschaften, die einen Architekten oder Planer beauftragen	Honorare und Leistungsphasen für Architekten und Ingenieure	https://www.gesetze-im-internet.de/hoai_2013/
Gebäude-Elektromobilitätsinfrastruktur-Gesetz (GEIG)	Planungsphase	vermietende Eigentümer in Gebäuden mit mehr als 10 Stellplätzen	Bei einer größeren Renovierung müssen für jeden Stellplatz Leerrohre für die spätere Errichtung von Ladepunkten vorgesehen werden.	http://www.gesetze-im-internet.de/geig/
Baugesetzbuch	Planungsphase		Bauplanungsrecht	https://www.gesetze-im-internet.de/bbaug/
Baunutzungsverordnung			Art und Maß der baulichen Nutzung von Grundstücken	https://www.gesetze-im-internet.de/baunvo/
Trinkwasserverordnung	Planungsphase	bei Veränderungen an der Heizungs- und/oder Trinkwasseranlage	Schutzvorschriften für das Trinkwasser, u. a. Legionellen-Prüfung	https://www.gesetze-im-internet.de/trinkwv_2001/
TA Lärm	Planungsphase	bei Einbau einer Luft/Wasser-Wärmepumpe	Schutz der Allgemeinheit und der Nachbarschaft vor Lärm	https://www.verwaltungsvorschriften-im-internet.de/bsvwvbund_26081998_IG19980826.htm
Wasserhaushaltsgesetz	Planungsphase	bei Einbau einer Sole/Wasser-Wärmepumpe	Schutz und Nutzung von Oberflächengewässern und Grundwasser	https://www.gesetze-im-internet.de/whg_2009/
Kraft-Wärme-Kopplungsgesetz (KWKG)	Planungsphase / Finanzierungsüberlegungen / nach Bauabnahme	bei Einbau eines BHKW	Anmeldung, Zuschläge, steuerliche Handhabung	https://www.gesetze-im-internet.de/kwkg_2016/
1. Bundesimmissionsschutzverordnung	Planungsphase / nach Bauabnahme	bei Veränderungen an der Heizungsanlage	Betrieb von Feuerungsanlagen, u. a. Prüfung durch den zuständigen Bezirksschornsteinfeger	https://www.gesetze-im-internet.de/bimschv_1_2010/
Zweite Berechnungsverordnung	Finanzierungsüberlegungen		Wirtschaftlichkeitsberechnung von Wohnraum, Orientierungshilfe für Erhaltungsrücklage	https://www.gesetze-im-internet.de/bvo_2/BJNR017190957.html

GESETZE UND VERORDNUNGEN IM ÜBERBLICK

Regelwerk	Zu welchem Zeitpunkt ist es wichtig?	Für wen ist es besonders wichtig?	Worum geht es?	Wo ist der Text im Wortlaut zu finden?
Brennstoffemissionshandelsgesetz	Finanzierungsüberlegungen		CO_2-Preis	https://www.gesetze-im-internet.de/behg/
Heizkostenverordnung	regelmäßig vor und nach der Sanierung; sinnvoll: bei Maßnahmen an der Heizungsanlage		Messung des Verbrauchs und Abrechnung über die Kosten für Heizung und Warmwasser im Mietverhältnis und in der WEG; Nachrüstpflicht von nicht fernablesbaren Zählern und Heizkostenverteilern bis 2027	https://www.gesetze-im-internet.de/heizkostenv/
Einkommensteuergesetz	Finanzierungsüberlegungen, nach Bauabnahme	Selbstnutzer; vermietende Eigentümer	steuerliche Förderung; Werbungskosten	https://www.gesetze-im-internet.de/estg/
Allgemeine Vertragsbedingungen für die Ausführung von Bauleistungen (VOB) – Teil B	Beauftragung der Baufirmen		Vergabe von Bauaufträgen und Vertragsbedingungen	https://dejure.org/gesetze/VOB-B
Baustellenverordnung	vor Einrichtung der Baustelle, während der Sanierung		Arbeitssicherheit und Gesundheitsschutz auf der Baustelle	https://www.gesetze-im-internet.de/baustellv/
Bürgerliches Gesetzbuch	im gesamten Prozess		allgemeines Privatrecht, u. a. Haftung Gebäudeeigentümer; Bauverträge; Mietverhältnisse	https://www.gesetze-im-internet.de/bgb/
Betriebskostenverordnung	Ausstellung oder Anpassung von Mietverträgen	vermietende Eigentümer	Katalog der Kosten, die als Betriebskosten auf Mieter umlegbar sind	https://www.gesetze-im-internet.de/betrkv/index.html

Vergütungssatz. Liegt dieser über dem vom Netzbetreiber im Handel mit dem erzeugten Strom erwirtschafteten Gewinn, so macht der Netzbetreiber Verlust. Um das zu vermeiden, gleicht die EEG-Umlage die Differenz zwischen der Vergütung und den erwirtschafteten Stromverkaufseinnahmen aus. In der Vergangenheit mussten alle Stromverbraucher die EEG-Umlage über einen Anteil ihrer Strombezugskosten zahlen. Für Betreiber von PV-Anlagen gab es Sonderregeln. Zum 1. Juli 2022 wurde die EEG-Umlage abgeschafft.

Das Bürgerliche Gesetzbuch

Im Bürgerlichen Gesetzbuch (BGB) werden seit mehr als 100 Jahren die Rechtsbeziehungen zwischen Privatpersonen (Bürgern, Unternehmen) in Deutschland geregelt. Im Zuge unzähliger Überarbeitungen ist das BGB mittlerweile auf rund 2 400 Paragrafen angewachsen, die in fünf Bücher gruppiert sind. Im Kontext der energetischen Sanierung in der Eigentümergemeinschaft ist vor allem Buch 2 – „Recht der Schuldverhältnisse" mit umfangreichen Regelungen zum Mietrecht und zu Bauverträgen relevant.

MIETMINDERUNG
→ § 536 Abs. 1a – Wenn durch eine Sanierung in Bezug auf die vermietete Wohnung nachhaltig Endenergie gespart wird (= energetische Modernisierung nach § 555b Nr. 1 BGB), ist der Anspruch des Mieters auf Mietminderung während der Dauer der Arbeiten drei Monate lang ausgeschlossen.

ANSPRÜCHE DES MIETERS AUF PRIVILEGIERTE MASSNAHMEN
→ § 554 – Der Mieter kann vom Eigentümer die Duldung bestimmter baulicher Veränderungen verlangen. So muss der Eigentümer etwa erlauben, dass der Mieter auf eigene Kosten privilegierte Maßnahmen zum Einbruchschutz vornimmt oder eine Stromtankstelle installiert.

ERHALTUNGS- UND MODERNISIERUNGSMASSNAHMEN
→ § 555a – Als Erhaltungsmaßnahmen gelten Maßnahmen zur Instandhaltung oder Instandsetzung. Diese muss der Mieter dulden. Der Eigentümer muss die Maßnahmen rechtzeitig ankündigen.

→ § 555b – Von den Erhaltungsmaßnahmen werden Modernisierungsmaßnahmen abgegrenzt. Dazu gehören beispielsweise bauliche Veränderungen, durch die nachhaltig Endenergie oder nicht erneuerbare Primärenergie eingespart oder auch der Wasserverbrauch nachhaltig reduziert wird. In zahlreichen Gerichtsurteilen wurden mittlerweile Einzelfälle entschieden. So wird beispielsweise der Austausch einer Gasetagenheizung durch eine Gaszentralheizung als Modernisierungsmaßnahme bewertet (LG Berlin Az. 63 S 56/15). Auch der Anschluss einer mit Gasetagenheizung ausgestatteten Wohnung an das aus Anlagen der Kraft-Wärme-Kopplung gespeiste Fernwärmenetz ist eine Modernisierungsmaßnahme (BGH Az. VIII ZR 275/07).

→ § 555c – Der Eigentümer ist verpflichtet, Modernisierungsmaßnahmen spätestens drei Monate vor ihrem Beginn in Textform anzukündigen. Er muss über Art und voraussichtlichen Umfang der Maßnahmen, den voraussichtlichen Beginn und die voraussichtliche Dauer sowie den Betrag einer eventuell zu erwartenden Mieterhöhung (soweit er eine Mieterhöhung nach § 559 oder § 559c BGB geltend machen möchte) und der voraussichtlichen Betriebskosten informieren. Er soll auf die Form und die Frist eines Härteeinwandes hinweisen.

→ § 555d – Der Mieter hat Modernisierungsmaßnahmen zu dulden, solange diese nicht für ihn, seine Familie oder einen Angehörigen seines Haushaltes eine **UNZUMUTBARE HÄRTE** bedeuten. Der Mieter muss die Umstände, die eine solche Härte begründen, in Textform mitteilen. Im Streitfall werden die Interessen des Mieters gegen die des Vermieters, der an-

---

HIER GEHT ES WEITER: ERNEUERBARE-ENERGIEN-GESETZ → GESETZE-IM-INTERNET.DE/EEG_2014/BJNR106610014.HTML • KRAFT-WÄRME-KOPPLUNGSGESETZ → HTTPS://WW.GESETZE-IM-INTERNET.DE/KWKG_2016/__8.HTML

deren Mieter und die Belange der Energieeinsparung und des Klimaschutzes abgewogen. Auch Umstände, die eine Härte im Blick auf die angekündigte Mieterhöhung darstellen, muss der Mieter in Textform mitteilen. Das Gesetz gibt dafür Fristen vor.

→ **Vermieter und Mieter können im laufenden Mietverhältnis eine Mieterhöhung vereinbaren.**

→ § 555e – Der Mieter kann nach Zugang der Modernisierungsankündigung das Mietverhältnis außerordentlich zum Ablauf des übernächsten Monats kündigen.

BETRIEBSKOSTEN

→ § 556 – Umlagefähig sind alle Betriebskosten, die durch das Eigentum und den bestimmungsgemäßen Gebrauch des Gebäudes und des Grundstücks laufend entstehen. Sie sind im Katalog der Betriebskostenverordnung aufgeführt. Die Betriebskosten können als Pauschale oder – in angemessener Höhe – als Vorauszahlung vereinbart werden. Über die Vorauszahlung ist jährlich abzurechnen.

→ § 556a – Wenn im Mietvertrag nichts anderes vereinbart ist, werden die verbrauchsunabhängigen Betriebskosten nach dem Anteil der Wohnfläche umgelegt. Die verbrauchsabhängigen Kosten sind nach dem erfassten Verbrauch umzulegen. Für die vermietete Eigentumswohnung gilt hier eine neu im BGB festgehaltene Sonderregel: Falls nichts anderes zwischen den Vertragsparteien vereinbart wurde, so ist die in der Wohnungseigentümergemeinschaft geltende **KOSTENVERTEILUNG** maßgeblich. Das ist für Vermieter von Eigentumswohnungen eine erhebliche Erleichterung. Sie können nun die in der Hausgeldabrechnung in der Regel übliche Kostenverteilung nach Miteigentumsanteilen an den Mieter weitergegeben und müssen keine komplizierte Umrechnung mehr vornehmen.

→ § 560 Abs. 3 – Wenn sich durch die energetische Sanierung die Betriebskosten verringern, so muss der Eigentümer eine vereinbarte Betriebskostenpauschale vom Zeitpunkt der Ermäßigung an entsprechend herabsetzen und den Mieter unverzüglich informieren.

MIETERHÖHUNGEN

→ § 557 – Vermieter und Mieter können im laufenden Mietverhältnis eine Mieterhöhung vereinbaren. Verlangen kann der Vermieter sie jedoch nur in zwei Fällen:

→ § 558 – Der Eigentümer kann eine Erhöhung der Miete bis zur ortsüblichen Vergleichsmiete frühestens ein Jahr nach der letzten Mieterhöhung verlangen. Zu dem Zeitpunkt, zu dem die Erhöhung eintreten soll, muss die Miete seit 15 Monaten unverändert sein. Dabei darf sich die Miete innerhalb von drei Jahren um maximal 20 Prozent erhöhen (Kappungsgrenze). Die Kappungsgrenze liegt bei 15 Prozent, wenn die ausreichende Versorgung zu angemessenen Preisen nicht gewährleistet ist und eine entsprechende Verordnung erlassen wurde. Die ortsübliche Vergleichsmiete kann mit dem Mietspiegel, der Auskunft aus einer Mietdatenbank, einem Sachverständigengutachten oder den Entgelten drei vergleichbarer Wohnungen begründet werden (§ 558a). Ausgeschlossen ist diese Form der Mieterhöhung bei Staffel- und bei Indexmietverträgen (§ 557a Abs. 2 und § 557b Abs. 2).

→ § 559 – Erfüllen die baulichen Maßnahmen die gesetzlichen Anforderungen an eine Modernisierung nach § 555b Nummer 1, 3, 4, 5 oder 6, so kann der Eigentümer eine **MODERNISIERUNGSMIETERHÖHUNG** verlangen und die jährliche Miete um 8 Prozent der für die Wohnung aufgewendeten Kosten erhöhen. Achtung: Dient die Sanierung ausschließlich der Einsparung von Primärenergie und dem Klimaschutz oder auch der Schaffung neuen Wohnraums, so ist eine Modernisierungsmieterhöhung ausgeschlossen. Bei der Ermittlung der Mieterhöhung dürfen Kosten, die für Erhaltungsmaßnahmen angefallen wären, nicht berücksichtigt werden. Auch Fördermittel, Mieterleistungen oder Kosten für die Kapitalbeschaffung müssen abgezogen werden. Durch die Modernisierungsmieterhöhung darf sich die monatliche Miete innerhalb von sechs Jahren um maximal 3 Euro je Quadratmeter Wohnfläche erhöhen. Beträgt die bisherige monatliche Miete weniger als 7 Euro pro Quadratmeter Wohnfläche, so darf sie sich um bis zu 2 Euro je Quadratmeter Wohnfläche erhöhen. Der Mieter kann gegen die Mieterhöhung einen Härteeinwand erheben. Dann findet wieder eine Interessenabwägung statt – es sei denn, durch die Modernisierung wurde ein allgemein üblicher Standard erreicht oder die Modernisierung war für den Vermieter unausweichlich. Letzteres kann beispielsweise der Fall sein, wenn mit der Modernisierung zwingende gesetzliche Vorschriften umgesetzt wurden. Eine Modernisierungsmieterhöhung ist bei Staffelmietverträgen ausgeschlossen (§ 557a Abs. 2) und bei Indexmietverträgen nur in engen Grenzen möglich (§ 557b Abs. 2).

Übersteigen die Modernisierungskosten einer Wohnung nach Abzug einer Instandsetzungspauschale 10 000 € nicht, kann die Modernisierungsmieterhöhung in einem vereinfachten Verfahren geltend gemacht werden (§ 559c BGB).

VERTRÄGE MIT BAUFIRMEN

Im BGB sind umfangreiche Regelungen für Verträge mit den am Bau beteiligten Personen – also für Werkverträge – enthalten. Mit der Novelle im Jahr 2018 hat der Gesetzgeber zahlreiche Bestimmungen für Bauleistungen ergänzt und erneuert (§§ 631 ff.) und dabei erstmals zwischen einzelnen Typ-Bauweisen differenziert, nämlich
→ dem Bauvertrag (§§ 650a ff.),
→ dem Verbraucherbauvertrag (§§ 650i ff.),
→ dem Architektenvertrag (§§ 650p ff.) und
→ dem Bauträgervertrag (§§ 650u ff.).

Für diese unterschiedlichen Vertragstypen macht das Gesetz teilweise sehr detaillierte Vorgaben.

Für Eigentümergemeinschaften besonders relevant sind die Details zum Verbraucherbauvertrag. Der Bundesgerichtshof hat nämlich in gleich zwei Urteilen entscheiden, dass eine Wohnungseigentümergemeinschaft als Verbraucher im Sinne des BGB zu behandeln ist, wenn ihr mindestens ein Verbraucher angehört und das konkrete Rechtsgeschäft nicht der Ausübung der gewerblichen oder selbstständigen beruflichen Tätigkeit dient (Az. VIII ZR 243/13 und Az. VIII ZR 360/13).

Der einzelne Wohnungseigentümer wird sich mit den Details der Werkverträge selten beschäftigen, der Verwaltungsbeirat oder der Bauausschuss hingegen schon. Bei umfangreichen Sanierungsmaßnahmen ist es sinnvoll, einen Anwalt mit der Prüfung der Verträge zu beauftragen.

Weitere relevante bundesweit gültige Gesetze und Verordnungen

Die mit der Sanierung beauftragten Firmen müssen ihre Leistungen entsprechend den gesetzlichen Vorgaben und gemäß den allgemein anerkannten Regeln der Technik erbringen. Sie müssen die aktuell gültigen DIN- bzw. EN-Normen, die Fachregeln und Richtlinien der Berufsorganisationen und die Verarbeitungsvorschriften der Bauprodukteherstellereinhalten. An der einen oder anderen Stelle ist es hilfreich, als Bauherr schon einmal gehört zu haben, dass ein Gesetz oder eine Verordnung für das eigene Projekt von besonderem Belang ist. Außerdem gibt es eine Reihe von Vorschriften, die nicht die Baufirmen, sondern die Eigentümer während oder nach der Sanierung im Blick haben müssen.

→ Vorgaben der Länder und Kommunen: Neben dem Bund stecken die Länder und Kommunen mit ihren Gesetzen, Verordnungen und Satzungen den Rahmen für energetische Sanierungen.

WAS ERFAHRE ICH?

222 → Klimaschutzgesetze der Länder

223 → Weitere länderspezifische Regelungen

225 → Kommunalrecht

Klimaschutz unterliegt der sogenannten konkurrierenden Gesetzgebung. Erlässt der Bund demnach Regelungen, sind die Länder gesperrt. Bundesrecht geht dann über Landesrecht. Doch den Ländern ist die Ausgestaltung der Bundesvorgaben freigestellt. § 14 des Bundesklimaschutzgesetzes lässt Landesklimaschutzgesetze explizit zu.

Bei Inkrafttreten des Bundesklimaschutzgesetzes bestehende Landesklimaschutzgesetze finden laut Gesetz weiterhin Anwendung (siehe Tabelle auf der nächsten Seite). In vielen dieser länderspezifischen Regelungen sind quantitative Minderungsziele für Treibhausgasemissionen verankert. Großteils sind diese als Soll-Vorschriften formuliert. Mancherorts sind sie also verpflichtend umzusetzen. In einzelnen Ländern handelt es sich jedoch nur um angestrebte, also nicht verbindliche Ziele.

Klimaschutzgesetze der Länder

In ihren Klimazielen sind einige Bundesländer deutlich ambitionierter als der Bund. Und auch bei den Vorschriften dazu, wie die Ziele erreicht werden sollen. So ist mittlerweile insbesondere die Nachrüstung von PV-Anlagen im Zuge größerer Dachsanierungen in mehreren Bundesländern Pflicht, eine Mindestnutzung erneuerbarer Energien nach einem Heizungstausch ebenfalls.

Überall dort, wo solche Nachrüstpflichten heute schon greifen, sind Die Grünen in der Landesregierung vertreten, oft auch die SPD. Nach dem Regierungswechsel in Berlin steht zu vermuten, dass diese Länder Modellcharakter haben.

Eine künftige bundesweite **SOLARPFLICHT** war im Entwurf eines Solaranlagenausbaubeschleunigungsgesetzes der Grünen-Fraktion vom August 2021 bereits vorgesehen. Sie sollte auch für Bestandsbauten gelten, wenn die Dachhaut erneuert wird. Dieses Vorhaben ist weiter im Gespräch. Zum Zeitpunkt des Redaktionsschlusses lag jedoch noch kein Gesetzentwurf dafür vor.

Wo die Länder strengere Vorgaben machen als der Bund, gelten die verschärften Anforderungen. Wo die Vorgaben der Länder hinter denen des Bundes zurückbleiben, müssen sie in angemessener Zeit nachziehen. In Schles-

LANDES-KLIMASCHUTZGESETZE UND IHRE BEDEUTUNG FÜR BESTANDSWOHNGEBÄUDE

Bundesland/Gesetz	EE-Pflicht	Solar-Pflicht	Treibhausgasreduktion
Klimaschutzgesetz Baden-Württemberg	gemäß Erneuerbare-Wärme-Gesetz: bei Heizungstausch mindestens 15 % des Wärmebedarfs mit erneuerbaren Energien	PV-Anlage ab 1.1.2023 bei größeren Dachsanierungen	bis 2030 um 65 %, bis 2040 Klimaneutralität
Berliner Energiewendegesetz	—	—	bis 2030 um 70 %, bis 2045 um 95 %
Berliner Solargesetz		PV- oder Solarthermieanlage ab 1.1.2023 bei größeren Dachsanierungen	—
Bremisches Klimaschutz- und Energiegesetz	—	geplant bei größeren Dachsanierungen	bis 2050 um 80 bis 95 %
Hamburgisches Gesetz zum Schutz des Klimas	bei Heizungstausch mindestens 15 % des Wärmebedarfs mit erneuerbaren Energien, ersatzweise zusätzliche Dämmung	PV-Anlage ab 1.1.2025 bei größeren Dachsanierungen	bis 2030 um 55 % bis 2050 um 95 %
Niedersächsisches Klimaschutzgesetz	—	—	bis 2030 um 50 %, bis 2050 um 80 bis 95 %
Gesetz zur Neufassung des Klimaschutzgesetzes Nordrhein-Westfalen	—	—	bis 2030 um 65 %, bis 2040 um 88 %
Landesgesetz zur Förderung des Klimaschutzes Rheinland-Pfalz	—	—	bis 2050 um 90 %
Gesetz zur Energiewende und zum Klimaschutz in Schleswig-Holstein	bei Heizungstausch in Gebäuden, die vor 2009 errichtet wurden, mindestens 15 % des Wärmebedarfs mit erneuerbaren Energien	—	bis 2030 um 55 %, bis 2040 um 70 %, bis 2050 um 80 bis 95 %
Thüringer Gesetz zum Klimaschutz und zur Anpassung an die Folgen des Klimawandels	—	—	bis 2030 um 60 bis 70 %, bis 2040 um 70 bis 80 %; bis 2050 um 80 bis 95 %

wig-Holstein ist das beispielsweise 2021 geschehen. Es gibt allerdings auch Länder ohne Klimaschutzgesetze.

Mehrere Jugendliche hatten mit Unterstützung der Deutschen Umwelthilfe insgesamt elf Verfassungsbeschwerden eingereicht. Sie richteten sich zum Teil gegen bestehende Landesklimaschutzgesetze und zum Teil gegen das fehlende Handeln der Landesregierung. Das Bundesverfassungsgericht hat diese Klagen nicht zur Entscheidung angenommen.

Weitere länderspezifische Regelungen

Die föderale Gesetzgebungsteilung wird im Baurecht besonders deutlich: Der Bund ist für das Bauplanungsrecht verantwortlich, macht also die Vorgaben für die Aufstellung von Bebauungsplänen. Das geschieht vor allem im Baugesetzbuch. Die Bundesländer sind für das Bauordnungsrecht zuständig. Das findet sich in ihren jeweiligen **LANDESBAUORDNUNGEN**.

HIER GEHT ES WEITER: BAUGESETZBUCH → HTTPS://WWW.GESETZE-IM-INTERNET.DE/BBAUG/

LANDESBAUORDNUNGEN

Die Landesbauordnungen regeln sämtliche Bau- und Umbaumaßnahmen und das Baugenehmigungsverfahren. Sie enthalten außerdem unter anderem Bestimmungen über Bauabnahme, Bauaufsicht, Sicherheit und Brandschutz sowie Anforderungen an Stellplätze für Fahrzeuge.

Gemeinsame Orientierungslinie der Bundesländer ist die von der Bauministerkonferenz beschlossene **MUSTERBAUORDNUNG (MBO)**. Sie wird regelmäßig überarbeitet. Die aktuellste Fassung ist auf der Internetseite der Bauministerkonferenz hinterlegt. Es gibt zwar viele Übereinstimmungen zwischen den Landesbauordnungen, im Detail jedoch auch deutliche Unterschiede. Im Einzelfall sind baurechtliche Aspekte auch Bestandteile von länderspezifischen Nachbarrechts-, Brandschutz- oder Wassergesetzen.

DENKMALSCHUTZ

Schätzungen zufolge stehen rund 5 Prozent aller vor 1978 errichteten Gebäude – also knapp 600 000 Wohngebäude – in Deutschland ganz oder teilweise unter Denkmalschutz. Ihre Eigentümer sind verpflichtet, die Gebäude sachgemäß zu behandeln und zu erhalten – unter Beachtung der Denkmalschutzgesetze der Bundesländer.

Eine Eigentümergemeinschaft, die ihr Gebäude energetisch sanieren will, muss also Wirtschaftlichkeit, energetische Vorgaben und Denkmalschutz unter einen Hut bringen. Immerhin erlaubt das Gebäudeenergiegesetz, dass im Falle geschützter Bausubstanz von den energetischen Vorgaben abgewichen werden darf, wenn ihre Erfüllung die Substanz oder das Erscheinungsbild des Gebäudes beeinträchtigen oder zu einem unverhältnismäßig hohen Aufwand führen würde (§ 105 GEG). Für

---

UNTERSCHIEDE IN LANDESBAUORDNUNGEN AM BEISPIEL VON DÄMMMASSNAHMEN

→ **GENEHMIGUNGSPFLICHT:** In fast allen Ländern gehört die Fassadendämmung zu den verfahrensfreien oder baugenehmigungsfreien Bauvorhaben. Das gilt nahezu überall auch für Dachdämmungen. Sowohl Fassaden- als auch Dachdämmungen an Hochhäusern sind jedoch genehmigungspflichtig. Als Hochhäuser gelten zumeist Gebäude mit einer Höhe von mehr als 22 Metern. Außerdem ist vielfach eine Genehmigung erforderlich, wenn im Rahmen der Dachdämmung die Konstruktion erhöht oder erweitert, die Neigung verändert oder Gauben eingebaut werden.

→ **ABSTANDSFLÄCHEN:** Sie müssen auf dem eigenen Grundstück über die volle Länge der Fassade von Bebauung freigehalten werden. Diese Fläche wird errechnet, indem der in der Landesbauordnung angegebene Faktor mit der Gebäudehöhe multipliziert wird. Der Faktor beträgt in den meisten Ländern 0,4, in Niedersachsen jedoch 0,5 und in Bayern 1. Viele Länder haben für Kerngebiete geringere Werte, etwa 0,2, festgelegt. Die Gebäudehöhe setzt sich aus der Höhe bis zum Dach und der Höhe des Daches selbst zusammen, zusätzlich wird die Dachneigung in unterschiedlichem Maße berücksichtigt. Je nach Bundesland werden aus den diversen Rechengrößen somit unterschiedliche Abstandsflächen ermittelt. Die allermeisten Landesbauordnungen schreiben außerdem einen Mindestabstand zwischen dem eigenen Gebäude und der Grenze zum Nachbarn vor. Er beträgt in den meisten Ländern 3 Meter, in Hamburg und Baden-Württemberg, teilweise auch in Bremen sind es jedoch z.B. nur 2,5 Meter. Die gute Nachricht: Für die Bemessung der Abstandsfläche bei einem bereits bestehenden Gebäude bleibt die Wärmedämmung in vielen Ländern aufgrund von Ausnahmeregeln außen vor.

→ **ÜBERBAU DER GRENZWAND:** Mehrere Bundesländer haben im Nachbarrecht Ausnahmeregelungen verankert, wonach der Nachbar eine Überbauung seines Grundstücks durch eine nachträgliche Dämmung dulden muss. Der Bauherr muss länderspezifische Bedingungen einhalten.

HIER GEHT ES WEITER: MUSTERBAUORDNUNG → WWW.BAUMINISTERKONFERENZ.DE

jede bauliche oder gestalterische Veränderung eines denkmalgeschützten Gebäudes ist eine denkmalrechtliche Genehmigung erforderlich. Die Behörde prüft, ob die verwendeten Methoden und Materialien mit dem Denkmalschutz vereinbar sind, und erteilt unter Umständen Auflagen.

Die diversen Vorgaben und Einschränkungen führen dazu, dass Maßnahmen an Denkmälern besonders teuer sind. Bei der KfW gibt es erleichterte Förderbedingungen im Rahmen der BEG-Einzelmaßnahmen und eine spezielle Förderung für das „Effizienzhaus Denkmal". Quartiersansätze werden im KfW-Programm 432 „Energetische Stadtsanierung" gefördert. Kommunen unterstützen Maßnahmen in geförderten Sanierungsgebieten durch die Bund/Länder-Programme zur Städtebauförderung und zum städtebaulichen Denkmalschutz. Je nach Bundesland ist Denkmalschutz als ein-, zwei- oder dreistufige Verwaltung organisiert. Erster Ansprechpartner ist das kommunale Bauamt.n

MIETPREISBREMSE

Ein weiteres für Eigentümer relevantes Beispiel für Ländergesetzgebung ist die Mietpreisbremse. Der Bund hat die Länder in § 556d BGB ermächtigt, Rechtsverordnungen für angespannte Wohnungsmärkte zu erlassen, nach denen die Miete zu Beginn des Mietverhältnisses die ortsübliche Vergleichsmiete um maximal 10 Prozent übersteigen darf.

Die Länder machen von dieser Möglichkeit unterschiedlich Gebrauch. Die sogenannte Mietpreisbremse gilt aktuell in rund 200 Städten und Kommunen. Für die Neuvermietung nach einer umfassenden Modernisierung darf die Mietpreisbremse nicht angewendet werden (§ 556 f).

Nun lässt sich trefflich streiten, was unter einer umfassenden Modernisierung zu verstehen ist. Der BGH hat klargestellt: Der Bauaufwand muss nach Abzug der Kosten für Erhaltungsmaßnahmen einem Drittel der Neubaukosten entsprechen. Zudem muss die Wohnung in wesentlichen Bereichen Neubauniveau erreichen (Az. VIII ZR 369/18).

> **FÜR DIESE VORHABEN BRAUCHT MAN I.D.R. EINE GENEHMIGUNG**
>
> → Eingriffe in die Statik – z. B. neue Fensteröffnungen
> → Änderungen der Nutzung – z. B. neue Wohnfläche
> → gravierende Änderungen am Erscheinungsbild
> → bauliche Zusätze – z. B. Balkone, Anbauten
> → Rückbau

Kommunalrecht

Die Kommunen haben das Recht, „alle Angelegenheiten der örtlichen Gemeinschaft im Rahmen der Gesetze in eigener Verantwortung zu regeln" (Art. 28 Abs. 2 S. 1 GG). Gemeinden können also die baurechtlichen Vorgaben aus den Regelwerken des Bundes oder Landes ausgestalten. Sie haben die Planungshoheit. Hauptinstrumente sind dabei der **FLÄCHENNUTZUNGSPLAN**, der **BEBAUUNGSPLAN** und weitere Verordnungen und Satzungen. Weit verbreitet sind **GESTALTUNGSSATZUNGEN**. Darin können beispielsweise Fassadenfarben oder Materialien für die Dacheindeckung vorgeschrieben und Verfügungen für die Anbringung einer Solaranlage getroffen werden. Unabhängig davon, ob eine Baugenehmigung erforderlich ist oder nicht – diese kommunalen Vorschriften müssen eingehalten werden. Regionale Bauunternehmen sind damit meist vertraut. Ergänzend oder alternativ gibt das Bauamt vor Ort Auskunft. Dort können sich Wohnungseigentümer auch erkundigen, ob die Gemeinde eigene Förderprogramme – beispielsweise für die Nutzung erneuerbarer Energien, die Installation einer Solaranlage oder auch den Anschluss an das Fernwärmenetz – aufgelegt hat.

Mancherorts sind Kommunen nicht nur Träger der Planungshoheit, sondern auch Bauaufsichtsbehörde und damit für die Erteilung von Baugenehmigungen zuständig. Je nach Bundesland und Größe der Kommune wird diese Funktion auch von der Kreisverwaltung wahrgenommen.

HIER GEHT ES WEITER: DENKMALSCHUTZGESETZE UND DENKMALLISTEN → DENKMALLISTE.ORG/DENKMALSCHUTZGESETZE.HTML

SERVICE

7 Die thematisch sortierten Anlaufstellen und Lektüreempfehlungen bieten zusammen mit dem Register eine schnelle Orientierung im vorliegenden Handbuch.

228 → Adressen und hilfreiche Links
232 → Zum Weiterlesen
234 → Stichwortverzeichnis

→ Adressen und hilfreiche Links

BAUBEGLEITUNG / BAUKONTROLLE

○ **Bauherren-Schutzbund e. V.**
Tel. (030) 400339500
office@bsb-ev.de
https://www.bsb-ev.de/

○ **Industrie- und Handelskammer**
Verzeichnis der öffentlich bestellten und vereidigten Sachverständigen
https://svv.ihk.de/

○ **Verband Privater Bauherren e. V.**
info@vpb.de
www.vpb.de

ENERGIEBERATUNG UND INFORMATIONEN ZU ENERGETISCHEN MASSNAHMEN

○ **Energieberatung der Verbraucherzentrale**
Tel. (0800) 809802400
www.verbraucherzentrale-energieberatung.de

○ **Energie-Effizienz-Experten-Liste**
(betreut von dena – Deutsche Energieagentur)
Tel. (030) 66777
www.energie-effizienz-expterten.de

○ **co2online gGmbH / Projekt WEG der Zukunft**
Tel. (030) 7676850
E-Mail: kontakt@co2online.de
www.co2online.de
www.wegderzukunft.de
Am Projekt „WEG der Zukunft" waren mehrere regionale Partner beteiligt, die sich intensiv um Eigentümergemeinschaften kümmern.

○ **Energieagentur Regio Freiburg**
Tel. (0761) 79177-0
info@earf.de
https://energieagentur-regio-freiburg.eu/
Hier gibt es umfangreiche Informationen – besonders zum Themenfeld Solar –, die für Eigentümer in ganz Deutschland interessant sind.

○ **Energiekonsens – die Bremer Klimaschutzagentur**
Tel. (0421) 376671-0
info@energiekonsens.de
www.energiekonsens.de

○ **Klimaschutzagentur Region Hannover**
weg@klimaschutzagentur.de
Tel. (0511) 220022-0
www.klimaschutzagentur.de

○ **Metropolregion Rhein-Neckar GmbH**
Tel. (0621) 10708-0
gmbh@m-r-n.com
https://www.m-r-n.com/was-wir-tun/themen-und-projekte/projekte/weg-der-zukunft

○ **Zukunft Altbau**
Tel. (0800) 123333
info@zukunftaltbau.de
www.zukunftaltbau.de
Die Initiative Zukunft Altbau ist in Baden-Württemberg zu Hause. Ihre Veröffentlichungen haben großteils überregionale Gültigkeit.

○ Mehrere Landesverbraucherzentralen haben einen gemeinsamen Internet-Auftritt –
www.verbraucherzentrale.de – mit umfangreichen und aktuellen Beiträgen u. a. zu den Themenbereichen Energie, Umwelt, Versicherungen.

FINANZIERUNG UND FÖRDERMITTEL

Landesförderbanken und bundesweit tätige Banken mit Programmen für Wohnungseigentümer (siehe auch Tabelle, Seite 170):

- **Bundesamt für Wirtschaft und Ausfuhrkontrolle**
  Tel. (06196) 908-0
  poststelle@bafa.de-mail.de
  www.bafa.de

- **KfW-Bankengruppe (KfW)**
  Tel. (069) 7431-0
  info@kfw.de
  www.kfw.de

- **BfW Bank für Wohnungswirtschaft**
  WEG-Beratung: Tel. (0621) 397468-21 oder -20
  www.bfw-bank.de

- **DKB**
  Tel. (030) 12030000
  https://bank.dkb.de/weg-finanzierung

- **Hausbank München**
  Tel. (089) 55141-499
  www.hausbank.de

- **TEN31 Bank Real Estate**
  Tel. (089) 8091346-0
  https://real-estate.ten31.com/de/baugeld

- **Landeskreditbank Baden-Württemberg**
  Tel. (0721) 150-0
  www.l-bank.de

- **Bayerische Landesbodenkreditanstalt**
  Tel. (089) 217123322
  https://bayernlabo.de/wohnungseigentuemer

- **Investitionsbank Berlin**
  Tel. (030) 2125-0
  www.ibb.de

- **Investitionsbank des Landes Brandenburg**
  Tel. (0331) 6602211
  www.ilb.de

- **Bremer Aufbau-Bank**
  Tel. (0421) 36183573
  www.bab-bremen.de

- **Hamburgische Investitions- und Förderbank**
  Modernisierung bei WEG: Tel. (040) 24846-480
  www.ifbhh.de

- **WIBank**
  Tel. (0611) 7747333
  www.wibank.de

- **Landesförderinstitut Mecklenburg-Vorpommern**
  Tel. (0385) 6363–0
  https://www.lfi-mv.de/

- **Nbank**
  Förderberatung: Tel. (0511) 300319333
  www.nbank.de

- **NRW.BANK**
  Tel. (0211) 917414800
  www.nrwbank.de

- **Investitions- und Strukturbank Rheinland-Pfalz (ISB)**
  Beratung Wohnraumförderung: (06131) 61721991
  https://isb.rlp.de/home.html

- **Saarländische Investitionskreditbank SIKB (Saarland)**
  Förderkredite: Tel. (0681) 3033-149 oder -209
  www.sikb.de

- **Sächsische Aufbaubank**
  Tel. (0351) 49104920
  www.sab.sachsen.de

- **Investitionsbank Sachsen-Anhalt**
  Tel. (0800) 5600757
  www.ib-sachsen-anhalt.de

- **Investitionsbank Schleswig-Holstein**
  Tel. (0431) 9905-0
  www.ib-sh.de

- **Thüringer Aufbaubank**
  Tel. (0361) 7447-680 oder -515
  www.aufbaubank.de

- **Hilfreiche Datenbanken zu Förderungen:**
  www.foerderdatenbank.de
  www.foerderdata.de
  www.daemmen-lohnt-sich.de
  www.co2online.de
  www.energiewechsel.de

GEBÄUDEHÜLLE UND ARCHITEKTUR

○ **Bund Deutscher Architekten**
(BDA-Bundesverband)
Tel. (030) 278799-0
kontakt@bda-bund.de
www.bda-bund.de

○ **Bundesarchitektenkammer (BAK)**
Bundesgemeinschaft der Architektenkammern,
Körperschaften des Öffentlichen Rechts e. V.
Tel. (030) 263944-0
info@bak.de
www.bak.de

○ **Bundesverband Altbauerneuerung e. V. (BAKA)**
Tel. (030) 4849078-55
info@bakaberlin.de
www.bakaberlin.de

○ **Deutsche Gesellschaft für nachhaltiges Bauen (DGNB) e. V.**
Tel. (0711) 722322-0
info@dgnb.de
dgnb.de

○ **Verband Fenster + Fassade**
Tel. (069) 955054-0
vff@window.de
www.window.de

○ **Zentralverband des Deutschen Dachdeckerhandwerks e. V.**
Tel. (0221) 398038-0
zvdh@dachdecker.de
www.dachdecker.org

HAUSTECHNIK

○ **Bundesverband der Deutschen Heizungsindustrie**
Tel. (02203) 93593-0
info@bdh-koeln.de
www.bdh-industrie.de

○ **Bundesverband Kraft-Wärme-Kopplung e. V.**
Tel. (030) 27 019281-0
info@bkwk.de
www.bkwk.de

○ **Bundesverband Wärmepumpe (BWP) e. V.**
Tel. (030) 208799711
info@waermepumpe.de
www.waermepumpe.de

○ **Deutsche Gesellschaft für Sonnenenergie**
Tel. (030) 293812-60
info@dgs.de
www.dgs.de

○ **Deutsches Pelletinstitut**
Tel. (030) 688159955
info@depi.de
www.depi.de

○ **Solarstrom@home**
Projekt der Verbraucherzentrale NRW u. a.
https://www.verbraucherzentrale.nrw/sonnenseite

○ **Zentralverband Sanitär Heizung Klima**
Tel. (02241) 9299-0
info@zvshk.de
www.zvshk.de

IMMOBILIENWIRTSCHAFTLICHE VERBÄNDE

○ **Haus & Grund Deutschland** – Zentralverband der Deutschen Haus-, Wohnungs- und Grundeigentümer e. V.
Tel. (030) 20216-0
info@hausundgrund.de
www.hausundgrund.de

○ **Verband der Immobilienverwalter Deutschland e. V.**
(VDIV Deutschland)
Tel. (030) 30 09 679-0
office@vdiv.de
www.vdiv.de
Auf der Seite steht u. a. zum Download zur Verfügung:
– Verwalterchecklist: So finden Sie eine professionelle Immobilienverwaltung (kostenlos)
– Beschlussvorlagensammlung „Neue Beschlüsse nach der WEG-Reform 2020" (für Nicht-Mitglieder kostenpflichtig)

ADRESSEN UND HILFREICHE LINKS   231

- **Verband Wohneigentum e. V.**
  Tel. (0228) 604 68-20
  bund@verband-wohneigentum.de
  www.verband-wohneigentum.de

- **Verein Deutscher Wohnungseigentümer e. V.**
  Tel. (030) 514888210
  info@vdwe.de
  www.vdwe.de

- **Wohnen im Eigentum – Die Wohneigentümer e. V.**
  Tel. (0228) 304126-70
  info@wohnen-im-eigentum.de
  www.wohnen-im-eigentum.de

MINISTERIEN UND BEHÖRDEN

- **Bundesministerium der Finanzen**
  Tel. (030) 18682-0
  poststelle@bmf.bund.de
  www.bundesfinanzministerium.de

- **Bundesministerium der Justiz**
  Tel. (030) 18580-0
  poststelle@bmj.bund.de
  www.bmj.de

- **Bundesministerium für Wirtschaft und Klimaschutz**
  Tel. (030) 18615-0
  info@bmwi.bund.de
  www.bmwi.de

- **Bundesministerium für Wohnen, Stadtentwicklung und Bauwesen**
  Tel. (030) 18681-0
  www.bmwsb.bund.de
  Hinweis: für Bürgerkommunikation gibt es keine Mailanschrift, nur ein Kontaktformular

- **Bundesnetzagentur**
  Tel. (0228) 14-0
  info@bnetza.de
  www.bundesnetzagentur.de

RECHTSBERATUNG

- Rechtsanwälte aus den Gebieten Bau- und Architektenrecht, Miet- und Wohnungseigentumsrecht sind über die Anwaltssuche der Bundesrechtsanwaltskammer zu finden:
  https://www.brak.de/service/bundesweites-amtliches-anwaltsverzeichnins/
  oder auch über die Suchplattform
  www.justico.de.
  Die meisten immobilienwirtschaftlichen Verbände (s.o.) bieten Rechtsberatung für ihre Mitglieder an.

→ Zum Weiterlesen

ENERGETISCHE SANIERUNG ALLGEMEIN

○ Landesenergieagentur Sachsen-Anhalt (Hrsg.):
Bauherren Mappe. Ein Leitfaden für energieeffizientes Bauen und Sanieren
Kostenloser Download: https://lena.sachsen-anhalt.de/verbraucher/bauherrenmappe/

○ Dr. Julika Weiß / Lena Pfeifer:
„Energetische Sanierungen in Wohnungseigentümer-Gemeinschaften"
Herausgeber: Institut für ökologische Wirtschaftsforschung (IÖW), Berlin
Kostenloser Download: https://www.ioew.de/fileadmin/user_upload/BILDER_und_Downloaddateien/Publikationen/2020/Energetische_Sanierung_Wohnungseigentuemer-Gemeinschaften.pdf

GEBÄUDEHÜLLE

○ Stiftung Warentest (Hrsg.):
„Richtig dämmen"
ISBN: 978–3–7471–0579–5
Als PDF oder ePub 24,99 Euro

○ Verbraucherzentrale Nordrhein-Westfalen (Hrsg.):
„Fassadendämmung. Komfort erhöhen und Heizenergie sparen"
Kostenloser Download: https://www.verbraucherzentrale.nrw/sites/default/files/2020–04/WEB_Fassadend%C3%A4mmung_2020.pdf

○ Fachagentur Nachwachsende Rohstoffe e. V. (Hrsg.):
„Marktübersicht Dämmstoffe aus nachwachsenden Rohstoffen"
Kostenloser Download: https://www.fnr.de/fileadmin/allgemein/pdf/broschueren/Brosch_Daemmstoffe_2020_web.pdf

HAUSTECHNIK

○ Energieagentur Regio Freiburg (Hrsg.):
„Betriebskonzepte für Photovoltaik auf Mehrfamilienhäusern"
Kostenloser Download: https://energieagentur-regio-freiburg.eu/wp-content/uploads/2022/01/PV-Betriebskonzepte-Mehrfamilienhaus-Leitfaden-Glossar-Energieagentur-Regio-Freiburg.pdf

○ Stiftung Warentest (Hrsg.):
„Photovoltaik & Batteriespeicher"
ISBN: 978–3–7471–0395–1
gedruckte Ausgabe 39,90 Euro

○ Johannes Spruth:
„Ratgeber Heizung"
Herausgeber: Verbraucherzentrale NRW
ISBN: 978–3–8633–6091–7
19,90 Euro

○ Centrales Agrar-Rohstoff Marketing- und Energie-Netzwerk – C.A.R.M.E.N. (Hrsg.):
„Zukunftslösungen für PV-Anlagen. Ein Leitfaden für Betreibende"
Kostenloser Download: https://www.carmen-ev.de/wp-content/uploads/2022/02/Zukunftsloesungen-fuer-PV-Anlagen.pdf

○ Joachim Kind:
„Photovoltaikanlage und Blockheizkraftwerk: Steuern, Technik und Umsetzung"
ISBN: 978–3–965331–96–9
Gedruckte Ausgabe (TB) 16,99 Euro

○ Marion Schulz, Hubert Westkämper:
„Das neue Heizen"
ISBN: 978–3–947021–21–5
Hardcover 36,- Euro

○ Bundesverband Wärmepumpe (Hrsg.):
„Ratgeber Modernisieren mit Wärmepumpe"
Kostenloser Download: https://www.waermepumpe.de/fileadmin/user_upload/BWP_KUNDENRATGEBER_2022_WEB.pdf

RECHT

○ Stiftung Warentest (Hrsg.):
„Handbuch Eigentumswohnung"
ISBN: 978–3–7471–0386–9
gedruckte Ausgabe 34,90 Euro

○ Bundesministerium der Justiz (Hrsg.):
„Die Wohnungseigentümerversammlung"
Kostenloser Download: https://www.bmj.de/SharedDocs/Publikationen/DE/WEG-Reform_Informationsbroschuere_Wohnungseigentuemerversammlung.html

○ Gabriele Heinrich / Sabine Feuersänger:
„Das neue Wohnungseigentumsgesetz für Wohnungseigentümer*innen"
Herausgeber: Wohnen im Eigentum e. V.
ISBN: 978–3–9815045–7–6
Versand per Download-Link: www.wohnen-im-eigentum.de > Publikationen
19,90 Euro für Mitglieder /
29,90 Euro für Nicht-Mitglieder

○ Rudolf Stürzer, Georg Hopfensperger et. al.
„Praxishandbuch Wohnungseigentum: Von der Eigentümerversammlung über die Vermietung und Verwaltung bis zur Modernisierung"
ISBN: 978–3–648152–29–4
Gedruckte Ausgabe (TB) 34,95 Euro

Stichwortverzeichnis

A

Abnahme 197
–, ausdrückliche 197
–, fiktive 197
–, förmliche 197
–, konkludente 197
Abnahmetermin 198
Abnahmeverweigerung 200
Abschreibung 180
Absetzung für Abnutzung (AfA) 181
Allstimmig 52
Altersvorsorge 13
Aluminiumrahmen 87
Anfechtungsfrist 69
Anlagentechnik 91
Arbeitszimmer 180
Architekt 26
Architektenkammern 26
Aufdeckendämmung 75
Aufteilungsplan 47
Auftragsvergabe 69
Ausführungsplanung 70
Austausch-Bonus 159
Austauschpflicht 14, 92, 214
Austauschprämie 92

B

Bafa 42, 157, 158, 160, 179
Balkon 16, 47, 54
Balkontüren 85
Batteriespeichersystem 129
Bauamt 28
Bauantrag 26, 39
Bauanzeige 190
Bauausschuss 62, 64, 70
Baubegleitung 194, 195
Baugenehmigung 225
Bauherrenhaftpflichtversicherung 191
Bauingenieur 26
bauliche Veränderungen 210
Baumängel 194
Bauphysiker 28
Baurecht 189
Bausparvertrag 166
Bauteile 15
Bauvertrag 189
Bauzeitenplan 190
Bebauungsplan 225
BEG EM 158
BEG WG 158
Behörden 28
Belichtung 17
Bergbehörde 104
Beschlussfähigkeit 49
Beschlussfassung 19, 23, 46, 49, 61, 63, 65, 67, 69, 70, 71, 166, 202
Bestandsaufnahme 42
Bestätigung zum Antrag 161
Betriebskosten 148, 181
Beweislastumkehr 200
bivalentes System 111
Blauer Engel 80
Blockheizkraftwerk 126
Blower-Door-Test 195
Bohrungen 103
Branchenverbände 28
Brennstoffe, fossile 91
Brennstoffemissionshandelsgesetzes 12
Brennstoffkosten 11
Brennstoffzellen 127
Brennwerttechnik 93
Bundesförderung für effiziente Gebäude 68, 157
Bundesinstitut für Bau-, Stadt- und Raumforschung 68
Bundesländer 222
Bundesnetzagentur 120
Bundesverband Geothermie 109
Bürgerliches Gesetzbuch 189, 219
BzA-ID 161

C

CE-Zeichen 77, 90
CO_2-Emissionen 9, 10, 42, 96
CO_2-Preis 11, 12

D

Dachdämmung 75
Dacheindeckung 15
Dachentwässerung 15
Dachgeschossausbau 163
Dämmmatten 76
Dämmstoff 76
Dämmung 76
Dampfbremse 76
Deckungsgrad 113
Denkmalschutz 180, 181, 224
Denkmalschutzbehörde 30
Deutsche Gesellschaft für Sonnenenergie 124
Dokumentation 203

E

Efficiency Smart Home 159
Effizienzhaus 147
Effizienzstandard 10
EHPA-Gütesiegel 103
Eigentümergemeinschaft 19, 58
Eigentümerversammlung 21, 48, 70, 210, 213
–, virtuelle 50
Einblasdämmung 75, 76
Einbruchschutz 89
Einkommensteuergesetz 178
Einspeisevergütung 120, 215
Einstimmigkeit 52
Einzelmaßnahme 135
Endenergiebedarf 42
Endenergiewert 35
Energetische-Sanierungsmaßnahmen-Verordnung 178

STICHWORTVERZEICHNIS

Energieausweis 34, 202, 214
Energiebedarfsausweis 35
Energieberater 26, 34, 37, 59, 61, 70, 136
Energieeffizienz 13
–, Experte 160
–, Expertenliste 37
–, Richtlinie 11
Energieeinspargesetz 213
Energieeinsparverordnung 34, 213
Energiekosten 42, 59
Energiemanagement 132
Energieverbrauchsausweis 35
Energieverbrauchskennzeichnung 93
Erdwärmepumpe 103
Erfüllungssicherheit 190
Erhaltung 210, 219
Erhaltungsaufwendungen 181
Erhaltungsrücklage 164
Erneuerbare-Energien-Wärme-Gesetz 213
Erneuerbare-Energien-Gesetz 120, 128
Erneuerbare-Energien-Richtlinie 11
Erneuerbare-Wärme-Gesetz 42
Ertragsquoten 118
Etagenheizung 93
–, Austausch 93

F

Fachanwalt 28
Fallbeispiele:
–, Braunschweig 101
–, Bremerhaven 139
–, Freiburg 122
–, Gross-Gerau 182
–, Region Hannover 133
Fassadendämmung 15, 80
Fassadensanierung 90
Fenster 85
–, Montage 90
Fensterrahmen 86
Fenstertausch 17
Fernwärme 95
Festkörperspeicher 116
Finanzierung 157, 159, 161, 163, 165, 167, 169, 175, 177, 179, 181, 183

Fit for 55 11
Flächenkollektoren 104
Flächennutzungsplan 225
Flachkollektoren 112
Förderbrunnen 104
Fördermittel 145
Fördermittellandschaft 18
Fördermöglichkeiten 26, 42
Förderrichtlinie 42
Förderung 39, 143, 157, 161, 225
–, regionale 163
–, steuerliche 178

G

Gas-Konstanttemperaturkessel 92
Gebäudeenergiegesetz 11, 14, 34, 76, 80, 85, 91, 94, 142, 213, 224
Gebäudehülle 74, 214
Gebäudesockel 85
Gemeinschaftseigentum 16, 46, 209
Gemeinschaftsordnung 21
Gemeinschaftsstrom 124
Gesamtenergiedurchlassgrad 88
Gesamtinvestitionskosten 42
Gesamtkosten 154
Geschossdecke, oberste 74, 214
Gesetze 208
Gestaltungssatzung 225
Gewährleistung 200, 205
Gewährleistungssicherheit 190
Grundbuchamt 30
Grundlagenbeschluss 62
Grundrisse 39
Grundwasser-Wärmpumpe 104
g-Wert 88

H

Hackschnitzelheizung 100
Haftpflichtversicherung 192
Haftung 22, 169
Handwerker 30
Handwerkerleistungen 179
Härtefälle 167
Hauff'sche Formel 164
Haus- und Grundbesitzerhaftpflicht 191

haushaltsnahe Dienstleistungen 179
Haustür 90
Hausverwaltung 23
Heizkosten 11
Heizkostenabrechnung 13
Heizkostenverordnung 12
Heizspiegel 37
Heizung 91
Heizungserneuerung 147
–, kostengünstig 95
HOAI 27
Holzheizung 97
Holzrahmen 87
Honorarordnung für Architekten und Ingenieure (HOAI) 27, 145
Hybridheizung 111, 114

I

IFT-Qualitätszeichen 90
Individualanspruch 52, 211
Ingenieur, technische Gebäudeausrüstung 28
Ingenieurkammer 26
Innendämmung 84
Instandhaltung 15, 59
Instandhaltungskosten 42
Invertertechnik 109
Investitionskosten 143, 156
iSFP-Bonus 159

J

Jahresarbeitszahl (JAZ) 108
Jahreszeiten 18

K

Kältekreis 105
Kappungsgrenze 176, 220
Keller 16, 85
Kerndämmung 83
KfW 147, 157, 161, 179
KfW-Effizienzhaus 42
Klimaanlage 105
Klimaschutzgesetz 9
Klimaschutzmanager 30
Klimaverwalter 25
Klimawandel 8

Klimaziele 8, 10, 222
Kommunikation 64
Komplettsanierung 68, 134
Kopfprinzip 51
Kosten 17, 26, 142, 156, 212
Kostenverteilung 220
Kraft-Wärme-Kopplung 126
Kraft-Wärme-Kopplungsgesetz 128, 216
Kredit 168, 170
Kunststoffrahmen 87
KWK-Strom 216
KWK-Zuschlag 128

L

Ladungsfrist 48
Landesbauordnung 112
Landesbauordnungen 223
Landesklimaschutzgesetz 116
Lastenzuschuss 168
Latentwärmespeicher 116
Legionellen 109
Leistungsphasen 27
Lichttransmissionsgrad 88
Lieferkettenmodell 123
Liquiditätsrücklage 165
Lock-in-Effekt 15
Luft/Wasser-Wärmepumpe 105, 115
Lüftungskonzept 130
Lüftungssystem 89

M

Maßnahmen, privilegierte 52, 211, 219
Mehrheit 52
–, einfache 52
–, qualifizierte 52
Mieter 193, 211, 213
Mieterhöhung 176
Mieterstrom-Contracting 123
Mieterstromgesetz 120
Mieterstromzuschlag 120, 215
Mietminderung 219
Mietpreisbremse 225
Mietrecht 219
Miteigentum 46

Miteigentumsanteile 209
Modernisierungsmaßnahmen 219
Modernisierungsmieterhöhung 176, 220
Monoblock-Gerät 106
monovalentes System 111
Musterbauordnung 224

N

Nachbarschaft 17
Nachschusspflicht 169
Natureplus 80
Netzbetreiber 219
Netzverträglichkeitsprüfung 120

O

Objektbegehung 205
Objektprinzip 52
Ölheizungen 214
Ölkessel 92
ortsübliche Vergleichsmiete 220

P

Passivhaus-Zertifikat 90
Pelletheizung 97
Pelletkessel 99
–, Kesselnennleistung 99
Pelletlagerung 98
Pellets 99
–, Förderschnecke 100
–, Jahresbedarf 98
–, Pumpschlauch 99
–, Saugsysteme 100
Perimeterdämmung 85
Peters'sche Formel 164
Photovoltaik 116, 128, 161
–, Balkonbrüstung 124
–, Betreibermodelle 124
–, Dimensionierung 119
–, Einzelanlagen 124
–, Ertrag 119
–, Kosten 119
Planungsbeschluss 70
Prebound-Effekt 204
Primärenergie 214
Primärenergiebedarf 42

Primärenergiekennwert 35
Protokoll 199
Pufferspeicher 115

Q

Qualitätssicherung 194, 195

R

RAL-Gütezeichen 77, 90
Rebound-Effekte 205
Referenzobjekte 25
Risiko der Anfechtbarkeit 69
Röhrenkollektoren 112
Rollladenkästen 17
Rücklagen 164, 165

S

Sanierung 186
–, Beeinträchtigungen 192
–, Nachbereitung 201
–, richtiger Zeitpunkt 14
Sanierungsbeschlüsse 71
Sanierungsfahrplan, individueller (iSFP) 38, 43, 59, 137, 145, 159
Sanierungskonfigurator 145
Sanierungskonzept 26
Sanierungsunterlagen 203
Schalldämmmaß 89
Schallschutz 88, 106
Schallschutzklassen 89
Schimmelbildung 83
Schluckbrunnen 104
Schlussrechnung 200
Schornsteinfeger 28
Schornsteinfegerprotokoll 39
Schornsteinkopf 15
Schuldzinsen 181
Schüttdämmung 75
Schwachstellen 37
Sektoren 9
Sektorkopplung 116
Selbstnutzer 20, 178
Smart Meter 205
Smart Meter Gateway 132

Solaranlage 111. 116
–, Ausrichtung 112, 118
–, Dimensionierung 113
–, Kollektorflächen 113
Solarmodule, Degradation 119
Solarpflicht 116, 222
Solarstation 112
Solarthermieanlage 111, 115
Solarzellen 117
–, Nennleistung 118
–, Wirkungsgrad 119
Sole/Wasser-Wärmepumpe 103
Sonden 103
Sondereigentum 16, 46, 209
Sonderrücklage 165
Sonderumlagen 166
Sondervergütung 24
Sonneneinstrahlung 112
Sparpotenziale 37
Speicherkollektoren 112
Sprühdämmungen 85
Statiker 28
Stecker-Solargerät 124
Steuerberater 28
Steuerförderung 178
Stromspeicher 128
Synergien 18

T

TA Lärm 106
Tagesordnungspunkte 48
Teileigentum 209
Teilungserklärung 21, 47
Thermografie 195
Tragwerksplaner 28
Treibhausgasneutralität 9

U

Uf-Wert 86
Ug-Wert 86
Umlaufbeschluss 210
Umlaufverfahren 50, 65, 196
Untere Wasserschutzbehörde 30, 104
unzumutbare Härte 219
U-Wert 75, 86
Uw-Wert 86

V

Verbraucherbauvertrag 189, 190
Verbraucherzentralen 37
Verbrauchsabrechnungen 39
Verbundfensterrahmen 87
Verbundplatten 84
vereinfachtes Verfahren 177
Vergabe- und Vertragsordnung für Bauleistungen 189
Verglasung 86
Vermesser 28
Vermieter 13, 16, 20, 180
Vertragsformen 188
Verwaltervergütung 23
Verwalterwechsel 25
Verwaltung 23, 24, 62, 64, 65, 213
–, ordnungsmäßige 210
Verwaltungsbeirat 21, 22, 58, 61, 63, 64, 65, 70, 213
Verwaltungskosten 181
Volleinspeisung 124
Vollmacht 50, 210
Vorbereitungsbeschlüsse 62
Vorhangfassade 82, 83
Vorlauftemperatur 108

W

Wärmebrücken 83, 84, 85
Wärmedämmverbundsystem 80, 83
Wärmedurchgangskoeffizient 77, 86
Wärmekollektoren 103
Wärmeleitfähigkeit 77
Wärmemengenzähler 109
Wärmepumpe 102
–, Antriebsenergie 110
–, Beispielrechnung 151
–, Dimensionierung 109
–, Erd- 103
–, Kältemittel 111
–, Lärmbelastung 106, 108
–, Luft/Wasser- 105, 115
–, Wasser/Wasser- 104
Wärmerückgewinnung 130, 131
Wärmeschutzverglasung 87
Wärmeübergabestation 110
Wartungsvertrag 203
Wasser/Wasser-Wärmepumpe 104
Wasserspeicher 116
Werkvertrag 189
Wertprinzip 51
Willensbildung 18, 19
Wirkungsgrad 113
Wirtschaftlichkeit 142
Wirtschaftlichkeitsberechnung 39
Wirtschaftlichkeitsbetrachtung 21, 156
Wohngebäudeversicherung 203
Wohnkomfort 16
Wohnraumerweiterung 16
Wohnungseigentümer 19
Wohnungseigentumsgesetz 21, 23, 25, 46, 52, 164, 166, 208
Worst Performing Buildings 159, 164, 172

Z

Zahlungsfrist 168
Zentralheizung 94
Zurückbehaltungsrecht 200
Zuschüsse 157, 164, 186
Zustandsfeststellung 200
Zweite Berechnungsverordnung 164
Zwischensparrendämmung 76

Bildnachweise:

31 Jenkins Fotografie; 40/41 Sebastian Schmidt; 55 Dr. jur. Oliver Elzer (privat); 75 unten Landenberg, mitte Arnold Drewer, oben Hiltscher; 87 Passivhaus Institut; 101 Marina Schäfer; 107 Vaillant Deutschland GmbH & Co. KG; 108 Stiebel Eltron GmbH & Co. KG; 122 Jochen Kreher; 127 Senertec Kraft-Wärme-Energiesysteme GmbH; 130 Aereco GmbH; 133 Dagmar Klass; 136 oben Sebastian Schmidt (privat), unten Moritz Mählmann; 139 Stefan Polzin; 182 Alexander Wenz; 184 Tim Gaber (privat);

Illustrationen/Diagramme:
Michael Römer außer:
76, 82, 84, 110 Kati Hammling
118 Büro Brendel

Adobe Stock:
7, 45 PANORAMO; 60 Iakov Filimonov; 71 Nicola; 73 bluedesign; 88 Fiedels; 125 Maryana; 135 Bumann; 212, 207 finecki; 227 detailfoto

Gettyimages:
17, 20 Craig Hastings; 62 Luis Alvarez; 80 Zigmunds Dizgalvis; 112 acilo; 125 Babo Photography; 155 AmnajKhetsamtip; 187 Stephan Zabel; 195 StockSeller_ukr; 196, 204 E+; 209 Sylvain Sonnet; 211 www.adamwasilewski.com

• ressourcenschonend und
  umweltfreundlich hergestellt
• emissionsarm gedruckt
• überwiegend aus Altpapier

MI6

Dieses Druckprodukt ist mit dem Blauen Engel ausgezeichnet

Dieses Buch erfüllt die Anforderungen des „Blauen Engels" für Druckerzeugnisse. Das bedeutet unter anderem: Es wurde auf 100 % Recyclingpapier mit mineralölfreien, schadstoffarmen Farben gedruckt, und im Vergleich zu gängigen Druckprozessen entstanden beim Druck dieses Buches besonders wenige Emissionen und Papierabfälle. Gedruckt wurde es in Deutschland, um den CO_2-Ausstoß gering zu halten.

Die Stiftung Warentest wurde 1964 auf Beschluss des Deutschen Bundestages gegründet, um dem Verbraucher durch vergleichende Tests von Waren und Dienstleistungen eine unabhängige und objektive Unterstützung zu bieten.

Eva Kafke ist Fachjournalistin für Immobilienthemen. Sie war Chefredakteurin und Pressesprecherin bei drei großen immobilienwirtschaftlichen Verbänden. In ihrer Arbeit begleitete sie auch intensiv die Entstehung des Gebäudeenergiegesetzes sowie die Novelle des Wohnungseigentumsgesetzes. Außerdem hat sie eine Zeitschrift für Wohnungseigentümer (*Meine Wohnung – Unser Haus*) aus der Taufe gehoben.

© 2022 Stiftung Warentest, Berlin

Stiftung Warentest
Lützowplatz 11–13
10785 Berlin
Telefon 0 30/26 31–0
Fax 0 30/26 31–25 25
www.test.de
email@stiftung-warentest.de

USt-IdNr.: DE136725570

Vorstand: Hubertus Primus
Weitere Mitglieder der Geschäftsleitung:
Dr. Holger Brackemann, Julia Bönisch, Daniel Gläser

Alle veröffentlichten Beiträge sind urheberrechtlich geschützt. Die Reproduktion – ganz oder in Teilen – bedarf ungeachtet des Mediums der vorherigen schriftlichen Zustimmung des Verlags. Alle übrigen Rechte bleiben vorbehalten.

Programmleitung: Niclas Dewitz

Autorin: Eva Kafke
Projektleitung/Lektorat: Alexandra Germann
Lektorat: Magnus Enxing
Korrektorat: Susanne Reinhold
Fachliche Unterstützung: Ulrike Körber, Energieberaterin; Julia Wagner, Juristin
Titelentwurf: Christian Königsmann, Anne-Katrin Körbi
Layout: Christian Königsmann
Grafik, Satz: Annett Hansen, Anne-Katrin Körbi
Bildnachweis: Titel: Adobe Stock, Ralf Gosch
U4: Adobe Stock, Nicola, Innenteil: siehe Seite 239

Produktion: Vera Göring, Anne-Katrin Körbi
Verlagsherstellung: Rita Brosius (Ltg.), Romy Alig, Susanne Beeh
Litho: tiff.any, Berlin
Druck: Westermann Druck Zwickau GmbH

ISBN: 978-3-7471-0547-4